Klaus Brockhoff, Alexander Brem
Forschung und Entwicklung

Klaus Brockhoff, Alexander Brem

Forschung und Entwicklung

Planung und Organisation des F&E-Managements

6., vollständig überarbeitete Auflage

DE GRUYTER
OLDENBOURG

ISBN 978-3-11-060065-0
e-ISBN (PDF) 978-3-11-060066-7
e-ISBN (EPUB) 978-3-11-059971-8

Library of Congress Control Number: 2020944690

Bibliografische Information der Deutschen Nationalbibliothek
Die Deutsche Nationalbibliothek verzeichnet diese Publikation in der Deutschen
Nationalbibliografie; detaillierte bibliografische Daten sind im Internet über
http://dnb.dnb.de abrufbar.

© 2021 Walter de Gruyter GmbH, Berlin/Boston
Einbandgestaltung: Wright Studio / Shutterstock
Satz: le-tex publishing services GmbH, Leipzig
Druck und Bindung: CPI books GmbH, Leck

www.degruyter.com

Vorwort zur sechsten Auflage

Der Ausgangspunkt dieses Werkes liegt mit seiner ersten Auflage im Jahre 1989. Bis 1999, als die fünfte Auflage erschien, war Klaus Brockhoff der Alleinautor. Die Übernahme des Rektorats der WHU – Otto Beisheim School of Management – und die folgende Tätigkeit im Vorstand der WHU Stiftung verhinderten die Arbeit an einer weiteren Auflage, die spätestens nach fünf Jahren nützlich erschien. Dass eine Neuauflage notwendig sei, hatte auch Alexander Brem erkannt. Aber auch seine Pläne für eine Arbeit an einer Neuauflage verzögerten sich durch Krankheit, Aufbauarbeiten des Lehrstuhls und Universitätswechsel. In gemeinsamer Anstrengung, in der Alexander Brem die Hauptlast trug, ist es nun aber gelungen, die sechste, wesentlich veränderte Auflage des Werkes vorzulegen.

Bis auf die Zusammenfassung der Kapitel über operative und taktische F&E-Planung ist die Gliederung in der Hauptsache unverändert. Der Text wurde teilweise gestrafft, teilweise durch Hinweise auf neuere Entwicklungen ergänzt. Grundsätzlich aber wurde vom Erkenntnisstand der fünften Auflage ausgegangen. Das erscheint auch deshalb gerechtfertigt, weil in Teilen der jüngsten Literatur auf über zwanzig Jahre alte, aber deshalb nicht falsche Erkenntnisse selten zurückgegriffen wird. Um das alte Bild von Bernhard von Chartres aufzugreifen, sei festgehalten, dass die „Schultern der Riesen", auf denen die Heutigen stehen, recht breit und tragfähig sind. Hier kann man sich davon überzeugen.

Die Verfasser hoffen, dass das Werk dazu beiträgt, dass betriebswirtschaftliche Interesse an den ersten Phasen von Innovationsprozesses wieder stärker belebt. Sie hoffen weiter, dass Praktiker in unternehmerischen Forschungs- und Entwicklungsbereichen hier Ratschläge für ihr Handeln finden. Dem Verlag de Gruyter, insbesondere Herrn Dr. Stefan Giesen, und der Lektorin, Frau Friederike Moldenhauer, ist für die geduldige und kundige Betreuung des zeitaufwändigen Entstehungsprozesses zu danken. Außerdem gilt es die unermüdliche Unterstützung durch das Team des Lehrstuhls für Technologiemanagement zu erwähnen, insbesondere durch Dominik Hörauf, Dr. Peter Bican, Kilian Porta, Johannes Prößl und Rabab Saleh.

Alexander Brem   Klaus Brockhoff

https://doi.org/10.1515/9783110600667-201

Inhalt

1 Notwendigkeiten der Planung industrieller Forschung und Entwicklung

1.1 Forschung und Entwicklung in Unternehmen

Weitsichtige Unternehmer haben schon früh die herausragende Bedeutung der Erfindertätigkeit für die Entwicklung ihrer Unternehmen und ganzer Volkswirtschaften erkannt. So schreibt Werner von Siemens (1816–1892): „Eine wesentliche Ursache für das schnelle Aufblühen unserer Fabriken sehe ich darin, dass die Gegenstände unserer Fabrikation zum großen Teil auf eigenen Erfindungen beruhten. Waren diese auch in den meisten Fällen nicht durch Patente geschützt, so gaben sie uns doch immer einen Vorsprung vor unseren Concurrenten, der dann gewöhnlich so lange anhielt, bis wir durch neue Verbesserungen abermals einen Vorsprung gewannen. Andauernde Wirkung konnte das allerdings nur in Folge des Rufes größter Zuverlässigkeit und Güte haben, dessen sich unsere Fabrikate in der ganzen Welt erfreuten"[1].

Auch Wissenschaftler haben den gleichen Zusammenhang zwischen wissenschaftlicher und industrieller Entwicklung festgestellt. Der schweizerische Nationalökonom Christoph Bernoulli (1782–1863) formuliert: „Die produzierenden Beschäftigungen der Menschen wurden lange als niedrige gering geachtet – schon weil ihr Zweck nur materiell, und das Verfahren selbst fast geistlos schien. Anders jetzt. Alle Künste und Wissenschaften wetteifern, den Gewerben zu dienen. Die Industrie, ehedem ihre Magd, ist als ebenbürtige Schwester anerkannt"[2]. Diese Erkenntnisse konnten nur unter bestimmten Bedingungen wirksam werden. Zu diesen Bedingungen zählt zunächst, dass **Forschung und Entwicklung systematisch in die Unternehmen einbezogen** wurden. Dies ist nicht selbstverständlich. Für die Glühlampen-Industrie wurde z. B. festgestellt, dass ihr bis 1905 „a systematic approach to industrial research" fehlte; für Siemens und Halske wird ab 1910 „a more methodical approach to research" festgestellt und der amerikanischen Lampenindustrie wegen des Fehlens der Forschung vorgehalten: „We cannot point to a single important discovery"[3].

Zur Erhaltung oder Stärkung der Wettbewerbsfähigkeit war ein möglichst **kontinuierlicher Strom von Erfindungen** erforderlich. Dies ging einher mit der stärker werdenden Rolle und Bedeutung des **geistigen Eigentums**, sowohl auf Mikro- wie auch auf Makroebene, als Manifestation von Kreativität, Ideen, Wissen und schluss-

---

1 Siemens, W. v., Lebenserinnerungen, 6. A., Berlin 1901, S. 297; dass., 17. A., München 1983, S. 324 f.

2 Christoph Bernoulli, Betrachtungen über den wunderbaren Aufschwung der gesamten Baumwollen-Fabrikation nebst Beschreibung einiger der neuesten englischen Maschinen. Basel 1825, S. 79 f., wo auf den Zusammenhang von Wissenschaft und Industrie hingewiesen wird. Zitiert nach: Bürgin, A., Geschichte des Geigy-Unternehmens von 1785 bis 1939, Basel 1958.

3 Heerding, A., The History of N. V. Philips' Gloeilampenfabriken, Cambridge 1988, Bd. 2, S. 157, 159.

https://doi.org/10.1515/9783110600667-001

endlich Innovation[4]. In Forschung und Entwicklung betrifft dies nicht nur firmenin-terne Aktivitäten, sondern auch Aktivitäten, die direkte Interaktionen außerhalb des eigenen Geltungsbereiches betreffen, wie beispielsweise **Open Innovation Kollabo-rationen**[5].

Werner von Siemens hatte nicht nur das Spannungsfeld zwischen kodifizierten geistigen Eigentumsrechten wie Patenten oder Gebrauchsmustern auf der einen und Geschäftsgeheimnissen und Lead Time Advantage auf der anderen Seite erkannt[6]. Eine Verknüpfung der verschiedenen Rechte und Möglichkeiten geistigen Eigentums, um umfassend von einem Wertetransfer zu profitieren („Value Transference"[7]), propa-gierte er bereits Mitte/Ende des 19. Jahrhunderts, hier beispielsweise die Verknüpfung von technischer Finesse und Identifikationsdifferenzierung, in geistigen Eigentums-rechten ausgedrückt: die Verknüpfung von Patenten („eigenen Erfindungen") und (eingetragenen) Marken („Rufes größter Zuverlässigkeit und Güte")[8].

Thomas A. Edison (mit 1.093 erfolgreichen amerikanischen Patentanmeldungen[9] einer der eifrigsten Befürworter und Profiteure des Patentsystems) versuchte, diesen neuen Gedanken des Erfindungswesens in seinem Labor in Menlo Park durchzuset-zen, wo er „a minor invention every ten days and a big thing every six months or so" anstrebte[10]. Aus derselben Überlegung heraus hatten Unternehmen der Chemischen Industrie in Deutschland schon zum Ausgang des 19. Jahrhunderts Labore eingerich-tet. Unter dem Druck ausländischen Wettbewerbs[11] übernahm in den USA zunächst General Electric im Jahre 1900 die Pionierrolle bei der Einführung von dieser Form industrieller Forschung und Entwicklung zur Sicherung eines Stroms von Erfindun-gen[12]. Bei der Einrichtung eines Labors für Grundlagenforschung im Jahre 1902 for-mulierte das Management von General Electric im Geschäftsbericht die Erwartung, dass „many profitable fields may be discovered"[13]. Damit deutet sich an, dass La-

---

4 Conley, J. G., Bican, P. M. und Wilkof, N., WIPO study on patents and the public domain (II) – Impact of certain enterprise practices, World Intellectual Property Organization White Paper, 2013, S. 1–70.

5 Chesbrough, H. (2004). Managing open innovation. Research-Technology Management, 47(1), S. 23–26.

6 Conley, J. G., Bican, P. M., und Ernst, H., Value articulation: a framework for the strategic manage-ment of intellectual property, California Management Review, Vol. 55/4, 2013, S. 102–120.

7 Ebenda.

8 Von oben aufgreifend: Siemens, W. v., Lebenserinnerungen, a. a. O., S. 297; dass., a. a. O., S. 324 f.

9 Rutgers – The State University of New Jersey, The Thomas Edison Papers, 2016, abgerufen am 12.4.2019 unter http://edison.rutgers.edu/patents.htm.

10 Josephson, M., Edison: A Biography, New York 1959, S. 133 f.

11 Reich, L. S., The Making of American Industrial Research. Science and Business at GE and Bell, 1876–1926, Cambridge/Mass. 1985, S. 53.

12 Ebenda, S. 1; Hounshell, D. A., Smith, J. K. jr., Science and Corporate Strategy, Research and Devel-opment at DuPont 1908 to 1980, Cambridge 1989, S. 8.

13 Heerding, A., The History of N. V. Philips' Gloeilampenfabriken, a. a. O., S. 159.

...cht mehr nur als Kostenstelle, sondern eher als Investitionen zu betrachten ...d[14].

In der Retrospektive wird ein Zusammenspiel von staatlicher Forschungsförderung in Universitäten, Integration ihrer Absolventen in die Unternehmen und Lenkung ihrer Kreativität auf die Befriedigung von Bedürfnissen deutlich erkennbar. Der Historiker H.-U. Wehler schildert diese Entwicklungen: „Naturwissenschaftliche Methoden wurden systematisch genutzt, um Innovationen in den Produktionsprozess einzuschleusen. Das galt für die eigentliche Grundlagenforschung, etwa im Bereich der Farbsynthese. Es galt aber auch für die Herstellungsverfahren und die Anwendungstechnik. Akademisch ausgebildete Chemiker gewannen daher frühzeitig eine Schlüsselrolle. Weitaus früher als anderswo wurden diese Absolventen der Universitäten zu einer Funktionselite in den Chemieunternehmen. Der wissenschaftliche Input bildete ihren eigentlichen „kritischen Wachstumsfaktor" vor 1914. Vorausgegangen war aber – und das wird oft übersehen – eine außerordentlich rührige, hartnäckige, kundennahe Werbungs- und Verkaufsaktivität auf den Binnen- und Außenmärkten, die von Kaufleuten dieser Betriebe systematisch analysiert und erfolgreich beliefert wurden... Kurz: Der Verkäufer ging dem Chemiker voran, nicht umgekehrt ...

Auf der wissenschaftlichen Leistungsfähigkeit der Unternehmen aus eigener Forschung beruhte ...weithin ein vielbewunderter Aufstieg... Aus der Laborarbeit der akademischen Experten zur Farbsynthese entwickelte sich ein eminent folgenreicher ‚Spin-off' für ganz neue, lukrative Handlungsbereiche ... "[15]. Der Textauszug spricht eine Vielzahl von Elementen an, die heute zur Beschreibung von Wachstumsstrategien herangezogen werden: **Systematische Nutzung von Wissen, frühzeitiges Handeln, Integration von Funktionsbereichsaktivitäten, Kundennähe und Nutzung von Wissen für unterschiedliche Zwecke.**

Unter dem Eindruck dieser Aktivitäten formulierte Joseph A. Schumpeter seine „Theorie der wirtschaftlichen Entwicklung", in der er beschreibt, wie Unternehmen aus Gewinnstreben die „ausgefahrenen Bahnen der statischen Wirtschaft" verlassen und „neue Kombinationen" durchsetzen[16]: „Der fundamentale Antrieb, der die kapitalistische Maschine in Bewegung setzt und hält, kommt von den neuen Konsumgütern, den neuen Produktions- und Transportmethoden, den neuen Märkten, den neuen Formen der industriellen Organisation, welche die kapitalistische Unternehmung

---

14 Ebenda, S. 157.

15 Wehler, H.-U., Deutsche Gesellschaftsgeschichte, 3. Bd., München 1995, S. 615. Zu den Vorläufern der firmeninternen Labors sind die Wissenschaftler zu zählen, die selbst zu Unternehmern wurden oder die mit Unternehmen unter Aufrechterhaltung ihrer Selbständigkeit zusammenarbeiteten. Vgl. Fischer, W., Entrepreneurs as Scientists – Scientists as Entrepreneurs, in: Klep, P., van Cauwenberghe, E., Hrsg., Entrepreneurship and the Transformation of the Economy, Leuven 1994, S. 553–562.

16 Schumpeter, J. A., Theorie der wirtschaftlichen Entwicklung, Leipzig 1912.

schafft"[17]. Bis heute gibt es zu Kontroversen Anlass, dass von Schumpeter den Unternehmen eine besonders aktive Rolle in diesem Prozess zugeschrieben wurde. Diese Rolle könnten sie nicht zuletzt durch die Beherrschung des Erfindungsprozesses übernehmen, denn: „Jeder moderne Konzern richtet sich – sobald er das Gefühl hat, dass er es sich leisten kann – als erstes eine Forschungsabteilung ein, in der jeder Mitarbeiter weiß, dass sein tägliches Brot von seinem Erfolg in der Erfindung von Verbesserungen abhängt"[18]. Das allein sichert die Durchsetzung von Neuerungen jedoch nicht: „Die Natur der dabei zu bewältigenden Leistung ist charakterisiert einmal durch die objektive und subjektive Schwierigkeit, neue Wege zu gehen und sodann durch die Widerstände der sozialen Umwelt dagegen"[19]. Entwicklungserfolg ist also keine Garantie für Innovationserfolg, wohl aber eine notwendige Voraussetzung für Produkt- und Prozessinnovationen, allgemeiner für den „Wettbewerb in Kreativität"[20].

Schumpeters Aussage wurde zwar mit Blick auf Großunternehmen der Chemie-, Elektro- oder Automobilindustrie formuliert. In anderen Branchen, hier ist die Kältetechnik als Zweig des Maschinenbaus hervorzuheben, wurde jedoch lange Zeit der kundenprojektbezogene „Versuchsstand" zum Zentrum der Entwicklung. An ihm konstruierten und montierten akademisch ausgebildete Ingenieure Anlagen, die sie selbst auch verkauften und warteten. Sie erwarben das „Herrschaftswissen der Firma"[21] und wurden deshalb durch Anreize und Vertragsgestaltung an das jeweilige Unternehmen gebunden. Als Gründe für diese Entwicklung sind erkennbar: Hohe Produktheterogenität aufgrund unterschiedlicher Kundenbedürfnisse und Einsatzbedingungen der Anlagen; große Anlagenabmessungen, die den Ab- und Wiederaufbau unwirtschaftlich erscheinen ließen; Misstrauen in die Übertragbarkeit von Arbeitsergebnissen aus der Laborsituation in die Betriebsrealität des Einsatzortes; Diskontinuität der Aufträge für die Entwicklung, der durch wechselnden Personaleinsatz begegnet wurde.

Spätestens seit den sechziger Jahren des letzten Jahrhunderts ist der Öffentlichkeit bewusst geworden, dass nicht nur die Wettbewerbsposition einzelner Unternehmen von einer **kontinuierlichen Forschungs- und Entwicklungsarbeit** abhängt. Vielmehr ist deutlich geworden, dass die **Wettbewerbsfähigkeit** von ganzen Nationen **von der effektiven und effizienten Nutzung des technischen Fortschritts abhängt.** Jean-Jacques Servan-Schreiber hat dies zu einer Machtfrage zugespitzt, als er

---

17 Schumpeter, J. A., Kapitalismus, Sozialismus und Demokratie, 4. A., München 1975, S. 137, ähnlich S. 140.
18 Ebenda, S. 158. K. Marx sieht den Bedeutungszuwachs für den „wissenschaftlichen Factor" als Konsequenz kapitalistischer Produktionsweise: Zur Kritik der politischen Ökonomie, MEGA TI. 3, 6, Berlin 1982 (Original 1862).
19 Schumpeter, J. A., Unternehmer, in: Elster, L., Weber, A., Wieser, F., Hrsg., Handwörterbuch der Sozialwissenschaften, Jena 1927, Bd. VIII, S. 476–487.
20 Botkin, J., Dimanescu, D., Stata R., The Innovators, Philadelphia/PA, 1984, bes. S. 56 ff.
21 Dienel, H.-L., Der Ort der Forschung und Entwicklung im deutschen Kältemaschinenbau, 1880–1930, Technikgeschichte, Bd. 62, 1995, S. 49–69, hier S. 56.

in der unterschiedlichen Fähigkeit zur Beherrschung und Steuerung des Erfindungs-prozesses eine Herausforderung Europas durch die USA sah: „Weder Legionen, noch Rohstoffe, noch Kapital sind Kennzeichen oder Instrumente der Macht. Und Unterneh-men selbst sind nur ein äußeres Zeichen davon. Die heutige Stärke der Moderne liegt in der Fähigkeit zu erfinden, hierbei, im Besonderen, in der Fähigkeit zu forschen: und in der Fähigkeit, Erfindungen in Produkte umzusetzen... Der Fundus, aus dem man schöpfen kann... wohnt im Geiste. Genauer gesagt in der Fähigkeit der Menschen zu denken und Neues zu schaffen"[22].

Zur Stärkung ihrer Wettbewerbsposition verfolgen Unternehmen **wirtschaftliche Ziele**. Eine an wirtschaftlichen Zielen orientierte Steuerung der Forschung und Ent-wicklung in den Unternehmen ist aber nicht selbstverständlich und sie ist schon gar nicht durch die bloße Errichtung von Laboren garantiert. So wird beispielsweise für die Forschung und Entwicklung bei der damaligen Firma Geigy in Basel (seit 1996: Novartis) bis zum Ende des Ersten Weltkrieges festgestellt: „Entsprechend der struk-turellen Eigenart der Firma hatten die Chemiker ihr Tätigkeitsfeld weitgehend selbst bestimmen können; es blieb ihnen anheimgestellt, ihren Neigungen folgend, diese oder jene Arbeit in Angriff zu nehmen. Das Bearbeiten des Forschungsfeldes auf dem Gebiet der Farbstoffe war weit mehr als später dem Gutdünken und den Möglichkeiten der Person anheimgestellt und geschah weniger nach einem zum vornherein festge-setzten und verbindlichen Plan, der systematisch alle Bereiche der Farbstoffchemie in Erwägung zog und auf Grund dessen eine Vielzahl von Chemikergruppen für be-stimmte Aufgaben eingesetzt wurden. Die Handlungsfreiheit des einzelnen Chemikers war unter anderem auch dafür verantwortlich, dass in der Periode von 1883 bis 1900 beinahe ausschließlich Baumwollfarbstoffe entdeckt und bearbeitet wurden, anderer-seits in der Periode von 1900 bis 1914 und bis weit in die dreißiger Jahre [des letzten Jahrhunderts] hinein die Forschungen auf dem Gebiete der Wollfarbstoffe das Feld beherrschten... Mit dem Ausbau der wissenschaftlichen Forschungen bemühte man sich auch vermehrt um eine rationellere betriebliche Organisation und um die Verbes-serung der Verfahrenstechnik"[23]. Ähnliche Beobachtungen sind bis in die jüngste Zeit hinein auch für andere Unternehmen zu machen. Sie deuten auf einen betriebswirt-schaftlichen Missstand hin: Effektivität wird nicht systematisch gefördert.

---

22 Servan-Schreiber, J.-J., Le défi américain, Paris 1967, S. 293, aus dem französischen Original über-setzt: „Ni les légions, ni les matières premières, ni les capitaux ne sont plus les marques, ni les instru-ments de la puissance. Et les usines elles-mêmes n'en sont qu'un signe extérieur. La force moderne c'est la capacité d'inventer, c'est-a-dire la recherche: et la capacité d'insérer les inventions dans les produits ... Les gisements ou il faut puiser ... résident dans l'esprit. Plus précisément dans l'aptitude des hommes a réfléchir et à créer".

23 Bürgin, A., Geschichte des Geigy-Unternehmens von 1785 bis 1939, a. a. O., S. 274.

1.2 Probleme überwiegender „Technikorientierung"

Tatsächlich kommt einer effektiven und effizienten Steuerung des industriellen Forschungs- und Entwicklungsprozesses durch ein unternehmerisches Management große Bedeutung zu. Dies wird heute auch generell anerkannt. Weniger akzeptiert ist aber, dass aus Sicht der Betriebswirtschaftslehre Anregungen zur Steuerung dieser Prozesse gegeben werden können, obwohl Albach schon 1970 formulierte: „Die Forschungsplanung wird zur institutionalisierten Antriebskraft des Wandels in der Wirtschaft"[24]. Einmal kann nämlich nicht auf dieselbe, Jahrhunderte alte Tradition der wissenschaftlichen Beschäftigung mit diesen Fragen verwiesen werden, die zum Beispiel das Rechnungswesen auszeichnet (so lässt sich die doppelte Buchführung bis ins Italien des Mittelalters zurückverfolgen). Daraus resultieren Kenntnis- und Methodenlücken. Wenn dieser Themenbereich jedoch aufgegriffen wurde, geschah dies punktuell und nicht kontinuierlich[25]. Weiter liegt es in der Natur der Forschung, dass diese sich der routinisierten Ergebnisgewinnung entzieht; Routineprozesse sind aber leichter zu steuern als solche, denen ein sicherer Ausgang fehlt. Domsch hat neben diesen Argumenten weitere **Standardargumente gegen die Planung** zusammengestellt: die Angst vor der Durchbrechung der Vertraulichkeit, das Fehlen gesamtunternehmerischer Zielvorstellungen, die Planung als Tod der Kreativität, fehlende Planungsmotivation, Unnötigkeit der Planung wegen historisch- oder konkurrenzorientierter (d. h. nachahmender) Vorgehensweisen, oder unklare Kommunikationsströme und Verantwortlichkeiten[26]. Domsch macht deutlich, dass diese Argumente auf Unterstellungen über das Aufgabenspektrum, den Stand der Planungsforschung und die Einstellungen des Personals beruhen, die nicht oder wenigstens nicht generell zu rechtfertigen sind.

Schließlich wollen manche Naturwissenschaftler und Ingenieure dem Betriebswirt den Zugang zu diesem Feld sperren, weil sie dem Missverständnis erliegen, dass – aus ihrer Sicht – laienhaft in die inhaltlichen Fragen ihrer Fachgebiete von Fachfremden eingegriffen werden soll. **Dem ist entgegenzusetzen, dass Betriebswirte Instrumente entwickeln, bereitstellen und einsetzen wollen, durch die eine bestmögliche, zielentsprechende Verwendung knapper Ressourcen ermöglicht**

---

24 Albach, H., Unternehmerische Phantasie im Zeitalter des Computers und der Planung, in: Die Herausforderung des Managements im internationalen Vergleich, Wiesbaden 1970, S. 11–26, hier S. 23.
25 Brockhoff, K., The Emergence of Technology and Innovation Management, Technology and Innovation, Vol. 19, 2017, S. 461–480.
26 Vgl. Domsch, M., The Organization of Corporate R&D Planning, Long Range Planning, Vol. 11, 1978, S. 67–74, hier S. 68 f. In gesellschaftlicher Sicht ähnlich: Krauch, H., Resistance Against Analysis and Planning in Research and Development, Management Science, Vol. 13, 1966, S. C-47–C-58. Vgl. weiter die sogenannte Minerva-Debatte zu der Frage, ob Forschung nur durch Forscher selbst gesteuert werden kann. Anders: Kirsch, G., Systemanalytische Grundlagen der Forschungspolitik, Düsseldorf 1972.

wird. Unter Wettbewerbsbedingungen wird damit volkswirtschaftliche Wohlstandssteigerung angestrebt. Wenn im Einzelfall als Folge betriebswirtschaftlicher Planung die Beschneidung einiger Gebiete der Forschung und Entwicklung beklagt, die Förderung anderer Gebiete kritisiert wird, so muss der Kritiker zeigen, dass diese Äußerungen – würden sie befolgt – besser als die alternative Vorgehensweise dem gesamtwirtschaftlichen Ziel dienen und nicht nur einem partikularen, häufig sehr persönlichem, Interesse.

Stärker noch ist das Argument, das von Gottl-Ottlilienfeld in Vorwegnahme der als modern apostrophierten Marketing-Orientierung der Unternehmenspolitik vorgetragen hat. Nach seiner Auffassung tragen Wirtschaft und Technik zwar gemeinsam dazu bei, die „Befreiung vom Zufall" bei der Bedürfnisbefriedigung zu erreichen; dabei gilt aber, „dass immer die Wirtschaft der Technik die Probleme stellt ... "[27]. „Technik ist um der Wirtschaft willen da, aber Wirtschaft nur durch Technik vollziehbar"[28].

Immer wieder finden sich Fallbeispiele dafür, dass überwiegende **Technikorientierung zu Unternehmenskrisen führt.** Davor sind selbst so bekannte Marken und Vorbilder wie Porsche nicht gefeit:

„Sehr wohl entwickelt sich die Marke – speziell in neuerer Zeit nach der Krise des Unternehmens Mitte der 90er Jahre zu einer Marke, die mehr zu bieten hat, als das allein sportliche Auto. Von der ursprünglichen Technikorientierung, um nicht zu sagen schon: -verliebtheit, ist man bei Porsche zur Kundenorientierung gekommen – ohne jedoch die Kontinuität der Marke zu verlieren"[29].

Diese Technikorientierung (bis hin zum sogenannten deutsch-charakteristischen „over-engineering"[30]) führt wie ein roter Faden speziell durch die deutsche Wirtschaftsgeschichte. Folgende Beispiele sollen dies veranschaulichen:

Im „manager-magazin" wird etwa von dem in Hamburg ansässigen Unternehmen Eppendorf-Netheler-Hinz GmbH berichtet, das Blut- und Urin-Analysegeräte, Spritzen und Pipetten aus Kunststoff herstellt. Ein Umsatzrückgang und Verluste werden wie folgt erklärt:

„Ein Teil der Misere war programmiert durch die von den Gründern geschaffene Firmenkultur, die auf vollkommene Harmonie angelegt ist. Oberstes Gebot: Jeder soll sich wohl fühlen. Konflikte werden nicht ausgetragen; jeder darf planlos vor sich hinwerkeln. Einiges von den in der Satzung niedergelegten Unternehmensgrundsätzen erinnert mehr

---

27 v. Gottl-Ottlilienfeld, F., Wirtschaft und Technik, 2. A., Tübingen 1923, S. 17.

28 Ebenda, S. 10.

29 WW-Kurier, 2012, BVMW Meeting Mittelstand im Porsche Zentrum Siegen, 2012, abgerufen am 10.4.2019 unter: https://www.ww-kurier.de/artikel/14637--bvmw-meeting-mittelstand--im-porsche-zentrum-siegen

30 Parnell, M. F., Globalisation, „organised capitalism" and German labour, European Business Review, Vol. 98/2, 1998, S. 85: „... hindered by the German predilection for too high a level of process and production complexity, ,over-engineering'."

an eine Wohlfahrteinrichtung („Zur Verbesserung der Lebensbedingungen der menschlichen Gesellschaft beitragen") als an ein gewinnorientiertes Unternehmen.

Eine Philosophie, die – zu Ende gedacht – jeden Werbemann brotlos machen würde, bestimmt das, was bei Eppendorf unter „Marketing" läuft. „Werbung", so heißt es in den Geboten der Gründer, „erfolgt im Wesentlichen durch wissenschaftliche Veröffentlichungen angesehener Autoren." Eppendorf verfüge über Technik, „für die wir nicht erst Nachfrage erzeugen mussten". Dies sei, so befanden Netheler und Hinz (die Unternehmensgründer, beide Techniker, d.V.) noch 1983, eine „solide Grundlage einer Unternehmensentwicklung".

Die Entwicklungsaktivitäten der kreativen Eppendorf-Mannschaft entglitten dem auch dafür zuständigen Bechtler (1986 bis 1988 Vorsitzender der Geschäftsführung, „eine Koryphäe als Techniker", d.V.) vollends. Eine chaotische Matrixorganisation, in der sowohl Projektmanager als auch Fachabteilungen das Sagen hatten, aber niemand die Verantwortung trug, ließ die Konstruktionskosten unkontrolliert ausufern.

Die Entwickler sannen immer auf die anspruchsvollsten und teuersten Lösungen. Anstatt vorhandene und bewährte Aggregate einzubauen, erfanden sie das Rad immer aufs neue. Die Produktionsleute, die korrigierend hätten eingreifen können, wurden viel zu spät eingebunden. Nicht ganz schuldlos an dieser Entwicklung waren auch die vielen externen Wissenschaftler, mit denen Gründer und Geschäftsführer sich in diversen Gremien wie Aufsichtsrat, Beirat, Fachbeirat und Konsilium umgaben. Ein Gelehrter hatte eine Idee – Eppendorf entwickelte. Von einem „substantiellen Gefühl der Freundschaft mit führenden Wissenschaftlern" hatten schon Netheler und Hinz geschwärmt.

Zeit und Kosten spielten keine Rolle. So kam es, dass Eppendorf-Analysegeräte fast immer zu teuer, meistens zu spät und oft überdimensioniert den Markt erreichten."

Das Unternehmen konnte später „wieder auf Erfolgskurs" gehen: „Einrichtung von produktbezogenen Profit-Centern, die Einführung eines wirksamen Controlling und neuer Bewertungsmethoden …" haben dazu beigetragen.

Die Erkenntnis, dass Unternehmenserfolg langfristig nicht ausschließlich auf technischem Wissen beruhen kann, ist keineswegs neu. So schreibt z. B. Sir James Swinburne, u. a. Direktor einer Fabrik für elektrische Glühlampen, schon im Jahre 1886:

„… the success of a lamp maker must soon depend, not on secret processes but on good business management, not only in making but in selling his lamps. The present high price of lamps is not due to labour in making but to superintendence, to waste through manufacture of bad lamps, which are or are not sold, and to bad business management and waste of money generally. In addition, large sums have often been paid for patents of doubtful value …

Electric lighting, as a new business, needed men who had technical knowledge as well as business capacity. To begin with, electrical business had to be managed by men who were either scientific and unbusinesslike or businesslike and unscientific …

The industry is looking more promising now, as electricians are gradually acquiring business habits, and business men see that it is necessary to be technical also. Incandescent lamp making is the most purely scientific branch of electric lighting and it has therefore suffered most from unbusinesslike management"[31].

Gelegentlich wird auch in Darstellungen ingenieur- oder naturwissenschaftlicher Forschung Kritik an der betriebswirtschaftlichen Forschungs- und Entwicklungsplanung formuliert. Prototypisch für diese Art von Darstellungen ist das Buch des Festkörper-Physikers Hans Queisser, das die Entwicklung und Bedeutung der Mikroelektronik beschreibt. Kritik äußert sich in einem dem „Finanzmann und … Fabrikleiter" unterstellten Denken, das revolutionäre Neuerung ablehnt und deshalb in den Forschungs- und Entwicklungsbereichen dafür kaum Vorkehrungen trifft oder zulässt[32] Für dieses Denken können wirtschaftliche Überlegungen, wie etwa solche zur Liquiditätssicherung, ausschlaggebend sein. Dies zeigt beispielsweise die Funktion der Deutschen Bank bei BMW in den dreißiger Jahren des letzten Jahrhunderts, als sie den technisch orientierten Entscheidungen des Unternehmens „finanziell realistische Maßstäbe" anlegte[33].

Offen ist, ob gegen revolutionäre Neuerungen gerichtetes Denken nicht auch dem Ingenieur zugeschrieben werden kann. Dafür können zwei Einstellungen relevant sein: Die Wertschätzung früherer Erfahrungen und die Scheu vor dem Verlassen erprobter Wege eines Faches oder einer Branche.

Ersteres wird deutlich, wenn dem Physiker Stone vorgehalten wird, anders als sein „Konkurrent" Campbell deshalb zum Problem der Widerstandsreduktion von Kabeln für die Sprachübertragung wenig beigetragen zu haben, weil er zu sehr **einer** Idee nachhing: „The most important impediment for Stone was probably his commitment to the idea of the bimetallic wire. His intellectual ownership of the bimetallic method probably derailed any attempts he might have made to discover more promising approaches. By contrast, Campbell's thinking on continuous versus concentrated inductance was not so constrained. It was Campbell's skepticism about the bimetallic solution that directly fostered the train of thought that led to loading"[34].

Das zweite Argument wird in einer technikgeschichtlichen Studie zum Motorenbau deutlich. Hier wird gezeigt, dass der „herrschende Stand der Technik" ein durch Neuerungen nur schwer zu überwindendes Denkmuster darstellt, dem auch noch rechtliche Bedeutung zukomme. Knie stellt für den bedeutenden Rudolf Diesel fest,

---

31 Incandescent Lamp Manufacture, The Electrician, 26.11.1886, zitiert nach: Heerding, A., The History of N. V. Philips' Gloeilampenfabriken, Bd. 1, Cambridge et al. 1985, S. 64 f. Im gleichen Sinne äußerte G. Siemens Zweifel am wirtschaftlichen Sachverstand „der Ingenieure Mannesmann": Vgl. Wessel, H. A., Kontinuität im Wandel. 100 Jahre Mannesmann 1890–1990, Düsseldorf 1990, S. 60.

32 Vgl. Queisser, H., Kristalline Krisen. Mikroelektronik – Wege der Forschung, Kampf um Märkte, 2. A., München, Zürich 1987.

33 James, H., Die Deutsche Bank und die Diktatur 1933–1945. In: Gall, L., et al., Die Deutsche Bank 1870–1995, München 1995, S. 315–408, hier S. 360.

34 Wasserman, N. H., From Invention to Innovation: Long Distance Telephone Transmission at the Turn of the Century, Baltimore, London 1985, S. 72.

dass er „sich hinsichtlich seiner technischen Leistungen kaum von seinen zeitge-
nössischen Kollegen (unterschied). Seine Berechnungen und Konstruktionen waren
zwar ‚gewagt‘, aber oft auch unsolide und mangelhaft durchdacht“. Hervorgehoben
werden dagegen seine „technologiepolitischen Leistungen: (die) Fähigkeit, Netzwerke zu knüpfen, Unterstützungsgruppen zusammenzuzimmern und Eigeninteressen
industrieller und technikwissenschaftlicher Akteure auszunutzen und damit Gespür
für die sozialen und ökonomischen ‚Bindekräfte‘ eines ‚herrschenden Standes der
Technik‘ zu demonstrieren. Leistungen also, die … von der traditionellen Technik-
geschichtsschreibung bislang völlig ausgeklammert und regelrecht herausoperiert,
allein der technischen und ingenieurwissenschaftlichen Genialität zugeschrieben
wurden“[35]. Nicht die Kritik an der Technikgeschichte interessiert hier[36], sondern die
Hinweise auf Managementfähigkeiten, die einem Ingenieur zum Erfolg verhelfen können und auf die nicht ausbildungsspezifisch ausgeprägte Zurückhaltung gegenüber
revolutionären Neuerungen.

Hierin, wie an der Beobachtung, dass ein Physiker als Firmenchef im Silicon Val-
ley „vielleicht auch aus einer gewissen Arroganz wegen seiner wissenschaftlichen
Ausbildung und aus dem Vollgefühl bisheriger Erfolge heraus nur wenig Verständnis
für Buchhaltung und Geschäftsroutine“[37] hat, zeigen sich Ansatzpunkte für den nütz-
lichen Einsatz der Betriebswirtschaftslehre. Aus eigener, unmittelbarer Anschauung
schildert Queisser, wie der Miterfinder des Transistors und spätere Nobelpreisträger
V. Shockley in einer eigenen Firma mit einer durch Vergangenheitserfahrungen erklärten Verbissenheit, aber ohne Erfolg, an einer Diode arbeiten ließ, so dass wichtige
Mitarbeiter, die in seinem Unternehmen eine für den Markt interessantere Idee nicht
durchsetzen konnten, eine „Palastrevolution“ probten und wegen ihres Scheiterns
schließlich aus dem Unternehmen auszogen. Das deutet auf Probleme der Projektbewertung hin. Während diese Mitarbeiter (unter anderem die späteren Mitgründer von
Intel, Gordon Moore und Robert Noyce) eine erfolgreiche Neugründung betrieben,
musste Shockley sein Unternehmen verkaufen, das kurz darauf geschlossen wurde[38].

In der spannenden Schilderung der Vorteile des Siliziums vor dem Germanium
als Grundwerkstoff der Mikroelektronik und gleichzeitig seiner Unterlegenheit gegenüber dem Galliumarsenid im Hinblick auf die Umwandlung von elektrischer Energie
in Licht, werden grundlegende fachliche Informationen für die Forschungs- und Ent-

---

35 Knie, A., Diesel – Karriere einer Technik. Genese und Formierungsprozesse im Motorenbau. Berlin 1991, S. 146; ähnlich S. 312 ff Vgl. Petzold, H., Moderne Rechenkünstler. Die Industrialisierung der
Rechentechnik in Deutschland, München 1992, S. 53, 262 ff.
36 Vgl. hierzu: König, W., Technik, Macht und Markt. Eine Kritik der sozialwissenschaftlichen Technikforschung, Technikgeschichte, Bd. 60, 1993, S. 243–266: „Der ‚Konservatismus‘ der Ingenieure und
der Technik zielt auf die Funktionsfähigkeit der Technik, vor allem aber auf ihre Wirtschaftlichkeit
und damit die Existenz- und Gewinnsicherung des Unternehmens“ (S. 250 f.)
37 Queisser, H., Kristallene Krisen, a. a. O., S. 179.
38 Ebenda, S. 160–170.

wicklungsplanung erkennbar[39]. Diese Art von Informationen beeinflusst die technologische Prognose (vgl. Abschnitt 5.3). Sie können natürlich nicht von Betriebswirten bereitgestellt werden, so dass sich hier ein weiteres Beispiel für die Notwendigkeit fachlicher Zusammenarbeit ergibt. **Forschungs- und Entwicklungsplanung** wird schon aus diesem Grunde **interdisziplinär** sein müssen.

Zwischen Unternehmenserfolg und Planungsaktivitäten kann, wenn „Überplanung" vermieden wird, ein positiver Zusammenhang bestehen. Umfrageergebnisse bei 98 deutschen Unternehmen deuten darauf hin. Danach wird festgestellt, dass in erfolgreicheren Unternehmen relativ häufiger „Planung nach verbindlicher Methode", „Termin- und Ressourcenplanung", „Finanzierungsplanung", „Überwachung von Meilensteinen" und von „Ressourcen" betrieben wird[40]. Freilich ist damit kein Nachweis einer Kausalität verbunden, jedoch weisen andere Studien in eine vergleichbare Richtung[41].

Einzuräumen ist, dass in der betriebswirtschaftlichen Theorie und in der Praxis leicht übersehen wird, wie Anforderungen und Instrumente zur Steuerung von Routineprozessen sich von Anforderungen und Instrumenten zur Steuerung von Forschungs- und Entwicklungsprozessen unterscheiden. Diesen Gedanken nutzen Autoren wie Hauschildt, oder Vahs und Brem, um die spezielle Befassung mit dem Innovationsmanagement (das in deren Sinne Forschungs- und Entwicklungsaktivitäten zugleich abdeckt) zu begründen[42].

1.3 Beiträge von Forschung und Entwicklung zur Wettbewerbsfähigkeit

Die Steuerung von Forschung und Entwicklung in den Unternehmen umfasst eine große Vielzahl von Aktivitäten. Sie reichen von den Maßnahmen zur Förderung der Kreativität bis zur Dokumentation des Faktoreinsatzes im Rechnungswesen. Hier können nicht alle diese Fragen behandelt werden. Das Schwergewicht der Betrachtung liegt auf den **Instrumenten zur Planung und Kontrolle von Forschung und Entwicklung** in industriellen Unternehmen. Allerdings haben sich noch keine einheitlich

---

39 Ebenda, pass.

40 Vgl. Foos, C., Teamgeist schlägt Geld, Top Business, April 1995, S. 92–96, über eine Studie von Arthur D. Little, Inc.

41 Vgl. hierzu: PwC, Studie: Mit strategischer Planung zum Unternehmenserfolg, 2010, S. 1–44, abgerufen am 18.4.2019 unter: https://www.pwc.de/de/risiko-management/assets/studie_strateg_planung.pdf: „Die Ergebnisse sind vielschichtig und zeigen, dass erfolgreiche Unternehmen tendenziell umfassender planen" (S. 9).

42 Hauschildt, J., Innovationsmanagement, 3. A., München 2004; Hauschildt, J., Salomo, S., Schultz, C. und Kock, A., Innovationsmanagement, München, 2016; Vahs, D. und Brem, A., Innovationsmanagement: Von der Idee zur erfolgreichen Vermarktung, Stuttgart 2013.

Abb. 1.1: R&D Laboratory as a System

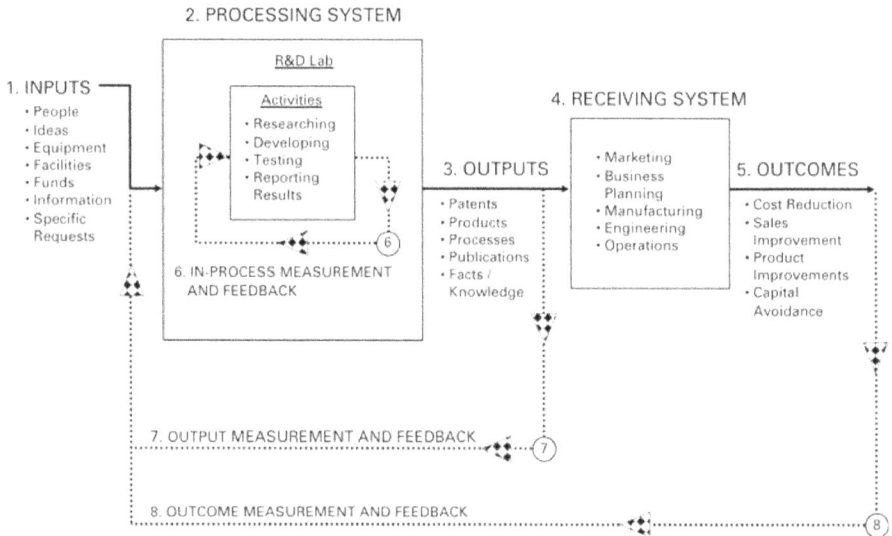

2. PROCESSING SYSTEM

R&D Lab

1. INPUTS
- People
- Ideas
- Equipment
- Facilities
- Funds
- Information
- Specific Requests

Activities
- Researching
- Developing
- Testing
- Reporting Results

4. RECEIVING SYSTEM

3. OUTPUTS
- Patents
- Products
- Processes
- Publications
- Facts / Knowledge

- Marketing
- Business Planning
- Manufacturing
- Engineering
- Operations

5. OUTCOMES
- Cost Reduction
- Sales Improvement
- Product Improvements
- Capital Avoidance

6. IN-PROCESS MEASUREMENT AND FEEDBACK

7. OUTPUT MEASUREMENT AND FEEDBACK

8. OUTCOME MEASUREMENT AND FEEDBACK

Quelle: Brown, Mark G. und Svenson, Raynold A., Measuring R&D Productivity. Research Technology Management, Vol. 41/6, 1998, S. 30–35.

vorherrschenden Standards durchgesetzt, um diese zu bewerten. Ein Instrument, eine solche Planung und Kontrolle auf die verschiedenen Stufen der Forschungs- und Entwicklungsprozesses zu übertragen, bietet das „R&D Laboratory as a System" von Brown and Svenson (vgl. Abb. 1.1). Hier wird das „R&D Lab" als ein System verstanden, das als selbständiges System innerhalb eines Makrosystems einer ganzen Organisation arbeitet[43].

Die Entwicklung und die Anwendung solcher Instrumente geschehen in der Absicht, dadurch die **Effektivität** und die **Effizienz** der Forschungs- und Entwicklungstätigkeit zu steigern[44]. Das wiederum sind wesentliche **Voraussetzungen für die Erhaltung der Wettbewerbsfähigkeit**, wenn darunter das Überleben des Unternehmens bei gleichzeitiger Erwirtschaftung einer Wertschöpfung verstanden wird, aus der die eingesetzten Produktionsfaktoren marktgerecht entlohnt werden können.

---

43 Brown, M. G. und Svenson, R. A., Measuring R&D Productivity. Research Technology Management, Vol. 41/6, 1998, S. 30–35; Bican, P. M. und Brem, A., How do firms measure their R&D performance? Results from an industry-spanning explorative study on R&D key measures, working paper, 2019.
44 Effektivität bedeutet „das Richtige zu tun", das heißt, Übereinstimmung der Ziele im Unternehmen zu erreichen und diese auf Wettbewerbsfähigkeit auszurichten. Effizienz erreichen heißt, „etwas richtig zu tun", das heißt, günstige Verhältnisse von Ergebnissen zu Inputs zu erzielen, wobei die Ziele als gegeben angenommen werden. Offenbar muss beides erreicht werden.

Der Aufwand für industrielle Forschung und Entwicklung wird im Kapitel 3 noch ausführlich dargestellt. Hier ist nur beispielhaft darauf zu verweisen, dass man für die Entwicklung der Technologie, die das benzinbetriebene Elektrohybrid-Modell „Prius" ermöglicht hat, mit $ 1 Milliarde Entwicklungskosten in Vorleistung getreten ist, während Tesla für die Entwicklung des Tesla Roadster und des Model S ungefähr nur $ 140 Mio. und $ 650 Mio. aufgewendet hatte[45]. Für ein neues pharmazeutisches Präparat rechnet man mit wenigstens $ 800 Mio.[46] und ein neuer Nassrasierer mit einem geplanten Verkaufspreis von $ 3.75 soll mit $ 75 Mio. entwickelt worden sein; die Idee für diesen entstand bereits 1977, 1983 wurden die Prototypen getestet, anschließend Anlagen für die Massenproduktion entwickelt; die Markteinführung erfolgte 1990; 18 Patente schützen das Gerät, vier weitere Patentanmeldungen lagen 1990 noch vor[47]. Das war jedoch in den 90er Jahren: Seitdem hat beispielsweise einer der zwei Weltmarktführer, Gillette, zwei neue Nassrasierertypen auf den Markt gebracht: Hier lagen die Entwicklungskosten bereits bei jeweils ungefähr $ 750 Mio.[48].

Die Erhaltung der Wettbewerbsfähigkeit – in einigen Fällen auch ihre Wiedergewinnung – erscheint heute vielen Betrachtern ganz besonders schwierig. Das wirkt zurück auf die Steuerung von Forschung und Entwicklung. Der bloße Eintritt in **eine Branche mit guten Entwicklungsaussichten ist nämlich noch keine Garantie für die Erhaltung der Wettbewerbsfähigkeit**. Hier kann ein Technologiefeldmonitoring, beispielsweise mittels Patenten, mit ersten Indikationen über mögliche Erfolgsaussichten assistieren[49]. Dass die Steuerung auch in solchen Branchen nicht allen Unternehmen gelingt, wird beispielhaft an der Überlebenswahrscheinlichkeit von US Start-Ups in verschiedenen Industrien dargestellt (vgl. Abb. 1.2). Nicht einmal die ersten fünf Jahre nach Gründung überlebte die Hälfte aller neugegründeten Start-Ups in der Regel. Ähnlich lässt sich für Computer-Hersteller oder Biotechnolo-

---

45 Helmers, E., Die Modellentwicklung in der deutschen Autoindustrie: Gewicht contra Effizienz, Gutachten, Trier 2015, abgerufen am 10.4.2019 unter: https://www.vcd.org/fileadmin/user_upload/ Redaktion/Publikationsdatenbank/Auto_Umwelt/Gutachten_Modellentwicklung_deutsche_ Autoindustrie_2015.pdf; Stringham, E. P., Miller, J. K. und Clark, J. R., Overcoming barriers to entry in an established industry: Tesla Motors, California Management Review, Vol. 57/4, 2015, S. 85–103.
46 DiMasi, J. A., Grabowski, H. G., & Hansen, R. W., Innovation in the Pharmaceutical Industry: New Estimates of R&D Costs, Journal of Health Economics, Vol. 47, 2016, S. 20–33; Morgan, S., Grootendorst, P., Lexchin, J., Cunningham, C., und Greyson, D., The Cost of Drug Development: A Systematic Review, Health Policy, 2011, Vol. 100/1, S. 4–17; Rawlins, M. D., Cutting the Cost of Drug Development? Nature Reviews Drug Discovery, 2004, Vol. 3/4, S. 360–364.
47 Hammonds, K. H., How a $ 4 Razor Ends up Costing $ 300 Million, Business Week, 29.1.1990, S. 39–40.
48 Davis, J., Inside The Very Weird World Of Disposable Razors, Esquire, 2016, abgerufen am 18.4.2019 unter: https://www.esquire.com/uk/culture/news/a6833/razors/.
49 Guderian, C. C., Identifying Emerging Technologies with Smart Patent Indicators: The Example of Smart Houses, International Journal of Innovation and Technology Management Vol. 17/1, 2019, in print; Ernst, H. und Omland, N., The Patent Asset Index – A new approach to benchmark portfolios, World Patent Information, Vol. 33/1, 2011, S. 34–41.

Abb. 1.2: 5-Jahre Überlebenswahrscheinlichkeit von US Start-Ups nach Industrie

5-Jahre Überlebensrate für Start-Ups in den USA

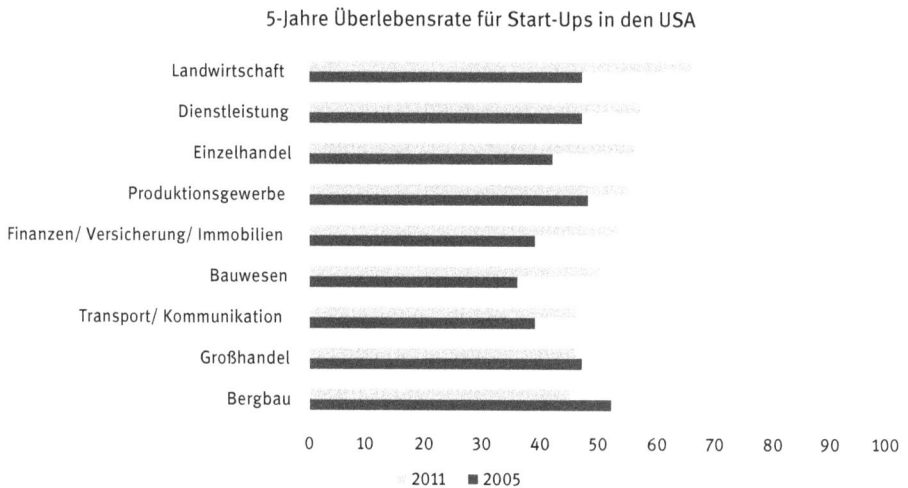

Quelle: Erstellt nach Daten aus: Waverly Deutsch, 2017, Surprising numbers behind start-up survival rates, Chicago Booth Review, abgerufen am 20.4.2019 unter: http://review.chicagobooth. edu/entrepreneurship/2017/article/surprising-numbers-behind-start-survival-rates.

gien-Firmen zeigen, dass sogenannte Spitzentechnik[50] keine Versicherung gegen einen „shake-out" bietet.

Wie vielfältig die **Gefährdungen der Wettbewerbsfähigkeit** sind, auf die durch Forschungs- und Entwicklungsanstrengungen zu antworten ist, sei hier nur beispielhaft gezeigt.

Erstens ist auf **Veränderungen der Anbieterstruktur** hinzuweisen, die sich vor allem auch in zunehmender Internationalisierung äußert. Dabei **sind nicht nur höhere Forschungs- und Entwicklungsanstrengungen** in „klassischen" Industrieländern zu berücksichtigen, sondern besonders auch in sog. „Schwellenländern". In 2018 stockten vor allem chinesische Unternehmen ihre Innovationsausgaben auf (plus 34,4 Prozent), während in Nordamerika diese lediglich um 7,8 Prozent wuchsen. „Chinesische Unternehmen zeigten, dass sich Asien in Sachen Forschung und Entwicklung ‚gerade erst warmläuft' ... Dort werde in den kommenden Jahren vermutlich ein Großteil der Schlüsseltechnologien entwickelt"[51]. Diese Veränderungen der Anbieterstruktur inklusiver erhöhter Anstrengungen in Forschung und Entwicklung lassen sich auch anhand der Anmeldezahlen für Patente erkennen (vgl. Tab. 1.1 und Tab. 1.2).

---

50 Vgl. Brockhoff, K., Spitzentechnik, WiSt – Wirtschaftswissenschaftliches Studium, 15. Jg., 1986, S. 431–435.

51 t3n.de, Ausgaben für Forschung: Volkswagen auf Platz 3 hinter Amazon und Google, 01.11.2018, abgerufen am 16.4.2019 unter: https://t3n.de/news/ausgaben-fuer-forschung-volkswagen-auf-platz-3-hinter-amazon-und-google-1121805/.

Tab. 1.1: Top 10 Patentanmelder (nach Firmen) weltweit 2017

Unternehmen	Huawei Technologies	ZTE	Intel	Mitsubishi Electric	Qualcomm	LG Electronics	BOE Technology Group	Samsung Electronics	Sony	LM Ericsson
Patentanmeldungen	4.024	2.965	2.637	2.521	2.163	1.945	1.818	1.757	1.735	1.564

Quelle: Erstellt nach Daten aus: WIPO, China Drives International Patent Applications to Record Heights; Demand Rising for Trademark and Industrial Design Protection, 2018, abgerufen am 10.4.2019 unter: https://www.wipo.int/pressroom/en/articles/2018/article_0002.html

Tab. 1.2: Top 10 Patentanmelder (nach Ländern) weltweit 2017

Land	USA	China	Japan	Deutschland	Südkorea	Frankreich	Großbritannien	Schweiz	Niederlande	Schweden
Patentanmeldungen	56.624	48.882	48.208	18.982	15.763	8.012	5.567	4.491	4.431	3.981

Quelle: Erstellt nach Daten aus: WIPO, China Drives International Patent Applications to Record Heights; Demand Rising for Trademark and Industrial Design Protection, 2018, abgerufen am 10.4.2019 unter: https://www.wipo.int/pressroom/en/articles/2018/article_0002.html

Clustert man die größten solarenergieproduzierenden Länder nach dem Kriterium technologischer Ähnlichkeit, so entdeckt man Anfang der 2000'er Jahre deutsche Branchenführer und „Technologiefolger" aus aller Welt (siehe Abb. 1.3). Die Technologiefolger bleiben immer hinter den Branchenführern zurück. Die chinesischen Anbieter, steigern jedoch ihre Produktion deutlich stärker als die deutschen und überholen diese schon ab 2007. Ihr Marktanteil steigt auf 57 % im Jahre 2011. Diese Beobachtungen werden zu Recht als Wettlauf charakterisiert[52].

Ähnliches lässt sich auch im Hinblick auf die Zukunft der automobilen Mobilität beobachten. Nachdem jahrelang Elektropioniere wie Tesla (oder auch Toyota mit Hybridmodellen wie dem Prius) den anteilig am Gesamtfahrzeugmarkt noch geringen Markt für Elektromobilität weltweit dominierten, drängen nicht nur neue Anbieter, sondern auch die traditionellen Automobilhersteller mit immensen Investitionen in die Elektrifizierung der weltweiten Fahrzeugflotte (siehe Tab. 1.3). Wie dieser Wettlauf um eine der vermeintlichen Schlüsseltechnologien der Zukunft ausgehen wird, ist als hierbei noch völlig offen zu bewerten[53].

---

52 Vgl. Khanna, T., Racing behavior. Technological evolution in the high-end computer industry. Research Policy, Vol. 24, 1995, S. 933–958.

53 Vgl., auch zur Akzeptanz: Franke, J., Weigelt, M., Bican, P. M. und Batz, K., Analyse der Reichweitenpotenziale elektrischer Fahrzeugantriebe, ATZ-Automobiltechnische Zeitschrift, Vol. 121/5, 2019, S. 84–89.

Abb. 1.3: Entwicklung der Marktanteile weltweiter Solarproduktion

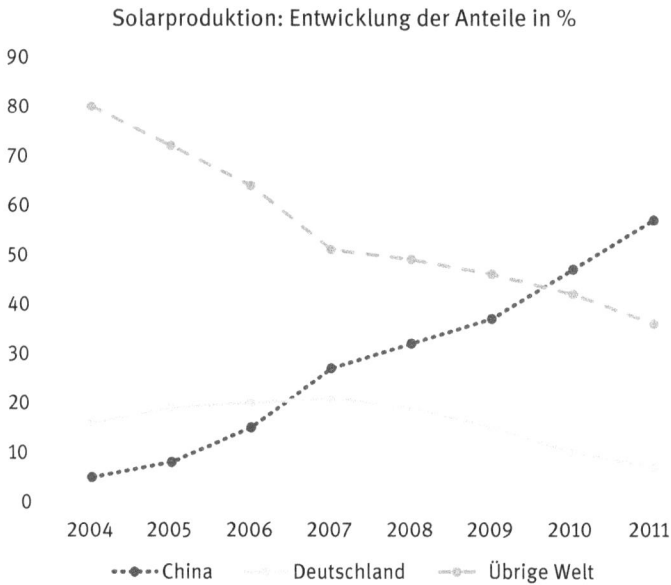

Quelle: Erstellt nach Daten aus: Geinitz C., Dunkle Wolken über Chinas Solarindustrie, FAZ, 2012, abgerufen am 16.4.2019 unter: https://www.faz.net/aktuell/wirtschaft/millionenverluste-dunkle-wolken-ueber-chinas-solarindustrie-11871274.html.

Zweitens ist auf Veränderungen in den **Preisen** der **Produktionsfaktoren** zu reagieren, so dass primär die relativ teuersten Faktoren eingespart werden. Dies wird auch als einer der großen Faktoren in Fragen der Akzeptanz der Elektromobilität angesehen. Aus der sogenannten Strukturberichterstattung lässt sich entnehmen, dass in der Bundesrepublik Deutschland in den siebziger Jahren bis zum Beginn der achtziger Jahre des letzten Jahrhunderts vor allem die Preise für Energie und Arbeit relativ zum Preis des Kapitals angestiegen sind[54]. Diese Entwicklung lässt sich weiter vom Ende des letzten Jahrhunderts bis ins Jahr 2018 verfolgen (vgl. Abb. 1.4). Deshalb ist es kein Wunder, wenn darauf fortwährend durch energie- und arbeitssparenden technischen Fortschritt reagiert wird.

Auch Preisverschiebungen zwischen einzelnen Faktoren, zum Beispiel Öl- zu Kohlepreisen, können Auslöser für ganz erhebliche Veränderungen von Forschungs- und Entwicklungsprogrammen sein[55]. Selbst wenn dann Rückbildungen der relativen Prei-

---

[54] Schmidt, K.-D. et al., Anpassungsprozess zurückgeworfen. Die deutsche Wirtschaft vor neuen Herausforderungen, Tübingen, 1984, S. 3.

[55] Vgl. Schröter, H. G., Strategische F&E als Antwort auf die Ölkrise. West- und Ostdeutsche Innovationen in der Kohleraffinerie und der chemischen Industrie 1970–1990, in: Fischer, W., Müller, U.,

Tab. 1.3: Geplante Investitionen in Elektromobilität in den nächsten 5–10 Jahren in $ Milliarden (Investitionshorizont ab dem Jahr 2018)

Unternehmen	Land	Gesamt	Davon in Batterien	Davon in China
Volkswagen/Audi/Porsche	Deutschland	91	57	45,5
Daimler	Deutschland	42	30	21,95
Hyundai/Kia	Südkorea	20		
Changan	China	15		15
Toyota	Japan	13,5	13,5	
Ford	USA	11		
Fiat/Chrysler	USA	10		
Nissan	Japan	10		4,5
Renault	Frankreich	10		0,11
Tesla	USA	10	5	5
General Motors	USA	8		
Great Wall	China	8		8
BMW/MINI	Deutschland	6,5	4,5	0,39
GAC	China	6,5		6,5
JAC	China	6		6
Mahindra	Indien	5,5		
Geely	China	5		5
SAIC	China	5		5

Quelle: Reuters / ecomento.de, So viel investieren Autohersteller weltweit in Elektrofahrzeuge, 2019, abgerufen am 24.4.2019 unter: https://ecomento.de/2019/01/17/investionen-elektromobilitaet-weltweit/.

se diese Programme im wirtschaftlichen Sinne erfolglos erscheinen lassen, sind unter Umständen Fernwirkungen in späteren Jahren möglich.

Der in Abb. 1.5 sichtbare Kostenrückgang für Datenspeicher ist mit einem dramatischen Fall der Hardwarepreise bei gleichzeitiger Leistungssteigerung zu erklären. Dies geht natürlich auch auf zunehmenden Wettbewerb zurück, wenn die wissenschaftlichen und technischen Grundlagen der Produktion Allgemeingut zu werden beginnen. Die dabei heute zu beobachtenden Dimensionen des Preisverfalls werden gelegentlich als Kennzeichen einer erst in den letzten Jahren (auch durch das Aufkommen von dezentralem Cloud-Speicher) erreichten Entwicklung angesehen. Allerdings gab es früher schon Ähnliches, wenn es zu schnellen technischen Veränderungen in Produkten oder Produktionsprozessen kam. Auch dafür gibt es Beispiele: Insbesondere durch Neuerungen im Produktionsprozess, billigere Reagenzien und Verwertung von Abfällen geriet beispielsweise der Preis für den Farbrohstoff Anilin so unter Druck, dass er

Zschaber, F., Hrsg., Wirtschaft im Umbruch. Strukturveränderungen und Wirtschaftspolitik im 19. und 20. Jahrhundert. Festschrift für Lothar Baar zum 65. Geburtstag, Scripta Mercaturae Verlag 1997, S. 357–376.

Abb. 1.4: Zur Veränderung der realen Faktorpreise 1998–2018 (1998 = 100)

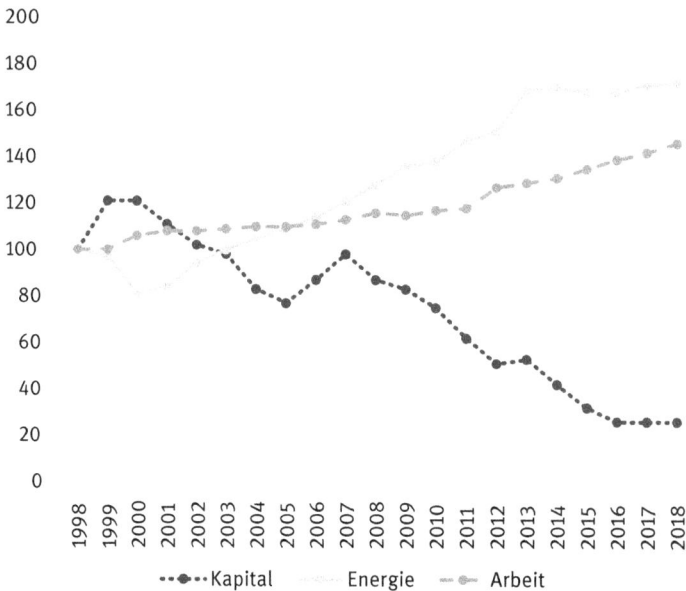

··•··Kapital   Energie   —•— Arbeit

Kapital: Effektivzins für Hypothekendarlehen in Deutschland
Energie: Entwicklung der Strompreise für Haushaltsstrom, inklusive:
*   Beschaffung, Netzentgelt, Vertrieb und Steuern, Abgaben und Umlagen*
Arbeit: Durchschnittlicher Brutto-Jahresarbeitslohn von ledigen Arbeitnehmern ohne Kinder,
*   (Steuerklasse I/0) in Deutschland*

Quelle: Eigene Darstellung nach Statista.[56]

zwischen 1859 und 1871 um etwa 19,2 % je Jahr sank, von 45 auf 3,5 sfr.[57]. Der Preis je Betriebsstunde für sog. Jablochkoff-Glühbirnen in Paris sank zwischen 1878 und 1881 um 37,0 % je Jahr. Der Großhandelspreis für 16 Kerzenstärken-Lampen in den Niederlanden ging in einem Jahrzehnt (1881–1891) von 12,5 auf 1 Gulden zurück[58], d. h. um 22,3 % je Jahr. Es ist bekannt, mit welch erheblichen Umwälzungen in der Industrie

---

56 Datenquellen: Statista, Effektivzins für Hypothekendarlehen in Deutschland in den Jahren von 1994 bis 2018, 2019, abgerufen am 18.4.2019 unter: https://de.statista.com/statistik/daten/studie/ 155740/umfrage/entwicklung-der-hypothekenzinsen-seit-1996/; Schwencke, T. und Bantle, C., BDEW-Strompreisanalyse Januar 2019, BDEW Bundesverband der Energie- und Wasserwirtschaft e. V., 2019, abgerufen am 18.4.2019 unter: https://www.bdew.de/media/documents/190115_BDEW-Strompreisanalyse_Januar-2019.pdf; Statista, Durchschnittseinkommen (durchschnittlicher Brutto-Jahresarbeitslohn) je Arbeitnehmer in Deutschland von 1960 bis 2018, 2019, abgerufen am 18.4.2019 unter: https://de.statista.com/statistik/daten/studie/164047/umfrage/jahresarbeitslohn-in-deutschland-seit-1960/.
57 Bürgin, A., Geschichte des Geigy-Unternehmens, a. a. O., S. 125.
58 Heerding, A., The History of N. V. Philips Gloeilampenfabriken, a. a. O., Bd. 1, S. 30, 43.

Abb. 1.5: Kosten für Datenspeicher in Dollar je Gigabyte (GB)

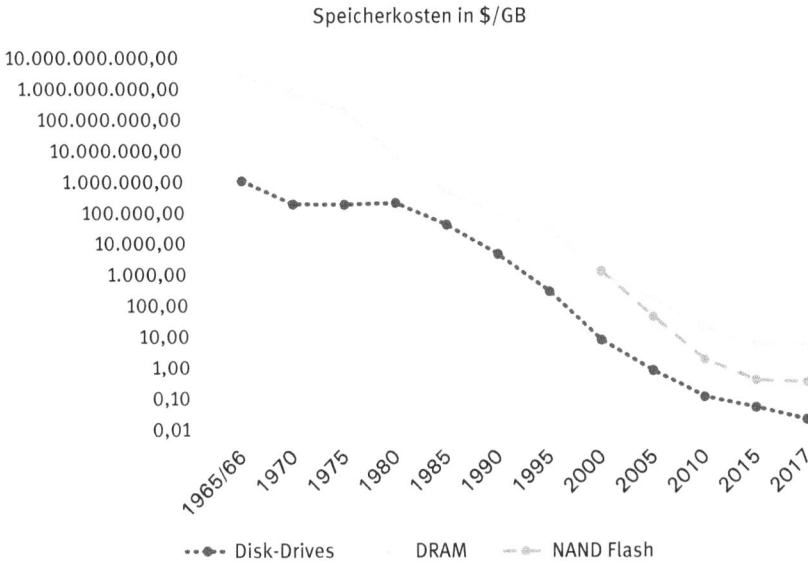

Speicherkosten in $/GB

··●·· Disk-Drives   DRAM   ─●─ NAND Flash

Quelle: Erstellt nach Daten aus Mearian, L., Data storage goes from $ 1M to 2 cents per gigabyte, Computerworld, 2017, abgerufen am 10. April 2019 unter https://www.computerworld.com/article/3182207/cw50-data-storage-goes-from-1m-to-2-cents-per-gigabyte.html.

diese Entwicklungen verbunden waren: Technischer Rückstand führte ebenso schnell zum Ende von Unternehmen wie ausschließliche Technologieorientierung.

Drittens ist **Bedürfnisänderungen** zu entsprechen. Dabei ist zu bedenken, dass Bedürfnisse sich im Laufe der Zeit – und nicht zuletzt aufgrund des verfügbaren Angebots – verändern. Jeder, der sich über mehrere Jahre hinweg mit Computern beschäftigt hat, sei es privat oder beruflich, wird bestätigen, dass sich seine Ansprüche an Speicherkapazität und Rechengeschwindigkeit erheblich verändert haben. Wie diesen Anspruchsveränderungen entsprochen wurde, zeigt die Abb. 1.5 beispielhaft.

Viele weitere Beispiele lassen sich anführen, wie etwa die Qualitätsänderungen langlebiger Markenartikel[59]. Über Opel und Kodak wird berichtet:

„Ende der 60er-Jahre [des letzten Jahrhunderts] war Opel die erfolgreichste Marke im deutschen Automarkt, weil sie mit immer neuen und innovativen Produkten wie mit einem Opel GT oder einem PS-starken Commodore neue Bedürfnisse bediente. Der Opel Commodore setzte einen Trend, denn es wurde das unauffällige Design des Opel Rekord mit einem kräftigen Sechszylinder-Motor verknüpft. Damit war etwas völlig Neues möglich: Understatement. Volkswagen hatte damals mit dem technischen Einheitskonzept

---

[59] Vgl. die Hinweise auf Persil in: Brockhoff, K., Produktpolitik, 3. A., Stuttgart, New York 1993, S. 275.

Käfer und dem Boxer-Heckmotor bei schwächlicher Motorisierung das Nachsehen. Eine bedenkliche, ja existenzbedrohende Krise war für die Wolfsburger in den frühen 70er-Jahren die Folge. Marken geraten also in Krisen, wenn sie nicht Schritt halten mit den Bedürfnissen ihrer Kunden.

Kodak ... ist eigentlich der Erfinder der digitalen Fotografie, hat aber die Wechselbereitschaft der Anwender auf diese neue Technologie unterschätzt. Als Folge wurde ein boomender Markt zu spät adäquat bedient. ... Kodak ist ein typisches Beispiel für eine breit verortete Marke, die alle Schichten in der Bevölkerung sowie gewerbliche und private Nachfrager gleichermaßen angesprochen hat, sich im Zuge des technologischen Wandels aber nicht rechtzeitig angepasst hat. Die Bedürfnisse der gesellschaftlichen Mitte haben sich verändert. Marken müssen also insbesondere technologisch mithalten, wenn sie dauerhaft Erfolg haben und Krisen überstehen wollen.“[60]

Neben der Veränderung der Bedürfnisse ist ihre hohe **Differenzierung** zu bedenken. Dem entspricht das Marketing durch die Suche nach Möglichkeiten zur systematischen Marktsegmentierung. Damit können auch an die Produktentwicklung Anforderungen gestellt werden, die weit über die Anforderungen hinausgehen, die aus einer Gesamtmarkt-Bedienung durch ein einziges Produkt hervorgehen. Auf jeden Fall kommen Prozesstechnologien dieser Entwicklung ebenfalls nach, indem effiziente Produktion nicht mehr nur als Massenproduktion denkbar ist. Die Globalisierung von Produktion und Märkten[61] fordert einen wirtschaftlichen Ausgleich zwischen möglichen Größenvorteilen, Logistikkosten und Differenzierungsansprüchen, die nicht nur Umfang und Art von Forschung und Entwicklung beeinflussen, sondern auch die Suche nach Standorten für diese Aktivität.

Bei alledem ist in Rechnung zu stellen, dass die bloße **Imitation** erfolgreicher Marktangebote nach allen empirischen Erkenntnissen **erfolglos** bleibt[62]. Preis- oder Leistungsvorteile müssen deutlich wahrnehmbar sein, um Erfolge in bereits besetzten Märkten zu erringen. Dies lässt sich am besten durch eine ganzheitliche, **Integrated Intellectual Property Strategy** erreichen[63]. Die Nachahmungs- oder „me too“-Strategie unter sonst gleichen Bedingungen erweist sich eben nur als erfolgreich, wenn sie aufgrund überlegener Prozesstechnik, niedriger Faktorpreise oder besserer

---

60 Franzen, O., Kundenbedürfnisse erkennen und bedienen, Markenartikel, 2012, Vol. 10, abgerufen am 18.4.2019 unter: http://www.konzept-und-markt.com/tl_files/PDFs/Fachbeitraege/Kundenbeduerfnisse%20erkennen%20und%20bedienen,%20Markenartikel%2010%202012.pdf.
61 Vgl. Nunnenkamp, P., Gundlach, E., Agarwal, J. P., Globalisation of Production and Markets, Tübingen 1994.
62 Hierzu gibt es viele Belege. Methodisch besonders gut gelungen ist der Nachweis bei: Calantone, R., Cooper, R. G., New Product Strategies: Scenarios for Success, Journal of Marketing, Vol. 45, 1981, S. 48–60.
63 Conley, J. G., Bican, P. M., und Ernst, H., Value articulation: a framework for the strategic management of intellectual property, California Management Review, Vol. 55/4, 2013, S. 102–120.

Dienstleistungen dem Nachfrager Vorteile bietet. Hinzu kommt die Notwendigkeit, weiteren Wettbewerbern gegenüber Markteintrittsbarrieren zu errichten[64].

Damit bestätigen sich Bedürfnisänderungen und Bedürfnisdifferenzierungen als bedeutende Einflüsse auf die Forschungs- und Entwicklungstätigkeit.

Da Bedürfnisbefriedigungen aber häufig das **Zusammenwirken verschiedener Aktivitäten** erfordern, muss auch darauf in der Entwicklung geachtet werden. So hing der Erfolg von Glaskeramik-Kochflächen nicht nur von der Lösung der unmittelbar damit verbundenen Probleme ab, sondern auch von der Entwicklung geeigneter Reinigungsmittel und der Erfüllung differenzierter Design-Forderungen[65]. Der Erfolg von Edison im Glühlampengeschäft wird neben reichhaltigen Mitteln, einem gut ausgerüsteten Labor und einem Team von Spezialisten vor allem seinem Systemansatz zugeschrieben. Die Glühlampe, ein neues Prinzip der dreipoligen Stromverteilung, Mess- und Regelgeräte, der Dynamo, Lampenfassungen, Sicherungen usw. bildeten ein Licht- und Stromversorgungssystem, das mit seinen Detailneuerungen und in deren Zusammenstellung den bloß auf die Verbesserung der Lampe gerichteten Bemühungen überlegen war[66]. Misserfolge sind durch Missachtung des Zusammenwirkens von Aktivitäten erklärlich: Henry Bessemers Rezept gegen die Seekrankheit, ein Schiff mit einem das „Rollen" auffangenden Salon und Kabinen auszustatten, blieb erfolglos, weil das „Stampfen" nicht beseitigt wurde, das Schiff langsam und schwer steuerbar wurde, beides Folgen der übrigen Konstruktionserfordernisse[67].

Nimmt man die verschiedenen Entwicklungen zusammen, die hier beispielhaft skizziert und belegt wurden, so ist trotz der historischen Parallelen verständlich, dass in der Praxis „Neue Dimensionen von Forschung und Entwicklung durch akzelerierende Technologieschübe" mit den Attributen: gleichzeitige Verknüpfung mehrerer Technologien miteinander, notwendig schnellere Entwicklungen, größere Neuartigkeit und risikoreicheres Forschungs- und Entwicklungsmanagement, ausgemacht werden[68].

Diese Wahrnehmungen stimmen mit zwei der vier Komponenten überein, durch die P. F. Drucker ein „Zeitalter der Diskontinuitäten" gekennzeichnet sieht[69]: **Das Wissen wird zur Hauptressource und zum Produktionsfaktor entwickelter Volkswirtschaften, und neue Technologien treten schnell auf, werden auch schnell**

---

64 Vgl. Schewe, G., Imitationsmanagement, Nachahmung als Option des Technologiemanagements, Stuttgart 1992; Brockhoff, K., Produktpolitik, a. a. O., Kap. 8.

65 Vgl. Klein, H. J., in: Neue Technologien – Neue Märkte, ZfbF-Sonderheft 11/1980, S. 87–90, hier S. 89.

66 Vgl. Heerding, A., The History of N. V. Philips Gloeilampenfabriken, a. a. O., S. 24 f.

67 Vgl. Wengenroth, U., Seekrankheit als Inspiration, Neue Zürcher Zeitung, 172, 26.7.1996, S. 38; ausführlicher dazu in Abschnitt 2.3, unten.

68 So der Titel des Beitrages von G. Zeidler, in: Blohm, H., Danert, G., Hrsg., Forschungs- und Entwicklungsmanagement, Stuttgart 1983, S. 85–91.

69 Drucker, P. F., The Age of Discontinuity: Guidelines to our Changing Society, New York, Evanston 1969.

umgesetzt. Ansoff hat die Gefahr beschrieben, dass die Änderungsgeschwindigkeiten die Reaktionsmöglichkeiten der Unternehmen übersteigen könnten[70]. Aber nicht nur Früherkennung auf schwache Signale muss trainiert werden, um dem zu begegnen. Es müssen auch wirksame Steuerungsimpulse an die Forschungs- und Entwicklungsarbeit gegeben werden.

Aber **Diskontinuität auf den Märkten** stellt nur einen Teil der Einflüsse dar. Auf Faktoreinsatz und Produktangebot wirken schließlich auch internationale und nationale **Rechtsnormen** ein, die die Steuerung der Forschungs- und Entwicklungsprozesse noch weiter erschweren. Auch hierfür können nur Beispiele angeführt werden. So definiert das Arzneimittel-Gesetz die Rahmenanforderungen an die Wirkungs- und Wirksamkeitsuntersuchungen, die der Zulassung eines Arzneimittels vorherzugehen haben[71]. Durch die Novelle von 1986 ist darüber hinaus geregelt worden, unter welchen Bedingungen diese Informationen von der Zulassungsbehörde zugunsten weiterer Antragsteller auf Zulassung verwendet werden können, während beispielsweise die Novelle von 2000 kürzere Zulassungsfristen gebracht hat[72]. Es ist offensichtlich, dass durch die Ausgestaltung dieser Regelung das Verhältnis forschender Innovatoren und nicht forschender Imitatoren grundlegend beeinflusst wird[73] **Umweltschutzvorschriften** können allgemein Entwicklungen anregen oder definitive Entwicklungsziele setzen. Als Reaktion auf die durch zunehmende Fahrzeugdichten trotz der Lärmreduzierung je Fahrzeug immer störender empfundene Lärmentwicklung sind EU-Normen für PKW, mittlere und schwere LKW vereinbart worden (vgl. Abb. 1.6). Die Geräuschquelle Motor und Getriebe kann durch Kapselung eingedämmt werden. Die Fahrgeräusche können sowohl durch Verbesserungen an Reifen und Fahrbahnen reduziert werden, als auch durch den Umstieg auf alternative Antriebstechnologien wie Elektrofahrzeuge (BEV: Battery Electric Vehicle) (vgl. Abb. 1.7). So stellt sich die Gesamtaufgabe „Reduktion der Lärmentwicklung" als ein Problem dar, das von verschiedenen Aktoren unter Benutzung unterschiedlicher Techniken und Sichtweisen zu bewältigen ist. Wie die Lösung erfolgt, wird entscheidend die Kosten bestimmen und damit wiederum die Wettbewerbsfähigkeit einzelner Anbieter.

Ein Entwickler, der 1969 noch 124 Rechtsvorschriften für PKW in sieben Ländern zu berücksichtigen hatte, sah sich 1983 schon 461 solcher Vorschriften gegenüber[74].

---

70 Ansoff, H. I., Managing Surprise and Discontinuity – Strategie Response to Weak Signals, Zeitschrift für betriebswirtschaftliche Forschung, 28. Jg., 1976, S. 129–152. Das entspricht der These Toflers vom „Zukunftsschock": Tofler, A., Der Zukunftsschock, Bern, München, Wien 1970.

71 Gesetz über den Verkehr mit Arzneimitteln vom 24.8.1976, BGBI. I, S. 2448 ff., § 22–24.

72 Zweites Gesetz zur Änderung des Arzneimittelgesetzes vom 16.8.1986, BGBI. I, S. 1296 ff.,§ 24a.; Pharmazeutische Zeitung, 10. AMG-Novelle bringt kürzere Zulassungsfristen, 1999, abgerufen am 18.4.2019 unter: https://www.pharmazeutische-zeitung.de/inhalt-15-1999/pol2-15-1999/.

73 Vgl. Albach, H., Ökonomische Wirkungen von Lösungen der Zweitanmelderfrage, Beilage 18/1984 zu Heft 29/1984 des Betriebs-Berater.

74 Vgl. Automobil-Revue, 6.10.1982, zitiert nach: Breitschwerdt, W., Von der Idee zum Produkt, Forschung und Entwicklung im Großunternehmen, Man. Kiel 1988.

Abb. 1.6: Fahrzeug Geräuschemissionen und Lärmziele

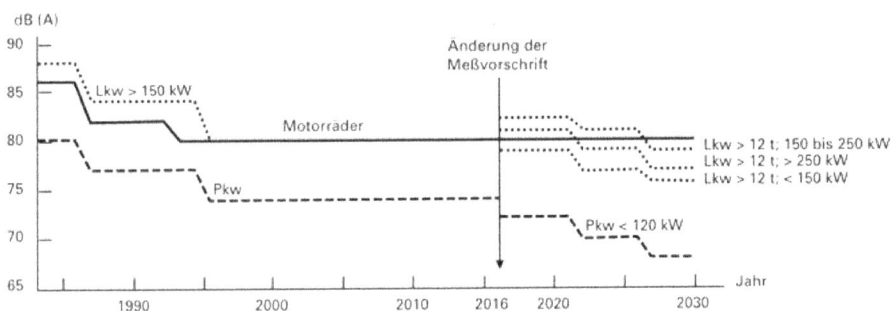

Quelle: Institut der deutschen Wirtschaft Köln, Neue EU-Lärmgrenzwerte für Kfz, Umwelt-
Service Nr. 4/2014, abgerufen am 12.4.2019 unter https://www.iwkoeln.de/fileadmin/
publikationen/2014/189852/Umwelt-Service_2014-04.pdf.

Abb. 1.7: Vergleich der Geräuschpegel verschiedener Fahrzeuge in dB(A)

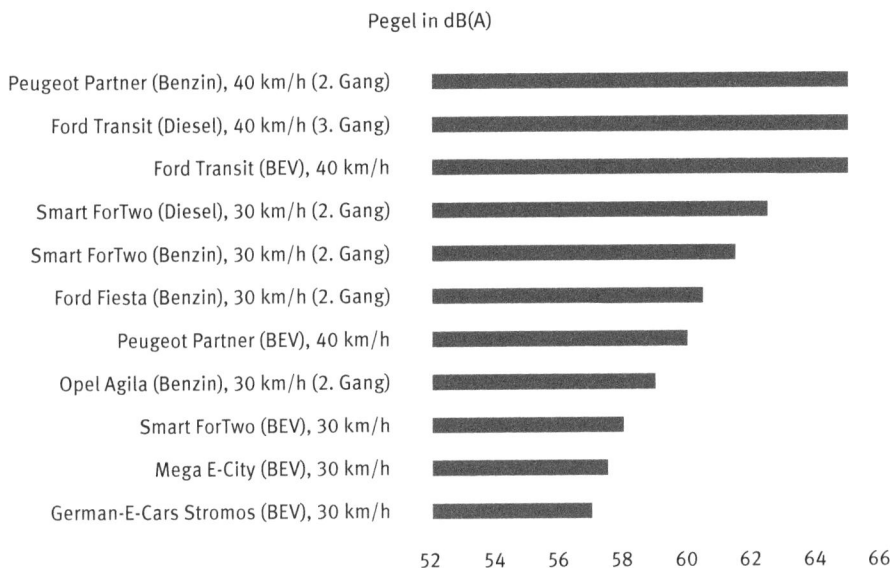

Quelle: Kathrin Dudenhöffer, 2013, Lärmemissionen von Elektroautos, abgerufen am 20.4.2019
unter: https://www.uni-due.de/~hk0378/publikationen/2013/201301_HZwei.pdf.

Die Anzahl ist weiter angestiegen, vor allem auch im Bereich der Lärm- und Umwelt-
belastung.

Diese Beispiele können leicht vermehrt werden. Da es aber nicht auf eine Dokumentation ankommt, sondern Einflüsse auf die Entwicklungsaufgaben lediglich exemplarisch danustellen sind, kann darauf verzichtet werden.

1.4 Zusammenfassung

Die **Grundidee** der **Stärkung betrieblicher und volkswirtschaftlicher Wettbewerbsfähigkeit durch einen Strom von Erfindungen, die aus Forschungs- und Entwicklungsarbeiten hervorgehen**, lässt sich wie in Abb. 1.8 darstellen. Allerdings sollte beachtet werden, dass die Wirkungsbeziehungen in dieser Abbildung erstens nicht linear, zweitens nicht deterministisch und drittens zeitlich verzögert sind[75]. Diese Eigenschaften erschweren die wirtschaftlichen Dispositionen über Forschung und Entwicklung, wie im Folgenden deutlich werden wird.

Für die Nichtlinearität der Beziehung spricht, dass für Forschung und Entwicklung nicht nur zu wenig (wie beispielsweise als ein Grund für die Insolvenz der Solar-

Abb. 1.8: Konzept des Zusammenhangs von Forschung und Entwicklung mit Wettbewerbsfähigkeit

Quelle: Brockhoff, K., The Emergence of Technology and Innovation Management, Technology and Innovation, Vol. 19, 2017, S. 461–480.

---

[75] Vgl. Brockhoff, K., Wettbewerbsfähigkeit und Innovation, in: Dichtl, E., Gerke, W., Kieser, A., Hrsg., Innovation und Wettbewerbsfähigkeit, Wiesbaden 1987, S. 53–74.

World AG im Jahr 2017 mit ausgeführt wird[76]), sondern auch zu viel aufgewendet werden kann[77]. Dann kommt es zu Liquiditätsengpässen oder – wegen sinkender Grenzrentabilität der eingesetzten Mittel – zu Rentabilitätsproblemen. Auf ein Beispiel verweist die Presse: Die Insolvenz von Rolls-Royce im Jahre 1971 gilt als Folge der „ins Ungemessene gestiegenen Kosten für Forschung und Entwicklung" für das Großtriebwerk RB 211 für Flugzeuge[78]. Bei ihm blieb vor allem die damals noch neue Technologie der Karbon-Verbundwerkstoffe für die Herstellung der Turbinenblätter lange Zeit unbeherrschbar. Damit entstand ein Sanierungsfall.

Darüber hinaus sind einzel- und volkswirtschaftliche Daten bisher noch so unvollständig und ungenau, dass überzeugende Kausalzusammenhänge zwischen Forschung, Entwicklung und Wohlfahrt kaum nachweisbar sind. Beispielsweise kann für verschiedene Wirtschaftszweige der USA zwischen 1978 und 1989 praktisch kein überzeugender Zusammenhang zwischen ihrer Forschungs- und Entwicklungsintensität (Forschungs- und Entwicklungsaufwendungen bezogen auf den Umsatz) und dem Wachstum der totalen Faktorproduktivität gefunden werden[79].

Volks- und branchenwirtschaftliche Probleme der modellmäßigen Erfassung und der empirischen Messung des technischen Fortschritts und seiner Wirkungen werden hier nicht behandelt. Sie sind allerdings auch noch nicht zu einem geschlossen wirkenden System entwickelt worden[80]. Deshalb ist es unmöglich, auf *eine* Rahmenvorstellung zu verweisen, die auf Aktivitäten in Unternehmen wirkt[81].

Eine weitere Schwierigkeit bei dem Versuch der Feststellung von Wirkungsbeziehungen stellen die Rückkopplungsschleifen (feedback loops) im Modell der Abb. 1.8 dar. Man könnte beispielsweise erwarten, dass Veränderungen des Forschungs- und Entwicklungsaufwands zu entsprechend gerichteten Änderungen des Unternehmenswertes (operationalisiert als Börsenkurswert börsennotierter Gesellschaften) führt. Die betriebliche Wettbewerbsfähigkeit könnte als erwarteter Renditezuwachs als Fol-

---

76 Rinker, C., Wertrelevanz von Forschungs- und Entwicklungskosten – Eine empirische Untersuchung börsennotierter Unternehmen in Deutschland, Springer Fachmedien: Wiesbaden 2017.

77 Bracker, K., Ramaya, K., Examining the Impact of Research and Development Expenditures on Tobin's Q, Academy of Strategic Management Journal, Vol. 10, 2011, S. 63–79.

78 Vgl. I. Rh., Ein Jubiläum, das man bei Rolls-Royce gern vergisst, Frankfurter Allgemeine, Nr. 33, 8. Februar 1996, S. 18.

79 Vgl. Griliches, Z., Productivity, R&D, and the Data Constraint, American Economic Review, Vol. 84, 1994, S. 1–23. „Our data have always been less than perfect. What is it about the recent situation that has made matters worse? The brief answer is that the economy has changed and that our data-collection efforts have not kept pace with it" (Ebenda, S. 10).

80 Einen Überblick gibt: Grupp, H., Messung und Erklärung des Technischen Wandels, Grundzüge einer empirischen Innovationsökonomik. Berlin et al. 1997.

81 Eine Zusammenstellung und Bewertung möglicher Kennzahlen zur Messung von Forschungs- und Entwicklungsaktivitäten findet sich beispielsweise bei: Bican, P. M. und Brem, A., How do firms measure their R&D performance? Results from an industry-spanning explorative study on R&D key measures, working paper, 2019.

ge zunehmender Forschung und Entwicklung gedeutet werden. Dem steht entgegen, dass die Börse zunehmende Forschungs- und Entwicklungsaufwendungen weniger mit künftigen Renditeerwartungen assoziiert, als dass sie darin ein Signal gegenwärtiger Ertragslage und damit größerer Finanzierungsspielräume erblickt[82]. Der erwartete Zusammenhang würde auch dann nicht beobachtet, wenn zunehmende Forschung und Entwicklung nicht zu Innovationen zu führen verspricht. Insofern ist es plausibel, dass Innovationen und Börsenwert positive Zusammenhänge zeigen[83].

Besonders beachtenswert ist auch, dass die Pfeile zwischen Forschung und Entwicklung, Innovation und Wettbewerbsfähigkeit nicht nur einer abstrakten Wirkungsvermutung entsprechen. Sie symbolisieren auch die Notwendigkeit eines Transfers von Wissen, Know-How und Gütern zwischen betrieblichen Teilbereichen. Dabei sind Vorkehrungen dafür zu treffen, dass der Innovationsprozess nicht an den Schnittstellen zwischen den Bereichen spezialisierter Leistungserstellung (Forschung, Entwicklung, Produktion, Marketing) getrennt oder gestoppt wird, Stichwort: **Integration**,

Abb. 1.9: Konzept des Zusammenhangs von Forschung und Entwicklung mit Wettbewerbsfähigkeit

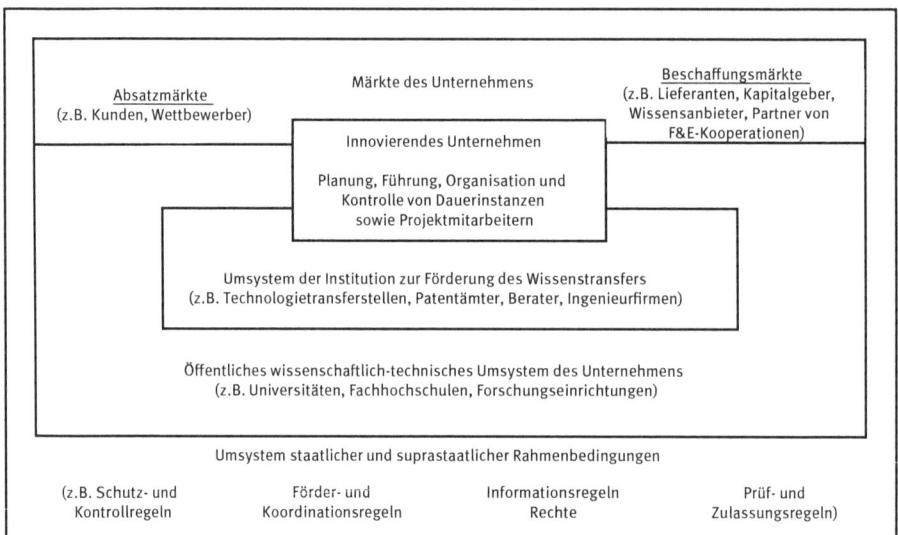

---

82 Vgl. Erickson, G., Jacobson, R., Gaining Comparative Advantage through Discretionary Expenditures, The Returns to R&D and Advertising, Management Science, Vol. 38, 1992, S. 1264–1279.
83 Vgl. Chaney, P. K., Devinney, T. M., New Product Innovations and Stock Price Performance, Journal of Business Finance and Accounting, Vol. 19, 1992, S. 677–095.

das sich auch in der hiermit zusammenhängenden Verknüpfung geistiger Eigentumsrechte wiederspiegelt[84].

Es ist auch deutlich geworden, dass unternehmensinterne Forschung und Entwicklung durch staatliche oder suprastaatliche Rahmenbedingungen beschränkt und angeregt werden kann (vgl. Abb. 1.8). Innovierende Unternehmen müssen als Ergänzung oder als Initiative zu eigenen Forschungs- und Entwicklungsarbeiten die externe Beschaffung neuen technologischen Wissens berücksichtigen, beispielsweise durch Open Innovation[85]. Die Schwierigkeiten, Quellen für dieses Wissen zu entdecken, Schutzrechte zu erwerben oder unvorteilhafte Beschaffungssituation zu vermeiden, können durch Institutionen zur Förderung des Wissenstransfers gemildert oder beseitigt werden (vgl. Abb. 1.9). So wird sichtbar, dass Wissensbeschaffung und Innovationsvorbereitung durch unternehmensinterne Forschung und Entwicklung nur einen Ausschnitt aus den insgesamt bestehenden Möglichkeiten darstellt. Gleichwohl wird hier schwerpunktmäßig die interne Forschung und Entwicklung betrachtet.

84 Vgl. Brockhoff, K., Schnittstellen-Management. Abstimmungsprobleme zwischen Marketing und Forschung und Entwicklung, Stuttgart 1989; Conley, J. G., Bican, P. M., und Ernst, H., Value articulation: a framework for the strategic management of intellectual property, a. a. O., S. 102–120.
85 Bican, P. M., Guderian, C. C., und Ringbeck, A., Managing knowledge in open innovation processes: an intellectual property perspective, Journal of Knowledge Management, Vol. 21/6, 2013, S. 1384–1405.

2 Grundbegriffe

Kein Lehrbuch kommt ohne ein Kapitel mit Grundbegriffen aus. Einerseits müssen alle wichtigen Begriffe, die für das grundlegende Verständnis des Themas notwendig sind, eingeführt werden, andererseits soll dieses Kapitel aber auch so kurz wie möglich sein. Vor diesem Hintergrund werden die folgenden Ausführungen auf die wesentlichen Begriffe beschränkt, der interessierte Leser kann weitere in anderen Publikationen nachlesen[86].

2.1 Technologie und Technik

Technologien bestimmen unser Leben. Hier lohnt ein Blick in die Menschheitsgeschichte (vgl. Abb. 2.1). Neue Technologien haben die Entwicklung der Menschheit seit Anbeginn der Zeit wesentlich beeinflusst.

Abb. 2.1: Wichtige (technologische) Erfindungen im Lauf der Menschheitsgeschichte

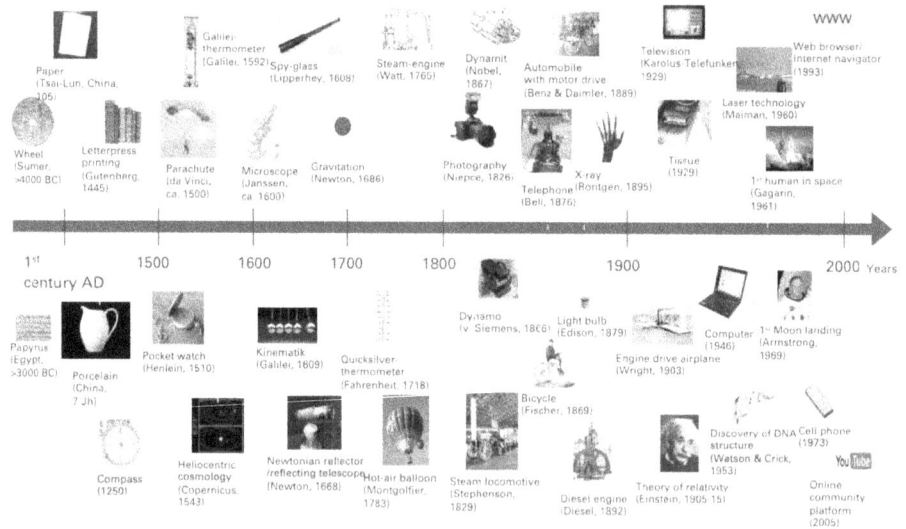

Quelle: Meidenbauer, J. (2002), DuMonts Chronik der Erfindungen & Entdeckungen, DuMont Kalenderverlag, Blatt Oktober 2002, S. 55

---

86 Beispielhaft wird hier auf das Lehrbuch Vahs, D., Brem, A., Innovationsmanagement – von der Idee zur er folgreichen Vermarktung, 5. überarb. Aufl., Stuttgart 2015 verwiesen.

https://doi.org/10.1515/9783110600667-002

Technologie ist Kunstlehre, die Lehre von Techniken, umfasst Verfahrensregeln und Anleitungen (Schmalenbach). Technologien nennen auf ein Ziel hin gerichtete Handlungsmöglichkeiten für einen bestimmten Anwendungsbereich, wobei sie generalisieren. „Der Begriff der Technologie [...] wird von Popper [...] allgemein auf Lehren vom zielerreichenden Gestalten ausgedehnt. Die Technologie stellt also ein System von anwendungsbezogenen, aber allgemeingültigen Ziel-Mittel-Aussagen dar. Die Anwendung einer solchen Technologie wird Technik genannt"[87]. Ausgangspunkt für eine Technologie ist im Idealfall eine Theorie.

Technik ist ein realisiertes, angewandtes Element einer Technologie. Technologien können eine Vielzahl potenzieller Techniken umfassen, die zieladäquat auszuwählen sind. Man spricht von Implementierung von Technologie.

Umgangssprachlich wird diese Unterscheidung nur noch selten gemacht. Technik wird als Technologie bezeichnet. Das ist durch einen verstärkten Einfluss des Englischen auf die deutsche Sprache zu erklären.

Theorie, Technologie und Technik können wechselseitig aufeinander wirken, um Theorie-, Technologie- oder Technikänderungen hervorzubringen (vgl. Abb. 2.2).

Abb. 2.2: Begriffliche Unterscheidung von Theorie, Technologie und Technik

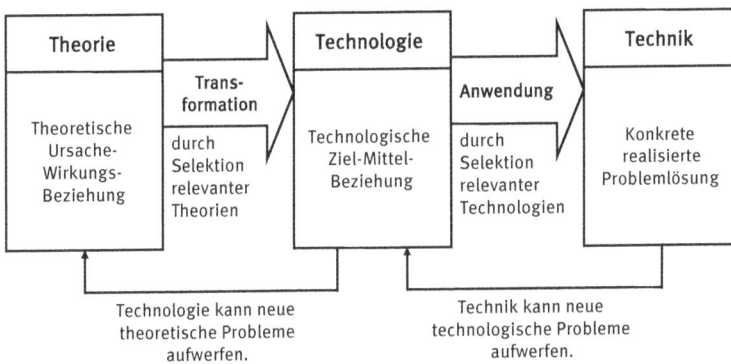

Quelle: Specht, G., 2002. F&E Management: Kompetenz im Innovationsmanagement. Schäffer-Poeschel, Stuttgart, S. 549.

Forschung und Entwicklung umfassen die Aktivitäten, durch die Änderungen von Theorien, Technologien oder Technik herbeigeführt werden können (vgl. Tab. 2.1). Dabei besteht praktisch keine Hierarchie, insbesondere Änderungen einer Theorie können auch von Techniken ausgelöst werden. Technologieentwicklung und Technikentstehung können die Theorie von Forschung und Entwicklung beeinflussen.

---

[87] Chmielewicz, K., Forschungskonzeptionen der Wirtschaftswissenschaft, 2. Aufl., Stuttgart 1979, S. 14 f.

Tab. 2.1: Beispiele für die Abgrenzung von Technologie und Technik

Zeit	Ereignis	Zuordnung
1964 – 1971	IBM Forschungsprogramm, Demonstration der technological feasibility (Machbarkeit)	Technologie
1971 –	Entwicklung von Prototypen, auch bei Wettbewerbern	
1976	Burroghs kündigt ein Produkt an, kann es aber noch nicht produzieren	
1979	IBM kündigt ein Produkt mit der neuen Technik an und liefert es aus	Technik (Schrittmachertechnik)
1984	Komponentenhersteller beginnen mit Verbesserungen und selbständigem Produktangebot	
1988	Relativ breiter Einsatz der Technik	(Schlüsseltechnik)
	Entkopplung von Komponentenentwicklung und Produktentwicklung	(Basistechnik)

Quelle: in Anlehnung an Ewald, A., Organisation des Strategischen Technologiemanagements,
       Berlin 1989, S. 34.

Industrielle Forschung und Entwicklung richtet sich überwiegend auf die Änderung des Standes der Technik. Oft wird gefordert, dass „high technology" anzustreben sei. Dies ist mit Spitzentechnik zu übersetzen, da eben nicht die Technologie oder Lehre von der Technik gemeint ist. Das kann aus wirtschaftlicher Sicht falsch sein.

Forschung und Entwicklung (F&E) umfasst sämtliche Aktivitäten, die dem Erwerb von neuem Wissen und der Verwendung dieses Wissens in neuen Produkten und Prozessen dienen. Infolgedessen umfasst das **F&E Management** die Koordination und Steuerung dieser Prozesse, sowohl strategisch als auch operativ.

Spitzentechnik ist zeitweise als Schlag- und Schlüsselwort in wirtschaftspolitischen und unternehmensstrategischen Debatten eingesetzt worden. Sie sei von Volkswirtschaften oder Unternehmen anzustreben: Aus der Realisierung von Spitzentechnik werden Macht[88] und Wettbewerbsvorteile im Außenhandel erwartet. Darüber hinaus können die Abhängigkeit von Importen reduziert und Arbeitsplätze geschaffen oder gesichert werden. Nach der Theorie der Produktzyklusgüter werden in Hochlohnländern primär Güter mit Spitzentechnik gefertigt. Ein Grund dafür ist, dass „eine nachrückende Konkurrenz aus weniger hoch entwickelten Ländern zunächst kaum zu erwarten ist und daher am ehesten ein Ausgleich für die wachsende Konkurrenz bei alten

88 Vgl. Shanklin, W. L., Ryans, J. K. jr., Marketing High Technology, Lexington et al. 1984, S. XV.

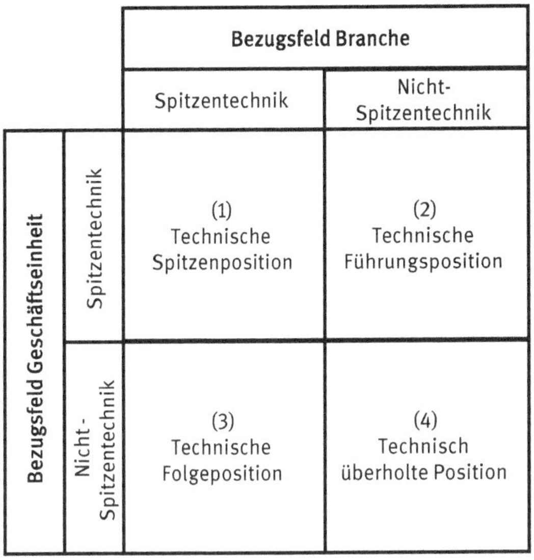

Bezugsfeld Branche		
	Spitzentechnik	Nicht-Spitzentechnik
Spitzentechnik	(1) Technische Spitzenposition	(2) Technische Führungsposition
Nicht-Spitzentechnik	(3) Technische Folgeposition	(4) Technisch überholte Position

(Zeilenbeschriftung links: Bezugsfeld Geschäftseinheit — Spitzentechnik / Nicht-Spitzentechnik)

Abb. 2.3: Typisierung von Technik-Situationen

Industrieprodukten erreicht werden könnte"[89]. Bei solchen Aussagen ist allerdings zu bedenken, dass es nicht auf die Verwirklichung einer technischen Führungsposition allein ankommt, sondern auch darauf, diese am Markt durchsetzen zu können. Allein die Tatsache, dass dieses Zitat mehr als 35 Jahre alt ist, zeigt die Aktualität und Problematik dieser begrifflichen Unterscheidung, die sich bis heute in dem Begriff „Innovation" wiederfindet.

Es ist keineswegs klar, wann man von „Spitzentechnik" zu sprechen hat. Es kann sich dabei um die Charakterisierung von Branchen, Unternehmen oder Produkten handeln. Im Hinblick auf das Verhältnis von Branchen und Geschäftseinheiten eines Unternehmens kann man die in Abb. 2.3 dargestellten Positionen ermitteln, die durch Bezug auf die Produktebene ergänzt werden können:

Im Feld (1) nimmt die Geschäftseinheit in einer technisch avancierten Branche selbst eine technische Führungsrolle wahr. Es kann von einer technischen Spitzenposition gesprochen werden. Im Feld (4) sind umgekehrt die „alten" Geschäftseinheiten in ebensolchen Industriezweigen angesiedelt. Weder in der Branche noch in der Geschäftseinheit werden technische Spitzenleistungen erbracht, die Position ist technisch überholt. In den verbleibenden Feldern klaffen nun die Positionen von Branche und Geschäftseinheit auseinander. Im Fall (2) nimmt eine Geschäftseinheit eine Führungsposition in einer sonst eher zurückgefallenen oder zurückgebliebenen Branche ein. In (3) dagegen überlässt die Geschäftseinheit anderen die Aufgabe, die technischen Risiken zu tragen. Sie beschränkt sich auf Folgepositionen und Imitationen.

---

[89] Vgl. Deutsche Bundesbank, Geschäftsbericht der Deutschen Bundesbank für das Jahr 1983, S. 60.

| | | Wahrgenommene Technik | |
		Spitzentechnik	Nicht-Spitzentechnik
Tatsächliches Techniknaveau	Spitzentechnik	Anerkannter technischer Führer	Unerkannter technischer Führer
	Nicht-Spitzentechnik	Verkannter technischer Folger (vorgeblicher technischer Führer)	Erkannter technischer Folger

Abb. 2.4: Tatsächliche und wahrgenommene Technikpositionen

Es ist keineswegs geklärt, welche der Positionen (1), (2) oder (3) die ökonomisch erfolgreichere ist. Immerhin ist aber plausibel, dass jede dieser Positionen eine andere Ausrichtung der Forschung und Entwicklung erfordert. Soweit das technische Niveau eine kaufbeeinflussende Rolle spielt, wirkt aus der Sicht des Marktes nicht das objektive Niveau, sondern das subjektiv wahrgenommene Niveau entscheidend.

Je nachdem, welchem Feld ein Unternehmen (oder Produkt) anzuordnen ist, können wiederum unterschiedliche Forschungs- und Entwicklungsmaßnahmen (oder auch Marketingmaßnahmen) angezeigt sein, um die Position zu erhalten oder zu verändern (vgl. Abb. 2.4).

Auf der Kombination von Technikwirkungen auf den Wettbewerb baut ein System zur Identifikation verschiedener Typen von Techniken auf. Es umfasst „Schrittmacher-Technologien", die noch wenig in Prozessen oder Produkten integriert sind, aber einen starken Wettbewerbseinfluss haben, sowie „Schlüssel-Technologien", bei denen bei gleichem Wettbewerbseinfluss die Integration in Produkte oder Prozesse bereits stark verbreitet ist (vgl. Abb. 2.5). Bei „neuen Technologien" ist der Wettbewerbseinfluss wegen ihrer geringen Verbreitung kaum wahrzunehmen, bei „Basis-Technologien" wegen ihres allgemeinen Einsatzes ein spezifischer Wettbewerbsvorteil nicht mehr zu realisieren.

Als Normalfall der technischen Entwicklung wird ein Technik-Lebenszyklus angesehen, der die Felder (1) bis (5) in aufsteigender Folge durchläuft[90]. Allerdings stellen

---

90 Vgl. Zörgiebel, W. W., Technologie in der Wettbewerbsstrategie, Berlin 1983, S. 151 ff.; aus Sicht der Praxis: Niefer, W., Unternehmenssicherung durch technologische Kompetenz, Siemens-Zeitschrift, Jan. 1990, S. 1–9, bes. S. 5.

Abb. 2.5: Wirkungsmatrix von Techniken

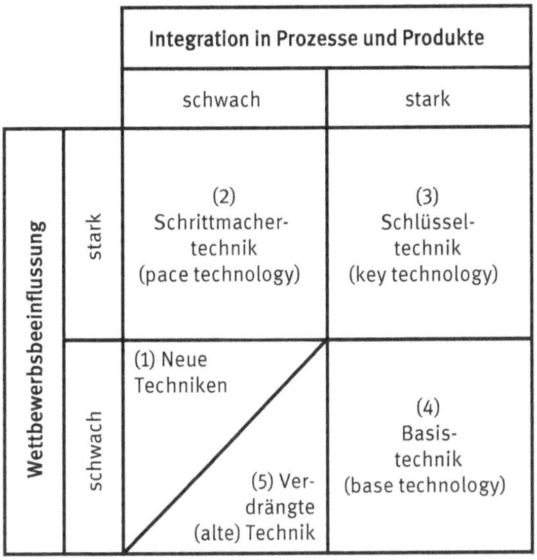

	Integration in Prozesse und Produkte	
	schwach	stark
stark	(2) Schrittmacher-technik (pace technology)	(3) Schlüssel-technik (key technology)
schwach	(1) Neue Techniken / (5) Ver-drängte (alte) Technik	(4) Basis-technik (base technology)

(Zeilenbeschriftung: **Wettbewerbsbeeinflussung**)

Quelle: In Anlehnung an Servatius, H. G., Methodik des strategischen Technologie-Managements, Grundlage für erfolgreiche Innovationen, Berlin 1985, S. 117.

sich solche Abläufe nicht gesetzmäßig ein. Sie sind vielmehr das Ergebnis handelnder Personen, die durch Forschungs- und Entwicklungsentscheidungen, Nachfrage nach Produkten, staatliche Auflagen usw. den Ablauf beeinflussen.

Damit stellt sich die Frage, welche „**neuen Technologien**" als solche identifiziert werden können, die für Unternehmen deshalb hohe strategische Relevanz haben, weil sie hohe Wertschöpfungsbeiträge in möglichst mehreren Geschäftsfeldern versprechen. Solche Technologien werden auch als **Kerntechnologien** bezeichnet. In Unternehmen wird versucht, Kerntechnologien frühzeitig zu erkennen, indem man die beiden genannten Kriterien, ggf. ergänzt um das Potenzial einer Technologie für den Anstoß weiterer technologischer Entwicklungen mit wirtschaftlicher Bedeutung, anhand vieler Kriterien beurteilt und zu einem Index zusammenfasst.

2.2 Invention und Innovation im engeren Sinne

Vereinfacht kann man sich vorstellen, dass aufgrund eines feststellbaren oder auch nur vermuteten Bedürfnisses eine Idee entsteht, wie es befriedigt werden kann. Dies gilt in sowohl bei einem Bedürfnis nach Erkenntnis als auch bei einem nach einem Produkt.

Abb. 2.6: Differenzierung der Begriffe Invention und Innovation

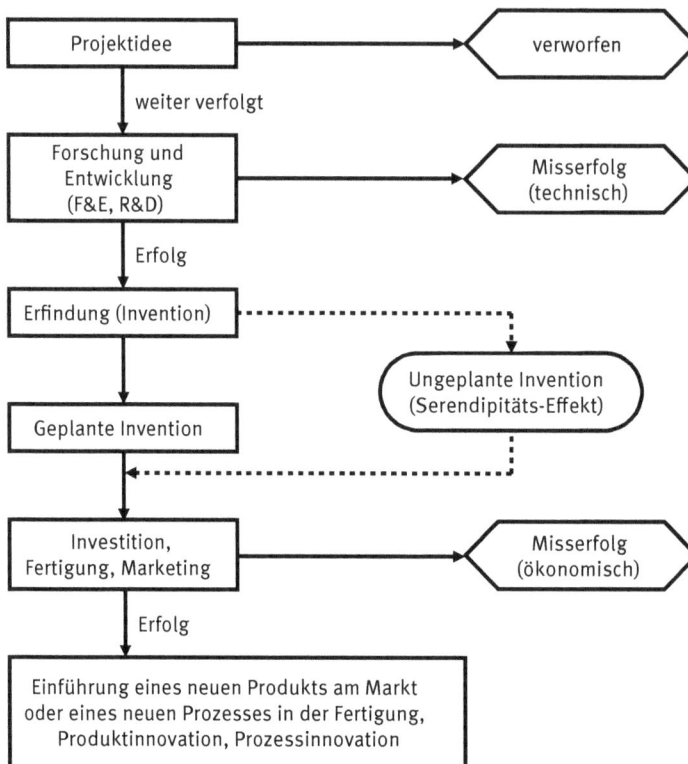

```
┌──────────────────┐                    ╱────────────────╲
│   Projektidee    │───────────────────▶    verworfen     │
└──────────────────┘                    ╲────────────────╱
         │ weiter verfolgt
         ▼
┌──────────────────┐                    ╱────────────────╲
│ Forschung und    │                        Misserfolg    │
│ Entwicklung      │───────────────────▶    (technisch)   │
│ (F&E, R&D)       │                    ╲────────────────╱
└──────────────────┘
         │ Erfolg
         ▼
┌──────────────────┐                    ╭──────────────────────╮
│ Erfindung        │ · · · · · · · · ·▶│  Ungeplante Invention │
│ (Invention)      │                    │  (Serendipitäts-Effekt)│
└──────────────────┘                    ╰──────────────────────╯
         │
         ▼
┌──────────────────┐
│ Geplante Invention│◀· · · · · · · · · · · · · · · ·
└──────────────────┘
         │
         ▼
┌──────────────────┐                    ╱────────────────╲
│ Investition,     │                        Misserfolg    │
│ Fertigung,       │───────────────────▶    (ökonomisch)  │
│ Marketing        │                    ╲────────────────╱
└──────────────────┘
         │ Erfolg
         ▼
┌──────────────────────────────────────┐
│ Einführung eines neuen Produkts am Markt│
│ oder eines neuen Prozesses in der Fertigung,│
│ Produktinnovation, Prozessinnovation   │
└──────────────────────────────────────┘
```

! Erfordert die Realisierung dieser Idee den Erwerb von zusätzlichem Wissen und sind dazu verschiedene Faktoren zu kombinieren, entsteht ein **Projekt**. Es stellt den organisatorischen Rahmen für die planmäßige, systematische und nach methodischen Regeln betriebene Wissensgewinnung dar. Kommen bestimmte weitere Kriterien hinzu, handelt es sich um ein Forschungs- oder Entwicklungsprojekt, das in einem Forschungs- oder Entwicklungsprozess verfolgt wird.

Wie in Abb. 2.6 dargestellt wird, kann der erfolgreiche Abschluss eines solchen Projekts zu einer **Erfindung** oder **Invention** führen.

Diese Begriffe werden hier völlig unabhängig davon verwendet, ob damit Normen entsprochen wird, wie sie das Patentgesetz aufstellt. Es ist schwierig, den Beginn und den Abschluss der Erfindungstätigkeit festzulegen. Insbesondere hinsichtlich des Abschlusses ist gefordert worden, dass nicht nur eine Idee oder ein Konzept vorliegen muss, sondern ein erfahrener Praktiker dieses realisieren kann und realisiert[91]. **Ideen**

---

[91] „Invention [...] is not complete until it reaches the craftsman." Wiener, N., Invention: The care and feeding of ideas, London 1993, S. 37.

sind grundsätzlich Einfälle, Gedanken und Vorstellungen auf der Suche nach einer Problemlösung. Um auf Ideen zu kommen bedarf es der **Kreativität**: die Fähigkeit von Menschen, Kompositionen, Produkte oder Ideen gleich welcher Art hervorzubringen, die in wesentlichen Merkmalen neu sind und dem Schöpfer vorher unbekannt waren[92].

Mit dieser Sichtweise wird die Nutzung von Erfindungen wesentlich erleichtert. Eine Erfindung gilt als geplante Erfindung, wenn sie die ursprünglich gesetzten Projektziele erfüllt; eine ungeplante Erfindung kann zum Beispiel aufgrund von Zufallseinwirkungen bei Laborversuchen gelingen, wie es bei der Entdeckung der Röntgen-Strahlung geschehen ist. Hierbei handelt es sich um den sogenannten **Serendipitäts-Effekt**[93]. Tatsächlich kommen Erfindungen offenbar selten entsprechend vorgesehener Folgen von Versuchen zustande, ein Erfindungsprozess ist immer ungewiss. So fassen Jewkes, Sawers und Stillerman die Erfahrung aus der Untersuchung von 50 Erfindungen zusammen:

> There is, for instance, a strong propensity to simplify and to idealise stories, to present them as a steady and logical march towards a final goal, to interpret them as a result of deliberate planning. Whereas the reality is more often a series of stops and starts, of desperate frustrations and back-trackings, of logical steps intermixed with blind shots and of final success when it seems the most unlikely and the least hoped for. Successful inventors themselves often contribute to the romantic aura surrounding their final success; it is normally much more agreeable for them to think of their achievements as the outcome of a flowless chain of brilliant deductions than as the result of groping about among uncertainties[94].

Auch 2019 würden viele Unternehmensvertreter aus der Forschung und Entwicklung diesem Statement zustimmen.

Liegt eine Erfindung vor und verspricht sie wirtschaftlichen Erfolg, so werden Investitionen für die Fertigungsvorbereitung und die Markterschließung erforderlich. Produktion und Marketing müssen in Gang gesetzt werden. Kann damit die Einführung auf dem Markt erreicht oder ein neues Verfahren eingesetzt werden, so spricht man von einer Produkt- oder einer Prozessinnovation. Hiermit ist im engeren Sinne von **Innovation** die Rede.

Innovationen haben eine Bedeutung, die weit über die unmittelbar sichtbaren Produkte oder Prozesse hinausgeht. Der Begriff wird auch für organisatorische, soziale oder rechtliche Neuerungen verwendet. In diesem Sinne ist er sogar die Grundlage für die Erklärung des Entstehens von Unternehmen. **!**

---

92 Vgl. Vahs, D., Brem, A., Innovationsmanagement – von der Idee zur erfolgreichen Vermarktung, 5. überarb. Aufl., Stuttgart 2015, S. 20 ff.
93 Zur Wortbedeutung vgl. Wiener, N., Invention: The care and feeding of ideas, a. a. O., S. 21 f.
94 Jewkes, J., Sawers, D., Stillerman, R., The Sources of Invention, London 1962, S. 80.

Durch eine Folge organisatorischer Innovationen versuchen Unternehmen ihre Organisationskosten, die bei der Schaffung von Angeboten zur Bedürfnisbefriedigung anfallen, unter die entsprechenden Transaktionskosten zu senken, die von vergleichbaren Vorgängen an Märkten ausgelöst würden[95]. Wir befassen uns hier nicht mit dieser weiten Sicht von Innovationen, zumal sie nicht überwiegend auf naturwissenschaftlich-technisches Wissen zurückgehen.

Im Anschluss an die Innovation im engeren Sinne kann eine weitere Verbreitung dieser Neuerung erreicht werden, man spricht dann von **Diffusion**. Die Beobachtung von Diffusion kann Wettbewerber dazu veranlassen, die Neuerung nachzuahmen und durch diese Imitation den Diffusionsprozess der ursprünglichen Neuerung zu beeinflussen.

2.3 Innovationsprozess (Innovation im weiteren Sinne)

Wie Abb. 2.7 zeigt, wird die Gesamtheit der hier erwähnten Aktivitäten und Ergebnisse unter der Sammelbezeichnung **„Innovationsprozess"** zusammengefasst, was dem Begriff Innovation einen sehr viel weiteren Sinn gibt. Während im engeren Sinne Forschung und Entwicklung eine von der Innovation getrennte Aktivität darstellt, ist sie im weiteren Sinne ein Teil des umfassenden Innovationsprozesses.

Trotz dieser Hinweise fällt die Abgrenzung der Begriffe schwer. Dies hat mehrere Gründe:

1. Erstens wird die Ausdehnung des Innovationsprozesses im weiteren Sinne in der Literatur uneinheitlich gesehen. Das hat Vedin in einem vergleichenden Überblick anhand ausgewählter Werke gezeigt[96].

Abb. 2.7: Innovationsprozess im weiteren Sinne

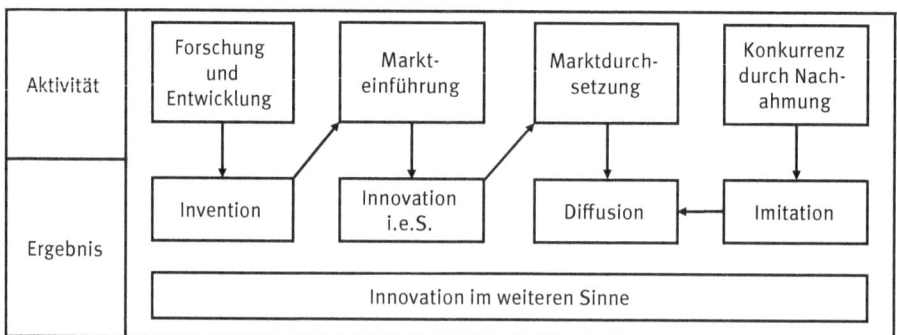

95 Vgl. Williamson, O. E., Markets and Hierarchies: Analysis and Antitrust Implications, New York, London 1975.
96 Vgl. Vedin, B. A., Large Company Organization and Radical Product Innovation, Lund 1980, S. 17.

Tab. 2.2: Typisierung von Innovationsprozessen im weiteren Sinne

Innovationstyp	Aktivitäten und Träger der Aktivitäten					
Nutzer-dominiert	Nutzer					Hersteller
Kooperativ	Nutzer / Hersteller	Hersteller / Nutzer		Hersteller	Nutzer	Hersteller
Hersteller-dominiert	Nutzer		Hersteller			
	Problem-erkennung	Ideen-formulierung	Problem-bearbeitung (F&E)	Lösung (Erfindung)	Nutzung und Diffusion „vor"-kommerziell	kommerziell

Quelle: In Anlehnung an: V. Hippel, E., Tue Dominant Role of the User in Semiconductor and Electronic Subassembly Process Innovation, IEEE Transactions on Engineering Management, Vol. EM-24, 1977, S. 60–71. Aktivitätengliederung in Anlehnung an Marquis und Meyers. Kooperativer Innovationstyp: eigene Ergänzung.

2. Zweitens werden die Stufen in einem Innovationsprozess im weiteren Sinne nicht immer identisch bezeichnet oder abgegrenzt. Man sieht dies im Vergleich von Abb. 2.7 und Tab. 2.2 sowie der Erörterung des Begriffes Forschung und Entwicklung.

3. Drittens müssen die Initiativen zu diesem Prozess und die Durchführung der einzelnen Aktivitäten keineswegs in *einer* Organisation bleiben. Es sind „nutzerdominierte" den „herstellerdominierten" Innovationsprozessen von Investitionsgütern gegenübergestellt worden (vgl. Tab. 2.2)[97]. Es kann sehr erfolgversprechend sein, die Veränderungen, die Nutzer an Geräten vornehmen, oder Anregungen besonders aufgeschlossener Nutzer beim Innovationsprozess zu berücksichtigen. Soweit dies von beiderseitigem Interesse ist, können Nutzer zu einem Innovationsprozess aktiv beitragen, was ggf. durch einen Preisnachlass honoriert wird[98].

Nutzer in den Innovationsprozess einzubeziehen kann allerdings auch erhebliche Kosten verursachen, weil sie immer neue Ideen generieren, nicht uneigennützig handeln, für ihre Leistungen auch Gegenleistungen erwarten oder auf unrealisierbare Lösungen drängen[99].

---

97 Vgl. von Hippel, E., The Sources of Innovation, Oxford 1988.

98 Vgl. o.V., Lufthansa als Lotse, Industriemagazin, 1987, 11, S. 188–191.

99 Vgl. Brockhoff, K., Wenn der Kunde stört – Differenzierungsnotwendigkeiten bei der Einbeziehung von Kunden in die Produktentwicklung in: Bruhn, M., Steffenhagen H., Marktorientierte Unternehmensführung, Festschrift für Heribert Meffert zum 60. Geburtstag, Wiesbaden 1997, S. 351–370.

H. Bessemer, der Erfinder des Blasstahlverfahrens, litt unter Seekrankheit bei seinen vielen Reisen. Er entwarf deshalb ein Schiff, in dem die Passagiere von dem unangenehmen „Rollen" bewahrt werden sollten. Dazu war der Passagierraum so aufgehängt, dass sich der Schiffskörper um ihn bewegen konnte. Analog der Steuerung von Stahlkonvertern sollte der Schiffssteuermann darüber wachen, dass die auftretenden Bewegungen sich nicht aufschaukelten. Bessemer ließ einen kleinen, allerdings funktionsunfähigen Dampfer bauen. Aufgrund eines Schiffssimulators in seinem Garten gewann er finanzielle Unterstützung für den Bau einer Kanalfähre. Das in Auftrag gegebene Schiff wurde besonders lang konstruiert, um auch das „Stampfen" zu dämpfen. Es erhielt einen Radantrieb, um leichter rückwärts fahren zu können, denn es konnte im relativ kleinen Zielhafen Calais nicht gewendet werden.

Auch dieses Schiff wurde verschrottet und die Gesellschaft liquidiert, weil auf der Eröffnungsfahrt mit Ehrengästen am 8.5.1875 wegen Windstille seine Vorteile nicht erlebbar waren, seine Geschwindigkeit nicht über die herkömmlicher Schiffe hinausging, es so wenig manövrierbar war, dass der erfahrene Kapitän erst im dritten Anlauf in den Hafen gelangte und dann die Pier erheblich beschädigte, wobei das Schiff selbst beschädigt wurde. Die Konkurrenzidee eines Katamarans mit zwischen den Schwimmkörpern beweglich aufgehängtem Passagierraum wurde ebensowenig ein Erfolg[100].

Beim Hersteller und beim Nutzer können im einfachsten Falle markt- oder technologieorientierte Funktionsbereiche unterschieden werden. Es existieren drei Muster für den Informationsfluss bezüglich Innovationsprojekten vom Nutzer zum Hersteller:

1. Beziehungen primär zwischen den beiden technologieorientierten Bereichen,
2. funktionsspezifische Beziehungen zwischen marktorientierten Bereichen einerseits und technologieorientierten Bereichen andererseits
3. Beziehungen der technologieorientierten Bereiche des Nutzers zu den markt- und technologieorientierten Bereichen des Herstellers.

Der technische Innovationserfolg variiert nicht signifikant mit diesen Typen der Informationsbeziehung. Der wirtschaftliche Innovationserfolg ist bei dem 3. Typ am höchsten ausgeprägt, beim 1. Typ am geringsten[101]. Es bietet sich an, dies bei der Planung von Informationsbeziehungen zu berücksichtigen.

Neben den beiden genannten Typen von Innovationsprozessen besteht als dritter der **kooperative Innovationsprozess.** Er wird durch den Wunsch nach Verteilung der Gesamtkosten auf mehrere Partner ebenso begründet wie durch die wechselseitige Nutzung spezifischer Kenntnisse[102] oder als eine Antwort auf die Anforderungen des

---

100 Vgl. Wengenroth, U., Seekrankheit als Inspiration, a. a. O., S. 38.

101 Vgl. Kirchmann, E., Innovationskooperation zwischen Herstellern und Anwendern industrieller Produkte, Wiesbaden 1994, S. 194 ff.

102 Beispiele sind die Kooperationen der Hoechst AG und der Siemens AG auf dem Gebiet der Hochtemperatur-Supraleitung (Frankfurter Allgemeine Zeitung, 8.2.1989) oder von Peugeot und Dassault zur wechselseitigen Übertragung spezifischer Kompetenzen in der Robotik und Automatisierung bzw. der Luftfahrttechnik (Fi nancial Times, 17.2.1989).

Marktes nach Systemlösungen, was die Kompetenz[103] und Ressourcen eines einzelnen Anbieters überschreiten kann.

Das Druck- und Verlagshaus Bauer will seine Produktivität im Rotationsdruck erhöhen. Nachdem man schon auf größere Rollen von Papier gewechselt hat, kann nur noch der Druck auf breitere Papierbahnen weitere Produktivitätsgewinne versprechen. Diese Bahnen werden bei einer Papierfabrik gefordert, wobei der Forderung dadurch Nachdruck verliehen werden kann, dass an dieser Fabrik eine Beteiligung besteht. Die Papierfabrik versucht, der Nachfrage auf Grundlage der vorhandenen Anlagenausstattung zu entsprechen, stellt dabei aber Qualitätsmängel bei den Rollen fest. Das führt dazu, dass bei dem Papiermaschinenhersteller Jochimsen die Entwicklung eines geeigneten „Rollers" angeregt wird. Papierfabrik und Maschinenhersteller sprechen die Anforderungen untereinander ab und führen gemeinsam die nötigen Tests durch. Nach positiven Probeläufen wird die Maschine sehr erfolgreich.

Kooperative Innovationsprozesse sind eher dann erfolgreich, wenn sich die Nutzeraktivitäten in den frühen und späten Phasen konzentrieren. Das Aktivitätsniveau sollte also eher U-förmig über die Phasen verteilt sein. In den frühen Stufen sind die Ideen der „leading" oder „launching customers", also der repräsentativen Kunden, besonders wertvoll. In den späten Phasen werden Referenzkunden benötigt, die zum Einsatz von Prototypen bereit sind oder trotz hoher Risiken erste Bestellungen aufgeben. Gegebenenfalls werden solche Nutzerleistungen von Herstellern honoriert.

Seit dem Beginn einer wirtschaftswissenschaftlichen Beschäftigung mit dem Phänomen der Innovation wurde auch nach ihren **Initiatoren** gesucht. So bemerkt Adam Smith:

> [...] letztens muss Jeder sehen, wie sehr die Arbeit durch Anwendung geeigneter Maschinen erleichtert und abgekürzt wird [...] In Folge der Arbeitsteilung [...] wird Jedermanns ganze Aufmerksamkeit natürlicherweise auf einen sehr einfachen Gegenstand gerichtet. Es ist daher selbstverständlich zu erwarten, dass Einer oder der Andere [...] bald leichtere und bequemere Methoden, ihre besondere Arbeit zu verrichten, wenn anders die Natur derselben eine solche Vervollkommnung zulässt, ausfindig machen werden [...] Doch sind keineswegs alle Vervollkommnungen im Maschinenwesen Erfindungen Derjenigen gewesen, welche sich mit den Maschinen beschäftigt hatten. Viele Fortschritte sind durch das Genie der Mechaniker gemacht worden, als der Maschinenbau ein eigenes Gewerbe wurde; und manche durch das Genie der sogenannten Denker oder Männer der Spekulation, deren Geschäft es ist, nicht Etwas zu machen, sondern Alles zu beobachten, und die deswegen oft im Stande sind, die Kräfte der entferntesten und unähnlichsten Dinge miteinander zu kombinieren. Mit dem Fortschritt der Gesellschaft wird das Denken oder Spekulieren, so gut wie jede andere Beschäftigung, das hauptsächliche oder einzige Geschäft und Beruf einer besonderen Klasse von Bürgern [...][104].

---

103 Historisches Beispiel hierzu ist das Bemühen des Pulverfabrikanten DuPont mit Bethlehem Steel in der Forschung zu kooperieren, um mehr über Gewehrstahl zu lernen: „[...] the company must also be concerned with the guns in which the powder was used." Hounshell, D. A., Smith, J. K., J. V., Science and Corporate Strategy, a. a. O., S. 31.

104 Smith, A., Untersuchung über das Wesen und die Ursachen des Volkswohlstandes, Berlin 1878, 1. Bd., S. 13 ff. (Originalausgabe 1776).

Die „Denker oder Männer der Spekulation" sind nun keineswegs nur intrinsisch zu motivieren. Die Aussicht auf Gewinn und Einkommen löst einen starken Erfindungsanreiz. Dies wird durch folgende Beispiele belegt:

- Alexander G. Bell, Professor für Sprechtechnik und einer der Erfinder des Telefons, wird von seinem Schwiegervater angehalten, sich auf die Telefonexperimente zu konzentrieren, denn eine gute Erfindung „could secure an annual income as much as the Professorship"; Kritisch bemerkt der Telegraphiespezialist Elisha Gray, dass mit Bells „talking telegraph" zwar wissenschaftliches Interesse, aber „no commercial value at present" zu gewinnen sei und verfolgt deshalb auch seine eigenen Lösungen nicht weiter[105].
- Schmookler zeigt, dass die Häufigkeit patentierter Erfindungen mit Investitionen in den jeweiligen Anwendungsfeldern korreliert, für diese aber wird eine starke Gewinnabhängigkeit angenommen und somit dasselbe für die Erfindungstätigkeit im Analogieschluss vermutet[106].
- Sofern die Aufgaben von Mitarbeitern, die zu Erfindungen beitragen, diese zufriedenstellen, werden Ansprüche an die materielle Entlohnung erhoben[107].

Mit dieser Skizze wird deutlich: Innovation initiiert, wer hoffen kann, sich **Innovationsgewinne anzueignen**. Von Hippel arbeitet die Bedingungen heraus, unter denen dies den Beteiligten am Innovationsprozess in verschiedenem Maße möglich ist[108].

Von Hippel erklärt entsprechend den Ablauf der von ihm identifizierten, unterschiedlichen Innovationsprozesse aus ebenso unterschiedlichen **Möglichkeiten, sich Innovationsgewinnen anzueignen (appropriability)**. Das Auftreten kooperativer Innovationsprozesse erklärt sich überwiegend aus dem Wunsch, den Markterfolg zu steigern, indem man die Nutzerbedürfnisse bei der Entwicklung berücksichtigt. Darauf deuten verschiedene Untersuchungen von Erfolgsfaktoren neuer Produkte[109] und der Erfolgshäufigkeit kooperativer gegenüber nicht-kooperativer Entwicklungsprozesse[110] hin.

---

105 Hounshell, D. A., Elisha Gray and the Telephone. On the Disadvantage of being an Expert, Technology and Culture, Vol. 16, 1975, S. 133–161, hier S. 152, 156.
106 Vgl. Schmookler, J., Invention and Economic Growth, Cambridge, MA 1966.
107 Vgl. Brockhoff, K., Stärken und Schwächen industrieller Forschung und Entwicklung, Stuttgart 1990, S. 77 ff; Leptien, Ch., Anreizsysteme in Forschung und Entwicklung, Wiesbaden 1996, S. 158.
108 Vgl. v. Hippel, E., The Sources of Innovation, a. a. O., 1988, S. 43 ff.; Little, B., New Product Innovation Processing. A Descriptive Study of Product Innovation in the Machine Tool Industry. Diss. Harvard Business School 1967; vgl. auch Kapitel 4.
109 Vgl. Langrish, J., et al., Wealth from Knowledge: Studies of Innnovation in Industry, London 1972; Gerstenfeld, A., Interdependence and Innovation, Omega, Vol. 5, 1977, S. 35–42; Utterback, J. M., et al., The Process of Innovation in Five Industries in Europe and Japan, IEEE Transactions on Engineering Management, Vol. EM-28, 1976, S. 3–9.
110 Allerdings nur schwach belegt für schwedische Landmaschinen-Hersteller: Nyström, H., Edvardsson, B., The Importance of R and D Cooperation Strategies for Product Development, Uppsala 1981.

4. Die Darstellung des **Innovationsprozesses** (Tab. 2.2) sollte **nicht als eine not-
    wendige zeitliche Sequenz** angesehen werden, worauf schon die Eingangsbe-
    merkungen zu diesem Abschnitt hinweisen. Schmookler hat z. B. aufgrund lan-
    ger Zeitreihen gezeigt, dass Erfindertätigkeit der Nachfrageentwicklung mit einer
    gewissen zeitlichen Verzögerung folgt[111]. Daraus zieht Kaufer eine für den Anreiz
    zur Innovation wichtige Folgerung:

    > Bei den meisten Innovationen besteht das Problem nicht in mangelhaftem technischem Wis-
    > sen, sondern in mangelhaftem Willen oder Anreizen, Probleme zu finden und das vorhan-
    > dene Wissen auf Lösungsmöglichkeiten hin abzusuchen. Der Prozess des technischen Fort-
    > schritts läuft anders ab. Bei einem gegebenen Stand des technischen Wissens ist ein großer
    > Teil kommerziell erfolgreicher Innovationen bereits möglich. Ein anderer Teil – und zwar
    > der kleinere und nicht unbedingt der wichtigere – wird erst durchführbar, wenn Erfindun-
    > gen und Forschungen den Stand der technischen Möglichkeiten ausgeweitet haben[112].

    Damit wird die Frage aufgeworfen, ob der **Sog der Nachfrage** nach neuen Gütern
    oder Prozessen (demand pull) sich stärker auf das Auftreten von Innovationen
    auswirkt oder das vorhandene **Angebot an neuem Wissen** (technology push).
    Beide Ursachen haben spezifische Vor- und Nachteile (vgl. Tab. 2.3). Sie sollten
    deshalb bei der Zusammenstellung von Forschungs- und Entwicklungsprogram-
    men berücksichtigt werden.

Tab. 2.3: Vor- und Nachteile von Nachfragesog- und Technologiedruck-Innovationen

	Technology Push (Technologiedruck)	Demand Pull (Nachfragesog)

Vorteile	– Eher große Innovationsschritte
	– Hohe Ertragspotenziale
	– Wissen, das besser geheim gehalten
	  werden kann
		– Schnelle Realisierung
		– Unmittelbare Steuerung vom Markt
		  her möglich
		– Niedrige Risiken

Nachteile	– Hohe Gefahr, keinen Markt zu finden
	– Zeitraubende Realisation
	– Hohe (finanzielle) Risiken
		– Eher kleine Innovationsschritte
		– Geringere Ertragspotentiale,
		  falls nicht kontinuierlich betrieben
		– Schwierigkeit, kritische Menge
		  festzustellen

5. Die Modellvorstellung des Innovationsprozesses als sequenzielle Abfolge von
    Aktivitäten ist auch aus Planungsüberlegungen heraus unzweckmäßig. Um die
    Prozessabläufe aufgrund des Konkurrenzdrucks zu beschleunigen, ist es erfor-
    derlich, dass die verschiedenen betrieblichen Funktionsbereiche, wie Marke-

---

111 Vgl. Schmookler, J., Invention and Economic Growth, a. a. O., 1966.
112 Kaufer, E., Technischer Wandel in der Marktwirtschaft. Eine forschungs- und wettbewerbstheoretische Kritik staatlicher Forschungs- und Technologiepolitik, in: Kaufer, E., Hinz, H., Hoppmann, E.,
Innovationspolitik und Wirtschaftsordnung, FIW-Schriftenreihe 88, Köln 1979, S. 1–12, hier S. 5 f.

Tab. 2.4: Sequenzielle und überlappende Bearbeitung von Teilprojekten eines Innovationsprojekts

Sequenziell:	Überlappend:
1. Weitergabe des Teilprojekts erst nach Fertigstellung. 2. Start des Folgeprojekts mit sicheren Informationen über das Vorgängerprojekt. 3. Informationsfluss in einer Richtung. 4. Häufig Pufferzeiten zwischen Teilprojekten.	1. Start des Folgeprojekts vor Fertigstellung des Vorganges. 2. Bearbeitung des Folgeprojekts ohne sichere Informationen über das Vorgängerprojekt. 3. Wechselseitiger Informationsfluss erforderlich. 4. Vermeidung von Pufferzeiten. 5. Verkürzung der Entwicklungsdauer des ganzen Projekts.

ting, Produktion oder Finanzierung, ihr spezielles Wissen jeweils in den Ablauf des Innovationsprozesses in diesen einbringen. Das bezeichnet Schmidt-Tiedemann als **„Konkomitanzmodell"** (Konkomitanten sind Begleiter mit ständiger gegenseitiger Wechselwirkung und Beeinflussung)[113]. Überlappungen einzelner Phasen des Innovationsprozesses müssen ermöglicht werden, um Vorteile im „Zeitwettbewerb" zu erlangen. Das ist etwa in der Automobilindustrie von hoher Bedeutung[114]. Darüber hinaus wird die frühzeitige Produktionsvorbereitung durch zeitliche Überlappung von Entwicklungsaktivitäten der Zulieferer notwendig (simultaneous engineering)[115]. Es sind allerdings besondere organisatorische und kommunikative Vorkehrungen erforderlich, um diese Vorgehensweisen zu ermöglichen (vgl. Tab. 2.4).

6. Der Innovationsprozess ist nur schwer exakt abgrenzbar. Er stellt sich vielmehr als eine Folge von Schritten dar, die jeweils für sich genommen durchaus den Charakter einer Innovation haben, häufig aber erst in ihrer Gesamtheit als solche erkennbar werden. Breitschwerdt hat das am Beispiel von Sicherheitseinrichtungen im Auto deutlich gemacht (Tab. 2.5)[116]. Wann kann hier von dem Beginn

---

113 Schmidt-Tiedemann, K. J., Die Tripel-Helix, ein Paradigma modernen Innovationsmanagements, in: Philips GmbH, Hrsg., Unsere Forschung in Deutschland, Bd. IV, 1988, S. 17–24; ders., A New Model of the Innovation Process, Research Management, Vol. XXV, 1982, S. 18–21.
114 Vgl. Clark, K., High Performance Product Development in the World Auto Industry, Man. Harvard Business School, 1987.
115 Vgl. Eversheim, W., Simultaneous Engineering – eine organisatorische Chance, VDI-Berichte, 758, 1989, S. 1–26.
116 Vgl. Breitschwerdt, W., Von der Idee zum Produkt. Forschung und Entwicklung im Großunternehmen, a. a. O., 1988, S. 8 ff. Ganz ähnlich ist der G-Lader von Volkswagen aufgrund von Patenten aus dem Jahre 1905 erst 1982 „erforscht", 1985 entwickelt gewesen und ab 1988 in Großserie gegangen, nachdem vorher schon Kleinserien im Polo eingesetzt wurden. Der große Produkterfolg kam erst danach.

Tab. 2.5: Entwicklung von Sicherheitssystemen bei Mercedes Benz PKW: von der Nische zum Massenprodukt

Gurtsysteme	Airbag
Einbau von Flugzeuggurten als Beckengurte in Modellen des 300 SL	
Verankerungspunkte für Sicherheitsgurte serienmäßig	Vorüberlegung: Airbag als Alternative zu Gurten
Schrägschultergurte als Sonderausstattung	
	Prinzipversuche mit Flüssiggas als Aufblasmedium
	Versuche mit Hybridsystemen nicht erfolgversprechend
	Parallelentwicklnng mit Festtreibstoff als Gasentwickler
Dreipunkt-Automatikgurte als Sonderausstattnng	
	Entscheidnng für Serienreifinachnng des Airbags in Ergänzung zum Sicherheitsgurt
	Straßenerprobnng mit 100 Fahrzeugen
Gurte auf allen Plätzen serienmäßig	
	Großversuch mit 600 Fahrzeugen, Entwicklungsfreigabe für Sonderwunsch-Serieneinbau ab Dezember 1980 in der S-Klasse
Beifahrer-Gurtstraffer als Sonderausstattung	
Gurtbringer für Vordersitze bei SEC-Modellen	
Gurtstraffer für Vordersitze serienmäßig	Airbag vorn in allen US-Fahrzeugen serienmäßig
	Beifahrer-Airbag

und von dem Ende des Innovationsprozesses für Sicherheitsgurte oder Airbags gesprochen werden?

7. Ein anderes Abgrenzungsproblem bildet die Notwendigkeit, „Nebenwirkungen" von Innovationen abzusichern; hierbei ist nämlich unklar, wie weit die Bemühungen gehen müssen. Beispielsweise hat die damalige Schering AG die Nebenwirkungen eines Medikaments für Multiple-Sklerose-Patienten auf das Wahrnehmungsvermögen, die Müdigkeit und die Stimmung der Betroffenen untersucht, um eine Zulassung zu erlangen. Bei der Medikamentenzulassung sind auch Folgen für das Sozialleben, wie etwa die Scheidungsquote, zu untersuchen, zu dokumentieren und nachzuweisen. Ebenso sind die Belastungen für Pflegepersonen, zum Beispiel bei der Behandlung der Alzheimerkrankheit, relevant.

> Forschung und Entwicklung sind Aktivitäten, die in einen umfassenderen Innovationsprozess einge-
> bettet sind. Sie können in mehreren Institutionen ablaufen. Ihr Erfolg ist eine notwendige, aber keine
> hinreichende Bedingung für den Markterfolg der daraus erwachsenden Neuerungen. Forschung und
> Entwicklung werden von Bedürfnissen oder Bedürfnisvermutungen angeregt.

2.4 Forschung und Entwicklung

2.4.1 Grundlagen

Die dargestellte Einordnung lässt vermuten, dass eine scharfe Abgrenzung der For-
schungs- und Entwicklungsaktivitäten kaum möglich ist. Tatsächlich haben auch anhaltende Definitionsversuche keine so bedeutenden Lösungen beigesteuert, dass auf
ad hoc getroffene Ab- und Ausgrenzungen verzichtet werden könnte. Hier soll Folgendes gelten:

> Forschung und Entwicklung ist eine Kombination von Produktionsfaktoren, die es ermöglichen soll,
> neues Wissen zu generieren.

Ein erstes Definitionsproblem entsteht aus der Abgrenzung des Begriffs **„Neuheit"**.
Bis heute anhaltende Diskussionen über die Frage, ob hierbei nur objektiv neues Wissen, also eine Weltneuheit, oder auch subjektiv neues Wissen, also eine Neuheit für
den Entscheidungsträger, zu berücksichtigen sei, ist im Sinne der subjektiven Neuheit
entschieden: Schätzle formuliert, dass „als Maß für die objektive Neuheit die subjektive Vorstellung der Unternehmung über das Vorhandensein und die Zugänglichkeit
neuen Wissens dient"[117]. Natürlich kann sich die subjektive Vorstellung, eine objektive Neuheit erreicht zu haben, als fehlerhaft erweisen. Das zeigt sich etwa in abschlägig
entschiedenen Prüfungsverfahren für Patente, wenn als Entscheidungsgrund angegeben wird, dass die Erfindung „zum Stand der Technik gehört"[118]. Mit dieser Feststellung wird eine Objektivierung versucht, die aber unabhängig von den Gründen für die
Wissenssuche ist.

Zweitens ist der Begriff **„Wissen"** abzugrenzen. Auch dies kann nur pragmatisch
geschehen. Hier wird darunter ausschließlich natur- und ingenieurwissenschaftli-
ches Wissen erfasst. Damit sind Marktforschung oder innerbetriebliche Verhaltensfor-
schung, um nur einige Beispiele zu nennen, ausgeschlossen. Das hat im wesentlichen
organisatorische Gründe, durch die die Tätigkeit betrieblicher Forschungs- und Ent-

---

117 Schätzle, G., Forschung und Entwicklung als unternehmerische Aufgabe, Köln, Opladen 1965,
S. 16; Hauschildt, J., Innovationsmanagement, a. a. O., S. 3 ff.
118 Patentgesetz vom 1.1.1981, BGBl. I, S. 1, § 3; weitere Erläuterungen in § 4.

wicklungsbereiche abgegrenzt wird. Im Zuge der Abgrenzungsschwierigkeiten von Innovationen (vgl. 2.3) kann dies problematisch sein. Dagegen spielt die Frage der Patentierbarkeit keine Rolle für die Abgrenzung, soweit z. B. neues Wissen auf dem Gebiet der Medizin oder der Züchtung von Pflanzensorten und Tierarten als nicht patentierbar gilt[119].

Neues Wissen kann im Unternehmen drei verschiedene Funktionen haben:

1. Es kann in eigene Produkte oder Prozesse eingehen, im Unternehmen die Aufnahmebereitschaft für außerhalb des Unternehmens entstandenes oder entstehendes neues Wissen steigern.
2. Es hilft, Neues zu erkennen, zu bewerten und in das Unternehmen zu transferieren.
3. Schließlich kann das neue Wissen zum Handelsobjekt werden.

Neben inhaltlichen Abgrenzungen ist in zeitlicher Hinsicht zu bestimmen, wann man davon sprechen kann, dass neues Wissen vorliegt. Einerseits werden hierüber häufig Diskussionen zwischen dem Entwickler und der an seiner Entwicklung interessierten Umwelt, z. B. der Marketingabteilung, geführt. Letztere mag sich im Interesse eines schnellen Markteintritts bei einer Neuerung schon mit einem Wissensstand zufriedengeben, der für Entwickler inakzeptabel ist und weiterer Bearbeitung bedarf. Die einen messen den Fortschritt am vorhandenen Wissen, die anderen am vermuteten Wissenspotenzial, was notwendig zu Spannungen über den Abbruch von Entwicklungsarbeiten führt.

Drittens sollen Forschung und Entwicklung die Gewinnung neuen Wissens „ermöglichen". Dieser Begriff deutet an, dass der Faktoreinsatz **nicht mit Sicherheit zu dem gewünschten Ergebnis führt**. Es wird sich zeigen, dass Zielsetzung und Unsicherheitsgrad als Kriterien dienen, um Forschung von der Entwicklung abzugrenzen.

Zu klären ist die Frage, ob allein der Nachweis eines Effekts oder die Demonstration der Machbarkeit für eine zweckmäßige Zuordnung von Wissen im unternehmerischen Alltag ausreicht. Die Beantwortung dieser Frage kann schon allein deshalb gravierende Folgen haben, weil sie die Abgrenzung zwischen organisatorischen Einheiten oder Kostenstellen berührt. Konkret geht es darum, ob z. B. der Prototyp einer Anlage oder das Technikum in einem Unternehmen der chemischen Industrie mit seinem Personal und anderen Produktionsfaktoren zu Forschung und Entwicklung zählen. Als allgemeines Abgrenzungskriterium ist es nützlich, eine Grenze dort zu ziehen, wo unter Einsatz des neuen Wissens eine grundsätzlich wiederholbare Fertigung in wirtschaftlichen Mengen möglich ist, deren Ergebnis vorhersehbar und steuerbar ist. Damit wird das Entstehen von Ausschuss in der Produktion nicht ausgeschlossenen

---

119 Patentgesetz vom 1.1.1981, BGBl. I, § 2 (2) und § 5 (2).

und, soweit dies den Erwartungen entspricht, auch nicht als ein Grund angesehen, die Produktion der Entwicklung zuzurechnen. Negativ gesprochen: Solange man nur hoffen kann, dass der Produktionsprozess „diesmal" störungsfrei läuft und das Produkt „diesmal" die gewünschten Eigenschaften hat, für das nächste Mal aber keine Aussage wagen kann, darf nicht von einer abgeschlossenen Entwicklung gesprochen werden.

Viertens wird unter der **„Kombination"** von Produktionsfaktoren ein bewusster, planmäßiger, systematischer und nach methodischen Regeln ablaufender Prozess verstanden[120]. Natürlich kann auch ohne diese Regeln neues Wissen entdeckt werden. Die eingangs dargestellte Tendenz, aus wettbewerblichen Gründen eine gewisse Regelmäßigkeit im Innovationsprozess zu erzielen, spricht aber dagegen, diesen Prozess auf das zufällige Zusammentreffen von Faktoren zu gründen, aus denen dann neues Wissen entsteht.

Fünftens ist bei den **„Produktionsfaktoren"** die kreative menschliche Tätigkeit entscheidend. Formal ist es eine Voraussetzung für die Patentierung von Erfindungen, dass „sie sich für den Fachmann nicht in naheliegender Weise aus dem Stand der Technik" ergeben[121]. In diesem Sinne fordert Kuznets besondere geistige Anstrengungen als Definitionsmerkmal[122]. Die hervorragende Bedeutung dieses Merkmals kommt auch darin zum Ausdruck, dass die Kreativitätsförderung als ein Schlüssel betrachtet wird, die Effektivität und Effizienz in Forschung und Entwicklung zu steigern[123]. Wissen wird im produktionstheoretischen Sinne zu einem Produktionsfaktor. Andere Faktoren werden zwar auch eingesetzt, sind aber nicht in gleicher Weise in der Definition zu berücksichtigen.

---

120 Erste Hinweise geben z. B.: Hertz, D. B., The Theory and Practice of Industrial Research, New York, London 1950, S. 2; Bruggmann, M., Betriebswirtschaftliche Probleme der industriellen Forschung, Diss. St. Gallen, Winterthur 1957, S. I; Mellerowicz, K., Die Organisation des Forschungs- und Entwicklungsbereiches, in: Agthe, K., Schnaufer, E., Hrsg., TFB-Taschenbuch-Organisation, Berlin, Baden-Baden 1961, S. 633–677, hier S. 634.

121 Patentgesetz, a. a. O., § 4 (1).

122 Kuznets, S., Inventive Activity, Problems of Definition and Measurement, in: National Bureau of Economic Research, Hrsg., The Rate and Direction of Inventive Activity, Princeton/N. J. 1962, S. 19–43, hier S. 24.

123 Vgl. den interessanten Überblick von: Jehle, E., Eine Kreativitätsstrategie für das Unternehmen, in: Zahn, E., Hrsg., Technologie- und Innovationsmanagement, Berlin 1986, S. 71–97. Die Kreativitätstechniken sind oft ad hoc entwickelt worden; ein Modell der Ideengenerierung schlagen dagegen vor: Baker, N. R., Langmeyer, L., Sweeney, D. J., Idea Generation: A Procrustean Bed of Variables, Hypotheses and Implications, in: Dean, B. V., Goldhar, J., Management of Research and Innovation, Amsterdam, New York, Oxford 1980, S. 33–51; Kuhn, R. L., Hrsg., Handbook for Creative and Innovative Managers, New York 1988.

2.4.2 Gliederung nach Phasen

Obwohl sich im Sprachgebrauch Forschung und Entwicklung als einheitlicher Begriff durchgesetzt hat, umfasst er verschiedene Arten von Tätigkeiten. Bei diesen Tätigkeiten kann der Eindruck entstehen, dass sich die Bedingungen für die Entstehung neuen Wissens stark voneinander unterscheiden und dafür unterschiedliche Institutionen, voneinander getrennte organisatorische Einheiten und verschiedene Führungsmuster angebracht sind. Definitionen können also sehr weitreichende Wirkungen haben und sind nach ihrer Zweckmäßigkeit zu beurteilen. Averch untersucht verschiedene Abgrenzungen und Aufteilungen von „Forschung und Entwicklung" daraufhin, wie sie die Budgetaufteilung und die Strategieformulierung unterstützen sowie welcher Informationswert und welche politische Überzeugungskraft ihnen zukommen. Keine der von ihm geprüften Definitionen ist hinsichtlich aller Kriterien überlegen[124]. Klassisch und heute überwiegend verbreitet ist eine Aufteilung von Forschung und Entwicklung auf die drei Teilaktivitäten **Grundlagenforschung, angewandte Forschung** und **Entwicklung**.

In Tab. 2.6 werden in der ersten Spalte Definitionen für diese Begriffe gegeben, die im sogenannten Frascati-Handbuch der OECD[125] festgelegt sind und als Grundlage für statistische Erhebungen dienen. Hierzu sind drei Bemerkungen angebracht: Erstens werden die Begriffe nicht immer identisch verwendet. So wird statt Grundlagenforschung der Begriff zweckfreie Forschung verwendet, und bei der Entwicklung wird häufig auf den die Methode kennzeichnenden Zusatz „experimentell" verzichtet.

Zweitens sind die Begriffe nicht so eindeutig abgrenzbar, dass bestimmte Teilaktivitäten ihnen präzise zuzuordnen wären. Im Frascati-Handbuch wird dies durch einen Vorschlag für die Behandlung von Abgrenzungsproblemen versucht (vgl. Tab. 2.7). Dieser ist aber weder vollständig noch stimmt er mit der oben getroffenen Abgrenzung des Begriffs „Wissen" in allen Punkten überein. So kann z. B. der generelle Ausschluss aller Patent- und Lizenzarbeiten kaum gerechtfertigt werden, da erst durch sie in einigen Fällen die wirtschaftlichen Grundlagen der Forschungs- und Entwicklungstätigkeit gelegt werden und sie unmittelbar mit diesen Aktivitäten verbunden sind.

Drittens führen die **Abgrenzungsprobleme der Begriffe** untereinander dazu, dass man entweder durch die Beseitigung von Grenzen oder durch eine noch feinere Differenzierung, also die Schaffung neuer Grenzen, zu einer zweckmäßigeren Gliederung kommt. Für den ersten Fall bietet das Steuerrecht, für den zweiten die Untergliederung der Grundlagenforschung in Tab. 2.6 ein Beispiel. Auch aus einem Strukturschema naturwissenschaftlich-technischer Erkenntnisse wurden Begriffe abgeleitet und insbesondere experimentelle, konstruktive und Routine-Entwicklungen

124 Vgl. Averch, H. A., The political economy of R & D taxonomies, Research Policy, Vol. 20, 1991, S. 179–194.
125 OECD, Frascati-Handbuch 2015, Leitlinien für die Erhebung und Meldung von Daten über Forschung und experimentelle Entwicklung, Paris 2018, S. 53–55.

Tab. 2.6: Zwei Definitionen unterschiedlicher Teilbereiche von Forschung und Entwicklung

Teilbereiche	OECD	§ 51 (1) u) aa) bzw. § 51 (1) u) bb) EStG
Grundlagen-forschung:	Experimentelle oder theoretische Arbeit, die vorwiegend zur Gewinnung neuen Wissens über die Grundlagen von Phänomenen mit beobachtbaren Tatsachen durchgeführt wird, ohne an einer besonderen Anwendung orientiert zu sein. Sie wird unterteilt in:	Ist die Gewinnung von neuen wissenschaftlichen oder technischen Erkenntnissen und Erfahrungen allgemeiner Art.
a) Reine Grundlagen-forschung:	Ohne Erwartung langfristiger wirtschaftlicher oder sozialer Vorteile und ohne den Versuch zu unternehmen, Ergebnisse auf praktische Probleme anzuwenden oder in dafür verantwortliche Bereiche zu transferieren.	
b) Gerichtete oder Ange-wandte Grund-lagenforschung	In der Erwartung durchgeführt, eine breitgefächerte Wissensbasis zu erstellen mit der Aussicht, die Grundlagen für die LöSW1g erkannter oder erwarteter jetziger oder zukünftiger Probleme oder Möglichkeiten zu legen.	
Angewandte Forschung:	Erstmalige Untersuchung zur Erlangung neuen Wissens. Sie ist jedoch vorwiegend auf spezifische praktische Ziele ausgerichtet.	
(Experimentelle) Entwicklung:	Systematische Arbeit, die auf bestehende praktische und forschungsbedingte Erfahrungen aufbaut und auf die Herstellung oder die wesentliche Verbesserung bestehender oder installierter neuer Materialien, Systeme und Dienstleistungen gerichtet ist.	Neuentwicklung von Erzeugnissen oder Herstellungsverfahren; Weiterentwicklung von Erzeugnissen oder Herstellverfahren, soweit wesentliche Änderungen dieser Erzeugnisse oder Verfahren entwickelt werden.

Quelle: OECD, Frascati-Handbuch 2015, a. a. O., S. 53–55, Einkommensteuergesetz, Stand 25.3.2019.

unterschieden, um diesen für die Praxis besonders wichtigen Aspekt genauer erfassen zu können[126]. Letztlich lassen sich aber auch damit Abgrenzungsprobleme nicht vollständig vermeiden.

Wird der Gliederung der Begriffe zur weiteren Verdeutlichung auch ein zeitlicher Ablauf unterlegt (Grundlagenforschung wird gefolgt von Angewandter Forschung und

---

[126] Scholz, L., Technologie und Innovation in der industriellen Produktion, Göttingen 1974; ders., Definition und Abgrenzung der Begriffe Forschung, Entwicklung, Konstruktion, in: RKW-Handbuch Forschung, Entwicklung, Konstruktion, Berlin 1977, Nr. 2050.

Tab. 2.7: Behandlung von Abgrenzungsproblemen zur Definition von F&E nach OECD-Empfehlungen (Beispiele)

Gegenstand	Vorgehensweise	Bemerkungen
Prototypen	in F&E einbeziehen	Solange das Hauptziel in der Erarbeitung weiterer Verbesserungen liegt.
Versuchsanlage	in F&E einbeziehen	Solange der Hauptzweck F&E ist.
Entwurf und Zeichnung	aufteilen	Die für F&E notwendige Konstruktion ist einzuschließen. Die für den Produktionsprozess notwendige Konstruktion ist auszuschließen.
Versuchsproduktion	aufteilen	Ausgenommen zusätzliche F&E nach Serienreife. Einschließen, wenn Produktion maßstabsgerechte Tests und nachfolgende Entwurfs- und Konstruktionstätigkeiten erfordert sowie bei Start-ups. Sonstiges ausschließen.
Betrieb und Beseitigung von Störungen nach dem Verkauf	ausschließen	Ausgenommen zusätzliche F&E nach Serienreife
Patent- und Lizenzarbeiten	ausschließen	Alle administrativen und juristischen Arbeiten im Zusammenhang mit Patenten und Lizenzen (außer Patentarbeiten, die direkt mit dem F&E-Projekt verbunden sind)
Routineuntersuchungen	ausschließen	Selbst wenn sie von F&E-Personal durchgeführt werden.

Quelle: OECD, Frascati-Handbuch 2015, a. a. O., S. 67.

Entwicklung)[127], gilt dies zwar häufig, aber nicht immer. Vielmehr **überlappen** sich diese Aktivitäten zeitlich, was sich anhand einer Untersuchung von fünf bedeutenden Innovationen feststellen lässt (vgl. Abb. 2.8)[128]. Der Schwerpunkt der Grundlagenforschung liegt danach etwa 25 Jahre vor der Innovation, während Angewandte Forschung und Entwicklung auf das Jahrzehnt vor der Innovation konzentriert sind und – was nicht erhoben wurde – danach noch weitergehen. Es gibt aber auch interessante Entwicklungen, die zu diesem Muster konträr verlaufen, etwa in der Keramik-

---

127 Schätzle, G., Forschung und Entwicklung als unternehmerische Aufgabe, a. a. O., 1965, S. 21; ähnlich z. B.: Fardeau, M., La recherche dans l'industrie, Révue d'Economie Politique, Vol. 75, 1965, S. 225–247, bes. S. 231; Hertz, D. B., Carlson, P. G., Selection, Evaluation and Control of Research and Development, in: Dean, B. V., Hrsg., Operations Research in Research and Development, New York, London 1963, S. 170–188, bes. S. 171.
128 Für „wissenschaftsgebundene" Industriezweige vgl. ähnliche Darstellungen bei: Grupp, H., Schmoch, U., Wissenschaftsbindung der Technik, a. a. O., 1992.

Abb. 2.8: Kumulativer Anteil der Ereignisse von Grundlagenforschung, angewandter Forschung und Entwicklung bei fünf Innovationen in Abhängigkeit von der Zeit vor der Markteinführung (Quelle: nach: Illinois Institute of Technology Research, Technology in Retrospect and Critical Events in Science, o. O., Vol.I, 1968, S. 15.

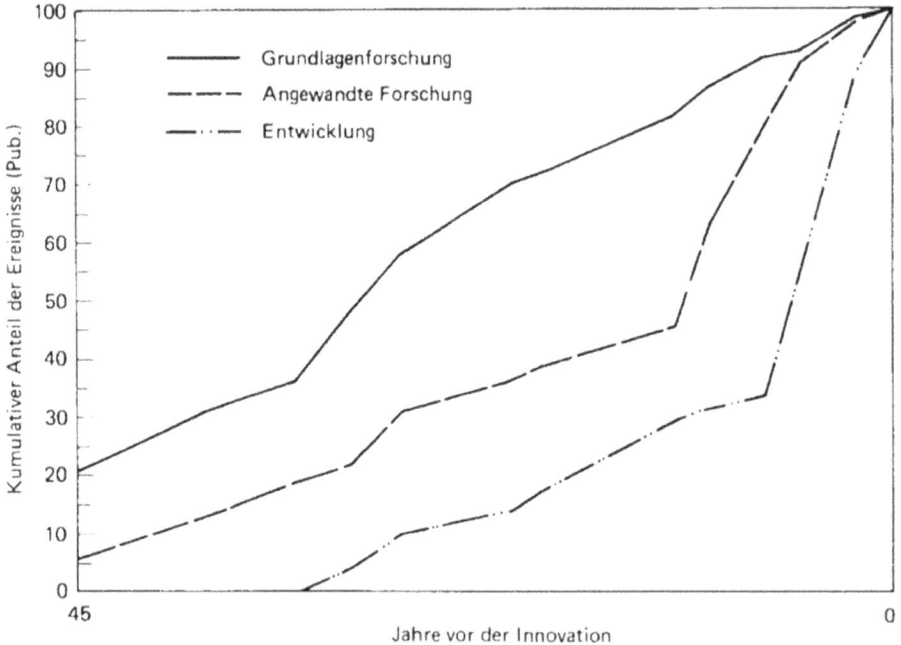

herstellung. Hier wurde eine Technik beherrscht, bevor Entwicklungsarbeit sie vervollkommnete und Forschung die grundlegenden Phänomene aufzuklären begann.

Ein anschauliches Beispiel bildet der Friemeleffekt beim Schrägwalzen, der durch die Brüder Mannesmann gefunden wurde. Sie ließen Stahlrohre durch zwei statt durch drei Walzen aus einem Rundstahl walzen, weil drei Walzen nicht eng genug zusammenzufahren waren. Die wissenschaftliche Erklärung blieb „Jahrzehnte hindurch [...] ein Rätsel". Die mathematische Theorie dazu wurde erst etwa 50 Jahre später entwickelt[129].

Daraus ist die Frage entstanden, ob möglicherweise in Frühphasen mancher Problemstellungen zunächst bestimmte Techniken durch Entwicklung und Vergleich mit anderen gewonnen werden und erst später eine theoretische Erklärung gelingt[130]

---

129 Vgl. Mannesmann AG, Hrsg., 75 Jahre Mannesmann – Geschichte einer Erfindung und eines Unternehmens, 1890–1965, Düsseldorf 1965, S. 20 ff.
130 Brockhoff, K., Entscheidungsforschung und Entscheidungstechnologie, in: Witte, E., Der praktische Nutzen empirischer Forschung, Tübingen 1981, S. 61–78, hier S. 67 f. Die Arbeiten von Goodyear in der Reifenindustrie sind ein gutes Beispiel dafür.

(vgl. Tab. 2.1), die dann auch einen effizienteren Entwicklungsprozess ermöglicht. Das „drug design" der modernen Pharmaforschung gibt hierfür ein Beispiel. Schließlich ist zu bedenken, dass, gleichgültig wie tragfähig die empirischen Ergebnisse für die Hypothese einer bestimmten Zeitstruktur der Stufen von der Forschung zur Entwicklung bei der Problemlösung sind, in jedem Falle eine Betrachtung im Nachhinein vorliegt, die im Voraus allenfalls bei korrekter Erwartungsbildung zur Klassifizierung dienen könnte. Das aber ist widersprüchlich, da so das Problem selbst gelöst wäre.

Aus der Vorausschau ist es plausibel anzunehmen, dass Projekte der **Grundlagenforschung unsicherer** im Hinblick auf ihre späteren Nutzen sind als solche der Angewandten Forschung oder der Entwicklung. Die quadratische Abweichung $E(u_0 - u_t)^2$ wird von Stufe zu Stufe kleiner (wobei u den Projektnutzen, o den Entscheidungszeitpunkt, t den Zeitpunkt der Innovation im engeren Sinne und $E(.)$ den Erwartungswert angeben). Es lässt sich noch stärker vermuten, dass für Projekte der Grundlagenforschung keine solche Varianz bestimmt werden kann, weil das Eintreffen der Nutzen u_t objektiv unsicher ist, also darüber überhaupt keine Wahrscheinlichkeitsaussage gemacht werden kann. Hingegen sind bei Projekten auf den Folgestufen unterschiedliche Werte subjektiver Erfolgswahrscheinlichkeiten feststellbar[131]. Bezieht man die Zielerreichung allein auf technische Produktziele, so können auch in der Grundlagenforschung Erfolgswahrscheinlichkeiten auftreten, die über denjenigen für Entwicklungsprojekte liegen.

Für die Klassifizierung industrieller Forschung und Entwicklung ist das Konzept der Ungewissheit – vielleicht überraschenderweise – von untergeordneter Bedeutung. Die bisher allein betrachtete „prozessinterne Unsicherheit"[132] scheint innerhalb der einzelnen Industriezweige wegen der Konzentration auf Entwicklung und Angewandte Forschung nur selten so stark zu schwanken, dass daraus auf unterschiedliche Stufen im Prozess von Forschung und Entwicklung geschlossen werden könnte. Zwischen den Industriezweigen können dagegen **stärkere Unterschiede in den technischen Erfolgswahrscheinlichkeiten** liegen, weil sich die verwendeten Technologien unterscheiden. Als Extrempunkte eines Spektrums werden die herkömmliche pharmazeutische Forschung mit hohem und die elektrotechnische Forschung mit niedrigem **Empiriegrad** oder **kumulativer Technologie** angesehen. „Je höher der Empiriegrad der Forschung ist, desto geringer ist der Anteil weiterverwertbaren technologischen Wissens am F&E-Output"[133] und umso höher ist die technische Unsicherheit. Stärker

131 Vgl. ähnlich: Markham, J., Economic Analysis and the Research and Development Decision, in: Tybout, R. A., Hrsg., Economics of Research and Development, Columbus/Ohio 1965, S. 67–80, hier S. 72; Brockhoff, K., Forschungsprojekte und Forschungsprogramme, ihre Bewertung und Auswahl, 2. A., Wiesbaden 1973, S. 30.
132 Dieser Ausdruck wird in Anlehnung an die amerikanische Literatur gebildet von: Kern, W., Schröder, H.-H., Forschung und Entwicklung in der Unternehmung, Reinbek 1977, S. 16.
133 Gutberlet, K.-L., Alternative Strategien der Forschungsförderung, Tübingen 1984, S. 31, bes. Fn. 1. Vgl. Jewkes, J., Sawers, D., Stillerman, R., The Sources of Invention, a. a. O., S. 164 ff.

als technische oder prozessinterne scheinen externe Unsicherheiten zu sein, seien es Marktunsicherheiten, die sich in den hier als sicher unterstellten, aber in der Realität unsicheren u_t-Werten niederschlagen, oder Organisationsunsicherheiten. Sie beeinflussen den Projekterfolg durch Zielwandel oder einer Änderung in der Faktorenzuweisung zu den Projekten, weil sich Prioritäten geändert haben[134]: „... the bulk of the research and development projects carried out by the firms [...] seem to be relatively safe from a technical point of view"[135]. Das deutet darauf hin, dass nur selten das ganze Spektrum von der Grundlagenforschung bis zur Entwicklung von den Unternehmen mit Projekten belegt wird.

Bisher ist die Darstellung weitgehend aus den Definitionen des Frascati-Handbuchs der OECD entwickelt worden. Dies ist allerdings nicht die einzige und allgemeinverbindliche Quelle für die Konkretisierung und Differenzierung des Begriffs „Forschung und Entwicklung". Daneben werden für einzelne Unternehmen verbindliche Definitionen festgelegt oder Empfehlungen in Arbeitskreisen oder auf Branchenebene erarbeitet. Soweit solche Definitionen bekannt sind, weichen sie wenigstens in Details von den Festlegungen des Frascati-Handbuchs ab. Das kann die Vergleichbarkeit der Ergebnisse statistischer Erhebungen beeinträchtigen.

Die von einem Ausschuss des Verbands der Chemischen Industrie (VCJ) erarbeiteten Abgrenzungen verdeutlichen dies[136]. Sie werden in vielen Unternehmen der Chemischen und der Pharmazeutischen Industrie zumindest im Grundsatz angewendet. Danach soll gelten:

> Als Forschung und Entwicklung in der chemischen Industrie wird im allgemeinen jede Tätigkeit verstanden, die darauf gerichtet ist, für das Unternehmen neue Erkenntnisse zu gewinnen über
> – Stoffe, ihre Zusammensetzung und ihre Wirkungsweise,
> – die Verfahren zu ihrer Herstellung,
> – die Möglichkeit ihrer Anwendung einschl. Anwendungsverfahren.
> Dabei können als Aufgabenstellung der Forschung die Gewinnung neuer Erkenntnisse auf den genannten Gebieten im Labormaßstab, als Aufgabenstellung der Entwicklung die Weiterführung der im Labormaßstab gewonnenen neuen Erkenntnisse bis zur Fabrikationsreife angesehen werden. Die Grenzen zwischen Forschung und Entwicklung sind jedoch fließend[137].

---

134 Mansfield, E., Brandenburg, G., The Allocation, Characteristics, and Outcome of the Firm's Research and Development Portfolio: A Case Study, Journal of Business, Vol. 39, 1966, S. 447–464, bes. S. 460; Meadows, D., Estimate Accuracy and Project Selection Models in Industrial Research, Industrial Management Review, Vol. 9, 1968, S. 105–119, bes. S. 109; Schröder, H.-H., The Quality of Subjective Probabilities of Technical Success in R&D, R&D Management, Vol. 6, 1975, S. 15–22.

135 Mansfield, E., et al., Research and Innovation in the Modem Corporation. New York, London 1971, S. 45.

136 Betriebswirtschaftlicher Ausschuß im VCI, Forschungs- und Entwicklungskosten in der Chemischen Industrie, Chemische Industrie, Heft 4, 1969, S. 197–203.

137 Ebenda, S. 197.

Hier ist auffällig, dass die Definition mit dem Hinweis auf die Labore im Grunde Kostenstellen und die ihnen zugewiesenen Aufgaben, also organisatorische Strukturentscheidungen, zur Abgrenzung verwendet. Dies wird dadurch betont, dass solche Kostenstellen näher bezeichnet werden. Allgemein werden folgende Stellen genannt:

1. Wissenschaftliche Laboratorien
   - soweit sie daran arbeiten, neue Produkte oder neue Verfahren zu finden oder bekannte Produkte bzw. bestehende Verfahren zu verbessern,
   - soweit sie damit beschäftigt sind, Laborergebnisse im Technikumsmaßstab bis zur Produktionsreife weiter zu entwickeln,
   - soweit sie daran arbeiten, neue Anwendungsgebiete für vorhandene Produkte zu finden und neue oder verbesserte Anwendungsverfahren zu entwickeln,
   - soweit sie an der Entwicklung neuer und der Verbesserung bereits bestehender Prüfmethoden arbeiten,
   - soweit sie neue analytische Methoden erarbeiten und Analytik für Forschungsarbeiten betreiben,
   - soweit sie wissenschaftliche Unterlagen für die Einführung neuer Produkte erstellen,
   - soweit sie für Abwasser- und Abluftprobleme tätig werden, die bei der Herstellung neuer Produkte oder bei der Anwendung neuer Herstellungsverfahren auftreten.
2. Anwendungstechnische Abteilungen, soweit sie für die unter (1) genannten Aufgaben und nicht für einzelne Kunden tätig werden.
3. Sonstige Abteilungen (z. B. wissenschaftliche Bibliothek, Patentabteilung), soweit sie für die unter (1) genannten Aufgaben tätig werden.
4. Versuchsanlagen. Soweit dabei bereits fertige Produkte anfallen, mindern deren Erlöse die Forschungskosten.
5. Klinische Forschung.
6. Wissenschaftliches Vortragswesen und Kontakte zu Hochschulen und sonstigen wissenschaftlichen Instituten.
7. Wissenschaftliche Dokumentation.
8. Ingenieurtechnische Abteilungen, soweit sie für die Entwicklung neuer bzw. für die Verbesserung im Unternehmen praktizierter Herstellungs- und Anwendungsverfahren tätig werden (z. B. in der Mess- und Regeltechnik[138]

Diesen Festlegungen sind zur leichteren Handhabung und schärferen Abgrenzung auch solche Stellen gegenübergestellt, die nicht zu Forschung und Entwicklung gerechnet werden. Dies sind:

1. Betriebslabore, soweit sie dazu dienen, den Stand der Technik zu erhalten und eine gleichbleibende Qualität der Produkte sicherzustellen.
2. analytische Laboratorien, soweit sie der Qualitätsbestimmung und Kontrolle der Produkte dienen.
3. anwendungstechnische Abteilungen, soweit sie Gütekontrollen der Produktion und technischen Kundendienst ausüben.
4. Patentabteilung, soweit sie für die Erlangung und Ausführung aktiver und passiver Lizenzverträge tätig ist.

---

138 Ebenda.

5. ingenieurtechnische Abteilungen und Betriebe, soweit sie nicht für die Entwicklung neuer bzw. für die Verbesserung im Unternehmen praktizierter Herstellungs- und Anwendungsverfahren tätig werden.
6. Abteilungen, die Forschung auf anderen als „naturwissenschaftlich-technischen Gebieten betreiben, z. B. Unternehmensforschung, Marktforschung"[139].

Die Abgrenzungen sind restriktiv und folgen Plausibilitätsgesichtspunkten, dabei erscheint die Ausgrenzung der Patentabteilung auch hier unplausibel. Auf sie kann in einem forschenden Unternehmen der pharmazeutischen Industrie nicht verzichtet werden, weil Patentierung neue Substanzen oder Herstellverfahren vor unbeschränkten Nachahmungen schützt. Dieser Schutz ist eine notwendige Voraussetzung dafür, Forschung und Entwicklung in wirtschaftlicher Hinsicht zu rechtfertigen. Das Patentwesen hat außerdem die Verteidigung der bestehenden Schutzrechte zu gewährleisten. Schließlich erhält diese Abteilung zunehmend Bedeutung in Branchen, in denen der wissenschaftliche Fortschritt eines Unternehmens den Rückgriff auf Patente eines anderen Unternehmens erfordern kann, also ein niedriger Empiriegrad beim technischen Fortschritt vorherrschend ist. Hierfür sind die notwendigen Verträge auszuarbeiten und durchzusetzen. Der Aufwand der Patentabteilung sollte deshalb zum Forschungs- und Entwicklungsaufwand zählen.

2.4.3 Gliederung nach Institutionen oder Vertragsformen der Wissensgewinnung

Die Forschungs- und Entwicklungsaktivitäten eines Unternehmens müssen nicht in denselben Unternehmen auch durchgeführt werden. Da es vertragliche und faktische Möglichkeiten gibt, sich außerhalb des Unternehmens gewonnenes Wissen anzueignen, kann dieser Weg tatsächlich wirtschaftlich sein und insbesondere eigene Aufwendungen senken sowie intern bestehende Kapazitätsengpässe überwinden helfen. Ob **externer Wissenserwerb** betrieben wird, muss unter verschiedenen Gesichtspunkten beurteilt werden, ähnlich der Entscheidung über Eigenfertigung oder Fremderwerb. Hier soll dieses Entscheidungsproblem nicht formuliert oder gelöst, sondern nur ein **Überblick über die Alternativen** gegeben werden (vgl. Abb. 2.9). Der Überblick ist ausschließlich auf die Gewinnung neuen Wissens hin orientiert. Er schließt den Erwerb vorhandenen Wissens (Lizenznahme, Patenterwerb, Unternehmenskauf) aus. Unberücksichtigt bleiben bei den kooperativen Formen auch solche Fälle, in denen zwischen verschiedenen, an einem Objekt beteiligten, Unternehmen eine Ziel- und Aufgabenabstimmung für die interne Forschung und Entwicklung vorgenommen wird.

Am Beispiel der Entwicklung des Airbus durch selbstständige Partner wird diese Form der Kooperation mehrerer Unternehmen sichtbar: Es muss Übereinstimmung

---

139 Ebenda, S. 198

Abb. 2.9: Institutionelle Gliederung der Durchführungsmöglichkeiten von Forschung und Entwicklung (ohne Mischformen)

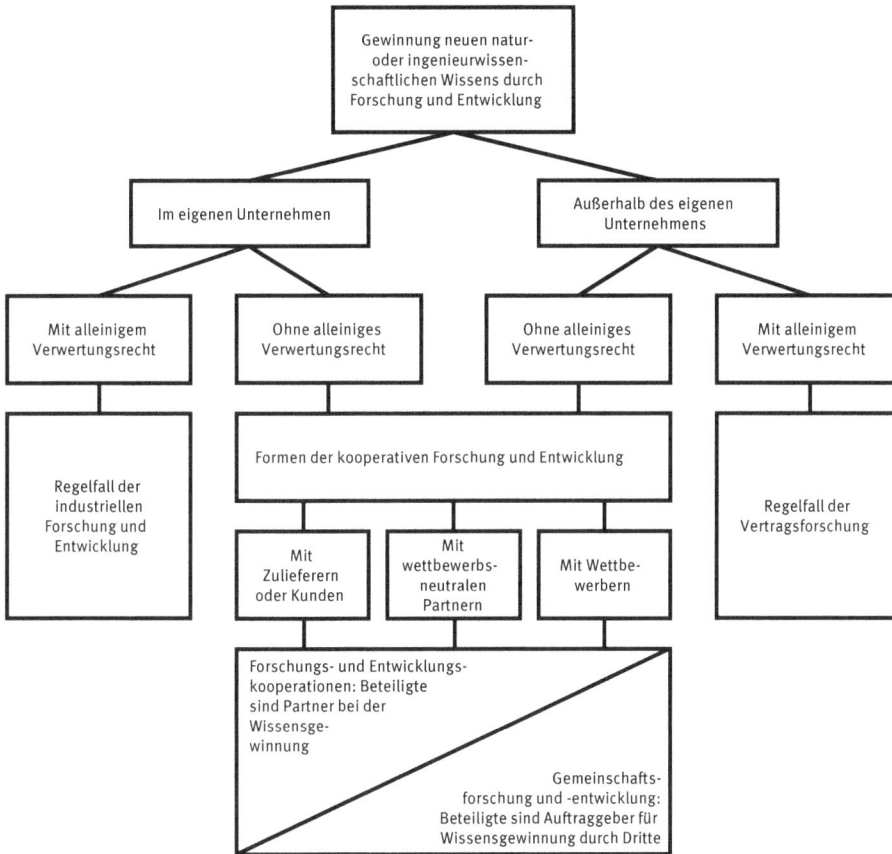

hinsichtlich der zu entwickelnden Flugzeugtypen bestehen, daraus müssen Teilaufgaben abgeleitet und schließlich zeitlich aufeinander abgestimmt werden. Ähnliche Aufgaben bieten sich bei der Raketenentwicklung (Ariane-Projekt). Dieser Typ der **koordinierten Einzelforschung** ist häufig anzutreffen[140]. Das kann auch mit einer in neuerer Zeit veränderten Beziehung zwischen Herstellern und Zulieferern im Zuge kooperativer Innovationsprozesse („Open Innovation") oder der Konzentration auf Kernkompetenzen („Lean Production") zusammenhängen.

So wie in der Statistik zwischen interner und externer Forschung und Entwicklung unterschieden wird (Kapitel 3), wird hier nach Forschungs- und Entwicklungs-

---

[140] Vgl. Rotering, C., Forschungs- und Entwicklungskooperationen zwischen Unternehmen, Stuttgart 1990, S. 117, findet dies bei 71 % der untersuchten Kooperationen, Gemeinschaftsunternehmen dagegen bei 20 %.

Tab. 2.8: Nachteile von Forschungs- und Entwicklungskooperationen

Nachteil	Häufigkeit* (% der Nennungen)
Abhängigkeit von Kooperationspartnern	54,1
Hohe Verhandlungs- und Transaktionskosten	44,4
Schwierigkeiten der Aufteilung von Beiträgen und Ergebnissen	25,9
Geheimhaltungsprobleme	21,5
Probleme des Technologietransfers	20,0
Verlust eigenen Wissensvorsprunges	11,1
Hemmung von Eigenentwicklungen	11,1

* Mehrfachnennungen möglich.

Quelle: Vgl. Rotering, C., Forschungs- und Entwicklungskooperationen zwischen Unternehmen,
a. a. O., S. 86.

aktivitäten im eigenen und außerhalb des eigenen Unternehmens unterschieden. Soweit Forschung und Entwicklung im eigenen Unternehmen betrieben wird, kann dies mit dem Ziel erfolgen, eigene Verwertungsrechte zu erlangen. In der industriellen Forschung und Entwicklung ist dies der Regelfall. Alternativ kann aber auch auf ein alleiniges Verwertungsrecht verzichtet werden. Dann arbeitet das Unternehmen bei der Gewinnung neuen technologischen Wissens mit anderen zusammen. Dies können Zulieferer, Kunden, Wettbewerber oder auch wettbewerbsneutrale Partner, wie Hochschulinstitute oder Einzelerfinder, sein. Soweit das Unternehmen dabei an der Wissensgenerierung mitwirkt, spricht man von **Forschungs- und Entwicklungskooperationen**.

In der Literatur sind umfangreiche Listen möglicher Vor- und Nachteile von Forschungs- und Entwicklungskooperationen zu finden. Besonders häufig genannte Nachteile zeigt Tab. 2.8.

Die genannten Gründe treffen nicht alle kooperationsbereiten Unternehmen in gleichem Maße. Sie sind von Zielen[141], Ressourcenausstattung, technologischem Entwicklungsstand, Anzahl der Partner, Erfahrungen und rechtlichen Regelungen abhängig[142]. So ist es z. B. auf der anderen Seite interessant zu sehen, dass die Art der Vorteile von Kooperation mit dem Reifegrad einer Technologie variiert (vgl. Tab. 2.9).

Durch Kooperation können umfangreiche Netzwerke von Unternehmensbeziehungen entstehen, was für einzelne Branchen gut dokumentiert ist[143]. Die Bildung von Kooperationsnetzen kann auch künftige Auftraggeber einschließen. Dies ist vor

---

141 Vgl. Dobberstein, N., Technologiekooperationen zwischen kleinen und großen Unternehmen. Eine transaktionskostentheoretische Perspektive, Diss. Kiel 1992, S. 200.
142 Vgl. Brockhoff. K., R&D Cooperation between Firms. A Perceived Transaction Cost Perspective. Management Science, Vol. 38. 1992, S 514–524.
143 Vgl. Groupe d'Etudes des Stratégies Technologiques, Hrsg., Grappes Technologiques. Les nouvelles stratégies d'entreprise, Auckland et al. 1986, S. 77–208; Rotering, C., Forschungs- und Entwick-

Tab. 2.9: Vorteile von Kooperationen und technologischer Reifegrad

Reifegrad*	Skalenwert**	Vorteile
Neue Techniken und Schritt-machertechnik	1,2	Vereinbarung von Standards zur Systementwicklung, Steigerung der Wettbewerbsfähigkeit, Technologische Synergieeffekte
Schlüsseltechnik	3 – 5	Risikoreduktion, Verringerung der Anzahl von Fehlschlägen, Erhöhung der Anzahl durchführbarer Projekte
Basistechnik und alte Technik	6,7	Kostenreduktion, Zeitersparnisse bei Neuprodukt-entwicklungen

* Vgl. Abb. 2.4.: Nicht im zitierten Original
** Skala 1 bis 7; 1 = niedriger Reifegrad, 7 = hoher Reifegrad

Quelle: Nach Rotering, C., Forschungs- und Entwicklungskooperationen zwischen Unternehmen, a. a. O., S. 137.

allem dann eine anspruchsvolle Aufgabe, wenn die Anbieter private Unternehmen und die künftigen Auftraggeber öffentliche Institutionen sind, wie dies etwa bei Infrastrukturprojekten vorkommt.

Auch außerhalb des eigenen Unternehmens kann Forschung und Entwicklung mit dem Ziel des Erwerbs alleiniger Verwertungsrechte an den Ergebnissen betrieben werden. Das ist der Fall der **Vertrags- oder Kontraktforschung**[144]. Sie wird mit privaten oder öffentlichen Forschungsinstituten betrieben. Soweit auf alleinige Verwertungsrechte verzichtet wird, kommen wiederum kooperative Formen von Forschung und Entwicklung vor. Soweit dabei das Unternehmen im Prozess der Wissensgenerierung keine aktive Rolle spielt, ist der Regelfall der sogenannten **Gemeinschaftsforschung** gegeben.

Gemeinschaftsforschung liegt vor, wenn mehrere Unternehmen, häufig auch Wirtschaftsverbände oder ähnliche Zusammenschlüsse, als Auftraggeber für Forschungs- und Entwicklungsarbeiten auftreten. Sie sind in der Regel auf Dauer angelegt und in Instituten, insbesondere im Verband der „Arbeitsgemeinschaft industrieller Forschungsvereinigungen ‚Otto von Guerikke' e. V. (AIF)", institutionalisiert[145]. Von

lungskooperationen zwischen Unternehmen, a.aO., 1990, S. 35 f.; Gemünden, H. G., Heydebreck, P., Herden, R., Technological Interweavement: A Means of achieving Innovation Success, R&D Management, Vol. 22, 1992, S. 359–376.

144 Hier, wie auch bei der Gemeinschaftsforschung, wird überwiegend Entwicklung betrieben, ohne dass dies in den Begriffen deutlich wird.

145 Vgl. AIF, Hrsg., Die Unternehmen in den Mitgliedsvereinigungen der AIF. Daten und Strukturen, Köln 1992, www.aif.de (abgefragt 27.4.2019).

besonderer Bedeutung ist die Gemeinschaftsforschung für Branchen, in denen Klein- und Mittelbetriebe überwiegen.

In Europa existiert eine große Anzahl von Einrichtungen für die Gemeinschaftsforschung, deren Struktur, Aufgabenstellung und Projektabwicklung sich länderweise unterscheiden[146]. Es wird gefordert, ihre Nutzung durch eine Fülle von Maßnahmen anzuregen, insbesondere durch ihre Förderung.

Kern und Schröder[147] rechnen die Gemeinschaftsforschung den „offenen Formen der Kooperation" zu, da letztlich nicht bestimmbar ist, welche Unternehmen die Ergebnisse wirklich nutzen. Daraus entstehen zwei Tendenzen: Der Tätigkeitsschwerpunkt der Institute liegt auf der „Erforschung allgemeiner, relativ anwendungsferner Probleme", „die für alle Betriebe (eines Wirtschaftszweiges) gleichermaßen von Bedeutung sind". Voraussetzung, vielleicht auch Folge davon ist, dass den Instituten ein „relativ hohe[r] Grad von Autonomie bei der Erfüllung ihrer Aufgaben" zugestanden wird. Daraus kann Kritik an der Gemeinschaftsforschung erwachsen.

Vertrags- oder Kontraktforschung liegt vor, wenn private oder öffentliche Einrichtungen (z. B. Fraunhofer-Institute oder Hochschul-Institute) die Forschungs- und Entwicklungs-Arbeit für einen Auftraggeber übernehmen.

Da Entwicklungsarbeiten Risiken bergen, bevorzugen die Auftragnehmer in der Regel Dienstverträge und akzeptieren nur ausnahmsweise Werkverträge. Auftraggeber haben entgegengesetzte Interessen. Um eine Wissensübertragung an Wettbewerber zu vermeiden, vereinbaren sie gelegentlich auch, dass der Auftragnehmer auf dem Gebiet der Forschungsarbeiten für beschränkte Zeit nicht für Wettbewerber tätig sein darf. Ausnahmsweise können auch mehrere Unternehmen (multi client study) oder ein Verband als Auftraggeber fungieren. Damit entsteht eine Mischform von Vertrags- und Gemeinschaftsforschung (in Abb. 2.9 nicht erwähnt). Tritt nur ein Unternehmen als Auftraggeber auf, so entfällt die Möglichkeit, die eigenen Aufwendungen zu senken die bei kooperativer oder reiner Gemeinschaftsforschung unter der Hypothese eines eigenen Nutzungsinteresses an den Ergebnissen als eines der Entscheidungskriterien genannt wurde[148].

Wie ein Projektablauf bei der Vertragsforschung normalerweise aussieht, ist in Abb. 2.11 dargestellt. Im Interesse der Erfolgssicherung von Vertragsforschung ist auf die Rückkopplungs- und Ergebnisübertragungsaktivitäten besonderer Wert zu legen.

▶ **Abb. 2.10** (auf der nächsten Seite): Möglicher Ablauf eines Gemeinschaftsforschungsprojektes (Quelle: Benthaus, F., a. a. O., S. 603)

---

146 Vgl. Böttger, J., Nutzung von Einrichtungen der Gemeinschaftsforschung als Hilfe für kleine und mittlere Un ternehmen bei der Forschung und Entwicklung, Forschungsbericht für die EG, 1987.
147 Kern, W., Schröder, H.-H., Forschung und Entwicklung in der Unternehmung, a. a. O., 1977, S. 56; dort auch die folgenden wörtlichen Zitate.
148 Vgl. Porter, M., Competitive Advantage, New York 1985, S. 13.

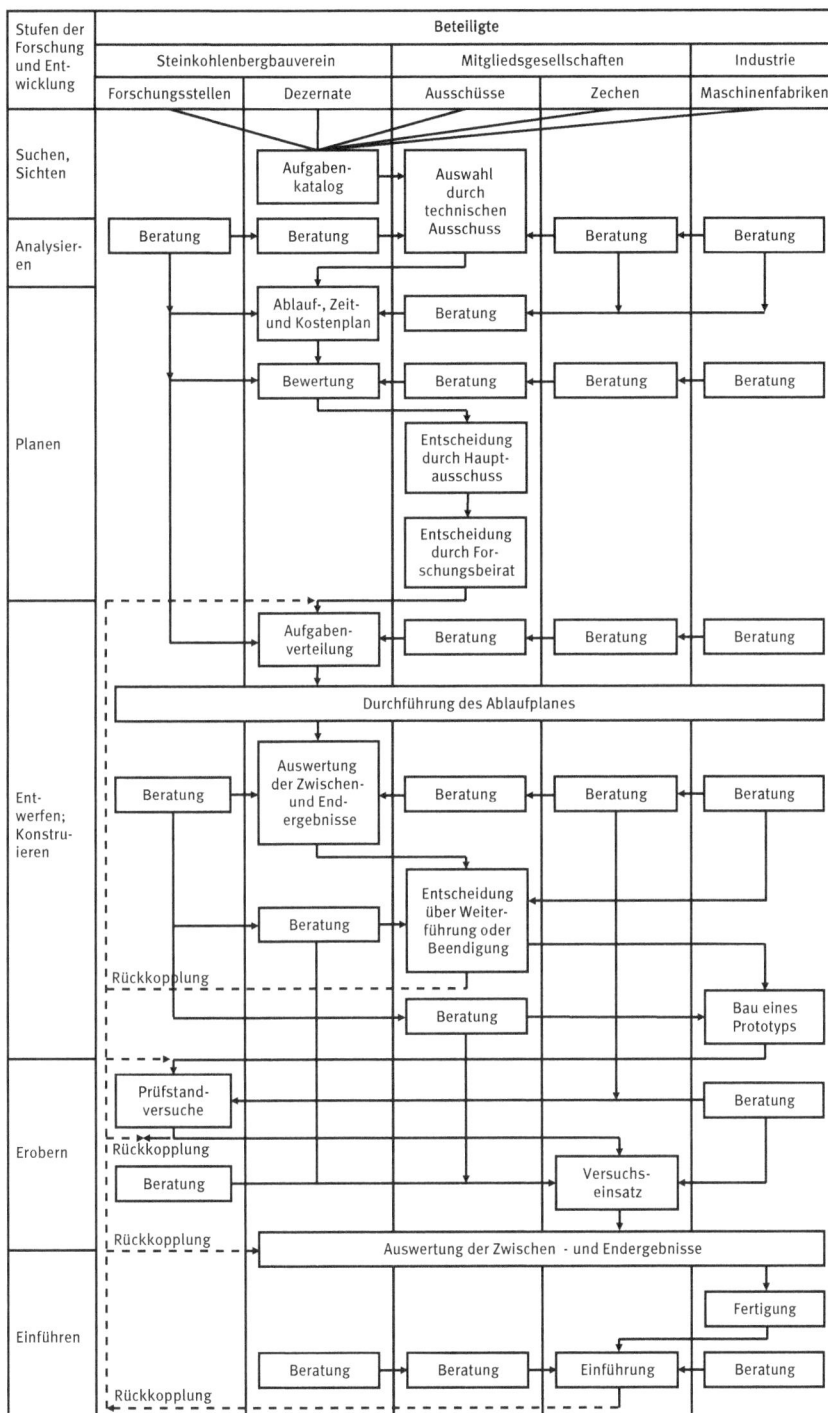

Stufen der Forschung und Ent-wicklung	Beteiligte				
	Steinkohlenbergbauverein		Mitgliedsgesellschaften		Industrie
	Forschungsstellen	Dezernate	Ausschüsse	Zechen	Maschinenfabriken
Suchen, Sichten		Aufgaben-katalog	Auswahl durch technischen Ausschuss		
Analysier-en	Beratung	Beratung		Beratung	Beratung
		Ablauf-, Zeit- und Kostenplan	Beratung		
		Bewertung	Beratung	Beratung	Beratung
Planen			Entscheidung durch Haupt-ausschuss		
			Entscheidung durch For-schungsbeirat		
		Aufgaben-verteilung	Beratung	Beratung	Beratung
	Durchführung des Ablaufplanes				
Ent-werfen; Konstru-ieren	Beratung	Auswertung der Zwischen- und End-ergebnisse	Beratung	Beratung	Beratung
		Beratung	Entscheidung über Weiter-führung oder Beendigung		
	Rückkopplung		Beratung		Bau eines Prototyps
Erobern	Prüfstand-versuche				Beratung
	Rückkopplung				
	Beratung			Versuchs-einsatz	
	Rückkopplung	Auswertung der Zwischen - und Endergebnisse			
Einführen					Fertigung
		Beratung	Beratung	Einführung	Beratung
	Rückkopplung				

Abb. 2.11: Möglicher Ablauf eines Vertragsforschungsprojekts (Quelle: eigene
Darstellung unter Verwendung von Unterlagen des Battelle Institut e. V., Frankfurt)

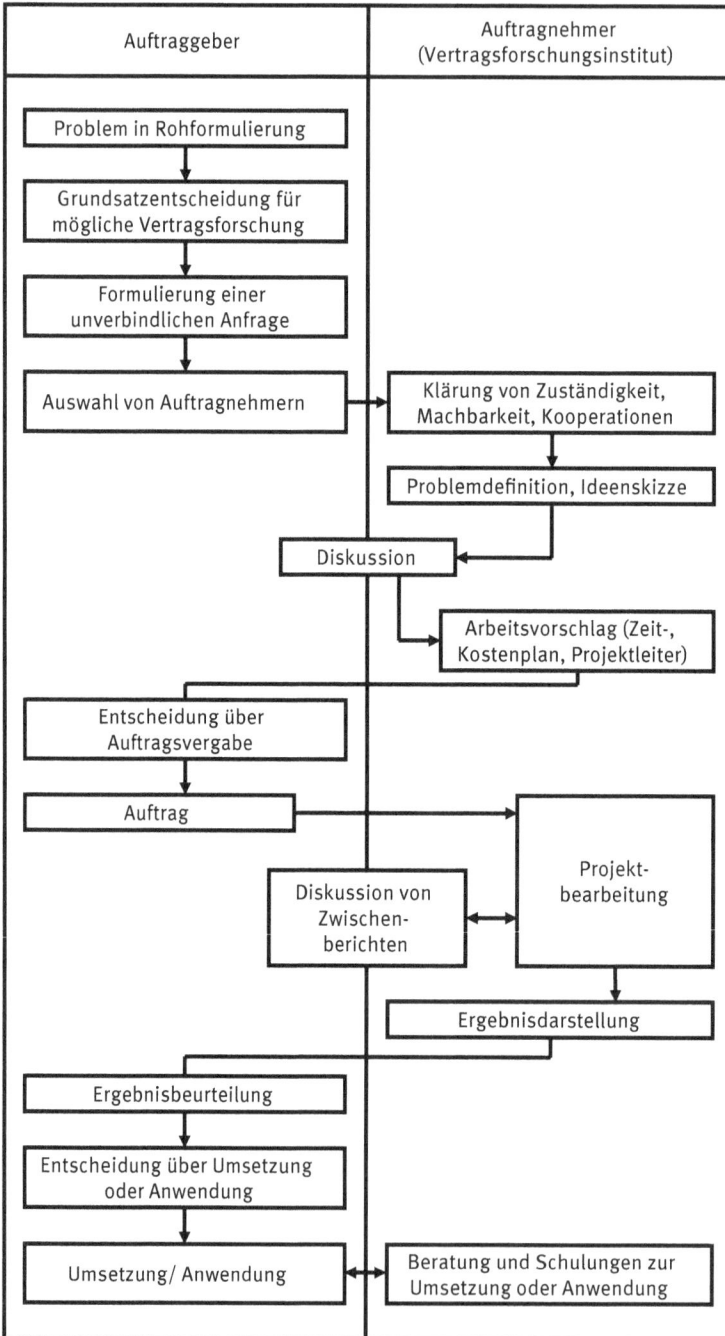

Der Transfer des bei Kooperationen, Gemeinschafts- oder Vertragsforschung erarbeiteten Wissens in die auftraggebenden Unternehmen stellt ein wesentliches Problem dar. Muir begreift dies als ein Lernproblem und zeigt anhand einer Fallstudie der amerikanischen Forschungskooperation bei MCC (Microelectronics and Computer Technology Corporation), dass der Wissenstransfer durch folgende Maßnahmen wirksam gefördert wird:

1. Mitwirkung an der Formulierung der Kooperationsstrategie,
2. Wahrnehmung einer Interpretationsfunktion für Bedürfnisse des Auftraggebers und ihre Kommunikation in die Kooperation hinein,
3. Einflussnahme auf die Bestimmung der Prioritäten und den Zeitpunkt der Ergebnispräsentation,
4. Förderung des persönlichen Kontakts zwischen denjenigen, die beim Auftraggeber die Ergebnisse der Kooperation nutzen und weiterführen sollen und denjenigen, die die Ergebnisse erarbeiten[149].

2.5 Zusammenfassung

Technologie, Technik, Forschung, Entwicklung und Innovation sind Gegenstände des Managements. Den einzelnen Begriffen kommen unterschiedliche Bedeutungen zu, entsprechend sind Technologie-, Forschungs- und Entwicklungsmanagement sowie Innovationsmanagement voneinander abzugrenzen. In einer umfassenden Sichtweise befasst sich Management mit Planung, Organisation, Führung und Kontrolle betriebswirtschaftlich relevanter Vorgänge. Im Folgenden werden ausschließlich Planung und Kontrolle betrachtet. Das Management richtet sich in diesen vier Teilaufgaben auf die Beschaffung, die Speicherung und die Verwertung neuen technologischen Wissens (vgl. Abschnitt 5.1). Beschaffung und Verwertung können innerhalb und außerhalb des Unternehmens erfolgen, wozu eine Vielzahl von Optionen offenstehen. Innerhalb des Unternehmens ist die Beschaffung neuen technologischen Wissens vor allem durch Forschung und Entwicklung möglich. Insofern ist Forschungs- und Entwicklungsmanagement ein Teil des Technologiemanagements. Wenn Porter davon spricht, dass „technology development" eine Querschnittsaktivität (support activity) in der Wertschöpfungskette des Unternehmens sei, also nicht funktional beschränkt sei, so hängt dies damit zusammen, dass „Technikentwicklung" gemeint ist[150]. Das ergibt sich unmittelbar aus seiner Erläuterung, wonach mit diesem Begriff z. B. auch die Beschaffung von Telekommunikationseinrichtungen erfasst werden soll, die der Auftragsbearbeitung oder Mediaforschung im Marketing dienen. Hier wird noch einmal die Bedeutung von Innovationen deutlich.

---

149 Vgl. Muir, N. K., R and D Consortium Technology Transfer: A Study of Shareholder Technology Strategy and Organizational Learning, PhD Diss., Univ. of Texas, Arlington 1991.
150 Vgl. Porter, M., Competitive Advantage, New York 1985, S. 13.

Während Erwerb und Verwertung von technologischem Wissen als Gegenstände des Technologiemanagements plausibel sind, ist dies für die Speicherung des Wissens nicht unmittelbar ersichtlich. Die Dokumentation von Wissen, die Sicherung vor unbefugtem Zugriff, die personalpolitische Absicherung von Wissen durch Identifikation von Wissensträgern, Sicherung der Wissensübertragung an Stellvertreter, Verhinderung unerwünschter „Abwanderung" usw. stellen aber Maßnahmen dar, die beim Technologiemanagement berücksichtigt werden müssen. Werden diese Aspekte missachtet, so geht erworbenes Wissen unter Umständen verloren, sodass es weder intern noch extern verwertet werden kann. Ökonomisch gesehen verliert es so seinen Wert.

Wir haben gezeigt, dass Forschung und Entwicklung nur eine Phase im umfassenderen Innovationsprozess ausmacht. Entsprechend ist Innovationsmanagement (im weiteren Sinne) umfangreicher als Forschungs- und Entwicklungsmanagement. Dagegen steht, dass Innovationsmanagement auch allein auf die der Forschung und Entwicklung folgenden Phasen in der Einführung von Neuerungen bezogen werden kann (Innovationsmanagement im engeren Sinne). In diesen Abgrenzungen schlagen sich also engere und weitere Sichtweisen des Innovationsbegriffs nieder. Abb. 2.12 stellt dar, in welchem Verhältnis die bisher betrachteten Management-Aufgaben zueinanderstehen.

Abb. 2.12: Abgrenzung von Technologie, Innovations- und Forschungs- und Entwicklungsmanagement

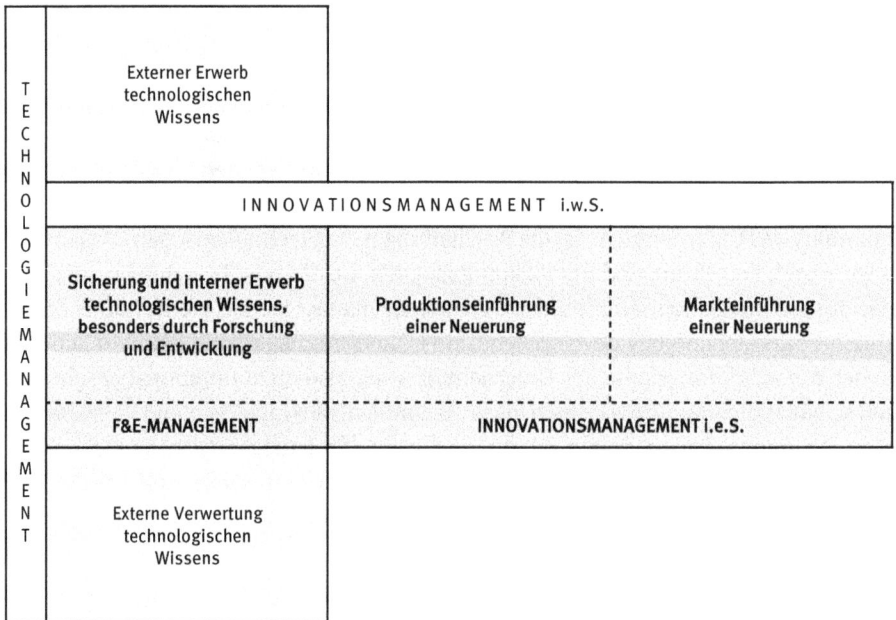

Abb. 2.13: Aufgaben des Forschungs- und Entwicklungsmanagements

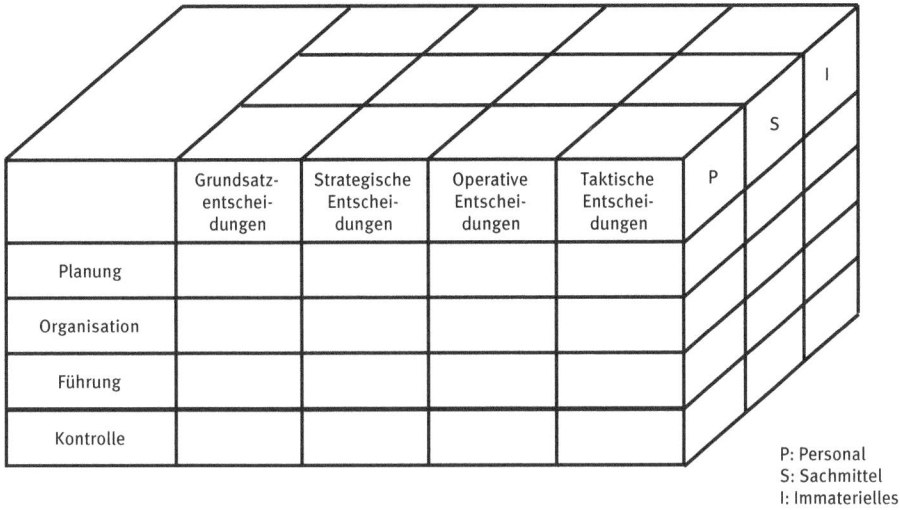

	Grundsatz-entschei-dungen	Strategische Entschei-dungen	Operative Entschei-dungen	Taktische Entschei-dungen
Planung				
Organisation				
Führung				
Kontrolle				

P: Personal
S: Sachmittel
I: Immaterielles

Konzentrieren wir uns auf das Management von Forschung und Entwicklung, so kann dessen Aufgabe sich in den vier Bereichen der Planung, Organisation, Führung und Kontrolle auf unterschiedliche Ressourcen stützen, nämlich immaterielle Ressourcen, Personal- und Sachmittelressourcen.

Um ergebnisorientierte Entscheidungen besser strukturieren zu können, werden unterschiedliche Entscheidungsebenen gebildet. Hier werden Grundsatzentscheidungen, strategische, operative und taktische Entscheidungen unterschieden vg. Abb. 2.13).

3 Forschungs- und Entwicklungsaktivitäten in der Bundesrepublik Deutschland

3.1 Grundlagen der Datengewinnung

Eine erste Anwendung der bisher präsentierten Definitionen kann bei der Beschreibung der Forschungs- und Entwicklungsaktivitäten versucht werden. Dies liegt schon deshalb nahe, weil das „Frascati-Handbuch" der OECD[151] auch den definitorischen Rahmen für die Erhebungen bei den Unternehmen gibt, ohne dass freilich im Einzelfall gesichert ist, dass die Unternehmen diesen Rahmen bei intern abweichenden Abgrenzungen auch beachten. Abweichungen sind praktisch nicht von Sanktionen bedroht, denn die Erhebungen beruhen nicht auf gesetzlicher Grundlage. In Deutschland werden sie vor allem von einer privaten, gemeinnützigen Tochtergesellschaft des „Stifterverband für die Deutsche Wissenschaft" durchgeführt (SV Gesellschaft für Wissenschaftsstatistik mbH). Wie in anderen OECD-Ländern werden alle zwei Jahre (in den Jahren mit ungeraden Jahreszahlen) auf breiter Basis Daten gesammelt, für dazwischen liegende Jahre werden regelmäßig Schätzungen auf Basis von Stichprobenerhebungen vorgenommen.

Das Zahlenmaterial bildet die Grundlage für weitere nationale und internationale Statistiken. Es wird in „Arbeitsschriften" des Stifterverbandes für die Deutsche Wissenschaft (bzw. der SV Gesellschaft für Wissenschaftsstatistik mbH) veröffentlicht. Eine weitere wichtige Datenquelle stellt der „Bundesbericht Forschung" und die dazu erscheinenden „Faktenberichte" dar. Diese werden vom Bundesministerium für Bildung, Wissenschaft, Forschung und Technologie (bzw. den Vorläuferinstitutionen) seit 1965 herausgegeben. International vergleichende Angaben präsentiert z. B. die OECD in ihren Veröffentlichungen.

Einen Überblick über neuere Quellen gibt die folgende Tab. 3.1. Ältere Quellen können früheren Auflagen dieses Buches entnommen werden. Hier stehen die Daten für Deutschland im Vordergrund der Betrachtung.

Ein besonderes Problem stellt die Integration des Zahlenmaterials der ehemaligen DDR in die Statistik dar. Das Material unterlag lange publizistischer Geheimhaltung und wurde nach anderen Kriterien erhoben als in den OECD-Ländern. Ein Ansatz zur Berichterstattung aufgrund vergleichbarer Kriterien, der 1990 vorgelegt wurde, kommt zu einer nüchterneren Betrachtung, als sie früher – in Form recht pauschaler Angaben – üblich war[152]. Die Einbeziehung des Zahlenwerks in die bisherigen Statistiken führten zwischen 1989 und 1991 zu einem Strukturbruch in der Zeitreihe.

---

151 OECD, Frascati Manual 2015, a. a. O.
152 Vgl. SV-Gemeinnützige Gesellschaft für Wissenschaftsstatistik mbH, Hrsg., Forschung und Entwicklung in der DDR. Daten aus der Wissenschaftsstatistik 1971 bis 1989, Essen, 30.05.1990.

https://doi.org/10.1515/9783110600667-003

Tab. 3.1: Wichtige Quellen zur Forschungs- und Entwicklungsstatistik

Berichtskreis	Quellen
Forschung und Entwicklung deutscher Unternehmen	– Stifterverband für die Deutsche Wissenschaft e. V. (2016): Wo Unternehmen forschen – Verteilung und Veränderung, Essen. – Stifterverband für die Deutsche Wissenschaft e. V. (2018): Forschung und Entwicklung in der Wirtschaft 2016, facts – Zahlen und Fakten aus der Wissenschaftsstatistik, Essen. – Stifterverband für die Deutsche Wissenschaft e. V. (2017): arendi Analysen 2017 – Forschung und Entwicklung in der Wirtschaft, Essen.
Wissenschaftsressourcen in der Bundesrepublik Deutschland	– Bundesministerium für Bildung und Forschung (2018): Bundesbericht Forschung und Innovation 2018, Forschungs- und innovationspolitische Ziele und Maßnahmen, Berlin. – Bundesministerium für Bildung und Forschung (2017): Bildung und Forschung in Zahlen 2017, Berlin. – Bundesministerium für Bildung und Forschung (2018): Daten-Portal: http://www.datenportal.bmbf.de/portal/de/notes.html. – Gerybadze, A., Gokhberg, L., Grenzmann, C., Gershman, M. (2013): R&D Globalization and R&D Cooperation between Russian and German Corporations, Bundesministerium für Bildung und Forschung, Stuttgart und Moskau. – Expertenkommission Forschung und Innovation (EFI) (2019): Jahresgutachten zu Forschung, Innovation und technologischer Leistungsfähigkeit Deutschlands 2019, Berlin.
Wissenschaftsressourcen in OECD-Ländern	– OECD (2015): Frascati Manual 2015 – Guidelines for Collecting and Reporting Data on Research and Experimental Development, The Measurement of Scientific, Technological and Innovation Activities, Frankreich: Paris. – OECD (2017): Main Science and Technology Indicators 2018/1, URL: http://oe.cd/msti, Frankreich: Paris. – OECD (2017) Science, Technology and R&D Statistics 2017, Frankreich: Paris.
Industrielle Forschung und Entwicklung in Osterreich	– Bundesministerium für Wissenschaft und Forschung (2011): Strategie der Bundesregierung für Forschung, Technologie und Innovation, Österreich: Wien. – STATISTIK AUSTRIA, Bundesanstalt Statistik Österreich (2018): Forschung und experimentelle Entwicklung (F&E) 2015 im internationalen Vergleich, Österreich: Wien. – STATISTIK AUSTRIA, Bundesanstalt Statistik Österreich (2018): INNOVATION – Innovation im Unternehmenssektor 2014–2016, Österreich: Wien.
Industrielle Forschung und Entwicklung in der Schweiz	– Schweizer Bundesamt für Statistik (2017): Forschung und Entwicklung (F+E) Synthese Schweiz, Schweiz: Neuenburg. – Bundesamt für Statistik / economiesuisse (2017): Entwicklung in der schweizerischen Privatwirtschaft 2015, Schweiz: Zürich. – Bundesamt für Statistik (2015): Indikatorensystem Wissenschaft und Technologie, Schweiz: Neuenburg.

Industrielle Forschung und Entwicklung in Großbritannien	–	Office for National Statistics (2018): Statistical bulletin – Business enterprise research and development, UK: 2017.
	–	Office for National Statistics (2018): Statistical bulletin – Gross domestic expenditure on research and development, UK: 2016.
Industrielle Forschung und Entwicklung in den USA	–	National Center for Science and Engineering Statistics (2018): Survey of State Government Research and Development 2017.
	–	National Center for Science and Engineering Statistics (2018): Business Research and Development and Innovation Survey (BRDIS) 2015.
Industrielle Forschung und Entwicklung in Japan	–	The Portal Site of Official Statistics of Japan (2018): 2018 Survey of Research and Development, (URL: https://www.e-stat.go.jp/en/stat-search/files?page=1&toukei=00200543&second=1&second2=1).

Für betriebswirtschaftliche Untersuchungen wäre es besonders wichtig, unternehmensspezifische Daten über die Forschungs- und Entwicklungsaktivitäten zu erhalten. In den USA werden jährlich Daten im Formular „Form 10-K", das von börsennotierten Gesellschaften der U. S. Securities and Exchange Commission vorzulegen ist, erfasst. Ähnliches gilt für Großbritannien.

Im Vergleich zu deutschen Daten gelten die amerikanischen Angaben als überhöht, weil darin üblicherweise z. B. Prüffelder, Qualitätssicherung und after sales services großzügig berücksichtigt werden. Hierzu mag auch der Wunsch beitragen, gegenüber Finanzanalysten und Anlegern mit den Zukunftspotentialen des jeweiligen Unternehmens zu werben.

In Japan haben Unternehmen die Möglichkeit über ihre Forschungs- und Entwicklungsaktivitäten durch Aktivierung im Jahresabschluss zu berichten. Jedoch ist auch hier die Vergleichbarkeit mit deutschen Angaben fraglich. Einerseits wird von Branchenkennern von zurückhaltender, auf die Reduktion der wahren Verhältnisse zielende Berichterstattung verwiesen – das ist wesentlich darauf zurückzufuhren, dass Sekku und Sijutsu (Entwicklung, Konstruktion, Prozessentwicklung) häufig von Kenkyu und Kaikatsu (Forschung und Entwicklung) getrennt sind und die Aufwendungen der erstgenannten Art im Rahmen der Herstellkosten verrechnet werden – andererseits wird, wie auch in den OECD-Statistiken, auf eine Umrechnung des Personaleinsatzes auf Vollzeit-Äquivalente verzichtet, so dass dieser überhöht erscheint – mit allen Konsequenzen beim Vergleich von Kennzahlen.

In der Bundesrepublik Deutschland wurde früher der Inhalt der Lageberichterstattung durch § 160 Aktiengesetz bestimmt. Eine Berichterstattung über Forschung und Entwicklung ist darin nicht ausdrücklich vorgesehen gewesen. Aus dem Sinn der Vorschrift im Zusammenhang mit den übrigen Zielen der Rechnungslegung haben Adler/Düring/Schmaltz gefolgert, dass Angaben zu Forschung und Entwicklung von Bedeutung sein können[153], während das Institut der Wirtschaftsprüfer sie im An-

---

[153] Vgl. Adler, H., Düring, W., Schmaltz, K., Rechnungslegung und Prüfung der Aktiengesellschaft, 4. A., Bd. 1, Stuttgart 1968, Tz. 23 zu Par. 160, S. 759.

schluss an Kropff sogar für obligatorisch hielt[154]. Heute ist eine Veröffentlichung der Forschungs- und Entwicklungsausgaben online oder im Rahmen des Jahresabschlusses beziehungsweise des Geschäftsberichts üblich.

Nur wenige Unternehmen, vor allem große Konzerne der Chemie- und der Elektroindustrie, haben regelmäßig quantitative Angaben über den Einsatz von Ressourcen in Forschung und Entwicklung gemacht[155]. Dabei wurden selten laufende Ausgaben und Ausgaben für Investitionen getrennt, so dass Analysen erschwert wurden. Darüber hinaus haben in mehreren Fällen im Laufe der Zeit die Abgrenzungskriterien gewechselt. Vor einer unbesehenen Verwendung von Zeitreihen oder Unternehmensvergleichen muss deshalb gewarnt werden.

Mit der Übernahme der 4. EG-Richtlinie in deutsches Recht ist § 289 Handelsgesetzbuch (HGB) (für Konzerne § 315 HGB) eingeführt worden, wonach im Lagebericht die Forschungs- und Entwicklungstätigkeit darzulegen ist. Zur Erfüllung dieser Vorschrift sind verschiedene Vorschläge, zum Teil auf dem Diskussionsstand einer etwas schärfer gefassten Formulierung der letztlich in Kraft gesetzten Vorschrift, unterbreitet worden[156]. Soweit Unternehmen ihr Wahlrecht ausüben, die Gewinn- und Verlustrechnung nach dem Umsatzkostenverfahren aufzustellen und entsprechend zu gliedern (§ 275 HGB), kann auch dort ein Ausweis erfolgen. Eine Legaldefinition zur Abgrenzung liegt nicht vor. Für die Erstellung von Jahresabschlüssen nach EU-International Financial Reporting Standards (IFRS) sind die Abgrenzungs- und Bewertungsregeln des International Accounting Standards (IAS) 38 relevant[157].

Es wäre denkbar, dass über Forschung und Entwicklung als Folge der Vorschriften über ad hoc-Publizität zur Verhinderung von Insider-Vorteilen nach § 17 Wertpapierhandelsgesetz[158] zu berichten wäre. Allerdings würde davon nur eine den Kurs potentiell erheblich beeinflussende Tatsache erfasst, d. h. eine in unregelmäßigen Zeitabständen vorgenommene quantitative oder qualitative Änderung in den Forschungs- und Entwicklungsaktivitäten. Allerdings ist auch dies wegen der Ungewissheit in Forschung und Entwicklung fraglich, weil „nach der amtlichen Begründung des Regierungsentwurfs Ereignisse, deren Konsequenzen noch nicht feststehen, weil deren Wirksamkeit noch durch andere Umstände aufgehoben werden kann oder noch wirksame Gegenmaßnahmen möglich sind, keine Tatsachen dar(stellen), die

---

154 Institut der Wirtschaftsprüfer in Deutschland, Hrsg., Wirtschaftsprüfer-Handbuch 1981, Düsseldorf 1981, S. 616; Kropff, B., Der Lagebericht nach geltendem und künftigem Recht, Betriebswirtschaftliche Forschung und Praxis, Bd. 32, 1980, S. 514–543, hier S. 524.

155 Vgl. Brockhoff, K., Forschung und Entwicklung im Lagebericht, Die Wirtschaftsprüfung, 35. Jg., 1982, S. 237–247, hier S. 238 f.

156 Zusammenfassende Überblicke bei: Brockhoff, K., Forschung und Entwicklung im Lagebericht, a. a. O., S. 239 ff.; Dellmann, K., Rechnung und Rechnungslegung über Forschung und Entwicklung, Die Wirtschaftsprüfung, 35. Jg., 1982, S. 557–561, 587–590.

157 http://www.eu-ifrs.de, abgefragt 28.05.2019.

158 Gesetz über den Wertpapierhandel und zur Änderung börsenrechtlicher und wertpapierrechtlicher Vorschriften, BGBl I, 1994, S. 1749–1760.

Auswirkungen auf die Vermögens- und Finanzlage oder den Geschäftsverlauf haben"[159]. Ohne auf die Abgrenzungsprobleme, die unterstellte Situationsschilderung, die mögliche Asymmetrie der Berichtspflicht (eventuelle Berichterstattungspflicht bei Einstellung eines Forschungs- und Entwicklungsprogamms, nicht aber bei seiner Aufnahme) einzugehen, sei festgehalten, dass auf dem hier angesprochenen Weg in keinem Falle eine regelmäßige Berichterstattung herzustellen ist.

Grundsätzlich muss zwischen einer Berichterstattung über In- und Outputs unterschieden werden. Dabei sind unterschiedliche Messebenen oder Skalenniveaus realisierbar (vgl. z. B. Tab. 3.2). Outputpublizität beschränkt sich meist auf die Nennung wichtiger abgeschlossener Entwicklungsarbeiten. Gelegentlich wird auch über Patente und Lizenzen berichtet. Ein Beispiel für eine weitergehende Outputpublizität, die auch laufende Arbeiten umfasste, hat die Schwarz Pharma AG (seit 2007 Teil des belgischen UCB-Konzerns) in ihrem Geschäftsbericht 1995 vorgelegt. Gegliedert nach Projekttypen und Entwicklungsphasen wird ein Überblick gegeben, der auch das damals vorgesehene Jahr der Markteinführung der Präparate nennt. Vereinzelt werden in großen Aktiengesellschaften Gespräche der Forschungs- und Entwicklungsvorstände mit Wertpapieranalysten geführt. Damit soll für eine marktgerechte Bewertung der Forschung und Entwicklung gesorgt werden. Die Diskussion über die Sinnhaftigkeit von rein outputorientierten Kennzahlen wird an anderer Stelle in diesem Buch geführt, wo es auch um die Berücksichtigung von Outcome-orientierten Faktoren geht. Zugenommen hat die Berichterstattung über Patentaktivitäten. So berichtet beispielsweise die BASF AG seit 2008 über den Wert ihres Patentportfolios.

Von besonderem Interesse ist hier eine quantitative, ganz grundlegende Inputpublizität. Soweit dabei über Wertgrößen berichtet werden soll, wird mindestens das folgende Schema (vgl. Abb. 3.1) für sinnvoll erachtet. Es erlaubt auf der Seite „Mittelherkunft" eine Trennung von Eigen- und Fremdmitteln, was bei der Inanspruchnahme von Projektmitteln des Staates, Auftragsforschung für andere Unternehmen oder Forschungskooperationen interessante Aufschlüsse gewährt. Auf der Seite der Mittelverwendung lässt sich einmal nachweisen, ob eigene oder fremde Kapazitäten in Anspruch genommen werden und ob es sich bei eigenen Kapazitäten um Investitionsausgaben oder laufende Ausgaben handelt. Mit diesem Schema könnten schon sehr viel weitergehende Fragen beantwortet werden als mit dem Hinweis auf Forschungs- und Entwicklungsaufwendungen in einer bestimmten Höhe.

Der erste nach dem Bilanzrichtliniengesetz vorgelegte Jahresabschluss stammt von der Schering AG für das Geschäftsjahr 1985. Er bietet über Forschung und Entwicklung für den Konzern und die AG folgende Informationen:

– Ausweis der Forschungs- und Entwicklungsaufwendungen in den Gewinn- und Verlustrechnungen,

---

159 Deutsche Börse AG, Insiderhandelsverbote und ad hoc-Publizität nach dem Wertpapierhandelsgesetz, Frankfurt 1994, S. 16.

Tab. 3.2: Gestaltungsmöglichkeiten der Input- und Outputpublizität

Messebene	Inputpublizität	Outputpublizität
Nominalskala (nicht quantifizierend)	„Außerdem steht ein Verbundsystem zwischen den dezentralen Kleinrechnern und (dem) Großrechner zur Verfügung"[1]	„Bei den [...] Forschungsprojekten ist es uns in Laborversuchen gelungen, einen neuen Festkörperelektrolyten mit besonders guten Eigenschaften herzustellen."[2]
Quantifizierend mit Mengengrößen		
Ordinalskala	„Um [...] Anforderungen erfüllen zu können, musste die Entwicklungskapazität erneut erweitert werden"[3]	In Sparte A sind mehr Entwicklungsergebnisse realisiert worden als in Sparte B.
Intervallskala	„Die Forschungskapazität [...] konnte [...] mit der planmäßigen Inbetriebnahme eines neuen Forschungsgebäudes [...] mit 120 Arbeitsplätzen weiter erhöht werden"[4]	Bei der Verbraucherbeurteilung hat ein Geschmacksmuster unseres neuen Produktes acht von zehn möglichen Punkten erreicht.
Ratioskala	„[...] waren in der Forschungs- und Entwicklungsabteilung [...] 1472 Mitarbeiter beschäftigt"[5]	„Etwa 300 Produkte wurden neu in das Verkaufssortiment aufgenommen"[6]
Quantifizierend mit Wertgrößen		
Intervallskala	„Wir haben unsere Aufwendungen für Forschung und Entwicklung überproportional gesteigert"[7]	Ein größerer Anteil des Gewinns als im Vorjahr konnte mit Produkten erzielt werden, die jeweils nicht älter als fünf Jahre waren.
Ratioskala	„Für Forschung und Entwicklung [...] wurden [...] Mio. Euro aufgewendet"	„Insgesamt wurden [...] rund 35 % unseres Umsatzes mit Produkten erzielt, die in den letzten 10 Jahren in das Verkaufssortiment aufgenommen worden waren"[8]

[*] Alle Aussagen der Tabelle werden als alleinstehend betrachtet. In den zitierten Berichten werden sie z. T. mit weiteren Aussagen verbunden, was ihre hier getroffene Einordnung verändern kann.

[1] Klein, Schanzlin & Becker AG, 94. Geschäftsbericht für die Zeit vom 1. Januar 1980 bis zum 31. Dezember 1980, S. 36.

[2] VARTA AG, Geschäftsbericht 1980, S. 14.

[3] Dr. Ing. h.c. F. Porsche AG, Bericht über das Geschäftsjahr 1. August 1980 – 31. Juli 1981, S. 11.

[4] Boehringer Mannheim GmbH, Geschäftsbericht 1973, S. 7.

[5] Schering AG, Geschäftsbericht 1980, S. 11.

[6] BASF AG, Geschäftsbericht 1977, S. 7.

[7] ZF Friedrichshafen AG, Auszug aus dem Bericht über das Geschäftsjahr 1980, S. 18.

[8] BASF AG, Geschäftsbericht 1978, S. 7.

Quelle: Brockhoff, K., Forschung und Entwicklung im Lagebericht, a. a. O., S. 244.

Abb. 3.1: Vorschlag einer Mindestgliederung von Forschungs- und Entwicklungsausgaben

Mittelherkunft	Mittelverwendung
Einnahmen zur Durchführung von Projekten von Dritten	Externe Forschung und Entwicklung (Ausgaben für Forschung und Entwicklung bei Dritten)
Unspezifizierte Einnahmen (oder Ausgabenersparnisse aus staatlicher Förderung)	Interne Forschungs- und Entwicklungsausgaben: Laufende Ausgaben Ausgaben für Investitionen
Eigene Mittel	

- Ergänzung durch eine Fünfjahresübersicht, die auch das Forschungs- und Entwicklungspersonal nachweist,
- Lagebericht mit einer Aufteilung der Aufwendungen auf Sparten und Darstellung von Arbeitsgebieten.

Aufgegeben hat das Unternehmen damit seine frühere Trennung der Berichterstattung über Investitionsaufwand und laufenden Aufwand. Nicht erkennbar ist, inwieweit Sonderabschreibungen, Vorruhestandsleistungen oder Abfindungen sowie anteilige Vorstands- und Aufsichtsratsbezüge in den ausgewiesenen Forschungs- und Entwicklungsaufwendungen enthalten sind.

Abgrenzungsfragen in der Datenerfassung treten selbst in der Chemie- und Pharmaindustrie auf, wo eine recht weitgehende Standardisierung der Begriffe vorliegt (vgl. Abschnitt 2.3). So zeigt die detaillierte Untersuchung der Kostenrechnung von acht Unternehmen der Pharmaindustrie, dass deren ausgewiesener Forschungs- und Entwicklungsaufwand um durchschnittlich 18,1 % hinter dem nach einer in allen Unternehmen identisch angewandten Erfassung des Aufwands zurückbleibt. In einzelnen Unternehmen kommen zum Teil erheblich größere Abweichungen von der Erfassung aller Aufwendungen vor. Das zeigt, dass das Begriffssystem noch Ermessensspielräume lässt und es bisher auch nicht vollständig durchgesetzt ist. Man muss vermuten, dass die Verhältnisse in anderen Branchen nicht besser sind.

Erfasst man auch Folgeaufwendungen im Produktions- und Absatzbereich, durch die sich forschende von nicht forschenden Unternehmen unterscheiden, so kann dies zum Ausweis des „Innovationsaufwands" führen. Für die eben bereits genannten Unternehmen der Pharmaindustrie macht er etwa 30 % des ausgewiesenen Forschungs- und Entwicklungsaufwands aus. Diese Feststellung ist als konservative Abschätzung anzusehen.

Zusammenfassend kann man festhalten, dass es zwar eine strukturierte Erfassung und Darstellung von Daten zu Forschungs- und Entwicklungsaktivitäten gibt – diese jedoch nicht einheitlich sind, vor allem nicht im internationalen Kontext.

3.2 Quantitativer Gesamtüberblick

Zunächst werden die Bruttoinlandsausgaben für Forschung und Entwicklung der Bundesrepublik Deutschland dargestellt (vgl. Tab. 3.3). Dazu ist vorweg dreierlei zu bemerken oder in Erinnerung zu rufen:

(1) Die staatlich finanzierte Forschung in den Hochschulen, Museen usw. kann nur durch Schätzungen von anderen Aufgaben dieser Einrichtungen getrennt werden. Die benutzten Schätzungen sind sicher zu hoch gegriffen.

(2) Die Erhebung der Forschungs – und Entwicklungsaktivitäten in der privaten Wirtschaft erfolgt auf freiwilliger Grundlage. Sie erfasst nicht alle Unternehmen. Daraus ergibt sich tendenziell eine zu niedrige Schätzung.

(3) Im privaten Bereich kann nicht sicher von einer Einhaltung der vorgegebenen OECD-Definitionen bei der Beantwortung der Fragebögen ausgegangen werden. Es ist aber unbekannt, welche Auswirkungen dies hat.

Inhaltlich ist zu erkennen:

- 90 % der in der Wirtschaft für Forschung und Entwicklung verwendeten Mittel kommen aus der Wirtschaft.
- 94 % der Mittel der Wirtschaft werden auch in eigenen Einrichtungen verwendet.

Der erste Anteilsatz liegt im internationalen Vergleich ungewöhnlich hoch. Er wird ergänzt durch die Beobachtung, dass 68,7 % der gesamten Forschungs- und Entwicklungsmittel im Jahre 2015 in der Wirtschaft verwendet wurden und 65,6 % von der Wirtschaft aufgebracht wurden.

Interessant mag es auch sein, dass die Mittel der Wirtschaft in den Hochschulen im Durchschnitt nur etwa 13,9 % von deren Forschungsmitteln ausmachen, wobei dieser Satz aufgrund der ersten Vorbemerkung allerdings eher unterschätzt sein wird. Vor zwanzig Jahren lag der Anteil fünf Prozentpunkte niedriger.

Tab. 3.3: Bruttoinlandsausgaben für Forschung und Entwicklung der BRD, gegliedert nach Mittelherkunft und Mittelverwendung, 2015, in Mio. Euro

	Mittelverwendung			
Mittelherkunft	Hochschulen	Außeruniversitäre Forschung[*]	Wirtschaft	Summe
Bund, Länder und Gemeinden	12.474	10.262	2.026	24.762
Wirtschaft	2.129	1.406	54.704	58.239
Private Forschungsinstitute	–	157	162	319
Ausland	742	661	4.060	5.463
Summe	15.344	12.486	60.952	88.782

[*] In staatlichen Einrichtungen und privaten Forschungsinstituten

Quelle: http://www.datenportal.bmbf.de/portal/de/Tabelle-1.1.1.html, 2019.

Tab. 3.4: Ausgewählte Daten zur Entwicklung von Forschung und Entwicklung in der Wirtschaft 2002–2015

Jahr[*]	Gesamtaufwendungen der Wirtschaft (Mio Euro)	Externe Aufwendungen der Wirtschaft (Mio Euro)	Interne Aufwendungen der Wirtschaft (Mio Euro)	Anteil der internen Aufwendungen an Gesamtaufwendungen	Personal (in Vollzeitäquivalenten)
2002	44.540	7.590	36.950	83 %	302.600
2003	46.522	8.493	38.029	82 %	298.072
2004	46.059	7.696	38.363	83 %	298.549
2005	48.409	9.758	38.651	80 %	304.503
2006	51.980	10.832	41.148	79 %	312.145
2007	53.447	10.412	43.035	81 %	321.853
2008	57.304	11.231	46.073	80 %	332.909
2009	56.479	11.204	45.275	80 %	332.491
2010	57.792	10.863	46.929	81 %	337.211
2011	63.417	12.340	51.077	81 %	357.129
2012	66.602	12.812	53.790	81 %	367.478
2013	68.521	14.955	53.566	78 %	360.375
2014	73.046	16.050	56.996	78 %	371.706
2015	77.973	17.021	60.952	78 %	404.767

[*] Gerade Jahre jeweils basierend auf Schätzungen

Quelle: Stifterverband für die Deutsche Wissenschaft e. V., Forschung und Entwicklung in der Wirtschaft 2016, 2018; eigene Berechnungen.

Der gesamte Forschungs- und Entwicklungsaufwand der Wirtschaft ist seit dem Beginn der systematischen Aufzeichnungen fast immer angestiegen (vgl. Tab. 3.4). Eine Ausnahme bilden die Jahre 2004 und 2009, in denen Rückgänge gegenüber den jeweiligen Vorjahren zu verzeichnen waren. Diese eindrucksvolle Entwicklung darf aber nicht überschätzt werden – Forschungs- und Entwicklungsaufwendungen sind zum überwiegenden Teil Personalaufwendungen. Während der Anteil der Personalaufwendungen in der Nachkriegszeit noch unter 50 % lag, ist er auf über 60 % im Jahr 2015 gestiegen. Diese Entwicklung ist nicht zuletzt auch auf die steigenden Lohnkosten und den wachsenden Anteil an Akademikern im Forschungs- und Entwicklungspersonal zurückzuführen. Darüber hinaus deutet der anteilige Rückgang interner F&E-Aufwendungen darauf hin, dass Hochschulen, F&E-Dienstleister, Kooperationen und ähnliches an Bedeutung gewonnen haben.

Die nominale Entwicklung der F&E-Aufwendungen enthält Lohn-, Gehalts- und Preissteigerungen, die keinen Zuwachs an Kapazitäten zur Wissensentwicklung darstellen. Es gibt spezielle Deflationsindizes, die die Nominalwerte auf Realwerte umrechnen. Diese Realaufwendungen sind eng korreliert mit der Personalentwicklung in den F&E-Bereichen. In Tab. 3.4 zeigt sich, dass die Nominalaufwendungen im Betrach-

Abb. 3.2: Bruttoinlandsausgaben für Forschung und Entwicklung in % des Bruttoinlandprodukts, 1981–2016

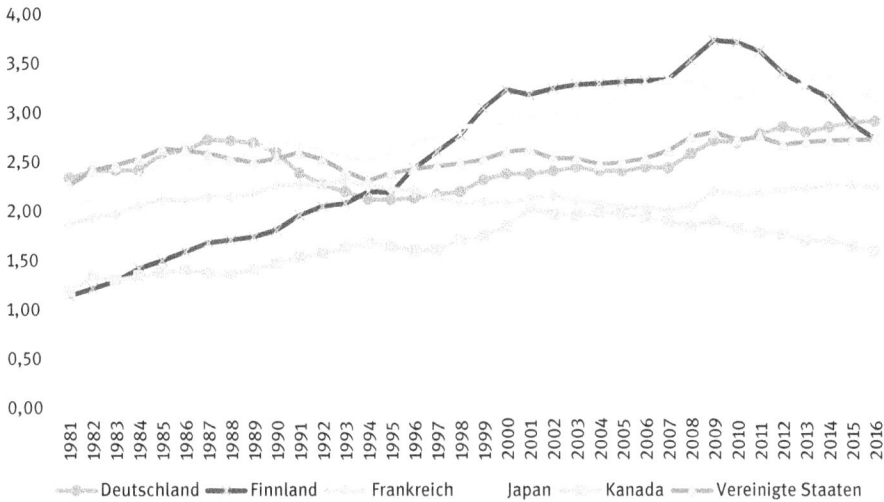

Quelle: http://www.datenportal.bmbf.de/portal/de/Tabelle-1.3.1.html, 2019.

tungszeitraum um 75 % anstiegen. Der Personalbestand wuchs aber nur um knapp 34 %. Dies ist ein Indiz für die geringere Kapazitätsentwicklung im Vergleich zur Ausgabenentwicklung. Während 2002 je F&E-Mitarbeiter 147.191€ p. a. aufzuwenden waren, erreichte dieser Betrag im Jahre 2015 bereits 192.637€ p. a., was Lohn- und Gehaltssteigerungen ebenso wie zusätzlichen Aufwand zur Ausstattung der Arbeitsplätze erkennen lässt.

Im sogenannten Lissabon-Vertrag von 2007 haben sich die europäischen Länder unter anderem zum Ziel gesetzt, die F&E-Aufwendungen des Staates und der Wirtschaft auf 3 % des Bruttoinlandprodukts hin zu entwickeln. Abbildung 3.2 zeigt, dass in Deutschland dieses Ziel erstmals 2018 erreicht wurde.

Betrachtet man die langfristige Entwicklung, so ist bei all den hier ausgewählten Ländern ein nicht konstant verlaufender Anstieg der Forschungs- und Entwicklungsausgaben zu erkennen (vgl. Abb. 3.2). Die zwischen den Jahren auftretenden, kurzfristigen Schwankungen können unterschiedlich interpretiert werden. Sie können den Abbau und Zuwachs ineffizienter oder ineffektiver Strukturen bedeuten, die in Zeiten anhaltenden Wachstums eher entstehen als bei hohem Druck auf die Wettbewerbsfähigkeit durch Stagnation. Die Veränderungen können aber auch als Potentialab- und -aufbau interpretiert werden, was u. U. zu langfristig wirksamen Verschiebungen der Wettbewerbspositionen führen kann. Schließlich können die Veränderungen durch interne Strukturveränderungen ausgelöst sein, also eine Konzentration auf solche Vorhaben, die bei gleichen Ergebnispotentialen unterschiedliche Inputs erfordern. Bisher liegen nur wenige Anhaltspunkte für eine empirische Entscheidung über das relative Gewicht dieser Ursachen vor[160]. In jedem Falle liegt hier auch enormes Potential für zukünftige Forschung, zum Beispiel bezüglich der Frage, welches Gewicht einzelne Ursachen zur Erklärung der Entwicklungen haben.

3.3 Einige Schlaglichter auf die Zusammensetzung der deutschen Forschung und Entwicklung in den Unternehmen

Hört man, dass das Forschungs- und Entwicklungsbudget der Siemens AG im Jahre 2015 etwa 6 % der Gesamtaufwendungen der Wirtschaft für Forschung und Entwicklung ausmachte, so ist eine hohe Konzentration dieser Aktivitäten in wenigen Groß-

Abb. 3.3: Lorenzkurve für Beschäftigte und interne Forschungs- und Entwicklungsaufwendungen in den Unternehmen 2015 in drei Größenklassen

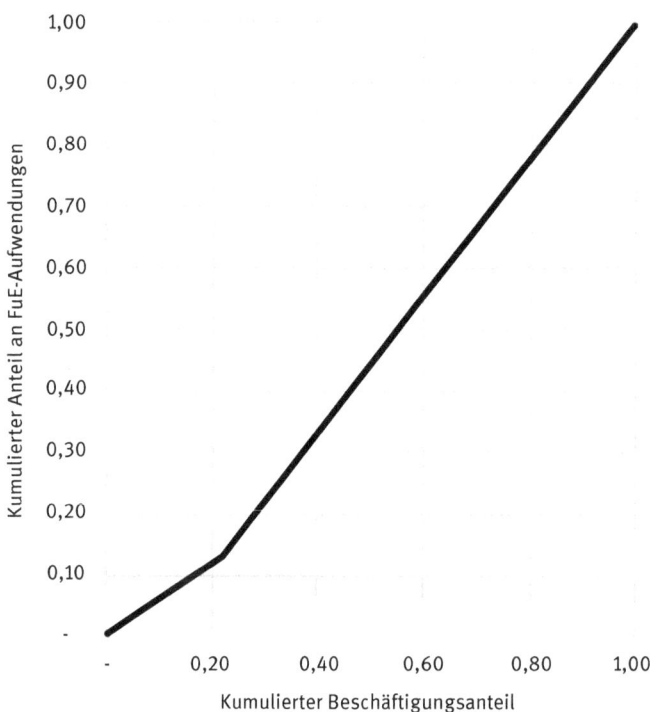

Quelle: SV Gesellschaft für Wissenschaftsstatistik mbH, arendi: Zahlenwerk 2017 – Forschung und Entwicklung in der Wirtschaft 2015, 2017; eigene Berechnungen.

---

160 Vgl. Bundesministerium für Bildung, Wissenschaft, Forschung und Technologie, Zur technologischen Leistungsfähigkeit Deutschlands, a. a. O., S. 37 ff.

unternehmen zu vermuten. Das ist unbestreitbar richtig. Allerdings entspricht diese Konzentration im Wesentlichen der Konzentration der Beschäftigten. Das zeigt auch die Lorenzkurve in Abb. 3.3.

Eine Erklärung für dieses Bild liegt darin, dass alle nicht forschenden Unternehmen unberücksichtigt bleiben. Deren Anzahl nimmt aber relativ zur Anzahl der Unternehmen je Größenklasse mit zunehmender Größe ab. Bei den forschenden Unternehmen ist aber die Forschungsintensität, gemessen an den Forschungs- und Entwicklungsaufwendungen am Umsatz, über die Beschäftigungsgrößenklassen, wie in Abb. 3.4 gezeigt, verteilt. Demnach kommt in kleinen forschenden Unternehmen, relativ zum Umsatz, häufig ein größerer Forschungs- und Entwicklungsaufwand als in größeren Unternehmen vor, wobei die größte Forschungsintensität jedoch bei Unternehmen zwischen 5.000 und 10.000 Mitarbeitern zu beobachten ist. Hier ist ein Unterschied zum Jahr 1995 zu erkennen (Abb. 3.4), in dem der größte Anteil der F&E-Aufwendungen relativ zum Umsatz bei Unternehmen mit weniger als 100 Beschäftigten zu sehen ist. Diese Verschiebung könnte an den vermehrten Anstrengungen größerer Unternehmen liegen, gegenüber den disruptiven Modellen der wachsenden StartUp-Szene einen Wettbewerbsvorteil zu behalten.

Abb. 3.4: Anteil der Forschungs- und Entwicklungsaufwendungen am Umsatz in den Unternehmen 1995 / 2015* nach Beschäftigungsgrößenklassen

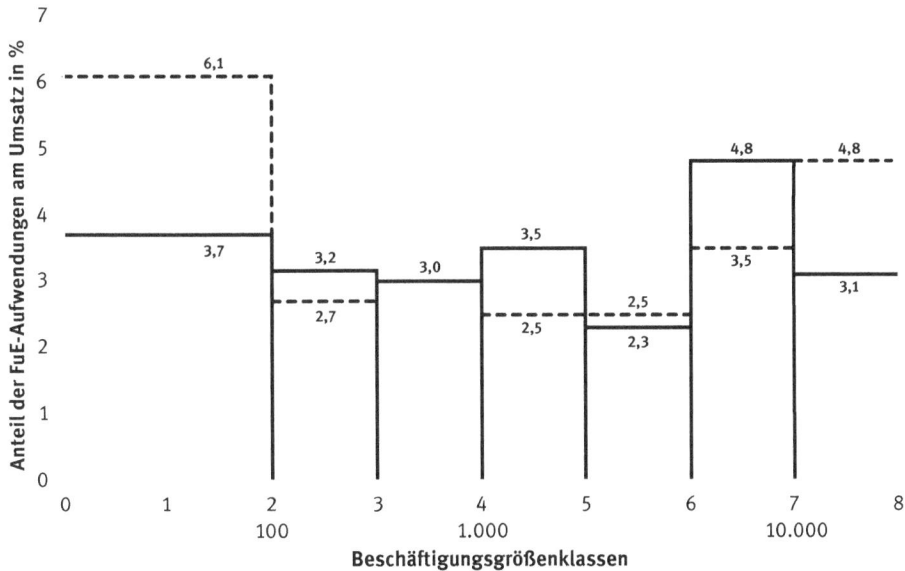

* 1995: gestrichelte Linie;   2015: durchgängige Linie;
Der Wert zwischen den Beschäftigungsgrößenklassen „3" und „4" entspricht in beiden Jahren 3,0 %.
Teilweise basierend auf eigenen Berechnungen.

Quelle: SV Gesellschaft für Wissenschaftsstatistik mbH, arendi: Zahlenwerk 2017 – Forschung und Entwicklung in der Wirtschaft 2015, 2017; eigene Berechnungen.

Tab. 3.5: Beschäftigte, Umsatz und interne F&E-Aufwendungen der Unternehmen mit Forschung und Entwicklung 2015 nach Wirtschaftszweigen und nach Beschäftigungsgrößenklassen

Wirtschaftszweig	Beschäftigte	Umsatz	Interne F&E-Aufwendungen		
			Insgesamt	je Beschäftigte/-n	Anteil am Umsatz
	Tsd.	Mio. Euro	Mio. Euro	Tsd. Euro	Anteile (%)
Land- und Forstwirtschaft, Fischerei	6	1137	150	26.7	13.2
Bergbau, Steine und Erden	24	4119	21	0.9	0.5
Vearbeitendes Gewerbe	3331	1172963	51913	15.6	4.4
– Nahrungs- und Genussmittel	103	42473	318	3.1	0.7
– Textilien, Bekleidung, Leder	28	6322	91	3.2	1.4
– Holzwaren, Papier, Druckerzeugnisse	54	14612	215	4.0	1.5
– Kokerei, Mineralölverarbeitung	5	37872	135	24.5	0.4
– Chemische Industrie	243	108297	3786	15.6	3.5
– Pharmazeutische Industrie	115	44919	3956	34.3	8.8
– Gummi- und Kunststoffwaren	154	41917	1088	7.1	2.6
– Glas, Keramik, Steine und Erden	74	23576	310	4.2	1.3
– Metallerzeugung und -bearbeitung	164	74786	531	3.2	0.7
– Metallerzeugnisse	190	37640	824	4.3	2.2
– DV-Geräte, elektronische und optische Erzeugnisse	399	100252	7541	18.9	7.5
– Elektrische Ausrüstungen	199	46199	2249	11.3	4.9
– Maschinenbau	580	143295	5459	9.4	3.8
– Kraftwagen und Kraftwagenteile	800	383573	21466	26.8	5.6
– Sonstiger Fahrzeugbau	91	32610	2007	22.1	6.2
– Sonstige Herstellung von Waren	132	34620	1935	14.7	5.6
Energie- und Wasserversorgung, Entsorgung	148	120471	161	1.1	0.1
Baugewerbe	97	16118	75	0.8	0.5
Information und Kommunikation	256	59280	3185	12.4	5.4
Finanz- und Versicherungs-dienstleistungen	93	207182	284	3.0	0.1
Freiberufliche, wissenschaftliche und technische Dienstleistungen	324	53122	4390	13.6	8.3
Restliche Abschnitte	1136	295323	478	0.4	0.2
Insgesamt	**5415**	**1929716**	**60657**	**11.2**	**3.1**

Tab. 3.5: (Fortsetzung)

	Beschäftigte	Umsatz	Interne F&E-Aufwendungen		
			Insgesamt	je Beschäf-tigte/-n	Anteil am Umsatz
Wirtschaftszweig	Tsd.	Mio. Euro	Mio. Euro	Tsd. Euro	Anteile (%)
Beschäftigtengrößenklasse	Tsd.	Mio. Euro	Mio. Euro	Tsd. Euro	Anteile (%)
– Unter 100 Beschäftigte	276	73799	2731	9.9	3.7
– 100 bis 249 Beschäftigte	320	67153	2269	7.1	3.4
– 250 bis 499 Beschäftigte	327	96740	2788	8.5	2.9
Summe bis 499 Beschäftigte	*922*	*237692*	*7788*	*8.4*	*3.3*
– 500 bis 999 Beschäftigte	405	120205	3660	9.0	3.0
– 1000 bis 1999 Beschäftigte	495	159021	5585	11.3	3.5
– 2000 bis 4999 Beschäftigte	576	299698	6846	11.9	2.3
– 5000 bis 9999 Beschäftigte	435	132338	6372	14.6	4.8
– 10000 und mehr Beschäftigte	2581	980763	30406	11.8	3.1
Summe 500 bis 10000 und mehr Beschäftigte	*4492*	*1692025*	*52869*	*11.8*	*3.1*
Insgesamt	**5415**	**1929716**	**60657**	**11.2**	**3.1**

Quelle: SV Gesellschaft für Wissenschaftsstatistik mbH, arendi: Zahlenwerk 2017 – Forschung und Entwicklung in der Wirtschaft 2015, 2017; eigene Berechnungen.

Wie sehr die Forschungsintensitäten in den einzelnen Branchen sich unterscheiden, wird in Tab. 3.5 gezeigt. Die ebenfalls sehr unterschiedlichen Forschungs- und Entwicklungsaufwendungen je Beschäftigten deuten auf die sehr unterschiedlichen Prozesseigenschaften bei der Erzeugung neuen Wissens hin. Es kann aber hier nicht auf einzelne Ergebnisse eingegangen werden.

Die Aufteilung der Gesamtaufwendungen der Wirtschaft in interne und externe Forschungs- und Entwicklungsaufwendungen wird in Abb. 3.5 dargestellt. Sie zeigt die hohe relative Bedeutung der unternehmenseigenen Forschungs- und Entwicklungsaktivitäten.

Abb. 3.5: Interne und externe Forschungs- und Entwicklungsaufwendungen der Wirtschaft 2015

Gesamtaufwendungen für Forschung und Entwicklung in der Wirtschaft 2015: 77.973 Mio. Euro	
Interne Aufwendungen	Externe Aufwendungen
60.952	17.021
(91 %)	(9 %)

Quelle: SV Gesellschaft für Wissenschaftsstatistik mbH, arendi: Zahlenwerk 2017 – Forschung und Entwicklung in der Wirtschaft 2015, 2017; eigene Berechnungen.

3.4 Zusammenfassung

Fasst man zusammen, so ist zwar ein über nationale Grenzen hinaus gehendes Verständnis bezüglich der Gewinnung und Darstellung von Daten zu erkennen, jedoch konnte sich bis heute, vor allem auf internationaler Basis, kein valider Standard durchsetzen. Eine gute Orientierung für Unternehmen weltweit bietet hier das „Frascati Manual" der OECD, das 2015 in seiner siebten Auflage erschienen ist und Prinzipen sowie praktische Empfehlungen zur Datenerhebung und -darstellung enthält.

Mit Blick auf die quantitative Entwicklung ist zu sehen, dass während die internen Aufwendungen für Forschung und Entwicklung in der deutschen Wirtschaft 2002 noch bei 36.950 Mio. € lagen, sich diese bis 2015 um rund 65 % auf 60.952 Mio. € erhöht haben (Tab. 3.4). Zusammen mit (außer-)universitären Investitionen ergab sich in der BRD 2015 somit eine Investionssumme von 88.782 Mio. €, ein Wert, der 2,93 % des BIP entsprach. Eine ähnliche Entwicklung ist auch in anderen Ländern zu beobachten wie Abb. 3.2 zeigt. Um die Wettbewerbsfähigkeit Deutschlands im internationalen Kontext weiterhin sicherzustellen, ist also anzunehmen, dass die Investitionen in die Forschung und Entwicklung auch zukünftig zunehmen werden.

Über die hier nur skizzierten Daten hinaus benötigt die Erforschung des Technologie- und Innovationsmanagement weitere Angaben aus den Unternehmen und – vor allem in Mischkonzenen – aus einzelnen Geschäftsbereichen. Nur mit Hilfe solcher Angaben können theoretische Überlegungen geprüft, der in letzter Zeit unter dem Begriff „Benchmarking" wieder aufgelebte Betriebsvergleich durchgeführt und Hinweise auf real bedeutsame Probleme gewonnen werden. Bei gut begründeten Fragen fordert dies die Auskunftsbereitschaft der Praxis. Damit wird ein sehr altes Problem angesprochen: „If facts are wanting, let it be remembered that the closet-philosopher is unfortunately too little acquainted with the admirable arrangements of the factory; and that no class of persons can supply so readily, and with so little sacrifice of time, the data on which all the reasonings of political economists are founded, as the merchant and manufacturer; and, unquestionably, to no class are the deductions to which they give rise so important. Nor let it be feared that erroneous deductions may be made from such recorded facts: the errors which arise from the absence of facts are far more numerous and more durable than those which result from unsound reasoning respecting true data"[161]. Die Datennutzung muss unbedingt das Gebot der Vertraulichkeit beachten, da gerade strategisch relevante Daten und Aussagen der Unternehmen bei Verstößen gegen dieses Gebot nicht oder nicht mehr reliabel zur Verfügung gestellt werden.

---

161 Babbage, C., On the Economy of Machinery and Manufactures, London 1832, S. 119.

4 Grundsatzplanung

Grundsatz- oder Konzeptionsplanung stellt „die abstrakteste und umfassendste Phase der integrierten Unternehmensplanung" dar[162]. Koch sieht darin u. a. die Entwicklung einer „Innovationskonzeption" vor, für die als Stichworte eigene Produktforschung, Lizenznahme und Imitation genannt werden[163]. Hier soll also die Frage beantwortet werden: **Sind Forschungs- und Entwicklungsarbeiten aus wirschaftlichen Gründen erforderlich und möglich? Wo sollten diese Arbeiten gegebenenfalls durchgeführt werden?**

4.1 Ausschließbarkeitsprinzip als Voraussetzung für die Möglichkeit unternehmerischer Forschung und Entwicklung

Im Wettbewerb kann Forschung und Entwicklung von Unternehmen nur dann finanziert werden, wenn den Aufwendungen mindestens Erträge in einer Höhe zugerechnet werden können, die der besten Verwendung dieser Mittel entsprechen. Ausreichende **Erträge können aber nur dann entstehen, wenn** das durch Forschung und Entwicklung erworbene **Wissen wenigstens zeitweise vor einer Nutzung durch den Wettbewerb geschützt werden kann**[164]. Der Wettbewerb wird insoweit ausgeschlossen, das Unternehmen kann davon profitieren.

Auch aus gesamtwirtschaftlicher Sicht ist die Sicherung des Ausschließbarkeitsprinzips von Interesse, um die Wettbewerbsfähigkeit zu stärken. Das gilt vor allem für solche Nationen, die eine traditionell stark ausgebaute Forschungsbasis unterhalten und diese anderen freizügig zur Nutzung zur Verfügung stellen sowie ihre Universitäten Ausländern öffnen, selbst aber wenig Wissen vom Ausland importieren. Nicht

---

162 Koch, H., Aufbau der Unternehmensplanung, Wiesbaden 1977, S. 61.

163 Ebenda, S. 63.

164 Vgl. Arrow, K., Economic Welfare and Allocation of Resources for Invention, in: National Bureau of Economic Research, Hrsg., The Rate and Direction of Inventive Activity, Princeton/N. J. 1962, S. 609–625. Ein neuer Gedanke richtet sich darauf, dass ein Nachahmungsschutz dann unnötig ist, wenn durch schnelle und weite Verbreitung einer Neuerung sog. „externe Systemeffekte" zu erreichen sind. Sie bestehen z. B. darin, dass gleiche Anordnungen der Schreibmaschinentastatur es erlauben, jede Schreibmaschine und Computertastatur für die Texteingabe mit gleicher Effizienz zu benutzen. Man muss nicht für jedes Modell neu lernen. Das kann die Verbreitung der Tastatur fördern, also die Nachfrage steigern. Ähnliches gilt für Software. So ist ohne Schutz eine weite Verbreitung zu erreichen und die Kosten-Nutzen-Situation – selbst mit illegaler Nutzung – könnte günstiger sein als die mit Schutzmaßnahmen und geringerer Verbreitung. Vgl. Conner, K. R., Rumelt, R. P, Software Piracy: An Analysis of Protection Strategies, Management Science, Vol. 37, 1991, S. 125–139. Ob das theoretisch Mögliche auch praktisch relevant wird, ist natürlich von der Höhe der Parameter abhängig. Vgl. hierzu auch die Diskussion um Standards bzw. um Open Source Software.

https://doi.org/10.1515/9783110600667-004

Abb. 4.1: Wesentliche Maßnahmen zur Sicherung des Ausschließbarkeitsprinzips der Wissensnutzung

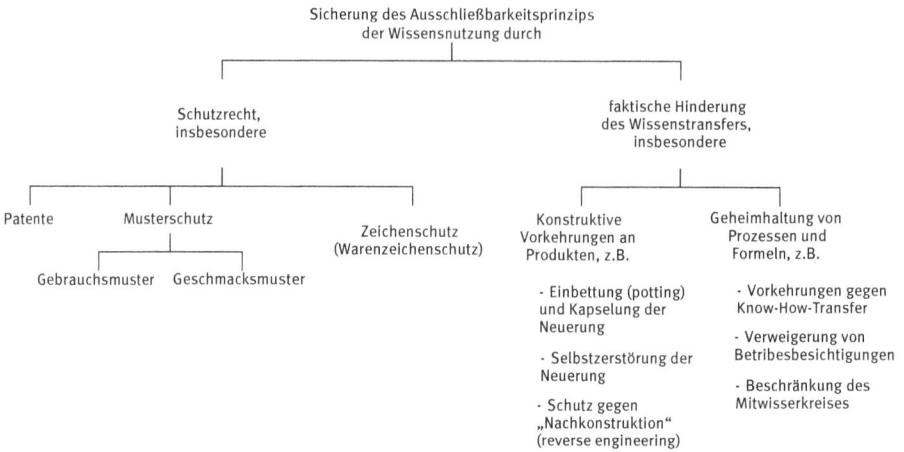

nur in den USA sind deshalb seit vielen Jahren Stimmen laut geworden, die für einen stärkeren Wissensschutz plädieren[165]. Tatsächlich sind die Schutzmaßnahmen bereits vor 30 Jahren verstärkt worden[166]. Auch in den letzten Jahren hat sich diese Entwicklung fortgesetzt. Das ist auch von unternehmensstrategischer Bedeutung. Es ist dann nämlich um so dringender, Tochtergesellschaften im Ausland in den Prozess des Wissenstransfers und der Wissensentwicklung einzuschalten (vgl. dazu auch Abschnitt 4.6). Außerdem führt verstärkter Schutz zu höheren Preisen für die Nutzung oder den Erwerb von Schutzrechten.

Die ausschließliche Wissensnutzung durch denjenigen, der das Wissen erzeugt, ist auf verschiedene Weise mehr oder weniger vollkommen zu erreichen. Wesentliche Ansatzpunkte dafür zeigt die Abb. 4.1.

Die **faktische Sicherung** vor unerwünschtem Wissenstransfer spielt in der Praxis eine **bedeutende Rolle**. Dies läßt sich gut aus der Geschichte von Robert Bosch erkennen: In einem bestimmten Falle ließ Bosch „das Patent einfach fahren ... Als

---

165 Dazu bedurfte es nicht einmal spektakulärer Fälle von Industriespionage. Vgl. President's Commission on Industrial Competitiveness, (Report on) Global Competition, The New Reality, Washington/D. C. 1985, Vol. I, S. 6, Vol. II, S. 6; Ayres, R., Technological Protection and Privacy: Some Implications for Policy, Technological Forecasting and Social Change, Vol. 30, 1986, S. 5–18. Amerikanische Unternehmen sichern sich die Unterstützung der International Trade Commission bei Verletzung ihrer Patente: Thomas, R. J., Patent Infringement of Innovations by Foreign Competitors: The Role of the U. S. International Trade Commission, Journal of Marketing, Vol. 53, 10, 1989, S. 63–75.
166 Der amerikanische Kongress hat von 1983 bis 1988 14 Gesetze zur Stärkung des Schutzes geistigen Eigentums beschlossen. Vgl. Dwyer, P., The Battle Raging over Intellectual Property, Business Week, 22.5.1989, S. 80–87.

diese Entscheidung getroffen wurde, spürte Bosch, dass die wesentlichen Dinge nicht so einfach übernommen werden konnten: es war inzwischen für die sehr subtile und knifflige Arbeit ein Stamm von Leuten geschult worden, deren Handgeschick und Zuverlässigkeit ein nicht beliebig auswechselbares Aktivum gerade seines Betriebes darstellte. Das Wort „Bosch-Arbeit" hatte begonnen, ein Weltbegriff zu werden"[167].

Es entwickelt sich also eine Art von „Hintergrundwissen" (tacit information). Ein Teil dieses Wissens könnte u. U. auch nicht durch bloße Beschreibung an einen interessierten Nachahmer übertragen werden (sticky information)[168]. Vielmehr erfordert es detailreiche Beobachtung, um nutzbar zu werden.

Gegenteilig scheint die Auffassung zu sein, dass jeder technische Fortschritt durch **Patente** zu schützen ist und darüber hinaus alle denkmöglichen Alternativen abzusichern seien. Eine breit angelegte Patentierung kann zur Verteidigung der eigenen Position oder als Angriff auf eine Wettbewerbsposition gedacht sein. Ein Patentanwalt aus Tokio, der diese Praxis in Japan beobachtet hat, spricht von der „Methode der Flächenbombardierung"[169].

Erfolgreiche intensive Forschungen zur Verbesserung von Saatgut haben zur Entwicklung besonderer Schutzmaßnahmen beigetragen (plant variety protection systems), weil die Offenlegung geradezu zur Produktpiraterie einlud[170].

Damit können erhebliche Markteintrittsbarrieren gegenüber Wettbewerbern errichtet werden. Aufgrund dieser flächendeckenden Anwendung wird einerseits z. B. davon gesprochen, dass 25 % der Aufwendungen von IBM, die dazu dienten, die damaligen Xerox-Patente im Trockenkopierer-Markt zu umgehen, allein für patentrechtliche Beratungen ausgegeben wurden. Auf der anderen Seite geriet der Vergaserhersteller Pierburg GmbH in Schwierigkeiten, weil ihm die „Dominanz von Bosch" den Weg in die Einspritztechnik verstellte und die Zusammenarbeit mit der Siemens AG für die Lösung elektronischer Probleme erforderlich wurde[171]. Eine Eigenentwicklung einer Mehrstellen-Einspritzung fand keinen Serienanwender, möglicherweise, weil dem Unternehmen zu wenig Kompetenz auf diesem Gebiet zugetraut wurde.

Viele Unternehmen siedeln ihr **Patentierungsverhalten** zwischen den Extrema Flächenbombardierung und Verzicht auf Patentierung an. Sie berücksichtigen zugleich die Schutzfunktion und die Informationsfunktion der Patente bzw. der Pa-

---

167 Heuss, T., Robert Bosch, Leben und Leistung, Stuttgart 1986, S. 142.

168 Vgl. von Hippel, E., „Sticky Information" and the Locus of Problem Solving: Implications for Innovation, Management Science, Vol. 40, 1994, S. 429–439.

169 Sartori, A., et al., Nippons Laxe Moral, Wirtschaftswoche, 5.7.1991, S. 77–78. Eine eindrucksvolle Fallstudie dazu zeigt, dass Abwehr dieser Politik sowohl politische Unterstützung als auch Öffentlichkeitsarbeit erfordern kann: Spero, D. M., Patent Protection or Piracy – A CEO Views Japan, Harvard Business Review, Vol. 68, 1990, 5/S. 58–67.

170 Van Wijk, J., Terminating Piratry or Legitimate Seed Saving? The Use of Copy-Protection Technology in Seeds, Technology and Innovation Management, Vol. 16, 2004, S. 121–141.

171 Vgl. o.V., Pierburg ist über den Berg, Frankfurter Allgemeine Zeitung, 3.11.1990.

Abb. 4.2: Patentrecherchen im Rahmen einer Neuproduktplanung (Flügelchangierung (FC))

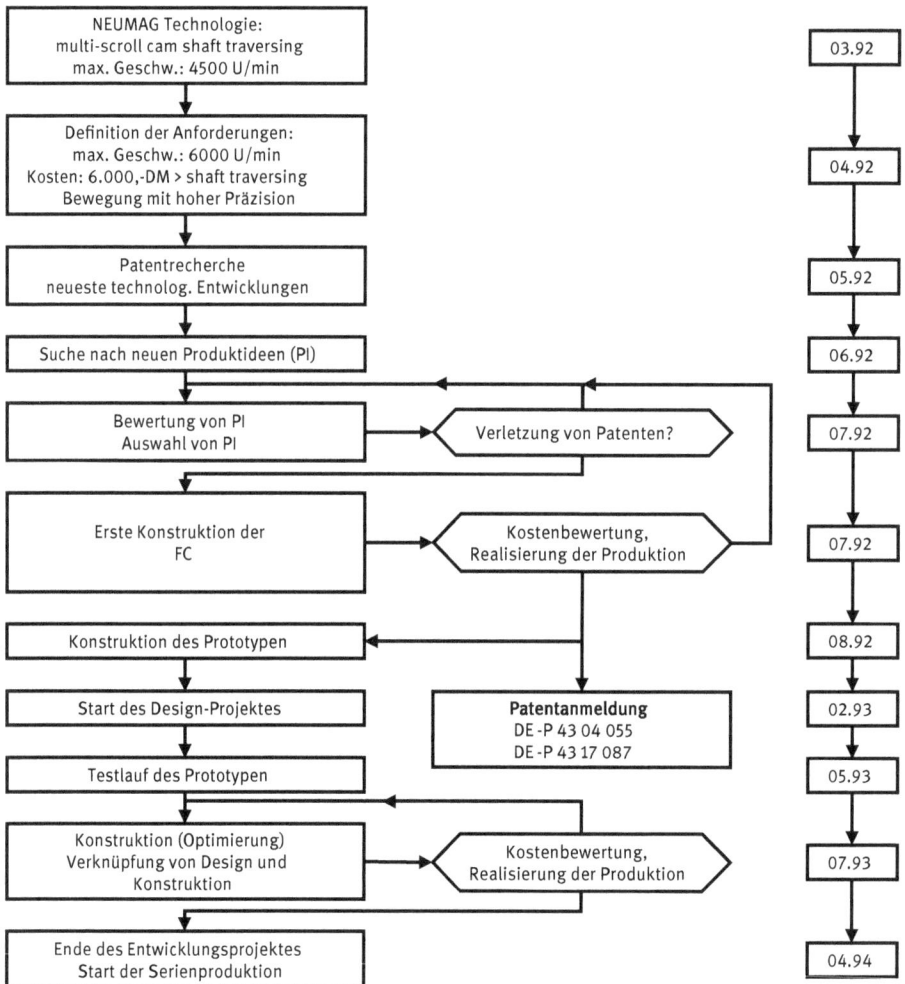

NEUMAG Technologie: multi-scroll cam shaft traversing max. Geschw.: 4500 U/min	03.92
Definition der Anforderungen: max. Geschw.: 6000 U/min Kosten: 6.000,-DM > shaft traversing Bewegung mit hoher Präzision	04.92
Patentrecherche neueste technolog. Entwicklungen	05.92
Suche nach neuen Produktideen (PI)	06.92
Bewertung von PI Auswahl von PI — Verletzung von Patenten?	07.92
Erste Konstruktion der FC — Kostenbewertung, Realisierung der Produktion	07.92
Konstruktion des Prototypen	08.92
Start des Design-Projektes — **Patentanmeldung** DE-P 43 04 055 DE-P 43 17 087	02.93
Testlauf des Prototypen	05.93
Konstruktion (Optimierung) Verknüpfung von Design und Konstruktion — Kostenbewertung, Realisierung der Produktion	07.93
Ende des Entwicklungsprojektes Start der Serienproduktion	04.94

Quelle: Neumag GmbH, 1993.

tentanmeldungen. Ein Beispiel dafür, wie Patente sowohl als Grundlage für weitere Entwicklungen als auch zur Absicherung von Ausschließbarkeit verwendet werden, zeigt Abb. 4.2. Hier war eine neue Fadenführung (Traversen-System) für das Aufwickeln von Kunststoffasern auf eine Spule bei extrem hohen Geschwindigkeiten zu entwickeln. Man erkennt, dass Patentrecherchen der eigenen Entwicklung vorausgingen, die Vermeidung von Patentverletzungen geprüft (also die Informationsfunktion genutzt) wurde und schließlich die eigenen Entwicklungen zu Patenten angemeldet wurden. Damit wurde dann die Schutzfunktion genutzt.

Obwohl ein Großteil der Produktinnovatoren forschungs- oder entwicklungsge-
stützte Neuerungen realisiert, wird nur ein Teil dieser Neuerungen auch durch Patente geschützt[172]. Die Differenz erklärt sich vermutlich nur partiell durch den bewussten
Verzicht auf Patentierung. Dieser Verzicht kann angebracht sein, weil der technische
Fortschritt in manchen Branchen und Bereichen so schnell ist, dass bei Patenterteil-
lung (die oftmals zwischen und 3 und 5 Jahre dauern kann) das geschützte Wissen
schon nicht mehr genutzt wird. So schreibt das Handelsblatt: „Was macht der Mittel-
ständler, wenn die Welt eines Tages keine Schrauben mehr braucht, weil alles, was
mal verschraubt wurde, aus dem 3D-Drucker kommt? Ein Patent für eine Technologie
von gestern nutzt nicht viel"[173]. Der Verzicht auf Patentierung kann auch angebracht
sein, wenn man keine Chancen zur Durchsetzung der Rechtsansprüche aus dem Patent sieht, z. B. gegenüber Nachahmern in geographisch weit entfernten Ländern, ein-
hergehend mit unsicheren Justizsystemen. Auch wenn sich der Wissensschutz weltweit in den letzten Jahrzehnten erheblich verbessert hat, vor allem in Ländern wie
China, gibt es zwischen den Ländern trotz verschiedener internationaler Harmonisie-
rungsbestrebungen (beispielsweise durch Übereinkommen wie TRIPS[174]) noch erhebliche Rechtsdurchsetzungsunterschiede, über die Firmen sich im Vorfeld informieren
sollten. Hier informieren beispielsweise der International Property Rights Index oder
der International IP Index der U. S. Chamber of Commerce[175].

Es ist nicht ungewöhnlich, dass die Möglichkeit der Patentierung auch vergessen
wird. Das wird zum Beispiel von dem Erfinder der Kontaktlinse in Form der Corneal-
linse berichtet, dem Kieler Ingenieur Heinrich Wöhlk[176]. Eine bewusste Vermeidung
der Patentierung kann weiter aus Kostengründen erfolgen, was u. U. zur Suche nach
kostengünstigeren Schutzrechten führt, oder aus Geheimhaltungsgründen[177]. Dies gilt

---

172 Vgl. Scholz, L., Schmalholz, H., Maier, H., Innovationsdynamik der deutschen Industrie in den
achtziger Jahren, Ifo-Schnelldienst, 1987, 1/2, S. 20–28, hier S. 23.

173 Handelsblatt, „Tüftler-Gen für Rocket Internet", Wochenende 23./24./25. September 2016, Nr. 185,
Seite 26.

174 TRIPS steht für „Trade-Related Aspects of Intellectual Property Rights" und ist ein internationales Übereinkommen über handelsbezogene Aspekte der Rechte des geistigen Eigentums. Für weitergehende Informationen: WTO, 2019, *Trade-Related Aspects of Intellectual Property Rights*, abgerufen
am 25. August 2019 unter: https://www.wto.org/english/tratop_e/trips_e/trips_e.htm.

175 Siehe für weitergehende Informationen: Property Rights Alliance, 2018, *2018 International Property Rights Index Released*, abgerufen am 15. Juni 2019 unter: https://www.propertyrightsalliance.
org/news/2018-international-property-rights-index-released/; U. S. Chamber of Commerce, 2019, *U. S.
Chamber International IP Index*, abgerufen am 15. Juni 2019 unter: https://www.theglobalipcenter.
com/ipindex2019/.

176 Vgl. Dohm, H., Besser sehen, als meine Brille es gestattet. Frankfurter Allgemeine Zeitung,
20.8.1988.

177 Vgl. Ensthaler, J., Strübbe, K. (2006). Die Bedeutung des Patents für das Unternehmen. Patentbewertung: Ein Praxisleitfaden zum Patentmanagement, 35–62. Arundel, A., The relative effectiveness
of patents and secrecy for appropriation, Research Policy, Vol. 30, 2001, S. 611–624.

besonders bei dem Schutz von Wissen, durch das Produktivitätsvorteile in Produkti-onsprozessen begründet werden – Patentklau als bewährte Aufholstrategie[178].

Hierzu können zwei Fälle aus der Nahrungs- und Genußmittelindustrie angeführt werden:

Von Wrigley wird berichtet, dass „die gewaltigen Rührmaschinen, die in jedem Ar-beitsgang eine Tonne Kaugummimasse verarbeiten, 30 Prozent produktiver arbeiten sol-len als die der Konkurrenz. Aus Furcht vor der Konkurrenz hält der Konzern seine Pro-duktion jedoch streng geheim. Die Fabriken sind von Stacheldraht umgeben wie Waffen-depots und werden von Fernsehkameras überwacht.

Die Geheimniskrämerei geht sogar so weit, dass Wrigley darauf verzichtete, seine Produktionsverfahren zu patentieren, weil man befürchtete, dass auch im Patentamt Maulwürfe der Konkurrenz wühlen könnten"[179].

Von dem Gebäckhersteller Griesson wird berichtet: „Die fast hundert Meter langen Back-Straßen, auf denen im Dreischicht-Betrieb tonnenweise Schoko-Butterkekse her-gestellt und ... automatisch verpackt werden, hütet Heinz Gries wie ein kleines Staats-geheimnis. Konkurrenten und selbst Monteure von Maschinenbaufirmen läßt der Allein-inhaber der Griesson GmbH in Polch nahe Koblenz an die Anlagen nicht heran. Darin stecke so viele, mit Lehrgeld bezahlte Entwicklungsarbeit, dass der Vorsprung in der Technik ein entscheidender Wettbewerbsvorteil sei"[180].

Natürlich ist auch in anderen Branchen ein solches Verhalten zu beobachten.

Die Balance zwischen der zur Begründung eines Patents notwendigen Informati-on und der Zurückhaltung solcher Angaben, die die Imitation erleichtern, ist schwer zu finden. Das zeigen die Überlegungen, die die Ratgeber von James Watt diesem 1769 vortrugen, bevor er sein bedeutendes (und später verlängertes) „Dampfmaschinen-Patent" beantragte: (We) „... think you should neither give drawings nor descriptions of any particular machinery, (if such omissions would be allowed at the office), but specify in the clearest manner you can that you have discovered some principles, and thought of new applications of others, by means of both which, joined together, you intend to construct steam-engines of much greater powers, and applicable to a much greater number of useful purposes, that any which hitherto have been constructed; that to ... each particular purpose, you design to employ particular machinery, every species ofwhich may be ranged in [one of] two classes: one class for producing recip-rocal motions, and another for producing motions round axes. As to your principles,

---

178 Frankfurter Allgemeine Sonntagszeitung, Vom Piraten zum Ehrenmann, 10. Januar 2010, Nr. 1, Seite 26.

179 Deysson, C., Geschmacklosigkeit, Wirtschaftswoche, 5.7.1991, S. 58.

180 Vgl. Mrusek, K., Süßes Gebäck nach dem Geschmack der Händler. Um Kunden wirbt der Konkur-rent. Frankfurter Allgemeine Zeitung, 13.7.1987. Ausgeprägt war die Geheimhaltung bei der Erfindung des Walzens nahtloser Rohre, wobei sogar Nachtarbeit in den tagsüber genutzten Produktionshallen üblich war. Vgl. Wessel, H. A., Kontinuität im Wandel. 100 Jahre Mannesmann 1890–1990, a. a. O., S. 27; 161.

we think they should be enunciated, (to use a hard word), as generally as possible, to secure you as effectualy against piracy as the nature of your invention will allow"[181].

Es folgen dann Vorschläge für die genaue Ausformulierung der Patentansprüche gemäß diesen Prinzipien. Auch heute spielen diese Überlegungen bei der Formulierung von Patentansprüchen eine Rolle.

Den hohen einzelwirtschaftlichen Wert, den einzelne Patente erreichen können, erkennt man dann, wenn für Patentverletzungen Schadenersatz zu leisten ist. Spektakuläre Beispiele belegen dies: Nachdem Apple von kalifornischen Geschworenen im Jahr 2012 ursprünglich ca. eine Milliarde Dollar als Schadensersatz für das Kopieren von Design und Technik des iPhone und iPad durch Samsung zugesprochen wurde, musste Samsung 2018 immerhin noch 539 Millionen Dollar als Schadensersatz an Apple leisten. Diese Summen sind jedoch kein Phänomen des neuen Jahrtausends[182]: Kodak musste 1991 für die Verletzung von Patentrechten in der Sofortbild-Fotografie an Polaroid 925 Mio. $ zahlen (Polaroid hatte 12 Mrd. $ gefordert), Proctor & Gamble erhielt 125 Mio. $ für die unerlaubte Kopie von Keksrezepturen von einem Wettbewerber[183], die Siemens AG musste insgesamt mehr als 300 Mio. $ an Medtronic für die Verletzung von Herzschrittmacherpatenten zahlen, was offenbar zum Verkauf der entsprechenden Einheit führte[184]. Es sind auch Abschätzungen für den Wert von Patenten erhoben worden, wobei es sich um retrospektive und fiktive Werte handelt[185]. Die Häufigkeit der Werte ist über einer Skala von Werten logarithmisch-normalverteilt. Das heißt, dass Mittelwerte stark durch sehr wenige, sehr wertvolle Patente beeinflusst sind.

Allerdings wird beklagt, dass vor allem kleine und junge Unternehmen in der Durchsetzung ihrer Patentansprüche durch hohe Prozesskosten und die Dauer der Prozesse behindert werden sowie vor allem im Ausland protektionistischen Behinderungen unterliegen, so dass sie Vergleiche oder den Rückzug vorziehen mögen[186].

---

181 Muirhead, J. P., Life of James Watt, London 1858, Repr. 1987, S. 183–185. – Das Schlüsselpatent für das Walzen von nahtlosen Rohren, das die Gebrüder Mannesmann entwickelten, wurde unter dem Namen eines Vetters angemeldet, und entging so der Aufmerksamkeit der Wettbewerber für einige Zeit. Vgl. Wessel, H. A., Kontinuität im Wandel, 100 Jahre Mannesmann 1890–1990, a. a. O., S. 32.

182 Handelsblatt, „Apple und Samsung legen Patentstreit nach sieben Jahren bei", 28.06.2018, abgerufen am 22. Juli 2019 unter: https://www.handelsblatt.com/unternehmen/it-medien/smartphone-hersteller-apple-und-samsung-legen-patentstreit-nach-sieben-jahren-bei/22744570.html?ticket=ST-18507417-h5fnbuPlrFqpKG9E5Qgv-ap4.

183 Vgl. o.V., Einigung mit Polaroid, Handelsblatt, 17.7.1991; Sartori, A., et al., Nippons Laxe Moral, a. a. O., S. 78.

184 Vgl. MDIS, Informationsdienst, Okt. 1992, Juli 1994.

185 Vgl. Harhoff, D., et al., Citation Frequency and the Value of Patented Inventions, The Review of Economics and Statistics, Vol. 81, 1999, S. 511–515.

186 Vgl. Dodwell, D., Patent troubles create trauma and cost, Financial Times, 21.1.1993, für den Fall der britischen Firma Bath Scientific in den USA mit dem Gegner Integri-Test. „The rapid rate of technological advance, coupled with the snails' pace at which patent disputes are resolved in the courts, has meant that conflicts over the rights to new technology are often economically moot by the time they

Der hohe potentielle Wert der Patente ist dann nicht realisierbar. Das auf medizinische Schnelltests für den Hausgebrauch spezialisierte Pharmaunternehmen Nanorepro AG entscheidet sich so ganz bewusst gegen die Patentierung ihrer Erfindungen: „Patente können eine Firma in dem Bereich in den Ruin stürzen"[187].

Schutzrechte können schließlich erworben werden, um damit an wechselseitigen Lizenzierungsgeschäften (cross-licensing) teilzunehmen oder um rechtliche Angriffe der eigenen Patentposition durch Gegenangriffe wirkungsvoll zurückweisen zu können. Diese Überlegung spielt unter anderem in der Comupterindustrie eine Rolle[188]. Auch der folgende Fall spricht für sich:

„Between 1903 and 1913, the era of the European carbon-filament lamp cartel, the influence of AEG and Siemens & Halske had clearly been limited; but now, by creating a monopoly based on product technology – the Patentgemeinschaft – they had the whip hand. The German lamp industry was able not only to control a large part of the production in Europe, but also, by regulating sales by company and by market, to pursue a European lamp policy. Moreover, by excluding technical assistance from the agreements, an attempt was made to preserve the distance between licensor and licensee"[189].

Die Patentlaufzeit ist in vielen Ländern auf maximal 20 Jahre beschränkt. Die beschränkte Nutzungsdauer neuen technologischen Wissens wird allerdings weniger durch die Laufzeit der Patente als durch die Möglichkeit ihrer Umgehung oder die Verhinderung ihrer vollen Nutzung bestimmt. Auch die zur Aufrechterhaltung des Patents abzuführenden Jahresgebühren können eine Schranke für die Patentnutzung bilden, zumal sie mit zunehmender Patentlaufzeit ansteigen. Betrachtet man beispielsweise die Zahlen der KMUs in Deutschland, so erreicht mit rund 20 % nur ein geringer Teil der Patente ihre volle Laufzeit – eine vergleichbare Situation ist auf internationaler Ebene erkennbar[190].

---

are settled legally". Vgl. Flamm, K., Creating the Computer, Government, Industry, and High Technology, Washington/D. C. 1988, S. 220. Auch Kleinunternehmen argumentieren gelegentlich ähnlich, wie der Hersteller von Dichte- und Konzentrationsmeßgeräten A. Paar KG, Graz. Vgl. Henard, J., Exklusiv und hochspezialisiert, aber nicht zeitlos, Frankfurter Allgemeine Zeitung, 9.5.1988. Aus der Sicht des amerikanischen Anbieters, der durch einen ausländischen Patentverletzer im amerikanischen Markt „unfair" bedrängt wird, bietet sich die Einschaltung der International Trade Commission an: Vgl. Thomas, R. J., Patent Infringement of Innovations by Foreign Competitors: The Role of the US International Trade Commission, a. a. O.

187 Frankfurter Allgemeine Zeitung, „Junge Unternehmer lernen ihre Lektionen", 25. Februar 2013, Nr. 47, S. 25.

188 Vgl. Flamm, K., Creating the Computer, Government, Industry, and High Technology, a. a. O., S. 221.

189 Heerding, A., The History of N. V. Philips' Gloeilampenfabriken, a. a. O., S. 188.

190 Harhoff, D., Patente in mittelständischen Unternehmen, 2010, Studie abrufbar unter https://epub.ub.uni-muenchen.de/13119/1/Harhoff_1547.pdf; WIPO, World Intellectual Property Indicators 2017, 2017, S. 38, abgerufen am 09.09.2019 unter https://www.wipo.int/edocs/pubdocs/en/wipo_pub_941_2017.pdf.

Wenden wir uns nun der **Informationsfunktion** von Patenten zu. In einer Befragung amerikanischer Unternehmensleiter wurde die Vermutung geäußert, dass Entscheidungen über die Entwicklung neuer Produkte oder Prozesse im Durchschnitt nach 12 bis 18 Monaten wenigstens einem Wettbewerber bekannt sind; Details der Funktionsweise eines Produkts verbleiben nach Veröffentlichung in den entsprechenden Patentblättern nicht im Geheimen: Durch den Einsatz künstlicher Intelligenz und dank automatisierter Datenbankrecherche der öffentlich zugänglichen Datenbanken der meisten Patentämter (wie beispielsweise am Europäischen Patentamt oder an der World Intellectual Property Organisation) oder mittels spezialisierter oder frei verfügbarer Tools wie Google Patents können sich die in Patenten beschriebenen Funktionsweisen bereits mit oder kurz nach Veröffentlichung verbreiten. Man kann deshalb nicht davon ausgehen, dass die Patente auch einen Schutz vor Informationsabfluss gewähren können (was auch der Veröffentlichungsfunktion von Patenten entgegenstehen würde). Auch können durch Personalwechsel, informelle Kommunikation, Zulieferer usw. in großem Umfange statt oder neben den Beschreibungen in Patenten auf anderen Wegen Informationen übertragen werden. In solchen Fällen soll zukünftig das Gesetz zum Schutz von Geschäftsgeheimnissen (GeschGehG) einwirken[191].

Kern/Schröder machen plausibel, dass Schutzrechte dem faktischen Schutz um so eher vorgezogen werden, (1) wenn das zu schützende Wissen in Produkte eingeht, statt dass es lediglich in Prozessen zur Anwendung kommt, (2) je unzuverlässiger die faktischen Schutzmaßnahmen sind, (3) je länger die voraussichtliche Nutzungsdauer des neuen Wissens sein wird[192].

Einige Hinweise auf die Bedeutung dieser Argumente ergeben sich aus Angaben von 17 Unternehmen der Biotechnologie, die nach Instrumenten zur Erzielung von Wettbewerbsvorteilen befragt wurden[193]. Es zeigt sich dabei (vgl. Tab. 4.1):

---

191 Der Gesetzentwurf der Bundesregierung über das Gesetz zum Schutz von Geschäftsgeheimnissen (GeschGehG) wird gegenwärtig, Stand September 2019, im parlamentarischen Verfahren beraten. Das geplante Gesetz fußt auf der Richtlinie (EU) 2016/943 des Europäischen Parlaments und des Rates vom 8. Juni 2016 über den Schutz vertraulichen Know-hows und vertraulicher Geschäftsinformationen (Geschäftsgeheimnisse) vor rechtswidrigem Erwerb sowie rechtswidriger Nutzung und Offenlegung (ABl. L 157 vom 15.6.2016, S. 1), siehe mit Bundesministerium der Justiz und für Verbraucherschutz, 3. September 2019, https://www.bmjv.de/SharedDocs/Gesetzgebungsverfahren/DE/GeschGehG.html, abgerufen am 3. September 2019.
192 Kern, W., Schröder, H.-H., Forschung und Entwicklung in der Unternehmung, a.a.O, S. 67 f.; Arundel, A., The relative effectiveness of patents and secrecy for appropriation, Research Policy, Vol. 30, 2001, S. 611–624.
193 So auch die sogenannten Yale-Untersuchungen in den USA sowie die Harabi-Studie in der Schweiz. Zusammenfassend: Franke, J. F., Die Bedeutung des Patentwesens im Innovationsprozess. Probleme und Verbesserungsmöglichkeiten, Ifo Studien, 39. Jg., 1993, S. 307–326, bes. S. 310. Auch das Mannheimer Innovationspanel bestätigt die größere Häufigkeit, mit der rechtliche Schutzinstrumente für Produkt- als für Prozessinnovationen für bedeutend gehalten werden. Hinsichtlich anderer Schutzmaßnahmen (Geheimhaltung, zeitliche Vorsprünge oder komplexe Produktgestaltung) sind

Tab. 4.1: Bedeutung von Instrumenten zur Erzielung von Wettbewerbsvorteilen (Mittelwerte einer siebenstufigen Skala, 1: unbedeutend, 7: sehr bedeutend)

Instrument	Bedeutung für Produkte Prozesse		Bedeutung für Produkte			Bedeutung für Prozesse			Bedeutung für Produkte			Bedeutung für Prozesse		
			Marketing-Strategie			Marketing-Strategie			FuE-Strategie			FuE-Strategie		
			1	2	3	1	2	3	α	β	γ	α	β	γ
Patente zur Verhinderung von Nachahmungen	5,0	4,0	4,8	4,5	5,5	3,3	5,5	4,0	5,8	4,3	-	5,3	2,9	4,0
Geheimhaltung	4,4	5,9	3,3	4,3	6,0	6,0	5,0	5,3	5,2	3,6	-	5,1	5,7	7,0
Zeitliche Vorsprünge	6,5	6,0	6,5	6,3	7,0	6,2	5,7	6,3	6,7	6,3	-	6,0	5,7	7,0

Marketing-Strategien:
(1) Innovative Marktbeherrscher, (2) Junge Markteroberer, (3) Ältere Marktverteidiger,
Forschungs- und Entwicklungsstrategien:
(α) Allround-Forscher, (β) Produktverbesserer, (γ) Prozessverbesserer.

Quelle: Brockhoff, K., Funktionsbereichsstrategien, Wettbewerbsvorteile und Bewertungskriterien. Eine empirische Untersuchung am Beispiel der Biotechnologie, Zeitschrift für Betriebswirtschaft, 60. Jg., 1990, S. 451–472, hier S. 462.

(1) Geheimhaltung und Schaffung zeitlicher Vorsprünge sind zur Absicherung von Prozessinnovationen bedeutend, Patente und zeitliche Vorsprünge dagegen zur Absicherung von Produktinnovationen. Zeitliche Vorsprünge können auf der Prozessseite über Erfahrungskurven-Vorteile wirksam werden, auf der Produktseite über die frühe Erschließung von Märkten, so dass das Ergebnis plausibel ist.
(2) Zur Absicherung von Produktinnovationen werden alle genannten Instrumente besonders von solchen Unternehmen eingesetzt, die
   – eine allround-Forschungsstrategie (α) betreiben, d. h. auch in Grundlagenforschung engagiert sind und dabei am ehesten Geheimhaltung einsetzen können oder
   – älter sowie auf Verteidigung von Hochpreis- und Qualitätssegmenten etablierter Märkte ausgerichtet sind (3).
(3) Die Absicherung von Prozessinnovationen erfolgt auf unterschiedliche Weise, je nach der gewählten Marketing- und Forschungs- und Entwicklungsstrategie. Auf Geheimhaltung zählen innovative Marktbeherrscher (1) oder der Prozessinnovator (γ). Patentierung ist von hoher Bedeutung für junge Markteroberer (2) oder Allround-Forscher (α).

Die Ergebnisse deuten darauf hin, dass die Wahl der bevorzugten Schutzinstrumente mit den jeweiligen Marketing- und Forschungs- und Entwicklungsstrategien verbun-

---

keine Häufigkeitsunterschiede festzustellen. Vgl. Harhoff, D., Innovationsanreize in einem strukturellen Oligopolmodell, Zeitschrift für Wirtschafts- und Sozialwissenschaften, 117. Jg., 1997, S. 333–364, hier S. 349.

den ist. Patentschutz kann sogar eine geringere Bedeutung haben als Alternativen zur faktischen Sicherung der Aneignung von Informationsgewinnen, wie etwa Geheimhaltung, zeitliche Vorsprünge, Lernkurvenvorteile in der Produktion usw.

Eine Patentierung scheidet aus für

1. Entdeckungen sowie wissenschaftliche Theorien und mathematische Methoden,
2. ästhetische Formschöpfungen,
3. Pläne, Regeln und Verfahren für gedankliche Tätigkeiten, für Spiele oder für geschäftliche Tätigkeiten,
4. die Wiedergabe von Information[194]
5. die Erfindungen nach § 2 und § 5 (2) des Patentgesetzes nicht erfüllen sowie
6. die Erfindungen, die die Kriterien Neuheit, Folge erfinderischer Tätigkeit und gewerbliche Anwendbarkeit[195] nicht erfüllen.

Häufig wird die Auffassung vertreten, dass Computerprogramme nach § 1 Abs. 3 PatG grundsätzlich vom Patentschutz ausgeschlossen sind. Abweichend dazu kann jedoch festgestellt werden, dass nach dem Gesetz lediglich Software als solche ausgeschlossen ist (ein Programm als solches ist nicht technisch zu beurteilen). Legt man jedoch eine andere Definition des BGH zu Grunde, dann kann eine Erfindung technisch sein, wenn durch sie in der physischen, also „realen" Welt, irgendeiner Form Einfluss genommen wird, also wenn beispielsweise ein Roboter (Verbindung Software mit Hardware) gesteuert wird[196].

Das letzte Kriterium für die Patentierung hat besondere Bedeutung: der Gegenstand der Erfindung muss „auf irgendeinem gewerblichen Gebiet einschließlich der Landwirtschaft hergestellt oder benutzt werden (können)"[197].

Folgt man den Definitionen (vgl. oben, Abschnitt 2.4), so wird damit Wissen aus der Grundlagenforschung, möglicherweise aber auch aus Teilen der angewandten Forschung, rechtlich nicht wirksam schutzfähig; ein möglicher Schutz aus Urheberrecht für eine dieses Wissen enthaltende Veröffentlichung schließt jedoch gerade die Verwendung des Mitgeteilten bei Dritten nicht aus (anders etwa als im Falle eines Patentes).

Soweit eine zeitweise Ausschließbarkeit der Wissensnutzung nicht zu erreichen ist, das gilt besonders für die Grundlagenforschung, kann kein privatwirtschaftliches Interesse am Faktoreinsatz zur Erzielung dieses Wissens begründet werden. Die wirtschaftlichen Ergebnisse dieser Art von Forschung sind schlecht zu internalisieren.

Trotz dieser Überlegungen führen einige Unternehmen auch Grundlagenforschung durch. Es ist deshalb interessant zu fragen, ob und **inwieweit Produktivitätsfortschritte oder Wachstum in einzelnen Unternehmen durch eigene**

---

194 Patentgesetz, a. a. O., § 1 (2). Unbeschadet ist der Erwerb anderer Schutzrechte, z. B. von Gebrauchsmusterschutz im Falle 2. oder Urheberschutz in Fällen von 3
195 Patentgesetz, a. a. O., § 1 (1).
196 BGH GRUR 1969, 672; Auf weitere Einzelheiten kann hier nicht eingegangen werden.
197 Patentgesetz, a. a. O., § 5.

Grundlagenforschung beeinflusst werden. Hierzu liegen einige Untersuchungen vor, besonders aus amerikanischen Unternehmen.

Mansfield hat das Produktivitätswachstum von Unternehmen unter anderem aus dem Umsatzanteil von Grundlagenforschung sowie sonstiger Forschungs- und Entwicklungsaufwendungen zu erklären versucht[198] Die Ergebnisse weisen auf einen bedeutenden positiven Effekt der Grundlagenforschung hin. Link[199] hat ähnliche Ergebnisse nach derselben Methode für andere Unternehmen gewonnen. Allerdings sind diese Ergebnisse aus mehreren Gründen als unzuverlässig anzusehen. Erstens ist nicht zu erwarten, dass Grundlagenforschung und sonstige Forschungs- und Entwicklungsarbeiten ohne Zeitverzögerung ergebniswirksam werden, wie in den Untersuchungen unterstellt ist. Zweitens ist nicht zu erwarten, dass die Zeitverzögerung der Wirkung beider Arten von Forschung gleich ist. Drittens ist fraglich, ob gewisse Annahmen der der Schätzung unterliegenden Produktionsfunktion akzeptabel sind, z. B. die Annahme, dass Arbeits- und Kapitaleinsatz linearhomogen die Wertschöpfung erklären, so dass die zusätzliche Berücksichtigung der Forschung und Entwicklung letztlich in jedem Falle „economies of scale" signalisiert. Die beiden ersten Probleme werden dadurch abgeschwächt, dass man über lange Zeit hin ähnlich zusammengesetzte Forschungs- und Entwicklungsbudgets betrachtet.

Mit den Einwänden schwächt sich die Ergebnisinterpretation ab, denn „the results suggest that much of the apparent effect of basic research may really be due to long-term R&D"[200]. Griliches geht grundsätzlich vor wie Mansfield, behandelt allerdings die Variable „Forschung und Entwicklung" als eine Bestandsgröße, die sich aus allen früheren Aufwendungen additiv zusammensetzt, wobei diese Aufwendungen mit einer fest vorgegebenen Rate degressiv „abgeschrieben" werden, um die Entwertung des Wissens im Zeitablauf zu erfassen. Es wird nicht darüber berichtet, ob nach einem „richtigen" Abschreibungssatz empirisch gesucht wurde. Insofern gelten auch hier die beiden ersten Kritikpunkte zu Mansfields Arbeit gegenüber dem gleichlautenden Ergebnis: Grundlagenforschung trägt stärker als die sonstige Forschung und Entwicklung zum Produktivitätswachstum bei[201].

Dass Verzicht auf grundlegende Forschung (wenn vielleicht auch nicht Grundlagenforschung im eigentlichen Sinne) schnell zum Verlust von Führungspositionen führen kann, ist in „Business Week" vom 30.3.1987 zu lesen. Dort heißt es von dem „Kontaktlinsen-Pionier" Bausch & Lomb: „Instead of concentrating on developing new products the research and development lab ... was spending most of its time improving old ones. And when the hot-selling extended-wear contact lens swept into the market in 1981, B&L was

---

198 Vgl. Mansfield, E., Basic Research and Productivity Increase in Manufacturing, American Economic Review, Vol. 70, 1980, S. 863–873.

199 Vgl. Link, A. N., Basic Research and Productivity Increase in Manufacturing: Additional Evidence, American Economic Review, Vol. 71, 1981, S. 1111–1112.

200 Mansfield, E., Basic Research and Productivity Increase in Manufacturing, a. a. O., S. 866.

201 Vgl. Griliches, Z., Productivity, R&D, and Basic Research at the Firm Level in the 1970's, American Economic Review, Vol. 76, 1986, S. 141–154.

nowhere to be seen. That nearmiss shook up management. So the company revamped its R&D operation ...

Charting a new course for R&D required sweeping changes. The company has... up its R&D spending an average of 15 % each year for the past five years ... More import-ant, Daniel E. Gill, who stepped in as chairman in 1982, realized too little money was earmarked for long-term projects that could boost the bottom line. To get things moving again, the company dropped half of its more than 30 research projects and bet about 75 % ofits budget in just eight. And it brought manufacturing and marketing people into the R&D process at the earliest stages...". Dieser Bericht illustriert das Problem und seine Lösung sehr deutlich.

Es gibt also Hinweise auf die Möglichkeit, Ergebnisse der Grundlagenforschung erfolgreich zu internalisieren. Weiterhin ist neben den bisher ausschließlich betrach-teten Wirkungen auf der Verwendungsseite des Wissens auch eine förderliche Wir-kung der Grundlagenforschung auf der Entstehungsseite denkbar: diese Art von For-schung könnte besonders kreatives Personal anziehen und sie könnte die Verständ-nisgrundlage für die schnelle Nutzung relevanter Teile der öffentlich betriebenen For-schung oder derjenigen von Wettbewerben bilden.

Im Memorandum „Pure Science Work" vom 18.12.1926 macht der Direktor der Chemieabteilung von DuPont, Stine, sein Executive Committee auf die Notwendigkeit stärkerer Unterstützung der Grundlagenforschung im Unternehmen aufmerksam. Vier Gründe stellt er dafür besonders heraus.

„First was the scientific prestige or advertising value to be gained through the presentation and publishing of papers. Second, interesting scientific research would improve morale and make the recruiting of PhD chemists easier. Third, the results of DuPont's pure science work could be used to harter for information about research in other institutions. Fourth, pure science work might give rise to practical applications. Although Stine personally believed that these would inevitably result, he felt that this proposal was totally justified by the first three reasons"[202].

Späterhin war es tatsächlich der Wunsch der Unternehmensleitung, noch einmal „new nylons" zu entdecken, so wie Nylon durch Grundlagenforschung entdeckt wor-den war[203], was ein starkes Engagement in der Grundlagenforschung begründete.

In systematischer Betrachtung ist zu erkennen, dass durch Grundlagenforschung vier Potentiale aufgebaut werden, die ein Unternehmen auch ohne besondere rechtli-che Schutzmaßnahmen nutzen kann:
- Wahrnehmungspotential, mit dessen Hilfe wettbewerbsrelevante externe Wis-sensbestände entdeckt werden.
- Externes Transferpotential, das die Integration des externen Wissens in die Tätig-keit des Unternehmens ermöglicht.

---

202 Hounshell, D. A., Smith, J. K. jr., Science and Corporate Strategy, a. a. O., S. 223.
203 Ebenda, S. 383.

-   Kreatives Potential, das die eigene Entdeckung neuen Wissens oder die wissen-
    schaftliche Erklärung bereits bekannter Techniken erlaubt und so die Grundlagen
    für Wettbewerbsvorsprünge legt.
-   Internes Transferpotential, das die Übertragung von neuem Wissen an im Wert-
    schöpfungsprozess folgende Nutzer ermöglicht, z. B. in Entwicklungsbereichen.

Mit der Grundlagenforschung sind wegen ihrer Ferne von Markterfolgen spezifische
Planungsprobleme verbunden. Mit einer erweiterten Beschreibung ihrer Funktionen
und Potentiale stellt sich die bisher nicht überzeugend gelöste Frage nach dem optimalen Niveau privater Grundlagenforschung neu, weil hier andere als bisher betrachtete Formen privater Nutzung dieser Forschung erkennbar werden[204].

4.2 Risikobereitschaft als Voraussetzung für die Möglichkeit unternehmerischer Forschung und Entwicklung

Wir haben Forschung und Entwicklung als grundsätzlich mit ungewissem Ausgang
versehene Aktivitäten gekennzeichnet. Ihre Verfolgung erfordert deshalb die Bereitschaft zur Risikoübernahme.

Setzt man dies voraus, so erfolgt die individuelle Beurteilung des Nutzens ungewisser Ereignisse durch die gewöhnlich unbewusste Anwendung einer Risikonutzenfunktion. Durch sie wird das Sicherheitsäquivalent eines ungewissen Ereigniswertes
bestimmt. Je nachdem, welchen Verlauf die Risikonutzenfunktion hat, spricht man
von risikofreudigem, risikoscheuem oder risikoneutralem Verhalten. Bei risikoneutralem Verhalten ist der mathematische Erwartungswert eines unsicheren Ereignisses
gleich dem Sicherheitsäquivalent. Er ist für Planungs- und Bewertungsüberlegungen
ausreichend. Bei Risikoscheu liegt das Sicherheitsäquivalent niedriger, bei Risikofreu-
de höher als der mathematische Erwartungswert. Für Planungs- und Bewertungsüberlegungen muss daher der Erwartungswert durch Risikomaße, wie z. B. die Streuung
der Ergebnisse, ergänzt werden.

Für am jeweiligen Vermögen gemessen relativ bedeutende, privatwirtschaftliche
Entscheidungen mit positiven Gewinnerwartungen wird normalerweise ein risiko-
scheues Entscheidungsverhalten beobachtet. Daraus wird – im Vergleich zu Entscheidungen bei Risikoneutralität – eine Tendenz zur volkswirtschaftlich unteroptimalen
Investition in Forschung und Entwicklung begründet[205]. Das muss sich um so stärker auswirken, je weniger ein privatwirtschaftlicher Risikoausgleich mit Ergebnissen
überdurchschnittlich gut gelungener Projekte möglich ist. Das tritt ein, wenn relativ

---

204 Vgl. Brockhoff, K., Industrial Research for Future Competitiveness, Heidelberg, New York 1997.
205 Vgl. Arrow, K., Economic Welfare and Allocation of Resources for Invention, a. a. O.

Abb. 4.3: Ein vereinfachtes Modell der Unternehmensentwicklung bei situationsabhängigen Risikoeinstellungen

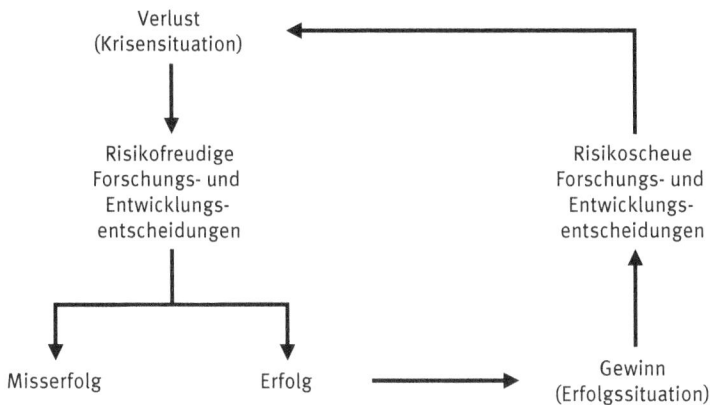

zum Forschungs- und Entwicklungsbudget wenige große Projekte oder überdurchschnittlich risikoreiche Projekte verfolgt werden.

Allerdings spricht einiges dafür, dass das Risikoverhalten nicht als psychische Konstante angesehen werden darf. So deuten Experimente und Bilanzanalysen[206] ebenso wie das „Risiko/Erfolgs-Paradoxon"[207] darauf hin, dass in Krisensituationen mit Verlusten eher risikofreudig entschieden wird, dagegen in Gewinnsituationen eher risikoscheu. Daraus könnte sich dann sehr vereinfacht ein Entwicklungsmodell für Unternehmen ergeben, wie es Abb. 4.3 zeigt[208]. Erkennt man einen solchen Teufelskreis, wären Maßnahmen zu seiner bewussten Überwindung zu ergreifen. Hier wird einer der „Stimmungsfaktoren" erkennbar, die den Erfolg unternehmerischer Innovationspolitik stark beeinflussen[209].

Bisher ergibt sich, dass **ausreichende Bereitschaft zur 'Übernahme von Risiken und eine wenigstens temporäre Monopolisierung bei der Nutzung des erwarteten neuen Wissens wesentliche Voraussetzungen für die Ermöglichung privater Forschung und Entwicklung sind**.

---

206 Perlitz, M., Löbler, H., Brauchen Unternehmen zum Innovieren Krisen? Zeitschrift für Betriebswirtschaft, 55. Jg., 1985, S. 424–450. Vgl. die wirtschaftsgeschichtlichen Betrachtungen zum Beleg dieser These bei: Kleinknecht, A., Innovation Patterns in Crisis and Prosperity: Schumpeter's Long Cycle Reconsidered, London 1987.

207 Bowman, E., A Risk/Return Paradox for Strategie Management, Sloan Management Review, Vol. 21, Spring 1980, S. 17–31. Inzwischen liegt hierzu eine umfangreiche, auch experimentellgewonnene Erfahrung vor. Zusammenfassend vgl. MacCrimmon, K. R., Wehrwig, D. A, Taking Risks. The Management of Uncertainty, New York, London 1986, bes. S. 111 ff.

208 In Anlehnung an Perlitz, M., Löbler, H., Brauchen Unternehmen zum Innovieren Krisen?, a. a. O., S. 444.

209 Arthur D. Little, Innovationsstrategie, Wirtschaftswoche, 29.8.1986, S. 50–53.

4.3 Forschungs- und Entwicklungsmöglichkeiten und kritische Größen

Es wird behauptet, Forschung und Entwicklung seien unmöglich, solange dafür nicht eine kritische Mindestmenge von Personal und eine entsprechende Sachmittelausstattung bereitgestellt werden könne[210]. Dies schließe Klein- und Mittelbetriebe notwendig von diesen Aktivitäten aus. Im Kern entsteht diese Meinung aufgrund zweier Annahmen. Erstens wird unterstellt, dass es Unteilbarkeiten im Faktoreinsatz gäbe. Zweitens wird angenommen, in kleinen Einheiten seien dieselben Aufgaben zu lösen wie in großen, es gäbe also Unteilbarkeiten der Aufgabenstellungen. Beide Argumente sind nicht überzeugend. Zum ersten ist zweierlei zu sagen. Zum einen hat die andauernde Diskussion über den Ursprung neuen Wissens Scherer zu der Feststellung veranlaßt: „Creative thinking is a scarce resource, but it comes in fairly inexpensive man-sized lumps which can be attracted as easily by small companies as by large"[211]. Zum anderen haben wir festgestellt, dass es Möglichkeiten zur Durchführung von Forschungs- und Entwicklungsarbeiten gibt, die keinen unflexiblen, eigenen Kapazitätsaufbau erfordern (vgl. Abb. 2.9), wobei zusätzlich auf die Miete oder das Leasing von Ausrüstungen und Gebäuden als Flexibilisierungsinstrumente zu verweisen ist.

Zum zweiten Argument ist kaum eine Auseinandersetzung nötig. Es ist offensichtlich, dass es in keiner Branche „die" Normaufgabe gibt, deren Lösung allein unternehmerische Tätigkeit lohnen würde. Hinzu tritt, dass im Nachhinein als bedeutend angesehene, „große" Techniken bei kumulativer technologischer Entwicklung durch eine Vielzahl kleiner Schritte erreicht wurden, worauf z. B. schon der Flugpionier Otto von Lilienthal hinsichtlich des „Menschenfluges" hinwies[212].

Schließlich lassen die Untersuchungen zur Wirksamkeit der geförderten F&E-Projekte des „Zentralen Innovationsprogramms Mittelstand" (ZIM) – ein Förderprogramm des Bundesministeriums für Wirtschaft und Energie – erkennen, dass schon in kleinen Unternehmen ein sehr hoher Bedarf an Fördergeldern besteht, was auf die rege Aktivität im Bereich der Forschung und Entwicklung hindeutet. Die Durchschnittsbetrachtung zeigt eine besonders hohe Aktivität in IT-bezogenen Branchen[213].

Die **Möglichkeit zur Durchführung von Forschungs- und Entwicklungsarbeiten sollte also nicht pauschal mit dem Argument unzureichender Unternehmensgröße abgewiesen werden.** Es gilt vielmehr: Die „F&E-Industrie ist durch eine

---

210 Z. B. bei: Mansfield, E., Teece, D., Romeo, A., Overseas Research and Development by US-Based Firms, Economica, Vol. 46, 1979, S. 187–196, hier S. 190 f.
211 Scherer, F. M., Industrial Market Structure and Economic Performance, Chicago, Ill.1971, S. 356.
212 v. Lilienthal, O., Practical Experiments for the Development of Human Flight, Aeronautical Annual, 1896, S. 7–20. Vgl. aber auch: Kaufer, E., Patente, Wettbewerb und technischer Fortschritt, Bad Homburg v.d.H. 1970, S. 7; ders., Technischer Wandel in der Marktwirtschaft, a. a. O., S. 7.
213 Vgl. Depner, H., Baharian, A., Vollborth, T., Wirksamkeit der Geförderten F&E-Projekte des Zentralen Innovationsprogramms Mittelstand (ZIM), Expertise | 2017, 2017, S. 17–21

Arbeitsteilung zwischen großen und kleinen Firmen gekennzeichnet, die sich aus den komparativen Vorteilen großer und kleiner Organisationen ergibt"[214]. Obwohl diese Aussage aus dem Jahr 1979 stammt kann man diese ohne Weiteres in die aktuelle Zeit übertragen. Denn spätestens durch die gezielte Öffnung von Innovationsprozessen durch Open Innovation ist eine Zusammenarbeit zwischen großen und kleinen Unternehmen noch einfacher möglich. Denn hier bezieht sich die Zusammenarbeit oftmals auf Projektbasis, was die organisatorische Einbindung insbesondere bei kleinen und mittelständischen Unternehmen enorm vereinfacht. Zudem besteht oftmals bereits eine Kunden-Lieferanten-Beziehung[215].

Weiter ist zu bedenken, dass die Möglichkeit zur Konstituierung von Ausschließbarkeit der Nutzung neuen Wissens es keineswegs erforderlich macht, dass ein Unternehmen den gesamten Innovationsprozess im weiteren Sinne bestreitet: „Selbst wenn die Vervollkommnung dieser Innovation später sehr investitionsintensiv ist, so trifft das gerade für das Gewinnen der ursprünglichen Idee, Erfindung oder sogar Innovation nicht zu"[216], zumindest nicht immer. Zudem wirkt dies zugunsten eines Wegfallens vermuteter Forschungsschwellen, und auch hier kann wieder auf die Möglichkeiten durch Open Innovation verwiesen werden[217].

Auch sogenannte **„strategische Allianzen"** werden gebildet, bei denen Unternehmen ihre jeweiligen Schwächen auf unterschiedlichen Gebieten durch Kooperation gemeinsam auszugleichen versuchen. Auf diese Weise können sich Netzwerke von Kooperationen ergeben, die eine Branche mehr oder weniger vollständig überziehen[218].

Statt nach einer Minimalgröße von Forschungs- und Entwicklungsbereichen zu fragen, kann nach einer Maximalgröße gefragt werden. Diese Frage stellt sich immer dann, wenn „diseconomies of scale" vermutet werden. Mit wachsender Größe der Forschungs- und Entwicklungsbereiche können überproportional ansteigende Kommunikations- und Planungskosten auftreten. Außerdem ist auf die Gefahr von Kreativi-

---

214 Kaufer, E., Bedeutung von Konzentrationsprozessen für Entscheidungen in kleinen und mittleren Unternehmen, in: Oppenländer, K. H., Hrsg., Unternehmerischer Handlungsspielraum in der aktuellen wirtschafts- und gesellschaftspolitischen Situation, Berlin, München 1979, S. 195–221, hier S. 200.
215 Vgl. Brem, A., Tidd, J. (Eds.). Perspectives on supplier innovation: Theories, concepts and empirical insights on open innovation and the integration of suppliers, Singapur 2012.
216 Ebenda.
217 Vgl. hierzu weiterführend z. B. Bischoff, S., Aleksandrova, G., Flachskampf, P. (2011). Open Innovation-Strategie der offenen Unternehmensgrenzen für KMU. In Automation, Communication and Cybernetics in Science and Engineering 2009/2010). Springer, Berlin, Heidelberg, S. 481–494.
218 Einen ersten Überblick über diese Fragen vermitteln: Backhaus, K., Piltz, K., Hrsg., Strategische Allianzen, Sonderheft 27 der Zeitschrift für betriebswirtschaftliche Forschung, 1990; Groupe d'Etudes des Strategies Technologiques, Hrsg., Grappes Technologiques. Les nouvelles strategies d'entreprise, a. a. O.; Gemünden, H. G., Heydebreck, P., The influence of business strategies on technological network activities, Research Policy, Vol. 24, 1995, S. 831–849.

tätseinbußen in Großforschungseinrichtungen hingewiesen worden[219]. Ergebnisse einer empirischen Untersuchung stützen die These sinkender Skalenerträge von Forschungs- und Entwicklungs-Aufwendungen[220].

Natürlich gibt es auch die Möglichkeit, dass sich Unternehmen branchenübergreifend zusammenschließen. In Zeiten sozialer Medien und Vernetzung über Plattformen wie Xing oder LinkedIn ergeben sich hierzu vielerlei neuer Möglichkeiten.

Argumente gegen allzu kleine und allzu große Forschungs- und Entwicklungslabore lassen sich zur These optimaler Laborgrößen zusammenfassen. Als Optimierungskriterium gilt der Erfolg. Akzeptiert man subjektive Erfolgsbeurteilungen durch das Management, so können tatsächlich optimale Laborgrößen nachgewiesen werden[221].

4.4 Erforderlichkeit von Forschung und Entwicklung

Es mag sein, dass Forschung und Entwicklung zwar für möglich, aber nicht für erforderlich gehalten wird. Ein Hinweis darauf ist, dass z. B. Handelsdienstleistungen auch ohne Forschung und Entwicklung im hier definierten Sinne so weiterentwickelt werden können, dass damit die Unternehmensziele zu erfüllen sind. Die Innovationen dieser Märkte haben andere Ursprünge, oder die dort nötige Forschung hat einen anderen als den hier betrachteten Charakter. Nicht erforderlich erscheint Forschung und Entwicklung über bestimmte Zeithorizonte hin dann, wenn die technische Gründungsidee oder Forschung und Entwicklung der Vergangenheit keiner auffrischenden Impulse bedürfen, um die Unternehmensziele zu erreichen, wenn Wirtschaftlichkeitsüberlegungen die externe Wissensbeschaffung günstiger erscheinen lassen oder die bessere Zurechenbarkeit von Innovationserträgen dazu geführt hat, dass diese Aktivitäten von Zulieferern oder Abnehmern ausgeübt werden. Es muss sorgfältig analysiert werden, ob solche Gründe stichhaltig und zeitlich stabil sind.

Die Einbettung von Forschung und Entwicklung in den Innovationsprozess im weiteren Sinne (vgl. Abschnitt 2.2) hat erkennen lassen, dass mit dieser Aktivität neues

---

219 Vgl. Wiener, N., Invention, a. a. O., S. 77 ff., 89 ff.

220 Vgl. Graves, S. B., Langowitz, N. S., Innovative Productivity and Returns to Scale in the Pharmaceutical Industry, Strategie Management Journal, Vol. 14, 1993, S. 593–605. Witt, P., Corporate Governance-Systeme im Wettbewerb, neue betriebswirtschaftliche forschung (nbf), Vol. 309, 2013, S. 204. Rabah, A., R&D Returns, Market Structure, and Research Joint Ventures, Journal of Institutional and Theoretical Economics (JITE) / Zeitschrift für die gesamte Staatswissenschaft, Vol. 156, 2000, S. 584–586.

221 Vgl. Kuemmerle, W., Optimal Scale for Research and Development in Foreign Environments. An Investigation into Sire and Performance of Research and Development Laboratories Abroad, Research Policy, Vol. 27, 1998, S. 111–126.

Abb. 4.4: Darstellung der strategischen Lücke

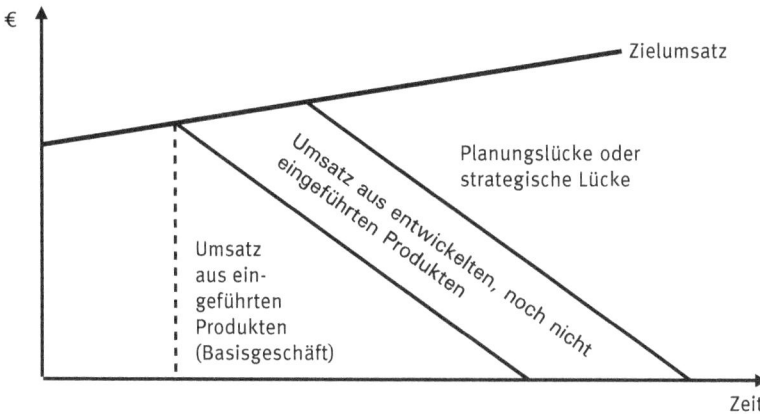

Wissen erzeugt werden soll, das entweder in Innovationen materialisiert Umsätze und Gewinne generieren oder unmittelbar verkauft werden soll. Es wird unterstellt, dass damit Beiträge zur unternehmerischen Zielerfüllung geleistet werden.

Wird nun über die Zeit eine bestimmte Umsatz-, Gewinn- oder Renditezielvorstellung festgelegt, so wird ihr normalerweise aus dem vorhandenen Angebotsprogramm und den absehbaren Neueinführungen kaum entsprochen werden können (vgl. Abb. 4.4). Es klafft eine **strategische Lücke** zwischen der Zielvorstellung und dem Basisgeschäft auf[222]. Forschung und Entwicklung ist dann erforderlich, um die strategische Lücke zu schließen. Und das gilt unabhängig von der Größe des Unternehmens.

Das **Basisgeschäft** kann auf Dauer die Zielerreichung nicht garantieren, weil zu erwarten ist, dass die in ihm enthaltenen Produkte durch Bedürfniswandel, den Wunsch nach Abwechslung, das Auftreten von Substituten oder den Wegfall komplementärer Güter (z. B. im Fall von Kameradesign und Film) ihre Fähigkeit zur Generierung von Zielbeiträgen verlieren. Nimmt man an, dass der produktindividuelle Zielbeitrag einen der typischen Produktlebenszyklus-Verläufe aufweist (vgl. Abb. 4.5), so muss unter gleichbleibenden Bedingungen schon eine regelmäßige Erneuerung des Angebotsprogramms erfolgen, um nur eine Stagnation der Zielvariablen zu ermöglichen (vgl. Abb. 4.6). Wie viel größere Anstrengungen sind nötig, um darüber hinaus ein Wachstum zu sichern!

---

222 Zum Umsatzziel vgl. Kreikebaum, H., Die Potentialanalyse und ihre Bedeutung für die Unternehmensplanung, Zeitschrift für Betriebswirtschaft, 41. Jg., 1971, S. 272.

Abb. 4.5: Produktlebenszyklen

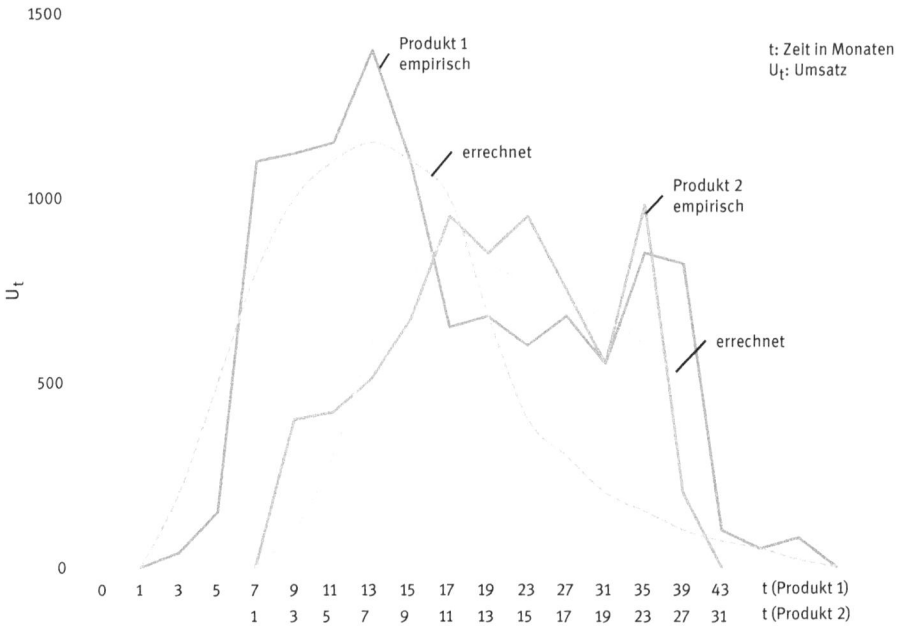

Abb. 4.6: Basisgeschäft bei regelmäßigen Produktneueinführungen unter sonst gleichen Bedingungen

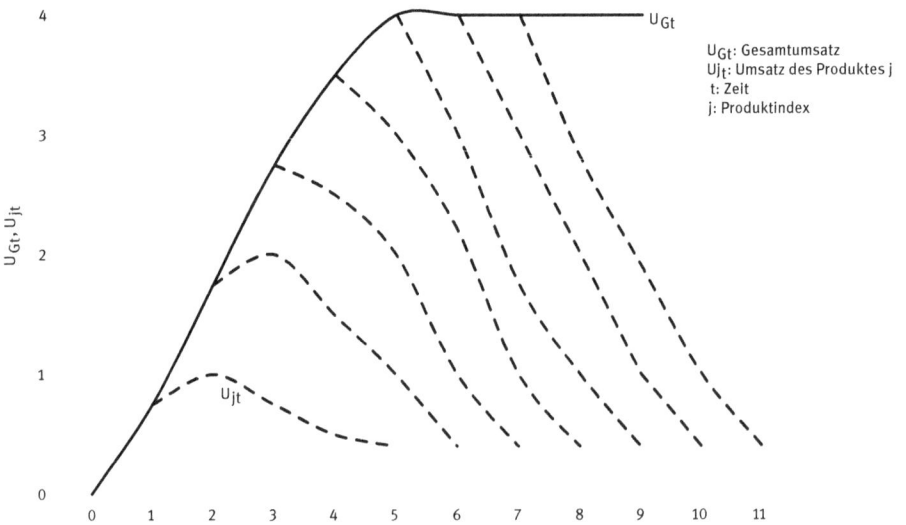

4.5 Forschung und Entwicklung aufgrund öffentlicher Förderung

Zur Grundsatzplanung sind Überlegungen zu rechnen, ob überhaupt Mittel für Forschung und Entwicklung verfügbar gemacht werden können. Dabei ist zu bedenken, dass u. U. staatliche oder supranationale Förderungsmöglichkeiten bestehen, z. B. EU-Ebene. Dann ist zu prüfen, ob diese genutzt werden sollten. Den mit diesen Komplexen verbundenen Fragen gehen wir hier nach.

4.5.1 Arten finanzieller Forschungs- und Entwicklungsförderung

Die Beurteilung staatlicher Forschungs- und Entwicklungsförderung im privaten Sektor, insbesondere der gewerblichen Wirtschaft, hängt auch davon ab, wem sie in welcher Art gewährt wird. Eine effektive und zielgerichtete staatliche Forschungsförderung sollte die Heterogenität von Firmen, insbesondere derer die unter der Begrifflichkeit KMU zusammengefasst werden, in stärkerem Maße beachten und eine Separierung nach Förderziel (Forschung, Entwicklung oder kummulativ beides) und Förderempfänger (Kleinstunternehmen oder mittelgroße KMU) in Förderprogramme und -entscheidungen einfließen lassen[223].

In der Abb. 4.7 werden die Möglichkeiten staatlicher Forschungs- und Entwicklungsförderung systematisch geordnet. Auf eine weitere Untergliederung der – auch im Urteil der Unternehmen, besonders der kleinen und mittelgroßen – bedeutungsvollen mittelbaren Förderung soll hier nicht eingegangen werden[224] Bei der unmittelbaren Förderung kommen zwei Formen vor, die **direkte und die indirekte Förderung**.

Abb. 4.7: Systematik der Maßnahmen staatlicher Forschungsforderung privater Unternehmen

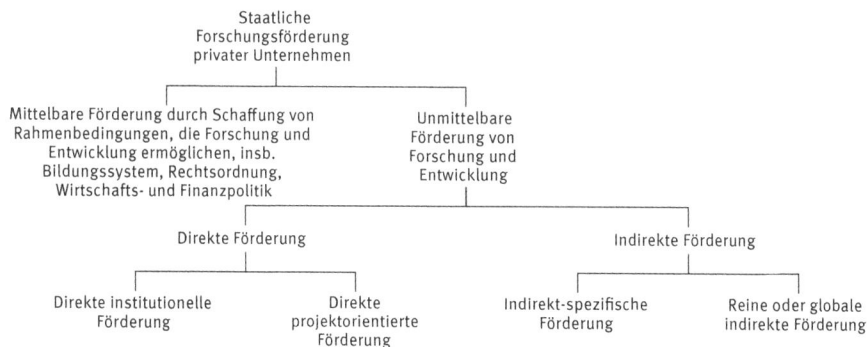

---

223 Brem, A. und Bican, P., Forschungsförderung von kleinen und mittleren Unternehmen: Begrifflichkeiten und sachgerechte Abgrenzung, Wirtschaftsdienst, 97(9), 2017, S. 615–620.
224 Vgl. Bundesminister für Forschung und Technologie, Bundesbericht Forschung 1984, Bundestags-Drucksache 10/1543, S. 27 f.

Die **direkte institutionelle Förderung** bezieht sich auf die Bereitstellung jährlicher Zuschüsse zu (1) den Ausgaben staatlicher Forschungseinrichtungen, (2) großer Forschungsfonds (z. B. der Deutschen Forschungsgemeinschaft) und (3) gemeinsam mit den Ländern finanzierter „Einrichtungen der [sog.] Blauen Liste"[225]. Diese Art von Förderung erreicht die Wirtschaft nicht unmittelbar, obwohl sie theoretisch auch in dieser Richtung ausgestaltet werden könnte. Sie wird deshalb hier nicht behandelt.

Die **direkte projektorientierte Förderung** „kommt dann in Frage, wenn das technisch-wissenschaftliche und wirtschaftliche Risiko hoch ist, der finanzielle Einsatz für die in Frage kommenden Unternehmen zu groß und auf absehbare Zeit der Markt die neuen technologischen Lösungen nicht von selbst erbringen wird. Daneben kommt dieses Förderinstrument in Bereichen staatlicher Daseins- und Zukunftsvorsorge (z. B. Sicherheits-, Umwelt- und Gesundheitsforschung) zur Anwendung"[226]. In erster Linie wird also hiermit eine Korrektur von Marktunvollkommenheiten oder Marktversagen angestrebt.

Auf die vermehrte Bereitstellung meritorischer Angebote richtet sich die **indirekte Förderung**, bei der in der reinen oder globalen Form eine „generelle … Förderung der industriellen F&E-Kapazität" im staatlichen Interesse angestrebt wird[227].

Auf der Nahtstelle zur direkten projektorientierten Förderung, jedenfalls nach dem Kriterium „Stärke des Staatseinflusses", steht die **indirekt-spezifische Förderung**. „Spezifisch ist diese Förderung, weil Vorhaben innerhalb eines bestimmten Technologiebereichs gefördert werden … Indirekt ist die Förderung aus Sicht der Unternehmen deshalb, weil der Staat keinen Einfluss auf die Inhalte der einzelnen Vorhaben nimmt"[228]. Zudem ist die Systematik von Gerjets zu betrachten, die Maßnahmen zur Kostensenkung und zur Faktorbereitstellung unterscheidet, wobei letzteres die Kapitalbeschaffung, die Zugangsinformation (Innovationsberatung und Transferberatung) und die Ergebnisinformation (Förderung von Vertrags- und Gemeinschaftsforschung) betrifft[229].

„Hingegen ist der Finanzierungsanteil des Staates an den F&E-Aufwendungen der Wirtschaft zwischen 1981 und 2015 drastisch und kontinuierlich gesunken – von 16,9 % auf zuletzt nur noch 3,3 %"[230].

---

225 Vgl. Gerjets, J., Forschungspolitik in der Bundesrepublik Deutschland, Köln 1982, S. 124 ff.

226 Bundesminister für Forschung und Technologie, Bundesbericht Forschung 1984, a.a.O., S. 124 ff.

227 Bundesminister für Forschung und Technologie, Faktenbericht 1986 zum Bundesbericht Forschung, a. a. O., S. 42; im Bundesbericht Forschung 1984, a. a. O., S. 28, wird außerdem ausdrücklich die Lösung von Innovationsproblemen erwähnt.

228 Bundesminister für Forschung und Technologie, Faktenbericht 1986 zum Bundesbericht Forschung, a. a. O., S. 43.

229 Gerjets, J., Forschungspolitik in der Bundesrepublik Deutschland, a. a. O., S. 130 ff.

230 Koppel, O., Wirtschaftliche Erfolgspotenziale als Förderkriterien, Wirtschaftsdienst, 97(9), 2017, S. 612.

Abb. 4.8: Bedingungen privater und staatlicher Forschung und Entwicklung unter dem Aspekt der Ausschließbarkeit

		Ausschließbarkeit ist	
		herstellbar	nicht herstellbar
Wirtschaftliche Gründe für Ausschließbarkeit sind	erkennbar	(1)	(2)
	nicht erkennbar	(3)	(4)

Aus volkswirtschaftlicher Sicht wird im Prinzip bemängelt, dass die Förderung mangels klarer Abgrenzung von Situationen mit Marktunvollkommenheit oder Marktversagen über die Subsidiarität hinausgehe und dabei die Mittel – wegen der beschränkten Marktkenntnisse des Staates – mit geringerer Produktivität eingesetzt würden[231] als bei privaten Dispositionen über dieselben Mittel. Aus betriebswirtschaftlicher Sicht werden aufwendige Antragsverfahren, die Erzeugung externer, die eigene Wettbewerbsposition schwächender Effekte durch Bekanntgabe der Forschungs- und Entwicklungsthematik, die Stärkung der Konzentration durch eine Bevorzugung großbetrieblicher Antragsteller und eine wettbewerbsverzerrende Anlockung vieler Antragsteller in vorgegebene Bereiche, bei gleichzeitiger Vernachlässigung anderer Bereiche, kritisiert[232]. Alle diese Einwände vermeidet die rein indirekte Förderung.

Im Hinblick auf das Ausschließbarkeitsprinzip können die in Abb. 4.8 dargestellten Situationen idealtypisch unterschieden werden. Im Feld 1 ist private Forschung und Entwicklung möglich, in den anderen Feldern ist sie in dieser Sichtweise nicht zu rechtfertigen. Staatliche Förderung der Grundlagenforschung tritt daher in Feld 2 ein. Problematisch ist, dass staatliche Forschungs- und Entwicklungsforderung auch in den Feldern 3 und 4 nicht auszuschließen ist. Insbesondere direkte Förderung im

---

231 Im Bundesbericht Forschung VI (Bonn 1979, S. 35 f.) werden Förderungsmißerfolge eingeräumt, aber zugleich auf den damit verbundenen Lerneffekt verwiesen. Außerdem wird argumentiert, dass Mißerfolge das notwendige Komplement von Risiken seien.

232 Hier kann nicht auf die umfangreichen Auseinandersetzungen zu diesen Fragen eingegangen werden. Als Einstiegslektüre mag dienen: Staudt, E., Technologiepolitischer Aktivismus: Die negative Eigendynamik der Förderprogramme, in: Staudt, E., Hrsg., Das Management von Innovationen, Frankfurt 1986, S. 195–209; Reuter, J. F., Zur forschungspolitischen Konzeption der Bundesregierung, Schmollers Jahrbuch für Wirtschafts- und Sozialwissenschaften, Bd. 88, 1968, S. 51–74; Peters, H.-R., Forschungsförderung in der Marktwirtschaft, HWWA-Wirtschaftsdienst, Vol. 52, 1972, S. 662–666; Kaufer, E., Technischer Wandel in der Marktwirtschaft, a. a. O., bes. S. 7 ff.; Gerjets, J., Forschungspolitik in der Bundesrepublik Deutschland, a. a. O., S. 159 ff.; Klodt, H., Wettlauf um die Zukunft. Technologiepolitik im internationalen Vergleich, a. a. O.

Feld 3 führt immer wieder zur Kritik[233], wobei freilich zu berücksichtigen ist, dass in der Realität die Abgrenzungen nicht so scharf zu ziehen sind wie in der Abb. 4.8 und der Fall der „Nicht-Erkennbarkeit" auf den oben geschilderten positiven externen Effekten beruhen kann.

In das System der Abb. 4.7 nicht eingeordnete Förderungsformen können gleichwohl dem Fall (3) der Abb. 4.8 zugeordnet werden. So werden nach einem US-amerikanischen Gesetz den Anbietern sogenannter Hightech-Waffen Preiszuschläge gewährt, die der unabhängigen Forschung und Entwicklung zugutekommen sollen. Damit soll dieses Potential erhalten werden[234]. Zu kritisieren ist, dass eine Kontrolle der Mittelverwendung nicht vorgesehen ist, das herkömmliche Forschungs- und Entwicklungsniveau als optimaler Standard gilt und neue Anbieter auf diese Weise ungefördert bleiben.

4.5.2 Ausnutzung von Förderungsmöglichkeiten

Je schärfer der Wettbewerb, um so weniger kann man erwarten, dass einzelne Unternehmen – auch gegen ihre wirtschaftspolitischen Bedenken – auf eine Ausnutzung der Förderungsmöglichkeiten verzichten. Das setzt zunächst einmal Kenntnisse dieser Möglichkeiten voraus.

Diese Kenntnisse kann man sich durch Berater (Steuerberater, Wirtschaftsprüfer, Technologietransferstellen bei Industrie und Handelskammern, Banken, um nur einige zu nennen) oder unmittelbar durch ein Studium der Programme verschaffen[235].

Erstaunlicherweise ist die Kenntnis von Förderungsmöglichkeiten nur bei wenigen Programmen als gut zu bezeichnen[236]. Man kann sogar feststellen, dass bei der Verbreitung dieser Kenntnis mehrstufige Kommunikationsprozesse ablaufen, deren modellmäßige Erfassung für eine Prognose der öffentlichen Mittelbereitstellung möglich ist, aber bisher weder ausgebaut ist, noch genutzt wird[237]. Auch in Zeiten des Internet und sozialer Medien besteht dieses grundsätzliche Problem weiterhin. Deshalb wird in der folgenden Abb. 4.9 ein solches Modell dargestellt.

---

233 Dies gilt entgegen im Westen verbreiteter Meinung auch für Japan. Vgl. Dieckmann, H. W., Aufmüpfige Japaner, Wirtschaftswoche, 24.7.1992, S. 54, 57. Spektakuläre Berichte über Mißerfolge der direkten Forschungsförderung sind auch in Deutschland veröffentlicht worden, wobei allerdings teilweise problematische ex post-Argumentationen herangezogen werden. Vgl. Heismann, G., Der Ruinen-Baumeister, Manager Magazin, 2/1990, S. 118–129.

234 O. V., US-Rüstungsindustrie: Forschung geht zurück, Handelsblatt, 8. Januar 1992.

235 John von Freyend, E., Eberstein, H.-H., BDI Handbuch der Forschungs- und Innovationsförderung. Textsammlung für Wirtschaft und Verwaltung, Loseblatt, Köln o. J.

236 Vgl. Brockhoff, K., The Measurement of Goal Attainment of Governmental R&D Support, a. a. O., S. 176, mit einigen Hinweisen.

237 Ebenda, S. 177 ff.

Abb. 4.9: Kommunikationsmodell zur Erklärung der Wahrnehmung einer Förderungsmaßnahme

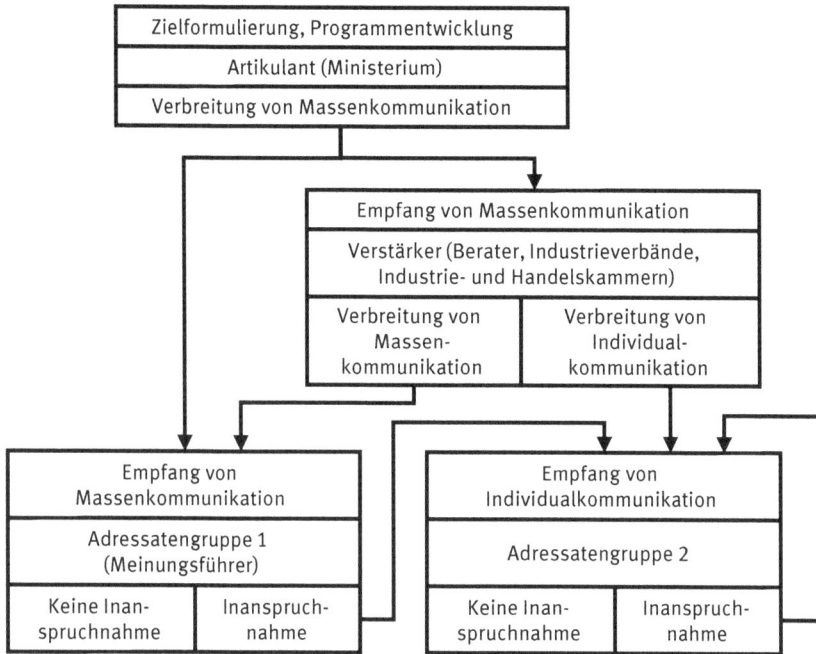

Bei diesem Modell verbreitet ein Artikulant, z. B. ein Ministerium, aufgrund eigener Zielformulierung und Programmentwicklung über Kanäle der Massenkommunikation Informationen über ein Förderungsprogramm. Die Pfeile zeigen diese Informationsflüsse, wobei jede Station die von diesen Pfeilen getroffen wird, eine bestimmte zeitliche Verzögerung vor einer eigenen Aktion bewirkt. So erreicht die Massenkommunikation einige Unternehmen direkt, nämlich vor allem solche, die bereits über regelmäßige Forschungs- und Entwicklungsaktivitäten verfügen[238]. Es ist die häufig auch als Meinungsführer wirkende Adresstengruppe 1. Dieselbe Gruppe wird auch von Massenkommunikation erreicht, die später über Verstärkerorganisationen an sie herankommt. Hier können Kammermitteilungen, Verbandszeitschriften u. ä. wirksam werden. Gleichzeitig führen solche Verstärkerorganisationen auch Gespräche mit einzelnen, von der Massenkommunikation nicht erreichten Unternehmen in der Adressatengruppe 2. Diese werden auch auf die Akzeptanz von Förderungen durch persönliche Gespräche mit Meinungsführern der Adressatengruppe 1 aufmerksam gemacht. In beiden Adressatengruppen wird die Inanspruchnahme der Förderung geprüft. Kommt es in der Adressatengruppe 2 dazu, so kann dies die Wahrnehmung bei bisher noch nicht erreichten Unternehmen dieser Gruppe auslösen.

---

238 Vgl. Ebenda, S. 177.

Abb. 4.10: Kriterien zur Entscheidung über die Inanspruchnahme einer Förderung

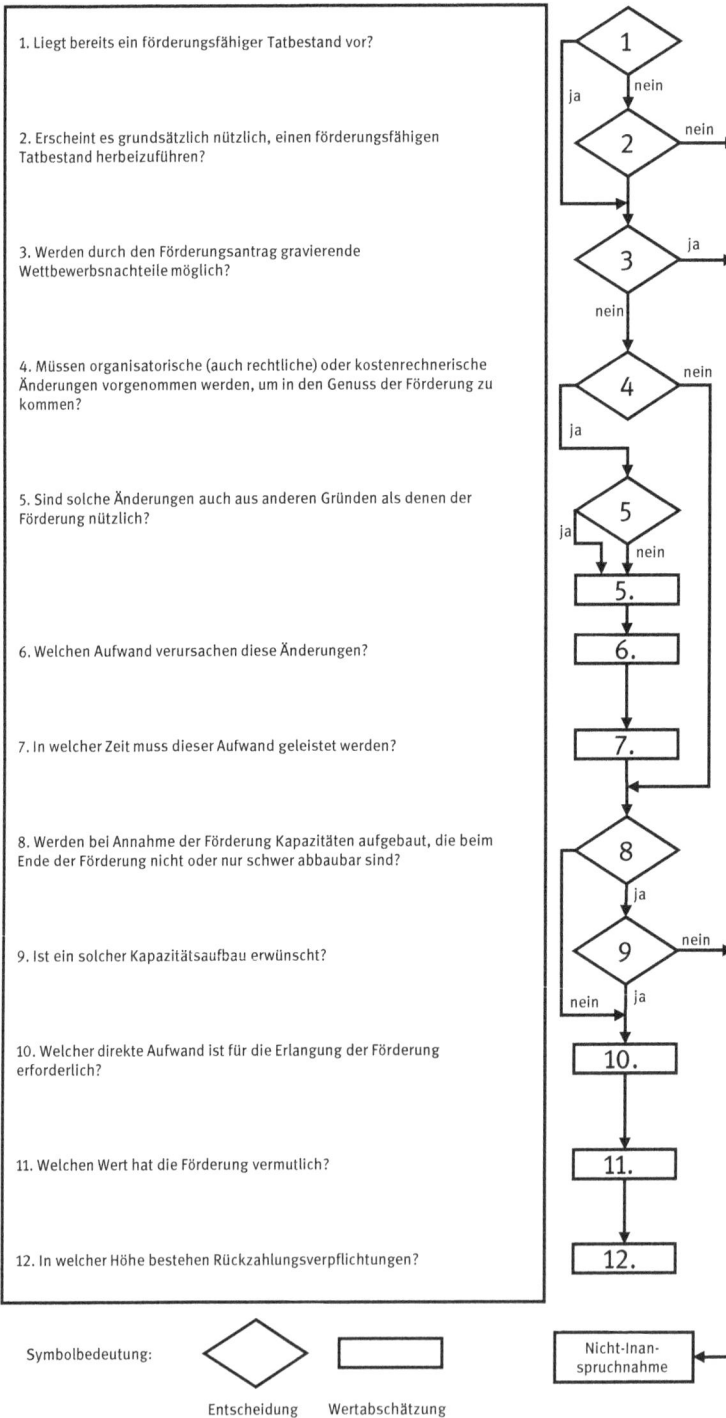

1. Liegt bereits ein förderungsfähiger Tatbestand vor?

2. Erscheint es grundsätzlich nützlich, einen förderungsfähigen Tatbestand herbeizuführen?

3. Werden durch den Förderungsantrag gravierende Wettbewerbsnachteile möglich?

4. Müssen organisatorische (auch rechtliche) oder kostenrechnerische Änderungen vorgenommen werden, um in den Genuss der Förderung zu kommen?

5. Sind solche Änderungen auch aus anderen Gründen als denen der Förderung nützlich?

6. Welchen Aufwand verursachen diese Änderungen?

7. In welcher Zeit muss dieser Aufwand geleistet werden?

8. Werden bei Annahme der Förderung Kapazitäten aufgebaut, die beim Ende der Förderung nicht oder nur schwer abbaubar sind?

9. Ist ein solcher Kapazitätsaufbau erwünscht?

10. Welcher direkte Aufwand ist für die Erlangung der Förderung erforderlich?

11. Welchen Wert hat die Förderung vermutlich?

12. In welcher Höhe bestehen Rückzahlungsverpflichtungen?

Symbolbedeutung: ◇ Entscheidung   ▭ Wertabschätzung

Nicht-Inan-spruchnahme

Dieses einfache Modell müsste über mehrere Programme hin zunächst einmal validiert werden, bevor es prognostisch eingesetzt werden kann[239]. Dabei könnte der Kommunikationsaufwand eine zusätzliche Variable darstellen.

Nimmt man an, dass ein Unternehmen ein Förderungsprogramm wahrgenommen hat, so ist es zweckmäßig, nach den Kriterien der Abb. 4.10 über die Inanspruchnahme zu entscheiden.

Zu den Einzelfragen sei erläutert: Frage 3 richtet sich insbesondere auf die Befürchtung, dass durch das Antragsverfahren oder die Bewilligung wettbewerbsrelevante Informationen verbreitet werden könnten. Dies wird in der Regel von der Antragstellung abhalten. Unternehmen müssen auch erkennen, dass mit der Annahme einer Förderung Auskunftspflichten im Rahmen der Begleitforschung zur Wirkungsanalyse begründet sein können[240]. Frage 4 ist relevant, weil sie Vorkehrungen zur Berechnung der Förderbeiträge betrifft. Dies ist oftmals mit hohen Dokumentations- und Berichtspflichten verbunden.

Frage 5 dient dazu, positive Effekte solcher Änderungen zu erfassen, die über das Programm hinaus wirksam sein könnten. Ähnliche Überlegungen betreffen das Zusammenspiel der Fragen 8 und 9, da je nach der Antwort auch die Art eines Bewertungskalküls einer Förderung bestimmt wird.

Mit den Fragen 5, 6, 7, 10, 11 und 12 werden Bewertungen gefordert. Sie können im Rahmen von Grundsatzüberlegungen noch grob sein, um zunächst festzustellen, ob die Förderung „finanziell merklich"[241] ist und damit detailliertere Überlegungen und Rechnungen lohnend erscheinen läßt oder nicht.

Damit wird erkennbar, dass die Entscheidung über die Inanspruchnahme einer Förderung nicht nur unmittelbar, operativ zu behandelnde Effekte auslöst. Sie kann vielmehr Voraussetzungen erfordern und Folgewirkungen auslösen, die von grundsätzlicher Bedeutung für das Unternehmen sein können. Diese sind deshalb auch zumindest bei der ersten Inanspruchnahme oder beim Wechsel von Vorschriften zu bedenken.

4.6 Standortwahl für Forschung und Entwicklung

Die Standortwahl gehört zu den typischen Grundsatzentscheidungen. Sie wird hier relevant, wenn die Notwendigkeit und die Möglichkeit von Forschung und Entwicklung festgestellt sind. Die Vielfalt der Möglichkeiten externer Forschung und Entwicklung könnten allerdings zunächst den Gedanken an ausschließlich externe Forschung

---

239 Einen ersten Ansatz findet man ebenda, S. 179 f.

240 So etwa beim Zusatzprogramm (zum Personalkostenzuschußprogramm) für den Bereich der Industrie- und Handelskammern zu Aachen, Berlin und Kiel für die Zeit vom 1. Mai 1980 bis 31. Dezember 1980, Bundesanzeiger, Beilage 42 vom 29.2.1980.

241 Ebenda, S. 108 ff.

und Entwicklung aufkommen lassen, so dass eine Standortentscheidung für interne Forschung und Entwicklung unnötig wäre (im Sinne einer klassischen „make-or-buy-decision"). Für die regelmäßige Gewinnung neuen Wissens ist dieser Gedanke aber zurückzuweisen. Interne Forschung und Entwicklung ist erforderlich:

– auf Gebieten, auf denen es keinen wirtschaftlich zugänglichen externen Weg zur Gewinnung neuen Wissens gibt,
– als komplementäre Leistung zur externen Wissensgewinnung, um für diese die „richtigen" Fragen zu stellen, ihre Ergebnisse verständig zu interpretieren und, gegebenenfalls nach Anpassungen, in eigenes Know-how sowie eigene Nutzung überführen zu können,
– als Grundlage für den Austausch von Wissen mit anderen Unternehmen, insbesondere bei kumulativen Technologien.

Eine Standortentscheidung ist nicht zu umgehen. In kleinen und mittelgroßen Unternehmen wird diese Entscheidung vermutlich meist intuitiv und implizit getroffen: Forschung und Entwicklung wird dort betrieben, wo auch produziert wird und von wo aus die Absatzaktivitäten gelenkt werden. So kommt es zu der Beobachtung, dass Forschung und Entwicklung als eine sogenannte „headquarters"-Funktion wahrgenommen wird.

Die Standortwahl ist dadurch weiter zu differenzieren, dass zwischen der Zentralisierung von Entscheidungen und von Aufgabenwahrnehmung unterschieden wird[242]. Im einfachsten Falle läßt sich dann die Darstellung von Abb. 4.11 ableiten, die schon eine beachtliche Differenzierung von Standortlösungen für Forschung und Entwicklung zeigt.

Abb. 4.11: Aspekte der Zentralisation von Forschung und Entwicklung

		Zentralisation der Entscheidungen	
		ja	nein
Zentralisation der Aufgaben- wahrnehmung	ja	Zentrale Forschung und Entwicklung	Projektorientierte zentrale Forschung und Entwicklung (profit centers)
	nein	System dezentraler Kompetenzzentren (centers of excellence)	Dezentrale Forschung und Entwicklung

Quelle: Eigene Darstellung

---

242 Vgl. Bleicher, K., Zentralisation und Dezentralisation von Aufgaben in der Organisation von Unternehmungen, Berlin 1966, S. 33 f.; Beuermann, G., Zentralisation und Dezentralisation, Handwörterbuch der Organisation, 3. A., Stuttgart 1992, Sp. 2611–2625, hier Sp. 2612–2616.

Insbesondere kurze Wege zwischen Forschungs- und Entwicklungsbereichen und den Nutzern ihrer Ergebnisse werden als Argument für eine Zentralisation dieser Funktionsbereiche angeführt, weil sie die Kommunikation erleichtern. Dass die Häufigkeit der Kommunikation mit der Entfernung der Kommunikationspartner variiert, ist in einer Untersuchung von Allen festgestellt worden[243]. Die Kommunikationshäufigkeit nimmt danach proportional zum Quadrat der Entfernung ab. Diese Ergebnisse sprechen für eine starke Nähe von Forschung und Entwicklung zu denjenigen Personen und Institutionen, mit denen Informationen ausgetauscht werden sollen.

So wie das Bio-Forschungslabor von Elf in der Nähe von Toulouse nach einem architektonischen Plan errichtet worden ist, der wechselseitige Anregungen durch vie-

Abb. 4.12: Grundriss des Bioforschungslabors der Elf in Labege

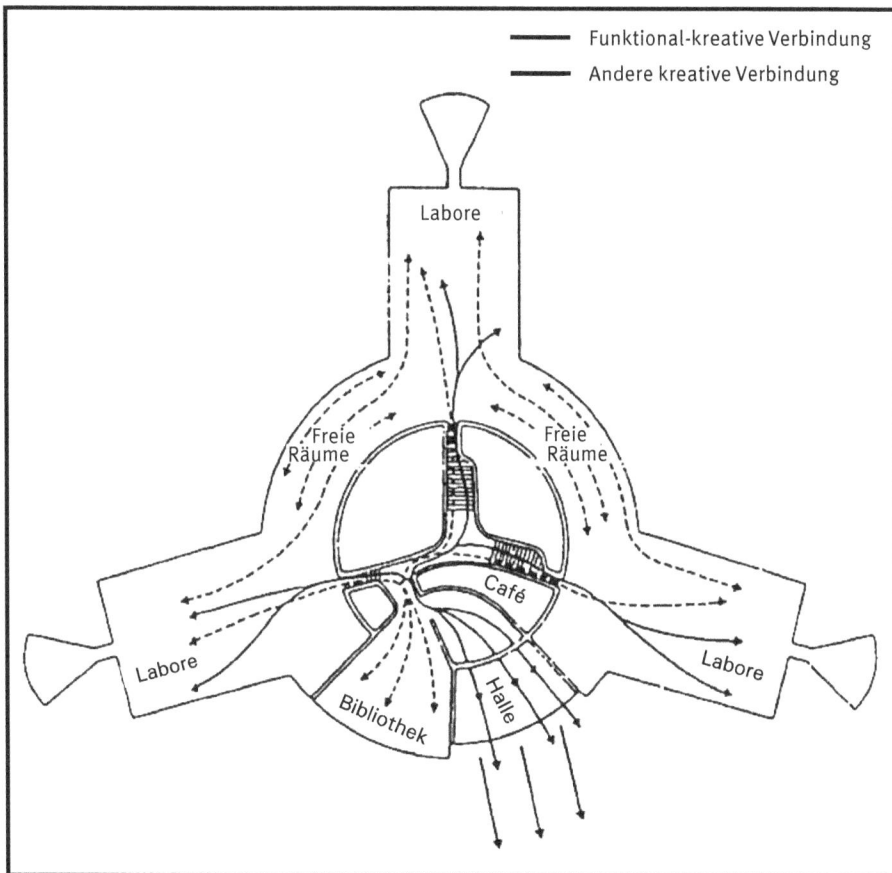

---

243 Allen, T. J., Fusfeld, A. R., Research laboratory architecture and the structuring of communications, R&D Management, Vol. 5, 1975, S. 153–164.

Abb. 4.13: Nationale Zentralisierung oder Dezentralisierung von Forschung und Entwicklung

Gründe für eine nationale	
Zentralisierung	Dezentralisierung
von Forschung und Entwicklung	
• Erleichterung der Kommunikation innerhalb von F&E • Übernahme von Aufgaben, die ein regional nicht wirtschaftlich darstellbares Mindestpotenzial von Faktoren erfordern • Erleichterung des Wissens- und Know-how-Schutzes • Erleichterung einheitlicher Leitung • Vermeidung von Koordinationskosten zwischen Laborstandorten	• Förderung der Kundennähe und umweltbezogener Problemlösungen • Nutzung technologischer Potentiale vor Ort • Nutzung wenig mobiler personeller und sachlicher Ressourcen • Entsprechung direkter und indirekter staatlicher Auflagen • Größennachteile (diseconomies of scale)

Quelle: Teilweise in Anlehnung an Mansfield, E., Teece, D., Romeo, A., Overseas Research and Development by US-Based Firms, a. a. O.

le formelle und informelle Begegnungen unterstützt (vgl. Abb. 4.12), wurde auch der 2017 neu eingeweihte Apple Park in Cupertino, Californien, entworfen.

Freilich sind mit Zentralisierung oder Dezentralisierung von Forschung und Entwicklung vielfältige Vor- und Nachteile verbunden. Einen ersten Überblick über diese vermittelt Abb. 4.13. Diese Vor- und Nachteile sind in verschiedenen Phasen der Unternehmensentwicklung unterschiedlich stark ausgeprägt. Das erklärt die Vielfalt der in der Realität angetroffenen Lösungen.

In den meisten Großunternehmen trifft man vielleicht deshalb eine Mischung zentraler Forschungs- und Entwicklungseinheiten (mit der Aufgabe, unternehmensübergreifende und grundsätzliche Probleme zu behandeln) und dezentraler Entwicklungsbereiche an (mit der Aufgabe, geschäftsbereichs- oder regionen-spezifische Probleme zu behandeln). Wenn das Unternehmen seine Aktivitäten auf mehrere Standorte verteilt, insbesondere wenn es mehrere Geschäftsbereiche auf unterschiedliche Orte verteilt oder wenn es multinational tätig wird, ergibt sich auch daraus ein Anlaß, die Frage nach dem Standort (oder den Standorten) für Forschung und Entwicklung zu stellen. Wenn es im Unternehmen zu einer Differenzierung der Funktion Forschung einerseits, Entwicklung andererseits, vielleicht auch zur Abspaltung von Versuchsanlagen (man denke etwa an Testgelände in der Automobil- oder Luftfahrtindustrie), Technikumsbetrieben oder anwendungstechnischen Laboren von der Entwicklung kommt, ist eine Standortwahl erforderlich, um Spezialisierungsvorteile zu nutzen. Wenn die Forschung und Entwicklung am Unternehmensstandort im Vergleich zu anderen Standorten unwirtschaftlich oder sogar (z. B. durch staatliche Maßnahmen) gehemmt ist, liegt ein dritter Grund vor. Wenn Labore im Zuge von Fusionen und Unternehmensakquisitionen übernommen werden, ergibt sich ein vierter Grund.

Abb. 4.14: Auslandsforschungs- und Entwicklungsaktivitäten in Abhängigkeit von Ungewissheitsausprägungen

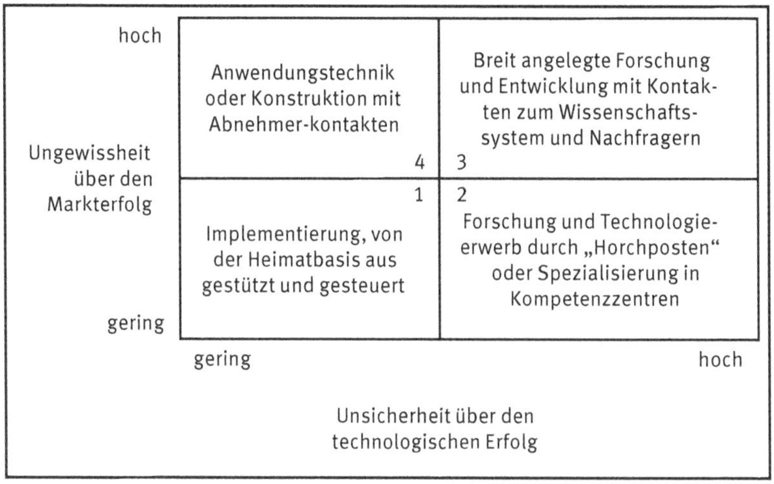

```
hoch
              │ Anwendungstechnik    │ Breit angelegte Forschung
              │ oder Konstruktion mit │ und Entwicklung mit Kontak-
              │ Abnehmer-kontakten   │ ten zum Wissenschafts-
Ungewissheit  │                      │ system und Nachfragern
über den      │                   4  │ 3
Markterfolg   │                   1  │ 2
              │ Implementierung, von │ Forschung und Technologie-
              │ der Heimatbasis aus  │ erwerb durch „Horchposten"
              │ gestützt und gesteuert│ oder Spezialisierung in
              │                      │ Kompetenzzentren
gering
                gering                              hoch

                     Unsicherheit über den
                     technologischen Erfolg
```

Quelle: v. Boehmer, A., Brockhoff, K., Pearson, A., The Management of International Research and Development, in: Buckley, P. J., Brooke, M. Z., Hrsg., International Business. An Overview, Oxford 1992, S. 495 ff.

Ein fünfter Grund liegt in dem Wunsch zur Reduzierung von Ungewissheit. Bei international unterschiedlichen Marktbedingungen und unterschiedlich verteilter Kompetenz in der Entwicklung neuen Wissens können sich je nach der Art der Ungewissheit unterschiedliche Aufgaben für Forschung und Entwicklung stellen. Das zeigt Abb. 4.14. Nur im Feld 1 dieser Abbildung ist die „headquarters-Lösung" plausibel. In den Feldern 2 bis 4 können Mehr-Standort-Lösungen mit unterschiedlichen Aufgabenstellungen zum Risikoabbau beitragen.

Die Bayer AG spricht einige dieser Gründe bereits in ihrem Geschäftsbericht 1985 deutlich an: „Weltweit haben wir für Forschung und Entwicklung DM 2134 Mio. aufgewendet. 61 % wurden in der Bundesrepublik eingesetzt … Auf die USA entfielen 27 %, das übrige Europa 10 % und auf Japan 2 %. Wir werden die Forschung besonders da verstärken, wo günstige wissenschaftliche Rahmenbedingungen gegeben sind und wo große Marktpotentiale existieren. Dies betrifft vor allem USA und Japan"[244]. Heute, im Geschäftsbericht 2018, liest sich das ohne konkreten Einzelausweis noch selbstverständlicher: „Bayer verfügt über ein globales Netzwerk von F&E-Standorten, an denen etwa 17.300 Forscher tätig sind"[245].

---

244 Bayer AG, Geschäftsbericht 1985, S. 11.
245 Bayer AG, Geschäftsbericht 2018, S. 37.

Von japanischen Unternehmen wird berichtet, dass sie in den achtziger Jahren des letzten Jahrhunderts Labore der angewandten Grundlagenforschung verstärkt in Europa und den USA errichteten:

„Von 28 Labors, die die sieben fahrenden japanischen Elektronikfirmen in den letzten fanf Jahren im Ausland eingerichtet haben, entstanden 15 mit der Absicht, gezielt neues Wissen zu schaffen. Sieben dienen der lokalen Anpassung von Produkten, drei unterstützen komplexe Produktion vor Ort, und weitere drei wurden auf Druck ausltindischer Regierungen hin gegründet. In der Pharmaindustrie sind es gar sieben von neun Labors, die im Ausland für die grundlegende Entwicklung neuer Medikamente gegründet wurden. (…)

Die Forschungsschwerpunkte der neuen Labors werden in Bereichen gewählt, die als wichtig erachtet, aber bisher nur unzureichend beherrscht werden. Von den fünf Labors, die Canon seit 1988 in Europa und den USA gründete, hat keines den Forschungsschwerpunkt Optik, dagegen wird in Bereichen wie Computersprachen, Bildverarbeitungssoftware und Telekommunikation geforscht. Dies verwundert nicht, wenn man bedenkt, dass sich Canon zum Ziel gesetzt hat, sich von einer „Optical Technology Company" zu einer „Total Image and Information Processing Company" zu wandeln. (…)

Dabei werden ausschließlich Standorte mit starker räumlicher Konzentration anderer Forschungseinrichtungen gewählt, die im jeweiligen Arbeitsgebiet führend sind. Die Unternehmen erhoffen sich hier Netzeffekte für die eigene Forschung.

In den meisten der neuen Labors wird anwendungsorientierte Grundlagenforschung betrieben, außerdem werden Forschungsergebnisse universitärer Labors des jeweiligen Landes ausgewertet. In den Einrichtungen finden sich kaum Japaner, der Laborleiter ist fast immer Schüler eines angesehenen Wissenschaftlers. Der Wissenstransfer findet unter anderem durch mindestens halbjährliche Einladungen der ausländischen Wissenschaftler nach Japan statt. Die verschiedenen Labors haben meist unterschiedliche Forschungsschwerpunkte, stehen aber miteinander in engem Kontakt.

Lange Zeithorizonte und begrenzter unmittelbarer Erfolgsdruck auf die ausländischen Wissenschaftler bei genauer Beobachtung der laufenden Forschungsergebnisse kennzeichnen die japanische Philosophie für die neuen Labors außerhalb des Archipels. (…)

Mehrere kleine Labors ermöglichen eine Verteilung der Mittel auf mehrere Standorte. Außerdem wird dadurch der mögliche Schaden aus der Fehlentwicklung eines Labors aufgrund von Kommunikationsschwierigkeiten zwischen japanischer Forschungsführung und nicht japanischen Wissenschaftlern begrenzt"[246].

Von besonderer Bedeutung ist also die multinationale Dislozierung von Forschungs- und Entwicklungsaktivitäten. In Tab. 4.2 werden Einnahmen und Ausgaben aus solchen Aktivitäten im Außenhandel Deutschlands nachgewiesen. Für verschie-

---

246 Kümmerle, W., Praxisorientierte Grundlagenforschung im Dienst japanischer Wettbewerbsstrategie, Handelsblatt, 08.07.1993, S. 24.

Tab. 4.2: Außenhandelseinnahmen und -ausgaben Deutschlands
für technische Forschung und Entwicklung in Mio EUR

	Einnahmen	Ausgaben	Saldo
1999	12.156	16.153	−3.997
2000	14.744	19.771	−5.028
2001	16.289	23.501	−7.213
2002	17.588	23.085	−5.497
2003	20.600	20.625	−25
2004	23.135	20.834	2.301
2005	25.541	24.264	1.277
2006	27.581	25.319	2.262
2007	30.392	28.211	2.182
2008	35.678	30.062	5.616
2009	39.687	33.403	6.284
2010	41.816	34.612	7.204

Quelle: Deutsche Bundesbank, Technologische Dienstleistungen in der Zahlungsbilanz, Juni 2011,
abgerufen am 12. August 2019 unter: https://www.bundesbank.de/de/publikationen/
statistiken/statistische-sonderveroeffentlichungen/technologische-dienstleistungen-in-
der-zahlungsbilanz-2011-696082.

dene Länder sind in unterschiedlichen Zeitpunkten und mit unterschiedlichem Re-
präsentationsgrad Erhebungen über die Bedeutung der Auslandsforschung und -ent-
wicklung angestellt worden[247]. Es ist daraus erkennbar, dass ihr Anteil dann besonders hoch ist, wenn das betrachtete Land Standort multinationaler Konzerne ist und
das lokale Angebot an wissenschaftlichem Personal der Nachfrage nicht entspricht.
So sind die Anteile in der Schweiz, den Niederlanden oder Schweden tendenziell
höher als in den USA oder Japan.

Aus sieben Gründen bietet die Auslandsforschung und -entwicklung Probleme,
die über die Probleme bei mehreren Standorten im Inland hinausgehen:
(1) Die förderlichen oder hinderlichen rechtlichen Rahmenbedingungen, etwa der ta-
rifvertraglichen Arbeitszeitregeln, variieren zwischen Nationen stärker als innerhalb von Nationen.
(2) Kulturelle Unterschiede können die Entwicklung oder den Erwerb neuen Wissens
beeinflussen. Das kann zwischen Nationen einflussreicher sein als innerhalb von
Nationen.

---

247 Für die USA: National Science Board, Science and Engineering Indicators 1996, Washington, D. C.
1996, S. 4–44 ff. Vgl. v. Boehmer, A., Brockhoff, K., Pearson, A., The Management of International Research and Development, a. a. O.

(3) Nationalprestige kann innerhalb eines Unternehmens die Standortwahl beeinflussen.

(4) Forschungs- und Entwicklungspersonal kann emotionale Gründe gegen einen Wechsel in das Land des Unternehmenssitzes geltend machen[248].

(5) Die Faktorpreise können international stärker variieren als national[249].

(6) Staatliche Auflagen[250] können die Dislozierung von Forschungs- und Entwicklungsaktivitäten erzwingen. In direkter Form können solche Auflagen bestimmen, dass bestimmte Forschungs- und Entwicklungseinrichtungen in bestimmten Regionen unzulässig sind oder Produktionsaktivitäten an die gleichzeitige Durchführung von Forschungs- und Entwicklungsaktivitäten gebunden sind. Das wird besonders aus einigen „Schwellenländern" berichtet, gilt aber zum Beispiel auch für die Aufnahme von Öl- oder Gasexplorationen und -förderungen in den Meereswirtschaftszonen europäischer Nordsee-Anrainer. In indirekter Form kann der Erfolg wirtschaftlicher Tätigkeit an nationale Forschung und Entwicklung gekoppelt sein, indem z. B. unterschiedliche auf das Vorhandensein oder Fehlen nationaler Forschungseinrichtungen eines Anbieters abstellende Kalkulationsschemata im Falle administrativer Preise zulässig sind.

(7) Die Kundenanforderungen können zwischen Ländern stark variieren und entsprechende Berücksichtigung erzwingen.

Wie sehen nun die empirischen Erkenntnisse aus? Zunächst sind Kontextbedingungen für die Auslands-Forschung und -Entwicklung untersucht worden. Mansfield hat in einem Erklärungsmodell für 35 amerikanische Unternehmen und zwei Stichjahre gezeigt, dass der Anteil der im Ausland anfallenden Forschungs- und Entwicklungsaufwendungen signifikant ($p \leqq 0,05$) abhängig ist vom Umsatz, vom Anteil des Auslandsumsatzes und von der Branchenzugehörigkeit (Pharmazeutische Industrie ge-

---

248 Die reichliche Verfügbarkeit von wissenschaftlichem Personal, die Erleichterung der Kommunikation durch gute Verkehrsinfrastruktur sowie eine hohe Lebensqualität werden aus regionalpolitischer Sicht als einflussreiche Standortbedingungen identifiziert. Vgl. Malecki, E. J., The R&D Location Decision of the Firm and „Creative" Regions – A Survey, Technovation, Vol. 6, 1987, S. 205–222.

249 Allerdings sollten dabei nicht allein Anfangsgehälter miteinander verglichen werden. Es kann z. B. gezeigt werden, dass trotz geringerer Anfangsgehälter für Ingenieure in Japan im Vergleich zu Deutschland die Barwerte der Lebenszeit-Einkommen praktisch übereinstimmen: Maringer, A., Ist Forschung und Entwicklung in Japan billiger?, Die Betriebswirtschaft, Bd. 50, 1990, S. 789–800. Freilich müssen auch Lohnnebenkosten und andere Faktorkosten noch berücksichtigt werden. Außerdem ist die Personalstruktur und die Ausbildungsqualität zu beachten. Vgl. Beckmann, Ch., Fischer, J., Einflussfaktoren auf die Internationalisierung von Forschung und Entwicklung in der deutschen Chemischen und Pharmazeutischen Industrie, Zeitschrift für betriebswirtschaftliche Forschung, Bd. 46, 1994, S. 630–657

250 Weniger verbindlich sind „Wünsche jeweiliger Gastländer", worauf IBM hinweist. Vgl. Pausenberger, E., Volkmann, B., Forschung und Entwicklung in internationalen Unternehmen, in: RKW-Handbuch Forschung, Entwicklung, Konstruktion, Berlin 1981, Nr. 8400, S. 7; vgl. S. 10 f.

genüber anderen Industrien)[251]. Eine Aufspaltung zeigt einen positiven Zusammenhang mit dem Umsatzanteil ausländischer Tochterunternehmen[252] und einen negativen Zusammenhang mit dem Anteil des Exportumsatzes.

Im Unterschied zu Mansfield haben Behrman & Fischer bei 53 multinationalen Unternehmen gefunden, dass technologische Angebotsstrukturen bei den sogenannten „Weltmarkt-Unternehmen" die länderweise Verteilung der Forschungs- und Entwicklungstätigkeiten erklären, während bei den „gastlandorientierten" Unternehmen die Marktnähe oder das Autarkiestreben der Tochtergesellschaften hervortreten[253] also Forschung und Entwicklung der regionalen Absatz- und Produktionsstruktur folgen. Daraus wird nun ersichtlich, dass auch die Ziel- und Führungsstruktur der Unternehmen für die Gewichtung der Zentralisierungs- oder Dezentralisierungsgründe entscheidend ist.

Damit stellt sich die Frage nach den empirisch zu ermittelnden Zielkriterien für Forschung und Entwicklung im Ausland. Faktorenanalysen solcher Zielkriterien zeigen – vermutlich sowohl kontext- als auch erhebungsbestimmte – Unterschiede in einzelnen Ländern. Während für schwedische multinationale Unternehmen vier Faktoren identifiziert wurden, waren es für deutsche Großunternehmen neun Faktoren (vgl. Abb. 4.15).

Man erkennt hier, dass

(1) trotz unterschiedlicher Gliederung beider Untersuchungen eine gewisse Übereinstimmung der Ziele besteht,

(2) die Ziele selbst den theoretischen und Plausibilitätsüberlegungen weitgehend entsprechen,

(3) die durch die Ziele erklärten Varianzanteile allerdings voneinander abweichen (was hier aus der Rangfolge der Ziele zu schließen ist).

Trotz der weitgehenden inhaltlichen Übereinstimmung der Zielfaktoren fragt es sich, ob überhaupt von der in solchen Untersuchungen unterstellten Einheitlichkeit der Einflussgrößen auf die Dislozierung der Forschungs- und Entwicklungsaktivitäten ausgegangen werden sollte. Von einem Unternehmensstandort aus gesehen ist es denkbar, dass Engagements in verschiedenen Ländern auch unterschiedlich gerechtfertigt werden. Das äußerst sich dann in entsprechend unterschiedlichen Aufgabenstellungen für die einzelnen Einheiten. Unter der generellen Bezeichnung „Nutzung technologischer Potentiale vor Ort" können dann zum Beispiel verstanden werden: Beobachtung der sogenannten „hi-tech start-ups", Neugründungen auf Basis von

---

251 Vgl. Mansfield, E., Teece, D., Romeo, A., Overseas Research and Development by US-Based Firms, a. a. O., S. 189.

252 Für sechs Unternehmen der deutschen Chemieindustrie können ähnliche Zahlen ermittelt werden. Sie streuen aber so, dass ein Zusammenhang nicht erkennbar ist.

253 Behrman, J. N., Fischer, W. A., Transnational Corporations: Market Orientation and R&D Abroad, Columbia Journal of World Business, Vol. XV, 1980, Autumn, S. 55–60.

Abb. 4.15: Gründe für Forschungs- und Entwicklungsaktivitäten im Ausland
(Faktorenmuster deutscher und schwedischer Unternehmen)

Deutsche Unternehmen Rang, Faktor:	Schwedische Unternehmen* Rang, Faktor:
1. Nutzen ausländischer Technologiepotentiale 2. Reaktion auf technologische Bedrohung 3. Verfügbarkeit personeller Ressourcen 4. Unterstützung der Marktpräsenz im Ausland 5. Anpassung an Kundenwünsche 6. Initiative und technologische Potentiale einer Auslandstochter 7. Immobilität ausländischen Personals und Finanzierungserleichterungen 8. Öffentliche und staatliche Einflussnahme 9. Kostenvorteile im Ausland	1. Unterstützung ausländischer Fertigung (2., 6.) 2. Unterstützung der Marktpräsenz im Ausland (3., 4., 5.) 3. Staatliche Einflussnahme und Kostenvorteile (8., 9.) 4. „Horchposten"-Funktion (1., 2.)
*In Klammern: Die Nummern geben Hinweise auf verwandte Faktoren aus der deutschen Untersuchung.	

Quellen: Brockhoff, K., v. Boehmer, A., Global R&D Activities of German Industrial Firms, Journal of Scientific & Industrial Research, Vol. 52, 1993, S. 399–406 Häkanson, L., Nobel, R., Foreign R&D in Swedish Multinationals, Research Policy, Vol. 22, 1993, S. 373–396.

Spitzentechnik, für eventuelle Akquisitionen; Herstellung und Pflege von Kontakten zu wissenschaftlichen Einrichtungen, ggf. auch durch Vergabe von Forschungsaufträgen; Beobachtung der technologischen Entwicklungen bei Zulieferern oder bei bedeutenden Abnehmern, die Folgen für die eigenen Entwicklungen haben können; Anwerbung von Mitarbeitern für Forschungs- und Entwicklungsaufgaben vor Ort oder an anderer Stelle. Weiter ist zu bedenken, dass zwischen der Errichtung von Forschungs- und Entwicklungseinrichtungen im Ausland und dem Erwerb bestehender Einrichtungen im Zusammenhang mit einem Unternehmenserwerb zu unterscheiden ist. Bei letzterem können neue Zielaspekte auftreten.

Kosteneinsparungen aus der auf mehrere Standorte verteilten Informationsbeschaffung sind allerdings auch den mit einer regionalen Dezentralisierung verbundenen Kosten der Koordination gegenüberzustellen. Um diese möglichst gering zu halten, wird einzelnen Laboren für die von ihnen bearbeiteten Gebiete eine weltweite Führungsrolle übertragen (center of excellence), wodurch einerseits Doppelarbeiten vermieden aber andererseits auch Wettbewerb ausgeschaltet wird[254]. Beispiele dafür bietet die Organisation der Forschungs- und Entwicklungslabore der Volkswagen AG, wo z. B. in den USA das Kompetenzzentrum für Klimaanlagen, in Südafrika das für rechts gelenkte Fahrzeuge oder in Spanien das für Kleinwagen liegt. Einen Eindruck

[254] In weiteren Organisationsmodellen vgl. de Meyer, A., Mizushima, A., Global R&D Management, R&D Management, Vol. 19, 1989, S. 136–146.

von den notwendigen organisatorischen und finanziellen Koordinationslasten haben Granstrand/Fernlund für die SKF-Gruppe vermittelt[255]

Nur für wenige Unternehmen liegen bisher Daten über die Aufteilung des Forschungs und Entwicklungsaufwands auf das In- und das Ausland vor. Vor allem aber fehlen längere Zeitreihen von Daten.

4.7 Zusammenwirken der Planungen

Im 2. Kapitel wurde erwähnt, dass sowohl Nachfragesog als auch Technologiedruck sich auf das Zustandekommen von Innovationen auswirken können. Im ersten Falle wird gefragt, ob Marktchancen erkennbar sind, für die dann durch Forschung und Entwicklung eine technologische Realisierungschance gesucht wird. Im zweiten Falle liegen technische Möglichkeiten vor, die darauf zu prüfen sind, ob sie am Markt chancenreich verwertet werden könnten. Eine dieser beiden Situationen muss gegeben sein, um überhaupt einen **Anlass** für unternehmerische Forschungs- und Entwicklungstätigkeit zu bieten. Das ist der Ausgangspunkt für die Prüfung der Voraussetzungen privatwirtschaftlicher Forschung und Entwicklung (vgl. Abb. 4.16).

In diesem Kapitel wurde weiter gezeigt, dass bei gegebenem Anlaß für privatwirtschaftliche Forschung und Entwicklung vier weitere Fragen positiv entschieden werden müssen, um **Möglichkeiten** für diese Aktivität zu begründen. Erstens ist die Aneignung oder Zurechnung von Innovationsgewinnen zu sichern, zweitens ist die Tragbarkeit der Risiken zu prüfen. An dritter Stelle müssen ausreichende Ressourcen – gegebenenfalls unter Berücksichtigung einer öffentlichen Förderung – verfügbar gemacht werden, und schließlich ist zu sichern, dass für die vorgesehenen Arbeiten ein zulässiger Standort gefunden werden kann, an dem die Arbeiten unter wirtschaftlichen Gesichtspunkten technisch durchführbar sind.

Sind diese Prüfungen bestanden, so empfiehlt sich die Feststellung möglicher Interdependenzen mit anderen Vorhaben desselben Unternehmens oder seiner Marktpartner, weil davon auch die Grundsatzentscheidung beeinflusst werden kann. In den weiteren Schritten ist dann schließlich eine unternehmenszielbezogene Entscheidung aufgrund zunächst überschläger Kalkulationen zu treffen. Damit sind dann die bisher diskutierten Aspekte der Grundsatzentscheidungen abgeschlossen (vgl. Abb. 4.16).

Nachdem eine Grundsatzentscheidung für Forschung und Entwicklung gefallen ist, ist die Planung dafür inhaltlich näher zu bestimmen und mit den Planungen für andere Funktionsbereiche des Unternehmens abzustimmen. Im Idealfall sollen alle

---

255 Vgl. Granstrand, O., Fernlund, I., Coordination of multinational R&D: A Swedish case study, R&D Management, Vol. 9, 1978, S. 1–7.

Abb. 4.16: Voraussetzungen privatwirtschaftlicher Forschung und Entwicklung

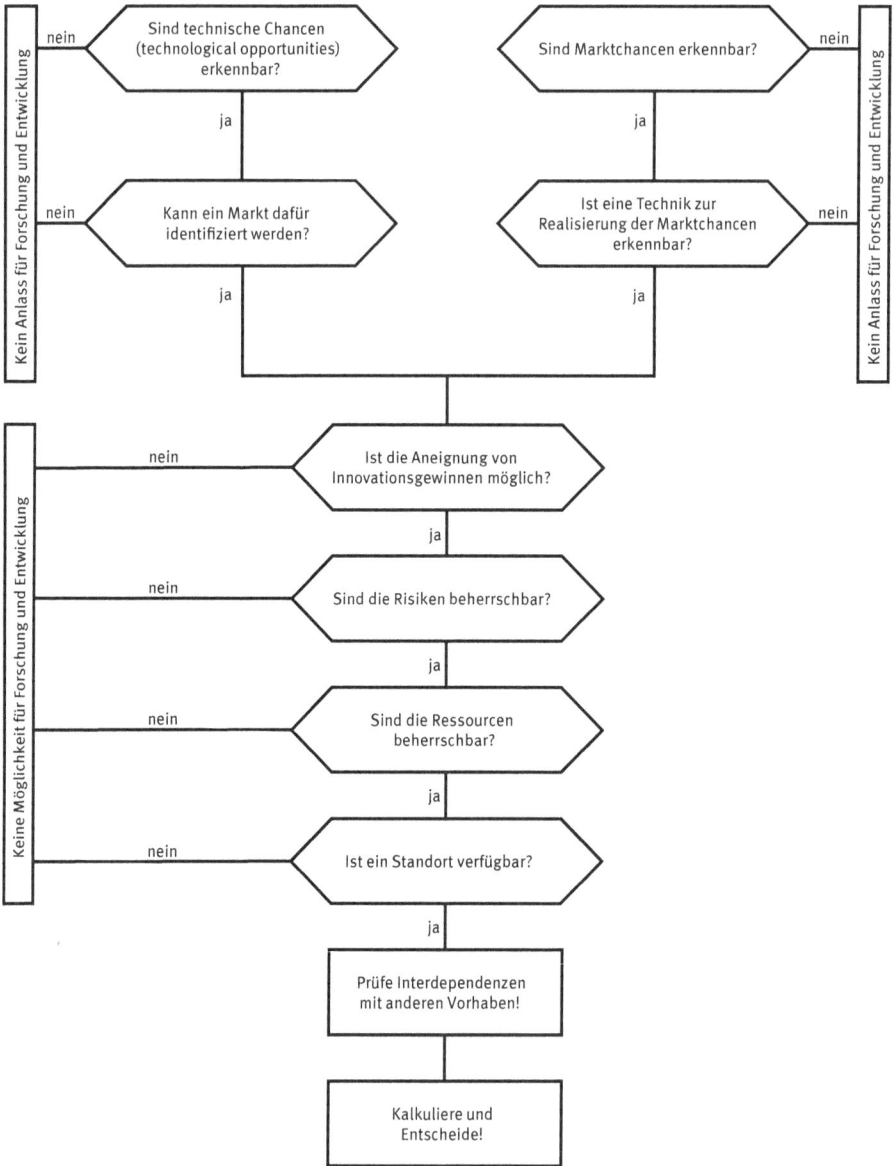

diese Fragen in einem simultan zu optimierenden Planungsmodell erfasst und beantwortet werden. In der Realität ist dies nicht zu erreichen.

Wir gehen deshalb davon aus, dass es der Planungswirklichkeit besser entspricht, wenn wir die Stufen strategischer, operationaler und taktischer Planung unterscheiden. Sie sind in der von Koch gebildeten Reihenfolge fortschreitender Detaillierung

Abb. 4.17: Schema der Planungszusammenhänge

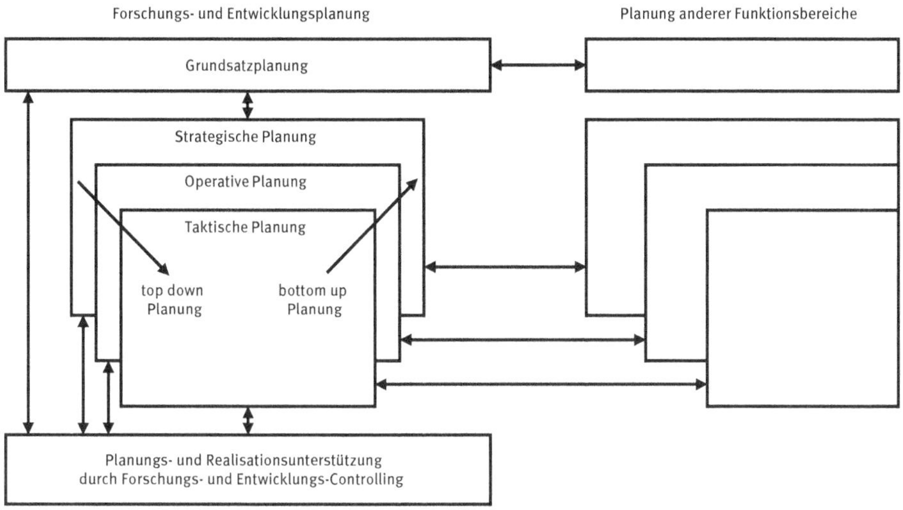

Forschungs- und Entwicklungsplanung   Planung anderer Funktionsbereiche

Grundsatzplanung

Strategische Planung

Operative Planung

Taktische Planung

top down   bottom up
Planung   Planung

Planungs- und Realisationsunterstützung
durch Forschungs- und Entwicklungs-Controlling

und zeitlicher Reichweite aufgeführt[256]. Bei ihrer Realisierung muss berücksichtigt werden, dass jede dieser Stufen mit jeder anderen interdependent ist. So setzt die strategische Planung qualitative Rahmenbedingungen für die Projektauswahl auf der taktischen Ebene, die zugleich durch Kapazitätsrestriktionen beeinflusst wird, die auf der operativen Ebene festgelegt werden. Umgekehrt bilden die Projektvorschläge die Grundlage für die Nutzung und Weiterentwicklung von Ressourcen. Wir schematisieren die Zusammenhänge in Abb. 4.17.

Die wechselseitige Berücksichtigung der Entscheidungsrestriktionen in den verschiedenen Planungsstufen kann dazu führen, dass Projektvorschläge aus gegenwärtiger Sicht noch nicht realisiert und Projektergebnisse nicht in Innovationen umgesetzt werden. Es wird empfohlen, alle diese Informationen zu speichern und leicht zugänglich zu halten. Sie bilden eine Ergänzung des Reservoirs künftiger Maßnahmen.

---

256 Vgl. Koch, H., Aufbau der Unternehmensplanung, a. a. O., pass.

5 Strategische Planung

Es wird häufig gesagt, der betriebswirtschaftliche Gebrauch des Wortes „Strategie" leite sich aus den militärtheoretischen Vorstellungen von Carl von Clausewitz ab. Er schreibt: „Die Strategie ist der Gebrauch des Gefechts zum Zwecke des Krieges; sie muss also dem ganzen kriegerischen Akt ein Ziel setzen, welches dem Zweck desselben entspricht, d. h. sie entwirft den Kriegsplan, und an dieses Ziel knüpft sie die Reihe der Handlungen an, welche zu demselben führen sollen, d. h. sie macht die Entwürfe zu den einzelnen Feldzügen und ordnet in diesen die einzelnen Gefechte an. Da sich alle diese Dinge meistens nur nach Voraussetzungen bestimmen lassen, die nicht alle zutreffen, eine Menge anderer, mehr ins einzelne gehender Bestimmungen sich aber gar nicht vorher geben lassen, so folgt von selbst, dass die Strategie mit ins Feld ziehen muss, um das einzelne an Ort und Stelle anzuordnen und für das Ganze die Modifikationen zu treffen, die unaufhörlich erforderlich werden"[257]. Hieraus wird deutlich, dass Strategie ein zielorientiertes Rahmenkonzept für Taktiken darstellt, sie unter Ungewissheit zu formulieren ist und deshalb ständiger Überprüfung im Lichte der jeweils aktuellen Umweltinformationen bedarf.

Tatsächlich finden sich diese Gesichtspunkte in der Festlegung des Begriffs strategische Unternehmensplanung wieder. Koch äußert sich in seinem grundlegenden Beitrag beispielsweise wie folgt:

„Die strategische Unternehmensplanung wird verantwortlich von der obersten Exekutive (des Unternehmens, d.V.) getragen, erfolgt aber unter informatorischer und beratender Mitwirkung der wichtigsten Unterinstanzen. Durch sie wird die langfristige Entwicklung des Gesamt-Unternehmens hinsichtlich des Umfangs und der Struktur festgelegt... Dabei wird unter ‚Strategie' die umfassendste Aktionseinheit, definiert durch Art und Umfang der Handlung sowie durch den jeweiligen personell bzw. geographisch bestimmten Markt, verstanden ... Demgemäß ist unter der strategischen Planung die Festlegung von marktbezogenenen Globalaktionen zu verstehen"[258].

Diese allgemeinen Gedanken sind hier auf die Formulierung von Forschungs- und Entwicklungsstrategien anzuwenden, nachdem eine Grundsatzentscheidung für Forschung und Entwicklung gefallen ist. Die Rolle der Technologie in der strategisch ausgerichteten Neuproduktplanung scheint allerdings die des „Waisenkindes" zu sein: „es ist da, aber keiner weiß, sich darum zu kümmem"[259].

Das liegt auch an den zum Teil nur unscharf bestimmten Elementen des Strategiebegriffs. Was soll zum Beispiel „langfristig" bedeuten? Wir wissen, dass die Länge von Produktlebenszyklen, die durchschnittliche Zeitdauer für Aufschlussarbeiten im

---

257 von Clausewitz, C., Vom Kriege, Reinbek 1963, S. 77 (Berlin 1832–1834).
258 Koch, H., Aufbau der Unternehmensplanung, a. a. O., S. 49 f.
259 Meyer, M. H., Roberts, E. B., New Product Strategy in Small Technology-Based Finns: a Pilot Study, Management Science, Vol. 32, 1986, S. 806–821, hier S. 807.

https://doi.org/10.1515/9783110600667-005

Bergbau oder von Entwicklungsarbeiten in der Raumfahrt auf diese Vorstellung Einfluss nimmt. Zum Teil sind auch kulturelle Einflüsse auf die Vorstellung von Langfristigkeit zu verzeichnen. So wird eine Rede von K. Matsushita zitiert, die er am 5.5.1932 vor seiner Belegschaft hielt[260]. Unter dem Eindruck des Besuchs einer religiösen Stätte entwirft er ein Programm, wonach innerhalb von 250 Jahren durch Massenproduktion zu niedrigen Preisen hohe Konsumentenrenten gesichert werden. Um seine Zuhörer zur Aktivität anzuhalten, gliedert er die Periode in zehn gleich lange Phasen, wovon die erste in drei Teilperioden aufgeteilt wird. Er gibt dann Hinweise darauf, was in der ersten Teilperiode geschehen soll. Es ist schwer vorstellbar, dass heute bei uns eine ähnliche Rede gehalten würde, zumal die Erfahrung unvorhergesehener und vom Unternehmen her unkontrollierbarer Ereignisse (Ölkrisen, Wiedervereinigung, Finanzkrisen, Terrorismus, Naturkatastophen) gegen die Möglichkeit langfristigere Strategieformulierungen zu sprechen scheint.

Es soll nun aber vermieden werden, eine allgemeine Diskussion des Strategiebegriffs zu führen. Im Folgenden wird zunächst gezeigt, wie die Forschungs- und Entwicklungsaktivitäten in die Technologiestrategie eines Unternehmens eingebunden sind. Sodann werden die Elemente einer Forschungs- und Entwicklungsstrategie selbst behandelt.

5.1 Technologiemanagement

Technologiemanagement umfasst die unternehmerische Forschung und Entwicklung, die Alternativen dazu und die Verwertung ihrer Ergebnisse.

Allgemein richtet sich das Management auf drei Problembereiche: Technologiebeschaffung, Technologiespeicherung und Technologieverwertung (Abb. 5.1). In jedem dieser Bereiche sind Planungs-, Organisations-, Führungs- und Kontrollaufgaben zu lösen. Die Aufgabenlösungen können innerhalb oder außerhalb des Unternehmens gesucht und gefunden werden. Aus der Abb. 5.1 sieht man, dass die Gewinnung neuen technologischen Wissens durch interne Forschung und Entwicklung nur einen Teilbereich des Technologiemanagements darstellt[261].

Selbstverständlich sind die Schaffung und Sicherung der technologischen und der technischen Grundlagen eines Unternehmens nicht als Selbstzweck zu betrachten. Sie sind vielmehr mit den Unternehmenszielen und den für ihre Realisierung mobilisierbaren Ressourcen abzustimmen.

---

260 Für den Hinweis danken wir dem ehemaligen Präsidenten des Deutschen Patentamts, Dr. E. Häußer.
261 Vgl. auch: National Academy of Science, Hrsg., Management of Technology, The Hidden Competitive Advantage, Washington, D. C. 1987, S. 9.

Abb. 5.1: Aufgaben des Technologiemanagements

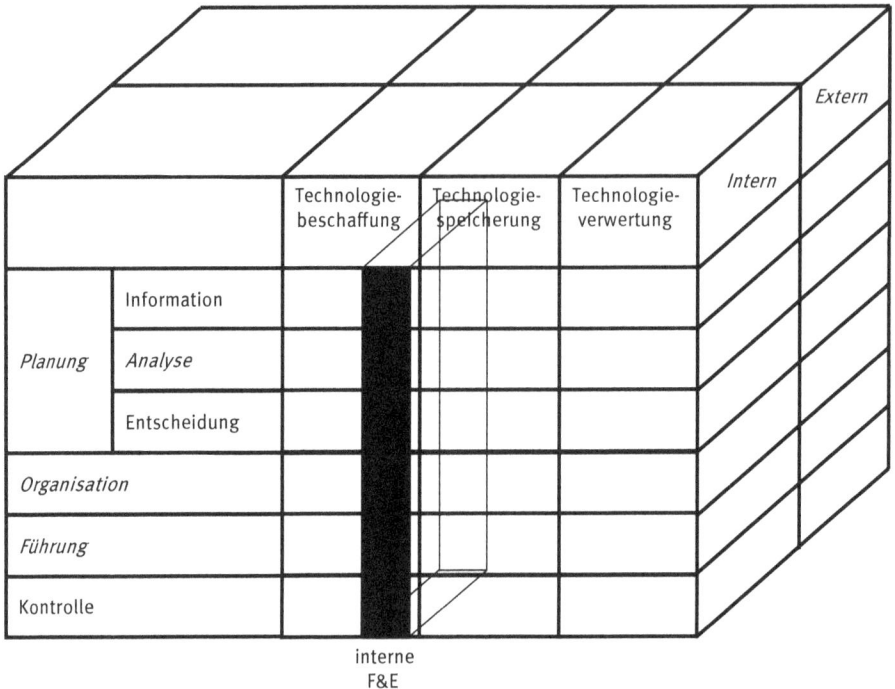

Für eine so breit angelegte Betrachtungsweise sprechen mehrere Gründe, die hier nur skizziert werden können:

(1) Die Produktion neuen technologischen Wissens in der eigenen Forschung und Entwicklung kann aufwendiger und langsamer sein als die externe Beschaffung desselben Wissens.

(2) Die rein interne Sichtweise fördert Selbstzufriedenheit und Betriebsblindheit. Sie negiert leicht alternative technologische Entwicklungen, bis diese in den Konkurrenzprodukten ihre Überlegenheit demonstrieren.

(3) Verzicht auf leicht zugreifbare, personenunabhängige Wissensspeicherung führt leicht zu Doppelarbeit, Turbulenzen beim Personalwechsel oder Aufwendungen für die Sicherung von Beratungen durch ehemalige Mitarbeiter.

(4) Soweit Technologien nicht zur Sicherung der eigenen Wettbewerbsposition eingesetzt werden, fördert es das Unternehmensergebnis, wenn sie extern verwertet werden.

Da später die Planung und Kontrolle von Forschung und Entwicklung betrachtet werden, sollen hier die externen Alternativen der Wissensbeschaffung näher untersucht werden. Die Problembereiche der Technologieverwertung, wofür auch der Begriff des Technologiemarketing verwendet wird, sowie der Technologiespeicherung, wobei nicht ausschließlich technische, sondern auch organisatorische und Führungsprobleme zu beachten sind, können hier nicht behandelt werden. Gleichwohl kann die Technologieverwertung einen nicht unerheblichen Ergebnisbeitrag leisten[262]. Technologiespeicherung ist ein anderer Begriff für „Transformationskapazität", die wegen „time lags in the development of knowledge and markets"[263] notwendig wird. Sie kann auch für den Nachweis der Einhaltung von Qualitätsnormen in der Entwicklung von hoher Bedeutung sein. In einigen Industrien wie der Luftfahrt ist ohne die Einhaltung und Nachweis von Normen z. B. keine Lieferantenbeziehung möglich. Dies bezieht sich nicht nur auf das Produkt selbst, sondern auch auf deren Herstellungsprozesse.

Voraussetzung für die Planung der Technologiebeschaffung ist die Information über die interne und externe Technologieentwicklung. Die Notwendigkeit zur regelmäßigen Verfolgung dieser Entwicklungen folgt aus vier Beobachtungen:

(1) Die Leistungsfähigkeit neuer Technologien kann sich aufgrund hoher Mitteleinsätze oder guter Kommunikation über Lösungsprinzipien nahezu sprunghaft steigern. Ayres demonstriert dies am Beispiel der Supraleitfähigkeit[264]. Es wäre fatal, eine solche Entwicklung zu übersehen, wenn sie für das eigene Unternehmen relevant ist. Umgekehrt kann es Endpunkte der Leistungsfähigkeit geben, über die trotz hoher Anstrengungen nicht hinausgegangen warden kann[265].

(2) Bedeutende Neuerungen treten häufig außerhalb der eigenen Branche auf. Das finden Cooper und Schendel bei vier von sieben untersuchten Branchen[266]. Sie setzen sich nicht schlagartig durch, sondern erobern über Nischenstrategien die Märkte, so dass sie erst nach geraumer Zeit das Umsatzniveau der alten Techniken erreichen[267]. Aktuell stellt sich diese Frage insbesondere bei neuen Antriebssystemen für Personen- und Lastkraftwagen.

(3) Bisher sind nicht alle Unternehmen darauf eingestellt, eine systematische Informationsbeschaffung über neue Technologien zu betreiben. Dazu sind personelle und organisatorische Maßnahmen zu planen. Personelle Maßnahmen betreffen die Suche nach und den Einsatz von Personen, die die Rolle des „technological gate-keeper" übernehmen können[268]. Sie nehmen leicht Informationen auf und

---

262 Für IBM z. B. werden bei einem Forschungs- und Entwicklungsbudget von 5 Mrd. Dollar die Erlöse aus dem Verkauf von Technologien (in Form von Komponenten) für 1994 auf 3,6 Mrd. Dollar und aus Lizenzvergaben auf 500 Mio. Dollar geschätzt. Vgl. Sager, 1., IBM knows what to do with a good idea: Sell it, Business Week, 19.9.1994, S. 72.

263 Vgl. Garud, R., Nayyar, P. R., Transformative Capacity: Continual Structuring by Intertemporal Technology Transfer, Strategie Management Journal, Vol. 15, 1994, S. 365–385, bes. S. 369.

264 Vgl. Ayres, R., Barriers and Breakthroughs, Technovation, Bd. 7, 1988, S. 87–115.

265 Vgl. hierzu Abschnitt 5.3.3.

266 Vgl. Cooper, A. C., Schendel, D., Strategic Responses to Technological Threats, Business Horizons, Bd. 19, 1976, S. 61.

267 Bei Cooper wird Schendel (ebenda) wird von 5 bis 14 Jahren gesprochen, ohne dass dies zu verallgemeinern ist.

268 Vgl. Domsch, M., Gerpott, H. u. T. J., Technologische Gatekeeper in der industriellen F&E. Merkmale und Leistungswirkungen, Stuttgart 1989.

vermitteln sie zielgerecht weiter. Diese Rolle wird über Technologiemanagement-Abteilungen in Unternehmen abgedeckt, oder auch durch den gezielten Zukauf von externem Know-how.

Die organisatorischen Maßnahmen betreffen besonders die Einrichtung **technologischer Informationssysteme**. Es gibt zwar eine Fülle von Informationsquellen, doch fehlt auf nationaler Ebene eine Institution, die eine Verknüpfung vielfältiger Informationen zu einzelnen Technologien erlaubt. Grundlegende Studien lassen die Machbarkeit eines Technologie-Informationssystems erkennen, das solche Verknüpfungen erlaubt[269]. Das deutsche Bildungs- und Forschungsministerium hat 2018 die Einrichtung einer Agentur zur Förderung von Sprunginnovationen bekannt gegeben. Hauptziel dieser Agentur ist die Förderung der Entwicklung von Sprunginnovationen, die (1) konkrete Probleme auf gesellschaftlicher und nutzerzentrierter Ebende lösen, (2) auf hochinnovativen Produkten, Prozessen und Dienstleistungen basieren und (3) neue Wertschöpfung in Deutschland ermöglichen[270]. Die Frage, wer Träger eines solchen Systems sein sollte und mit seiner Hilfe technologische Zukunftsstudien ("Prospektionen") veranlassen sollte, ist von eminenter politischer Bedeutung und deshalb auch umstritten[271]. Man hätte vor vielen Jahren annehmen können, dass das Internet eine solches System bieten kann. Jedoch hat sich hier herausgestellt, dass durch das Internet zwar gigantische Informationsmengen zur Verfügung stehen, diese aber nicht unmittelbar als relevant, und teilweise auch nicht zweifelsfrei als wahr einzustufen sind. Anschaulich wird das an einem Beispiel, das wahrscheinlich jeder kennt. Recherchiert man bei einer Suchmaschine nach einer Krankheit, so finden sich sehr viele Informationen dazu. Potentiell wird immer der "worst case" präferiert dargestellt, was zu einer (weiteren) Verunsicherung des Suchenden führen kann. Zumal diese Informationen veraltet sein können, oder auch von zweifelhaften Quellen stammen können. Diese Informationen sind grundsätzlich hilfreich, müssen aber entsprechend gefiltert und richtig eingeordnet werden[272].

Unabhängig von der Existenz nationaler Technologieinformationssysteme müssen einzelne Unternehmen eine **technologische Wettbewerbsanalyse** betreiben. Bisher ist zu beobachten, dass solche Systeme nur selten institutionell etabliert sind; wenn sie etabliert sind, ist eine Aufteilung auf durchschnittlich zwei Stellen üblich, was ihr analytisches Potential mindert; die verwendeten

---

269 Vgl. Becker, Th., Integriertes Technologie-Informationssystem. Beitrag zur Wettbewerbsfähigkeit Deutschlands, Wiesbaden 1993.

270 Deutsches Bildungs- und Forschungsministerium, Agentur zur Förderung von Sprunginnovationen, August 2018.

271 Vgl. Wissenschaftsrat, Empfehlungen zu einer Prospektion für die Forschung, Drs. 1645/94, Köln 1994.

272 Vgl. z. B. https://www.rundschau-online.de/ratgeber/gesundheit/recherche-im-netz--krankheiten-googeln---wenn-ueberhaupt--dann-so-23968868.

Indikatoren zeigen relativ spät an und früher anzeigende Indikatoren sind ungebräuchlich; die Reaktion auf bekannt werdende Wettbewerber-Technologien sind eher abwartend und defensiv als offensiv und Zugangssperren errichtend[273]. Die Arbeit innerhalb der Unternehmen kann durch Dienstleister ergänzt werden, die beispielsweise strategische Patentanalysen anbieten (beispielhaft verweisen wir hier auf Beratungsunternehmen, wie etwa Patentsight).

Die technologische Wettbewerbsanalyse soll **systematisch** und **frühzeitig** Informationen über neue Technologien **aktueller** oder **potentieller Wettbewerber** liefern[274]. Einzelne Projekte technologischer Wettbewerbsanalyse sind dafür nicht ausreichend, da sie meist erst nach der Wahrnehmung einer technologischen Bedrohung gestartet werden. Einer nur informellen, wenn auch kontinuierlich betriebenen technologischen Wettbewerbsanalyse fehlen regelmäßig die Ressourcen für eine systematische Datensammlung und -auswertung. Die Institutionalisierung der technologischen Wettbewerbsanalyse kann diese Nachteile vermeiden. Sie kommt in dieser Form in der überwiegenden Zahl der diese Analysen betreibenden Großunternehmen vor[275]. Ihre Vorteile liegen in:

– der Mitwirkung an technologierelevanten Unternehmensentscheidungen (einschließlich Neuproduktplanung, Akquisitions- und Kooperationsplanungen)[276],

– der größeren Breite der Informationssammlung im Vergleich zu nichtinstitutionalisierten Systemen[277],

– der Verlängerung der „Vorwarnzeit" vor der Einführung von Wettbewerber-Innovationen, was die Entscheidungsflexibilität erhöht[278].

Freilich sind bei vielen der Unternehmen mit technologischer Wettbewerbsanalyse auch Konzeptions-, Ressourcen- oder Kommunikationsdefizite dieser Aktivitäten auszumachen. Durch Beseitigung dieser Mängel und eine moderne Methodik könnten noch wesentlich verbesserte Beiträge zur Unternehmensleistung bereitgestellt werden.

(4) Stärkere Bedeutung externer Wissensbeschaffung löst Maßnahmen zum stärkeren Schutz vor unerwünschtem Wissensabfluss aus. Das lässt sich unter anderem an folgenden Indizien erkennen:

---

[273] Vgl. Brockhoff, K., Schnittstellen-Management. Abstimmungsprobleme zwischen Marketing und Forschung und Entwicklung. Stuttgart 1989, S. 47 ff., mit weiteren Hinweisen.

[274] Vgl. Lange, V., Technologische Wettbewerbsanalyse, Wiesbaden 1994, S. 18, 32.

[275] Ebenda, S. 106.

[276] Ebenda, S. 157.

[277] Ebenda, S. 167.

[278] Vgl. Brockhoff, K., Schnittstellen-Management, a. a. O.; Lange, V., Technologische Wettbewerbsanalyse, a. a. O., S. 247.

- In Deutschland leistet der Verfassungsschutz aktiv Untertützung beim Schutz von Know-how, sowohl durch Prävention und Information als auch durch Hilfe für Unternehmen im Verdachtsfall der Wirtschaftsspionage[279].
- Das Europäische Patentabkommen regelt die Erteilung europäischer Patente in 38 Vertragsstaaten[280].
- Singapur und Japan haben Strategien für die Handhabung geistigen Eigentums auf den Weg gebracht, die darauf abzielen, den gößtmöglichen (öffentlichen) Nutzen für nationale Unternehmen zu generieren[281].
- Die Know-how-Schutz-Richtlinie der EU regelt den europaweit einheitlichen Schutz von Geschäftsgeheimnissen vor rechtswidrigem Erwerb, Nutzung und Offenlegung[282].

Für die **externe Wissensbeschaffung** kommt eine große **Vielzahl von Möglichkeiten** in Betracht. In Abb. 5.2 werden solche Möglichkeiten für alle die Situationen gezeigt, bei denen das Wissen nicht durch Erwerb von Unternehmen oder Kooperationen gewonnen wird, also eher operativ (oder taktisch) vorgegangen wird. Die hier dargestellte Gliederung überschneidet sich mit einer anderen Gliederung, nämlich nach Technologie- und Techniktransfer. Entsprechend den Abgrenzungen in Kapitel 2 erfolgt Techniktransfer z. B. durch die Übergabe von Produkten oder die Installierung von Produktionsprozessen, Technologietransfer dagegen z. B. durch Übernahme von Ideen oder Erwerb von Patenten.

Weiter ist danach zu unterscheiden, ob das **Wissen** unabhängig von anderen Produktionsfaktoren übertragbar ist oder nicht, d. h. ob es **inkorporiert** ist, wie in der Sprache der Produktionstheorie gesagt werden kann. Nicht inkorporiertes Wissen liegt als ungeschütztes Wissen oder als geschütztes Wissen vor. Ungeschütztes Wissen ist in der Literatur, bei Vorträgen, Vorführungen, Besichtigungen zu entdecken oder durch informelle Kontake zu gewinnen. Erprobungen, freiwillige Tests bei Kunden oder Testserien, wie die klinischen Versuche vor Arzneimittelzulassungen aufgrund behördlicher Zulassungsverfahren, können interessante Wissensquellen darstellen. Wird die Wissensnutzung durch Schutzrechte beschränkt, so kommen deren Erwerb, der Erwerb oder Tausch von Nutzungen an diesen Schutzrechten oder die Lizenzierung in Frage.

Auf der Grundlage von Fallstudien kann man situative Bedingungen beschreiben, unter denen dieser Rechtserwerb eher möglich ist als unter anderen Bedingungen. Der **Erwerb von Schutzrechten** wird nur dann möglich sein, wenn der Eigentümer auch

---

279 Verfassungsschutz, Wirtschaftsspionage – Risiko für Unternehmen, Wissenschaft und Forschung, 2014.
280 Europäisches Patentübereinkommen, 2016.
281 Breznitz, D., Murphree, M., What the U. S. should be doing to Protect Intellectual Property, Harvard Business Review, 2016.
282 Richtlinie (EU) 2016/943 des Europäischen Parlaments und des Rates.

Abb. 5.2: Alternativen zur Deckung eines Bedarfs an bereits vorhandenem externen Wissen

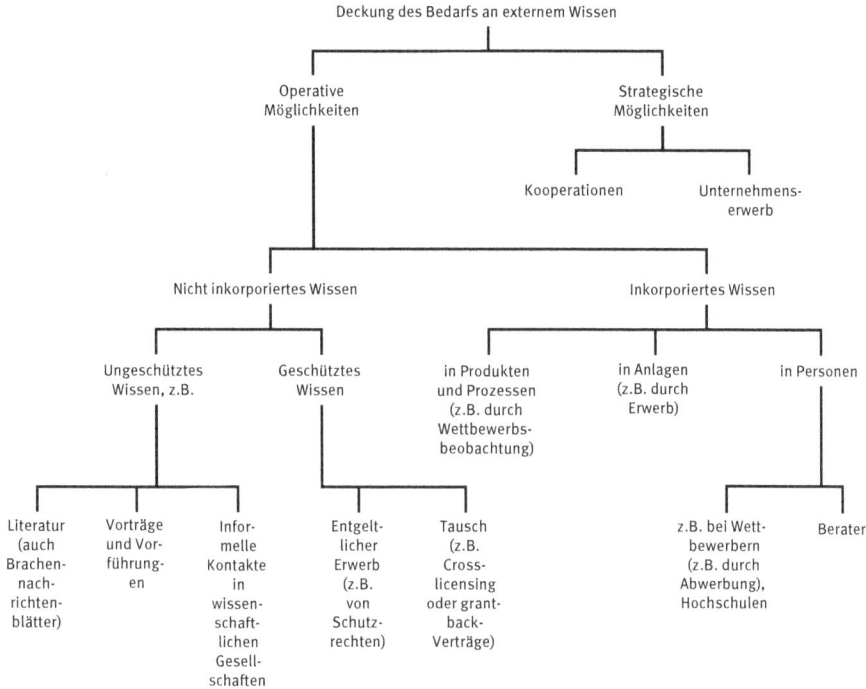

Deckung des Bedarfs an externem Wissen

Operative Möglichkeiten — Strategische Möglichkeiten

Kooperationen — Unternehmenserwerb

Nicht inkorporiertes Wissen — Inkorporiertes Wissen

Ungeschütztes Wissen, z.B. — Geschütztes Wissen — in Produkten und Prozessen (z.B. durch Wettbewerbsbeobachtung) — in Anlagen (z.B. durch Erwerb) — in Personen

Literatur (auch Brachennachrichtenblätter) — Vorträge und Vorführungen — Informelle Kontakte in wissenschaftlichen Gesellschaften — Entgeltlicher Erwerb (z.B. von Schutzrechten) — Tausch (z.B. Crosslicensing oder grant-back-Verträge) — z.B. bei Wettbewerbern (z.B. durch Abwerbung), Hochschulen — Berater

auf längere Sicht eine eigene Nutzung nicht anstrebt oder das erwartete Ergebnis seiner Nutzungsmöglichkeiten unter demjenigen des Erwerbers liegt. Das könnte für weit außerhalb des bestehenden Tätigkeitsfeldes eines Unternehmens liegende geschützte Erfindungen zutreffen.

Kommt der **Lizenzerwerb** als Alternative in Frage? Sicher nicht in allen Fällen. In Abb. 5.3 wird dargestellt, von welchen Bedingungen die Bereitschaft des Lizenzgebers abhängen kann. Der Empiriegrad bringt zum Ausdruck, inwieweit die Wissensgewinnung systematisch (niedriger Empiriegrad) oder zufällig (hoher Empiriegrad) betrieben wird[283]. Bei hohem Empiriegrad ist eine Lizenzierung unwahrscheinlich, wie Kaufer am Beispiel der herkömmlichen Pharmaforschung plausibel macht: „der Innovator (kann) zwar eine Reihe von Modifikationen seines therapeutisch wirksamen Moleküls testen; auf diese Weise hat er es wahrscheinlich ohnehin entdeckt. Die Anzahl der ‚Molekülvariationen' ist indessen so hoch, dass er nicht sicher sein kann, dass ein Rivale nicht eine noch andere Variante mit ähnlichen therapeutischen Eigenschaften findet und so sein Patent finderisch umgeht"[284].

---

[283] Vgl. oben Abschnitt 4.5.2.
[284] Kaufer, E., Bedeutung von Konzentrationsprozessen für Entscheidungen in kleinen und mittleren Unternehmen, a. a. O., S. 206.

Abb. 5.3: Situative Einflüsse auf die Lizenzierungsbereitschaft

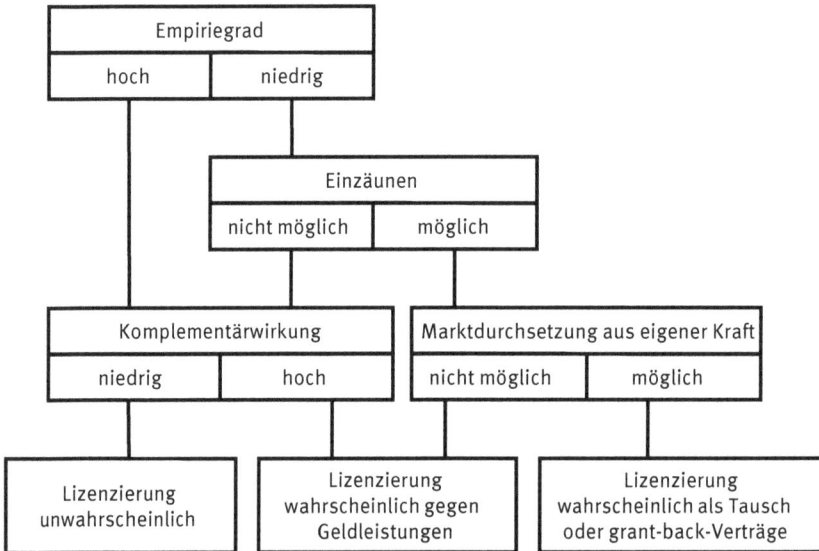

Bei niedrigem Empiriegrad ist weiter zu beachten, ob der potentielle Lizenzgeber eine Politik der Absicherung seines Schutzrechts durch systematische Patentierung möglicher Alternativen betrieben hat, was hier als Einzäunen durch flächendeckende Patentierung[285] bezeichnet wird. Ist dies nicht möglich oder nicht vorgekommen, so wird er vor allem dann einer Lizenzierung zuneigen, wenn dadurch eine Komplementärwirkung oder ein „„technologischer Verbund' (interrelatedness)" möglich ist[286]. Ist ein Einzäunen gelungen, so kann eine Lizenzierung vor allem dann in Betracht kommen, wenn aus eigener Kraft des potentiellen Lizenzgebers der Markt nicht vollständig oder nur zu langsam[287] erschlossen werden kann. Dieser Aspekt wird insbesondere bei dem Versuch der Etablierung sog. Industrie-Standards relevant[288]. Liegen aber solche Bedingungen nicht vor und werden gleichwohl Lizenzen angeboten, so werden sie mit „grant-back"-Klauseln verbunden sein oder gegenseitigen Lizenzaustausch vorsehen. Während der erste Fall sich auf die Bereitstellung des vom Lizenznehmer in Zukunft entwickelten Wissens an den Lizenzgeber für Weiterentwicklungen auf dem Gebiet

---

285 Vgl. Abschnitt 4.1.

286 Kaufer, E., Bedeutung von Konzentrationsprozessen für Entscheidungen in kleinen und mittleren Unternehmen, a. a. O., S. 207.

287 Vgl. Schmalen, H., Optimale Entwicklungs- und Lizenzpolitik, Zeitschrift für Betriebswirtschaft, 50. Jg., 1980, S. 1077–1103, wo ein zeitliches „Lizenzvergabe-Fenster" im Oligopolmarkt nachgewiesen wird, bei dessen zeitweiser Öffnung ein Lizenzvertrag für beide Seiten vorteilhaft erscheint.

288 Mit dem Ziel, den PowerPC als Mikroprozessor-Standard zu etablieren, verkauft IBM diesen Chip auch an den Konkurrenten Hitachi. Vgl. Sager, 1., IBM knows what to do with a good idea: sell it, a. a. O., S. 72.

Abb. 5.4: Vor- und Nachteile der Lizenznahme.

Vorteile	Nachteile
– Verzicht auf eigene (fix-) kostenintensive Forschung und Entwicklung – Schnelle und gezielte Beschaffung von speziellen Kenntnissen	– Nicht jeder Wissenserwerb ist möglich – Nur begrenzte Nutzbarkeit der erworbenen Schutzrechte – Teilweise erheblicher Zeitaufwand bis zum Lizenzerhalt – Kaum wettbewerbliche Differenzierung durch Exklusivität möglich

Quelle: Vahs, D., Brem, A., Innovationsmanagement – Von der Idee zur erfolgreichen Vermarktung, Stuttgart 2015, S. 153.

des in der Lizenz bereitgestellten Wissens bezieht, sieht der zweite Fall eine solche Einschränkung nicht vor. Insbesondere der erste Fall stellt eine bedeutende technologiestrategische Gefahr für den Lizenznehmer dar: Sie reduziert die künftigen Erfolge eigener Forschungs- und Entwicklungstätigkeit, wenn sie an den ursprünglichen Lizenzgeber ohne Komplementärwirkung die eigenen Erkenntnisse „zurückgewährt". Sind solche Klauseln nicht vorgesehen, so kann dies auf der Überlegung beruhen, zu vermeiden, dass „die unmittelbar betroffenen Firmen ... um des Überlebens willen zu maximalen Anstrengungen gezwungen worden (wären), doch alternative Lösungen zu suchen oder die ... Patente anzugreifen oder ... bewusst zu verletzen und die Prozesse, wie üblich, 8–10 Jahre hinzuziehen"[289].

Wenn der Erwerb externen Wissens durch Lizenzverträge vorgesehen ist, so ist zusätzlich auf ihre Ausgestaltung zu achten. Wie die Abb. 5.4 zeigt, gibt es hierfür sehr viele verschiedene Formen. Eine Lizenznahme bietet zwar vielfältige Möglichkeiten die Ergebnisse unternehmensexterner Innovationsprozesse im eigenen Unternehmen zu etablieren, ist gleichzeitig aber auch mit einigen Nachteilen behaftet[290]. Abbildung 5.4 gibt einen Überblick über mögliche Vor- und Nachteile, welche in diesem Falle gegeneinander abzuwägen sind.

Inkorporiertes Wissen kann nur über den Erwerb derjenigen Ressourcen erlangt werden, in denen das Wissen inkorporiert ist. Die verschiedenen Fälle sind in Abb. 5.2 dargestellt. Insbesondere die Abwerbung von Personal mag auf den ersten Blick wenig realistisch erscheinen. Dieser Fall ist aber für die Entwicklung der Halbleitertechnik in den USA von hervorragender Bedeutung gewesen[291]. In einem aktuelleren Fall wurde ein ehemaliger Mitarbeiter des Internetkonzerns Google angeklagt, nachdem er

---

289 Kaufer, E., Bedeutung von Konzentrationsprozessen für Entscheidungen in kleinen und mittleren Unternehmen, a. a. O., S. 206.
290 Vahs, D., Brem, A., Innovationsmanagement – Von der Idee zur erfolgreichen Vermarktung, Stuttgart 2015, S. 153.
291 Ebenda, S. 204 f.

Geschäftsgeheimnisse zur Entwicklung autonomer Fahrzeugtechnik an seinen neuen Arbeitgeber, den Fahrdienstleister Uber, verkauft haben soll[292].

Strategisches Vorgehen erfordert, verschiedene Kooperationsformen und den Erwerb von Unternehmen oder Unternehmensteilen als weitere Alternativen des Wissenserwerbs zu betrachten[293]. Das wird aus den folgenden Fällen deutlich.

Die Geschichte von DuPont zeigt, dass die interne Entwicklung neuen Wissens im Vergleich zur Akquisition von extern entwickeltem Wissen sehr aufwendig sein kann. Das Management hatte dies erstmals am Ende des 1. Weltkrieges bei dem Versuch erfahren, vom Sprengstoffgeschäft in das Farbengeschäft zu diversifizieren:

„The dyestuffs venture provided an important object lesson for DuPont's executives. They concluded that the internal generation of new business was too demanding. The acquisition of business or technologies and their improvement through R&D was a far better way to proceed. The venture into dyestuffs seemed to those who lived through it an endless nightmare of scientific, technical, manufacturing, and marketing problems that could not have been anticipated at the outset“.

Die Vorbereitung der Titandioxyd-Produktion erfolgte deshalb unter Berücksichtigung der Alternativen der externen Wissensgewinnung:

„On the technological side, DuPont had the options of developing a process in its own research laboratories, obtaining one through its Patents and Processes Agreement with ICI, hiring consultants and experts to build a plant, or purchasising an existing process or firm. To get into titanium dioxide as quickly as possible, DuPont explored all these avenues to innovation“[294].

„When faced with the options of developing its own process or buying the technology, DuPont's management chose the latter as the most effective way of entering the business. Once the new technology had been assimilated within the company, then the research organization could focus on particular aspects of it. This process-and-product-improvement type of research dominated the company's industrial department research program between 1921 and the early 1930s.

But during the next decade, DuPont's ideas about innovation would change dramatically“[295].

Dafür gab es auch starke, sich außerhalb des Unternehmens entwickelnde Gründe: *„The economic constraints caused by the Great Depression and numerous antitrust prosecutions put an end to DuPont's diversiflcation through acquisition“[296].*

---

292 Isaac, M., Former Star Google and Uber Engineer Charged with Theft of Trade Secrets, in The New York Times, Ausgabe 27. August 2019.

293 Vgl. Süverkrüp, C., Internationaler technologischer Wissenstransfer durch Unternehmensakquisitionen, Frankfurt 1992.

294 Hounshell, D. A., Smith, J. K. jr., Science and Corporate Strategy, Research and Development at DuPont 1908 to 1980, a. a. O., S. 210.

295 Ebenda, S. 218.

296 Ebenda, S. 221.

Abb. 5.5: Systematik der Lizenzarten

Ansatzpunkt für Systematisierung	Kriterium für Systematisierung	Lizenzarten und Ausprägungsform
Lizenzobjekt	Vorhandensein von Schutzrechten	– Patentlizenzen – Know-how-Lizenzen – Lizenz basierend auf weiteren Schutzrechten – Gemischte Lizenzen

	Umfang der übertragenen Nutzungsrechte	– Unbeschränkte Lizenzen
		– Beschränkte Lizenzen
		  – sachlich beschränkt
		  – räumlich beschränkt
		  – zeitlich beschränkt

Lizenznehmer	Anzahl der Lizenznehmer	– Ausschließliche Lizenzen – Einfache Lizenzen
Zustandekommen der Lizenz	Freiwilligkeit	– Zwangslizenzen – Vereinbarte Lizenzen

Quelle: Kern, W., Schröder, H. H., Forschung und Entwicklung in der Unternehmung, a. a. O., S. 79, aktualisiert nach Corsten, H., Gössinger, R., Müller-Seitz, G. & Schneider, H., Grundlagen des Technologie- und Innovationsmanagements, Vahlen, München 2016, S. 115.

Als Entscheidungsgründe für die Beurteilung der Vorteilhaftigkeit externen Wissenserwerbs werden Aufwendungen, Risiken und Zeitbedarf (der wirtschaftlich zu bewerten wäre) genannt[297].

Aufgrund von Fallstudien argumentiert Teece, dass der externe Erwerb von Wissen vorteilhaft ist, wenn
– auf komplementäre Fähigkeiten, Anlagen etc. Dritter zurückgegriffen werden muss und diese hoch spezialisiert sind oder
– keine starke Schutzmöglichkeit für die Zurechenbarkeit der Innovationserträge zum Innovator besteht, wobei zu beachten ist, ob man sich in einer frühen oder späten Marktphase befindet, oder
– eine schwache Liquiditätsposition die Eigenentwicklung behindert oder
– Wettbewerber besser positioniert sind[298].

Bestätigt und ergänzt werden diese Argumente durch Erhebungsergebnisse aus deutschen Großunternehmen (vgl. Tab. 5.1). Darin ist auffällig, dass entgegen manchen

---

[297] Vgl. Capon, N., Glazer, R., Marketing and Technology: A Strategic Coalignment, Journal of Marketing, Bd. 51, 1987, Juli, S. 1–14, bes. Tab. 2.
[298] Teece, D. J., Profiting from technological innovation: Implications for Integration, Collaboration, Licensing and Public Policy, Research Policy, Bd. 15, 1986, S. 285–305.

Tab. 5.1: Hypothesen zur Vorteilhaftigkeit externen Erwerbs neuen technologischen Wissens

Externe Bezugsquellen neuer Technologien werden häufiger verwendet bei ...	Ergebnis Irrtumswahrscheinlichkeit (t-Test)		
	Nicht widerlegt	Nicht signifikant	Widerlegt
... intern fehlenden F&E-Ressourcen	$p < 0{,}000$		
... geringerer technologischer Verwandtschaft	$p < 0{,}000$		
... Nicht-Kern-Technologien		X	
... besserer Technologieposition externer Quellen	$p < 0{,}000$		
... Annäherung an finanzielle Grenzen	$p < 0{,}000$		
... geringerem strategischen Stellenwert	$p < 0{,}000$		
... leichterer Imitierbarkeit	$p < 0{,}02$		
... leichterer Transferierbarkeit	$p < 0{,}07$		
... geringeren erreichbaren Wettbewerbsvorteilen	$p < 0{,}002$		
... größerem technologischen Risiko			X
... höheren erforderlichen Investitionen			X
... größerer Marktentfernung		X	
... höherem Zeitdruck		X	
... niedrigeren Markteintrittsbarrieren	$p < 0{,}003$		

Quelle: Hermes, M., Eigenerstellung oder Fremdbezug neuer Technologien, Diss. Kiel 1993, S. 128.

Vorstellungen externer Wissenserwerb nicht generell zur Entwicklungsbeschleunigung oder zur Risikoabdeckung eher marktferner Randtechnologien herangezogen wird.

Ergänzend führt Teece an, dass durch den Fortschritt in den letzten Jahren weitere Aspekte in den Vordergrund getreten sind, die auf den externen Erwerb von Wissen wirken können und deren Einfluss es (auch oder gerade zukünftig) abzuschätzen gilt. Dazu gehören etwa die hohe Erfindungsrate, Netzwerkeffekte, Digitalisierung, steigende Bedeutung von Plattformen, sowie mögliche Probleme im Bezug auf *Enabling Technologies*[299].

Offensichtlich wird der externe Wissenserwerb durch relativ niedrige Kosten des zu erwerbenden Wissens gefürdert. Dem stehen Kosten für den Transfer des Wissens entgegen. Diese Kosten können

– mit zunehmender Menge des zu erwerbenden Wissens ansteigen,
– mit zunehmendem eigenem Kenntnisstand sinken,
– mit zunehmender Ausprägung des sog. „not invented here syndrome" wiederum ansteigen.

299 Teece, D. J., Reflections on profiting from innovation, Research Policy, 35(8), 2006, S. 1131–1146 und Teece, D. J., Profiting from innovation in the digital economy: Enabling technologies, standards, and licensing models in the wireless world, Research Policy, 47(8), 2018, S. 1367–1387.

Das legt es nahe, nach einem optimalen Einsatzverhältnis selbst erstellten und von Dritten erworbenen Wissens zu suchen[300]. Die hier genannten, eher taktischen Gesichtspunkte sollen im Folgenden durch strategische Überlegungen ergänzt werden.

5.2 Entscheidungsunterstützung bei der strategischen Technologiebeschaffung

5.2.1 Empirische Ergebnisse

Eine Bewertung der Technologiebeschaffungsalternativen muss vor ihrer bewussten Auswahl erfolgen. Hierzu werden mehrere Betrachtungsweisen angeboten, die das mehrdimensionale Entscheidungsproblem oft auf zweidimensionale Matrizen zu reduzieren versuchen. Die Multidimensionalität der Zielkriterien wird einerseits durch die Vielfalt der Wettbewerbssituationen und den darauf bezogenen Unternehmenszielen bestimmt sowie andererseits durch die Eigenschaften der verschiedenen Formen, in denen externes Wissen verfügbar wird. Wir wenden uns zunächst diesen Aspekten zu.

In der Fachliteratur gibt es zahlreiche Ansätze, die Beschaffung von Technologien strategisch aufzugliedern. Eine weit verbreitete Methodik ist die Unterteilung in bereits vorhandene bzw. noch nicht vorhandene Technologien, wobei diese Kategorien wiederum in unternehmensexterne bzw. unternehmensinterne Technologiebeschaffungsformen (sowie mögliche Mischformen externer Beschaffungsstrategien) aufgeschlüsselt werden[301].

Abbildung 5.6 stellt einen Überblick über die verschiedenen Möglichkeiten der strategischen Technologiebeschaffung dar. Dadurch wird insbesondere der Unterschied zwischen interner F&E, externer F&E, sowie externer Beschaffung hervorgehoben.

Findet die Erforschung und Entwicklung einer Technologie vollständig im eigenen Unternehmen statt, so spricht man von „interner F&E". Ihr gegenüber steht die „externe F&E", wobei die Forschung und Entwicklung vollständig unternehmensextern abläuft, etwa im Rahmen von Vertragsforschung, Kooperationen und Partnerschaften. Unter „externer Beschaffung" hingegen versteht man die Inkorporation technologiegeprägter Kompetenz, die zuvor von anderer Seite entwickelt wurde und bisher in keiner Verbindung zum eigenen Unternehmen stand. Da diese klare Abgrenzg in der Praxis oft schwerfällt, spricht man bei diesen Zwischenstufen im Allgemeinen von „kooperativen Mischformen", die anhand ihrer vertikalen Integration durch die jeweilige Nähe zu den Schranken „vollständig unternehmensintern" bzw.

---

300 Vgl. Brockhoff, K., Zur Theorie des externen Erwerbs neuen technologischen Wissens, Zeitschrift für Betriebswirtschaft, Ergänzungsheft 1/95, 1995, S. 27–42.
301 Brodbeck, H., Strategische Entscheidungen im Technologie-Management, Zürich 1999, S. 101.

Abb. 5.6: Möglichkeiten strategischer Technologiebeschaffung.

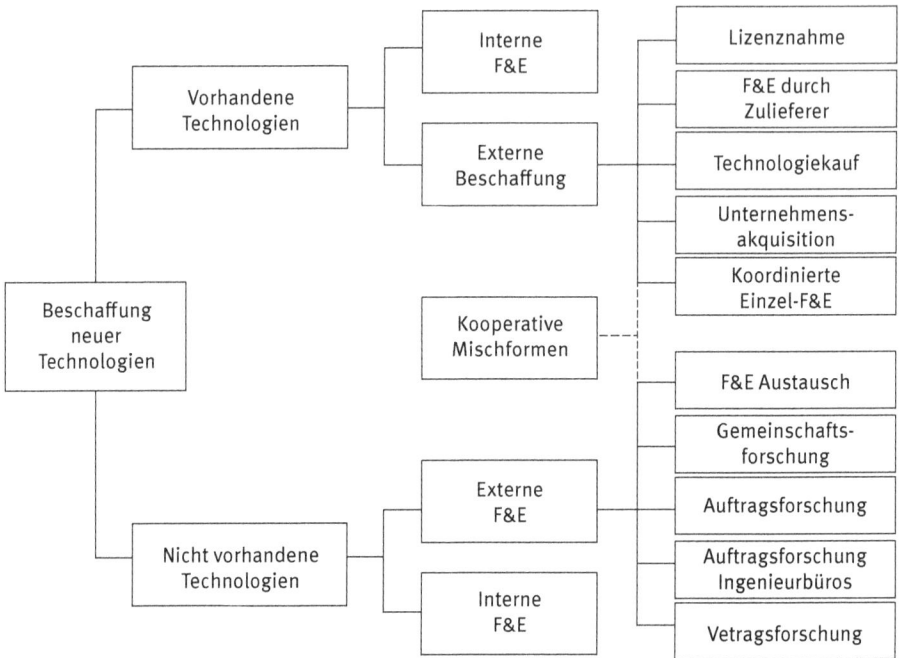

Quelle: Brodbeck, H., Strategische Entscheidungen im Technologie-Management, Zürich 1999,
S. 102.

„vollständig unternehmensextern" charakterisiert und beschrieben werden können
(vgl. Abb. 5.7)[302].

Bei einer Untersuchung der Strategien zur Technologieakquisition verschiedener
deutscher Unternehmen konnten Präferenzen bei der Technologiebschaffung abhän-
gig von der jeweiligen Wettbewerbsstrategie gefunden werden:
- Technologieführer: Vertrags- oder Auftragsforschung, Forschung im Rahmen von
  Joint Ventures.
- Technologiefolger: F&E durch Zulieferer.
- Differenzierungsstrategie: Erwerb von Patenten und Technologien, Übernahme
  von Unternehmen.
- Kostenführer: Joint Ventures[303].

---

302 Brem, A., Make-or-Buy-Entscheidungen im strategischen Technologiemanagement, Saarbrücken
2012, S. 17 f.
303 Brem, A., Gerhard, D., Voigt, K.-I., Strategic Technological Sourcing Decisions in the Context of
Timing and Market Strategies: An Empirical Analysis, International Journal of Innovation and Technology Management, Vol. 11, 2014.

Abb. 5.7: Zwischenformen der Technologieerschließung.

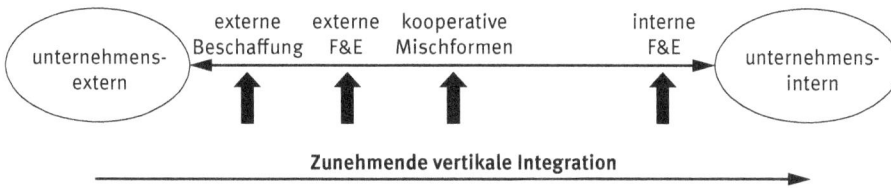

Quelle: Brem, A., Make-or-Buy-Entscheidungen im strategischen Technologiemanagement, Saarbrücken 2012, S. 18.

In einer Untersuchung externer Wissensbeschaffung deutscher Großunternehmen
konnten fünf charakteristische **Faktoren zur Beschreibung verschiedener Wissensquellen** identifiziert werden, von denen sich vier auch in Varianzanalysen als
relevant erwiesen[304]. Diese Faktoren sind:

(1) Wettbewerbsrelevanz der zu erwerbenden Technologie oder Technik, charakterisiert durch die Variablen „Schwierigkeit der Imitation", „Schwierigkeit der
Kommunikation", „hohe Eintrittsbarrieren", „geeignet zur Schaffung von Wettbewerbsvorteilen".

(2) Relative eigene Technologieposition, gekennzeichnet durch „ähnlichen internen
Wissensstand", „interne Verfügbarkeit entsprechender Forschungs- und Entwicklungsressourcen", „schwächere technologische Position der Technologiezuliefe-
rer", „Zurechnung zu den Kerntechnologien des Unternehmens".

(3) Vertrautheit mit dem Markt, worauf die Variablen „Entfernung des Zielmarkts von
derzeitigen Aktivitäten" und „Höhe des technologischen Risikos" laden.

(4) Strategischer Einfluss, gekennzeichnet durch „Strategische Bedeutung" und „Innovationshöhe".

Aufgrund dieser Faktoren können fünf Alternativen der Wissensbeschaffung beurteilt
werden (Tab. 5.2).

Am ungünstigsten werden danach Projekte mit Zulieferern und Lizenznahmen beurteilt. Vertragsforschung erscheint als Instrument zur Überbrückung von Kapazitäts-
engpässen in wettbewerblichen Randgebieten (was in Klein- und Mittelbetrieben anders beurteilt werden könnte). Bei Kooperationen ist die Wettbewerbsrelevanz deutlich ausgeprägt, während die eigene Technologieposition als vergleichsweise schwach
eingeschätzt wird. Die Zeit bis zur Verfügung über neues Wissen erwies sich bei den
Alternativen nicht als signifikant verschieden ausgeprägt.

Die betrachteten Alternativen sind weiterhin durch **Eigenschaften** zu charakteri-
sieren, die ihre Wahl beeinflussen können. Diese Eigenschaften können in den Kriteri-

---

304 Vgl. Hermes, M., Eigenerstellung oder Fremdbezug neuer Technologien, Diss., Kiel 1993, S. 130 ff.

Tab. 5.2: Charakteristika alternativer Formen der Wissensbeschaffung (Faktorwerte)

Alternative	Faktor 1 Wettbewerbs- relevanz	Faktor 2 Relative eigene Technologieposition	Faktor 3 Vertrautheit mit dem Markt	Faktor 4 Strategisch- er Einfluss
Interne Forschung und Entwicklung	0,16	0,52	0,06	0,13
Forschungs- und Ent- wicklungskooperationen	0,54	−0,31	−0,23	−0,03
Vertragsforschung	−0,79	0,00	0,70	−0,62
Projekte mit Zulieferern	−0,68	−0,78	0,16	−0,43
Lizenznahme	0,08	−0,74	−0,62	−0,28

Quelle: Nach Hermes, M., Eigenerstellung oder Fremdbezug neuer Technologien, a. a. O., S. 137.

en „Exklusivität und Nachhaltigkeit der Wissensnutzung" sowie „Erwarteter Aufwand der Wissensbeschaffung" zusammengefasst werden. Jede Form der Wissensbeschaffung wird im Falle ihrer tatsächlichen Nutzung hinsichtlich beider Kriterien günstiger eingeschätzt als ohne ihre Nutzung. Die Exklusivität und Nachhaltigkeit der Wissensnutzung ist eine wesentliche Grundlage für die Ausschließbarkeit und damit für die wirtschaftliche Nutzung des Wissens. Beim erwarteten Projektaufwand ist die wirtschaftliche Bedeutung unmittelbar einleuchtend.

Im Falle der Nutzung einer der hier betrachteten fünf Möglichkeiten der Wissensbeschaffung werden interne Forschung und Entwicklung sowie Vertragsforschung im Vergleich mit den übrigen Alternativen als aufwändiger angesehen. Die Grundlage für eine weitgehende Ausschließbarkeit ist dagegen vor allem bei interner Wissensbeschaffung sowie Kooperationsprojekten gegeben. Insgesamt wird die Vertragsforschung erstaunlich schlecht beurteilt (vgl. Tab. 5.3), während Kooperationen vor allem wegen der Aufteilung des Aufwandes sehr gut eingeschätzt werden.

Die Ergebnisse der Tab. 5.2 und 5.3 stellen Wahrnehmungen des Managements dar. Sie zeigen situative Einflüsse auf die Auswahl von Alternativen der Wissensbeschaffung und zwei ihrer bedeutenden Charakteristika. Daneben ist aus Fallstudien oder theoretischen Überlegungen auf weitere oder verwandte Auswahlkriterien geschlossen worden. Wie im Folgenden gezeigt wird, spezifizieren diese Studien einzelne Variablen und fügen zwei Variablen explizit hinzu: die Bedeutung des Markteintrittszeitpunktes und die Höhe der Transaktionskosten.

Tab. 5.3: Beurteilungskriterien alternativer Formen der Wissensbeschaffung

Alternative	Rangwerte* für	
	Exklusivität und Nachhaltigkeit der Wissensnutzung	Erwarteter Aufwand der Wissensbeschaffung
Interne Forschung und Entwicklung	1	4
Forschungs- und Entwicklungs-kooperationen	2	1
Vertragsforschung	4	5
Projekte mit Zulieferern	5	3
Lizenznahme	3	2
* 1: bestes Ergebnis; 5: schlechtestes Ergebnis		

Quelle: Nach Hermes, M., Eigenerstellung oder Fremdbezug neuer Technologien, a. a. O., S. 181.

5.2.2 Methodenvorschläge

Vorschläge zur Entscheidungsmethodik für die Wahl zwischen Eigenerstellung und Fremdbezug neuen technologischen Wissens sind formal an der multiattributiven Nutzentheorie orientiert. Danach wird jede Entscheidungsalternative ($i = 1, 2, \ldots, I$) hinsichtlich der empirisch als relevant festgestellten Kriterien ($j = 1, 2, \ldots, J$) mit einem Index u_{ij} bewertet. Sodann ist ein Gewicht (g_j) für jedes Kriterium festzulegen. Schließlich kann (unter bestimmten Voraussetzungen)[305] die Größe

$$u_i = \sum_{j=1}^{J} g_j \cdot u_{ij}$$

bestimmt und die vorgezogene Entscheidung nach

$$\max_i u_i$$

festgelegt werden.

In der Praxis treten bei diesem Vorgehen Schwierigkeiten auf, die die Relevanz und die Anzahl der Kriterien betreffen sowie die Beurteilung der Messgrößen g_j und u_{ij}. Es sind deshalb Vorschläge zur Reduzierung der Entscheidungskomplexität vorgelegt worden, die allerdings mit der erhöhten Gefahr der Vernachlässigung entscheidungsrelevanter Problemaspekte verbunden sind.

---

305 Vgl. Eisenführ, F., Weber, M., Rationales Entscheiden, Berlin et al. 1993.

So ist es auffällig, dass einige prominente Ansätze mit nur zwei oder drei Kriterien auszukommen versuchen und dabei Unsicherheitsaspekte in den Vordergrund rücken. Diese treten als unterschiedlich operationalisierte, grundsätzlich als voneinander unabhängig angesehene „technologische Risiken" und „Marktrisiken" auf. Das ist mit zwei der oben dargestellten situativen Einflussgrößen auf die Wahl der Beschaffungsalternativen gut zu verknüpfen (vgl. Tab. 5.2.: „Relative eigene Technologieposition" und „Vertrautheit mit dem Markt").

(1) In der **Vertrautheits-Matrix** (familiarity matrix)[306] zeigt die Abszisse den Grad der Vertrautheit mit den Technologien, die in ein Produkt eingehen, was im Grunde komplementär zum Grade des technologischen Risikos ist. Die Ordinate zeigt den Grad der Vertrautheit mit dem Markt, was entsprechend als komplementär zum Marktrisiko angesehen werden kann. Je nach Kombination der Risiken sollen unterschiedliche Formen der Technologiebeschaffung vorteilhaft sein, wobei allerdings keine eindeutigen Zuordnungen bestehen (vgl. Abb. 5.8). Als Begründung für die Zuordnung gilt, dass interne Technologiebeschaffung und Akquisitionen in stärkerem Maße Managementkapazität und Finanzmittel binden als der Einsatz von „venture capital" oder „educational acquisitions"[307], die aufwendigeren Maßnahmen sich aber eher in den vertrauteren Situationen rechtfertigen. Damit wird ein implizites drittes Kriterium, nämlich Aufwand (vgl. Tab. 5.3), eingeführt. Außerdem werden als Argument für Lizenzerwerb und Unternehmensakquisitionen zeitliche Vorteile erwähnt[308]. Das ist ein umstrittenes Argument, da die Partnersuche und der Vertragsabschluss so zeitaufwendig sein können, dass damit andere Zeitvorteile überkompensiert werden. Das wurde im Anschluss an die Tab. 5.2 auch empirisch ermittelt.

Spezifische, von dem Vertrautheitsgrad abhängige Auswahlentscheidungen des Technologieerwerbs sind aufgrund von 14 Fallstudien neu gegründeter Unternehmen entwickelt worden. Die Validität der Aussagen ist damit ungesichert. Im Einzelnen wird Folgendes vorgeschlagen.

Für die „Base/Familiar-Felder" werden in erster Linie unternehmensinterne Anstrengungen, ergänzt durch Akquisitionen, vorgeschlagen. In bestimmten Situationen kommen auch Lizenzen (neuartige Technologie) und marketingbezogene joint ventures (neue Märkte) in Frage, wobei sich diese beiden letzten Felder im Zeitablauf relativ schnell in Richtung des Basisfeldes (links unten) entwickeln dürften.

---

306 Roberts, E. B., Berry, Ch. A., Entering New Business: Selecting Strategies for Success, Sloan Management Review, 1985, Spring, S. 3–17. Unterstellt man, dass der Grad der Vertrautheit mit der Technologie mit der Entwicklung neuer Produkteigenschaften korreliert ist, so weist der hier präsentierte Ansatz hinsichtlich der benutzten Kriterien große Verwandtschaft mit dem Konzept von Ansoff für die Definition von Produkt-Markt-Strategien auf. Vgl. Ansoff, H. I., A Model for Diversification, Management Science, Vol. 4, 1958, S. 392–414.
307 Das ist der Erwerb kleiner Unternehmen, um daran zu lernen.
308 Vgl. Roberts, E. B., Berry, Ch. A., Entering New Business: Selecting Strategies for Success, a. a. O., S. 8.

Abb. 5.8: Die „familiarity matrix" mit den Norm-Strategien

Market Factors				
	New Unfamiliar	Joint Ventures	Venture Capital or Venture Nurturing or Educational Acquisitions	Venture Capital or Venture Nurturing or Educational Acquisitions
	New Familiar	Internal Market Developments or Acquisitions (or Joint Ventures)	Internal Ventures or Acquisitions or Licensing	Venture Capital or Venture Nurturing or Educational Acquisitions
	Base	Internal Base Developments (or Acquisitions)	Internal Product Developments or Acquisitions or Licensing	"New Style" Joint Ventures
		Base	New Familiar	New Unfamiliar
		Technologies or Services Embodied in the Product		

Quelle: Roberts, E. B., Berry, Ch. A., Entering New Business: Selecting Strategies for Success, a. a. O., S. 8

Für die „Familiar/Unfamiliar-Felder" wird ein zweistufiges Vorgehen vorgeschlagen. In einem ersten Schritt sollte das Unternehmen versuchen, sich gewisse Grundlagenkenntnisse über die neue Technologie und die bisher nicht bearbeiteten Marktsegmente zu verschaffen. Hierfür stehen Risikokapitalbeteiligungen, eventuell erweitert um Beratungsleistungen (venture nurturing), sowie die Akquisition speziell kleinerer, technologieintensiver Unternehmen mit dem Ziel einer Übernahme des auf diesem Gebiet spezialisierten Personals (educational acquisitions) zur Verfügung. In einem zweiten Schritt kann auf der Basis des so gewonnenen Wissens entschieden werden, ob ressourcenintensivere Formen zur Entwicklung dieser Geschäftsidee zum Einsatz kommen sollen.

Für die drei dazwischenliegenden Diagonalfelder werden im wesentlichen kooperative Strategien angeraten, speziell in den beiden äußeren „Base/New Unfamiliar-Sektoren", in denen das Unternehmen entweder mit den Marktgegebenheiten oder

der Technologie sehr vertraut ist, der jeweils andere Aspekt aber vollkommenes Neuland darstellt. Während im Bereich bekannter Technologien und völlig neuer Märkte marketing- und vertriebsorientierte Kooperationen vorgeschlagen werden, erscheinen bei ausgeprägt innovativen, vom Unternehmen selbst bisher nicht beherrschten Technologien vor allem strategische Allianzen (hier „New Style"-Joint Ventures genannt) zwischen einem großen und einem kleinen Partner erfolgversprechend. Dabei liefert letzterer die technologischen Grundlagen für eine sich eventuell anschließende, gemeinsame Entwicklung. Auffällig ist, dass viele Möglichkeiten kooperativer externer Wissenbeschaffung unerwähnt bleiben, zum Beispiel Forschungs- und Entwicklungskooperationen auf vertraglicher Grundlage oder Ergebnisaustauschverträge.

(2) Die **Opportunitätskosten-Entwicklungsrisiko-Matrix** ist durch zwei entsprechend benannte Achsen gekennzeichnet[309]. Das Entwicklungsrisiko wird in mangelnder Vertrautheit mit der Technologie, mangelnden Kenntnissen über Bedürfnisse und hohen Aufwendungen für den Technologieerwerb gesehen. Erstaunlich ist die hier vorgenommene Aggregation von Kriterien, die sich in der oben dargestellten empirischen Analyse als voneinander unabhängig erwiesen haben.

Die Opportunitätskosten ergeben sich daraus, „dass man den richtigen Markteinführungszeitpunkt verpasst"[310]. Darin kann man durchaus auch ein **Marktrisiko** sehen, wenn auch in anderer Hinsicht als bisher betrachtet, das durch den Zeitdruck ausgelöst wird. Die komplexen Achsenbedeutungen erscheinen in dem Ansatz als besonders kritisch. Operationalisierungen für die Messung der Achsenausprägungen fehlen.

Die Normstrategien ergeben sich aus Abb. 5.9 Die Bedingungskonstellationen, in denen sich externe Wissensbeschaffung empfiehlt, sind hier aufgrund der Darstellungen im Text nachgetragen worden. Auch das Überspringen einer Entwicklungsstufe kann unter Umständen externe Hilfe erforderlich oder sinnvoll machen. Dasselbe gilt für Crash-Programme und das Anstreben der „perfekten Lösung". Irritierend erscheint, dass Vorschläge für Normstrategien und Hinweise auf Arrangements, durch die sich verschiedene Normstrategien durchsetzen lassen, wie die joint ventures, gemischt auftreten.

(3) Eine ähnliche Vorstellung lässt sich in der **„Unsicherheits-Matrix"** (uncertainty map) von Pearson erkennen[311]. Eine Achse wird mit „Unsicherheit über die technische Lösung (Mittel)" bezeichnet, die andere mit „Unsicherheit über die Marktorientierung (Zwecke)". Die Unterteilung in vier Gebiete lässt es zu, unterschiedliche Ausprägungen der auf den Achsen abgetragenen Kriterien zu bilden. Ausdrücklich wird darauf verwiesen, dass Zeitdruck als dritte Dimension die Matrix ergänzen könnte, da der Zeitdruck die Wahl geeigneter Bearbeitungsformen von Projekten beeinflusst.

---

309 Vgl. Krubasik, E. G., Customize your Product Development, Harvard Business Review, Bd. 66, Nov./Dez. 1988, S. 4–8.
310 Ebenda, S. 4.
311 Pearson, A. W., Innovation Strategy, Technovation, Vol. 10, 1990, S. 185–192.

Abb. 5.9: Die Opportunitätskosten-Entwicklungsrisiko-Matrix

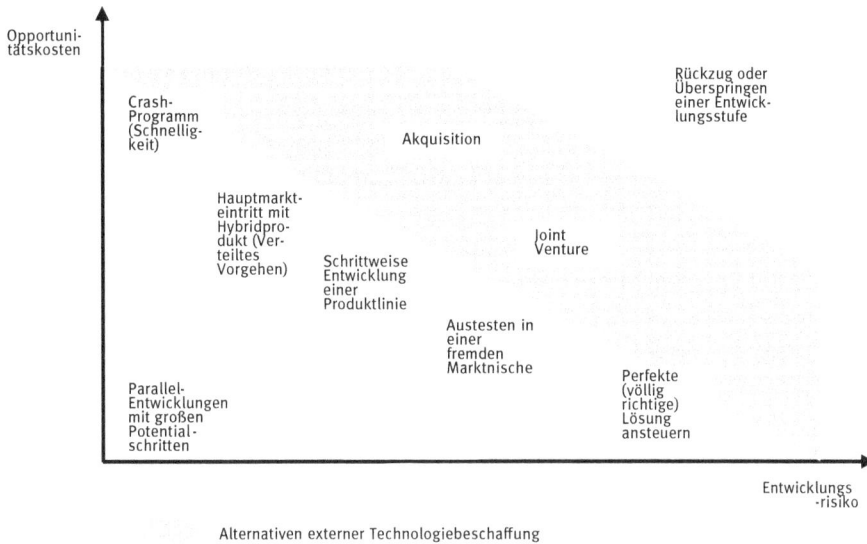

Alternativen externer Technologiebeschaffung

Quelle: In Anlehnung an Krubasik, E. G., Customize your Product Development, a. a. O.

Auch die Marktgröße wird als weitere Dimension in Erwägung gezogen. In zwei Fällen werden externe Formen der Wissensbeschaffung angeraten:

Bei hoher Unsicherheit über die technische Lösung und niedriger Unsicherheit über die Marktorientierung wird Vertragsforschung oder „using outside technology", vermutlich durch Erwerb von Rechten, empfohlen.

Bei umgekehrter Verteilung der Unsicherheit sollen „joint ventures, mergers, acquisitions and licensing" betrachtet werden[312]. Im Übrigen dient die Darstellung dem besseren Verständnis risikobeeinflussender Maßnahmen innerhalb des Unternehmens. Die Matrix beruht auf Plausibilitäten, sie ist empirisch kaum validiert.

(4) In einem weiteren Vorschlag sollen **Zeitdruck und „Vorhersagbarkeit des Ergebnisses"** (predictability) die Achsen einer Matrix bilden[313]. Vorhersagbarkeit kann wiederum als komplementär zu Unsicherheit betrachtet werden. Genauer bezieht sich die Vorhersagbarkeit auf die technologischen Aspekte. Sie zeigt das Ausmaß, in dem Projektleiter oder Projektbearbeiter glauben, die nötigen Schritte zur Erreichung der Projektziele vorhersehen zu können. An diese Darstellung werden Betrachtungen zur Wahl zwischen individueller Lösung oder Lösungen in Gruppen sowie zur Teamstruktur für die erfolgreiche Aufgabenbearbeitung angeschlossen. Da-

---

312 Ebenda, S. 187.
313 Vgl. Gordon, G., Preconceptions and Reconceptions in the Administration of Science, R&D Management, Vol. 2, 1971, S. 37–40.

mit wird die Risikosituation durch Beschränkung auf technologische Risiken viel zu eng gesehen.

(5) Durch Coase[314] und – später – durch Williamson[315] ist die Idee entwickelt worden, dass das Entstehen von Unternehmen darauf zurückzuführen ist, dass gewisse Aktivitäten innerhalb der Organisationen wirtschaftlicher abzuwickeln sind als zwischen Unternehmen auf Märkten. Dafür sind die in einem Fall auftretenden **Organisations-** und die im anderen Fall anfallenden **Transaktionskosten** entscheidend. Sie sind ursprünglich nur vage definiert worden, so dass sie heute in sehr unterschiedlicher Weise mit Kosten bei der Abwicklung von Informations- und Interaktionsprozessen assoziiert werden. Dieses Konzept wird auch genutzt, um zu erklären, wann es zur internen und wann es zur externen Wissensbeschaffung kommt.

Studien des RKW-Kompetenzzentrums ergaben vielfältige Einsichten in dieses Konzept. So stehen etablierte Unternehmen unter ständigem Innovationszwang, während Start-Ups unter großem Wachstumsdruck stehen. Die Kooperation mit jungen Unternehmen ermöglichte den Etablierten Zugang zu neuen Technologien, kann Kosten und Risiken der F&E reduzieren, sowie durch eine erhöhte Innovationsfähigkeit und Agilität den Zugang zu Fachkräften und neuen Märkten erschließen. Start-Ups profitieren dabei gleichermaßen durch Zugang zu neuen Ressourcen, einfacheren Marktzugang und Reputationsaufbau sowie möglicherweise Zugang zu Kapital und Netzwerken[316]. Damit lässt sich erklären, dass etwa 64 % der mittelständischen Unternehmen in Deutschland mit Start-Ups neue Technologien erschließen möchten. Von Mittelständlern mit Kooperationserfahren geben zudem 96 % an, auch zukünftig wieder mit jungen Unternehmen kooperieren zu wollen, was auf eine hohe Erfolgsquote hindeutet[317].

Worin könnten nun die spezifischen Transaktionsprobleme der Kooperation im Vergleich zur internen Forschung und Entwicklung liegen? Pisano[318] nennt folgende:

Die **Unsicherheit** von Forschungsprojekten, wie sie z. B. für die Biotechnologie typisch ist, lässt beim Projektstart keine präzisen Abmachungen zu. Diese werden erst beim Projektfortschritt immer weiter präzisiert werden können. Partner eines Kooperationsabkommens gehen deshalb von aufeinanderfolgenden Verhandlungen aus. Die Übergabe von Teilergebnissen an den Auftraggeber erfolgt aber nicht immer vollständig, da gewisses Know-how kaum schriftlich oder durch Muster zu übertragen ist. Hohe Spezialisierung behindert weiterhin die Möglichkeit der Auswahl zwischen mehreren Vertragspartnern.

---

314 Coase, R. H., The Nature of the Firm, Economica, Vol. 4, 1937, S. 386–405, bes. S. 390 ff.

315 Williamson, O. E., Markets and Hierarchies: Analysis and Antitrust Implications, a. a. O.

316 RKW Kompetenzzentrum, RKW Magazin: mischen possible, Ausgabe 1, 2018.

317 RKW Kompetenzzentrum: Mittelstand meets Start-Ups 2018 – Potenziale der Zusammenarbeit, 2018.

318 Pisano, G. P., The R&D Boundaries of the Firm: An Empirical Analysis, Administrative Science Quarterly, Vol. 35, 1990, S. 153–176

Wer die Forschung betreibt, erwirbt häufig **Wissen, das über ein spezifisches Projekt hinaus nutzbar ist**. In der Möglichkeit, dieses Wissen an Wettbewerber des an den Forschungsauftrag gebundenen Unternehmens weiterzugeben, bzw. in den Kosten dies zu verhindern und die Verhinderung zu überwachen, liegt ein weiterer Aspekt von Transaktionskosten. In der Möglichkeit, solches Wissen bei interner Forschung zu verwenden, liegt ein möglicher Nutzen.

Herkommen und übliche Verhaltensweisen können als Ausweis für beschränkt rationales Verhalten aufgrund beschränkter Informationsverarbeitungsmöglichkeiten bei Entscheidungsträgern zu Kosten führen. Wo **Erfahrungen mit Kooperationen** fehlen, kann die Vermeidung von „contractual hazards" schwerer fallen als dort, wo solche Erfahrungen vorliegen.

Die **relative Bedeutung** der Forschungsaktivitäten und damit die Menge an Aufmerksamkeit, die sie dem Management abnötigt, kann für die Abwägung interner und externer Forschung bedeutsam sein.

Möglicherweise **sinkende Grenzerträge der Verwaltung** bei zunehmender Größe können die externe Vergabe von Forschungsprojekten fördern.

Ein Teil dieser Gründe lässt sich tatsächlich in einen signifikanten Erklärungszusammenhang mit dem Anteil der extern entwickelten Produkte bringen. Damit werden aber die Transaktionskosten nicht direkt gemessen, sondern allenfalls indirekt operationalisiert. Je nachdem, wie gut dies gelingt, wird man auch verschiedene Ergebnisse erzielen. Im Hinblick auf die Matrix-Ansätze ist es interessant zu vermerken, dass die Ungewissheit im Forschungsprozess hier der wesentliche Anlass für das Auftreten von Transaktionskosten ist. Insofern werden also Einflssgrößen betrachtet, die auch nach dieser Auffassung von grundlegender Bedeutung sind.

5.2.3 Zusammenfassung

Durch die empirische Analyse wurden situative und quellenspezifische Kriterien zur Steuerung der Beschaffungsentscheidungen über neues technologisches Wissen identifiziert. Die Fallstudien und die theoretischen Ansätze greifen jeweils einzelne dieser Kriterien auf. In diesen Studien verführt der Drang zur Reduktion auf zwei Kriterien dazu, dass ihre inhaltliche Bedeutung verwischt wird oder nicht alle Kriterien bei der Definition einer Matrixachse berücksichtigt werden. Sodann werden bei bestimmten Kriterienkombinationen nicht eine, sondern es werden mehrere Wissensquellen als überlegen angegeben. Auch wenn diese Studien teilweise schon vor vielen Jahren erstellt wurden lässt sich festhalten, dass sich an der grundlegenden Situation zur Beschaffungsentscheidung bis heute wenig geändert hat. Das mag vor dem Hintergrund der weit fortgeschrittenen Globalisierung überraschen. Natürlich führte diese zu durchaus komplexen Beschaffungsprozessen, die dahinterliegenden strategischen Entscheidungen sind jedoch dieselben geblieben.

Für empirische Prüfungen ist es hinderlich, dass nicht immer Operationalisie-
rungs- und Messvorschriften für Kriterien genannt werden, so dass Vermutungen über
die Vergleichbarkeit von Kriterien genauere Messungen ersetzen müssen. In keiner
der betrachteten Arbeiten werden alle strategischen Optionen erfasst. Offensichtlich
ist die Mehrzahl der Ansätze auf die Auswahl von Alternativen der Wissensbeschaffung für Produkt- und nicht für Prozessinnovationen gerichtet. Da jede dieser Alternativen einzeln betrachtet wird, fehlt es an einer mehrere Innovationen umfassenden
Programmoptimierung der Wissensbeschaffung.

Wie oben erwähnt wurde, ist für die Auswahl der optimalen Quelle neuen technologischen Wissens ein multiattributiver Nutzenkalkül zu lösen. Es ist deshalb nicht
zu erwarten, dass einfache, zweidimensionale Portfolios schon zu den gewünschten
umfassend beurteilten Lösungen führen. Schon die Kombination von zwei Kriterien
(z. B. Exklusivität und Nachhaltigkeit der Wissensnutzung sowie relative eigene Technologieposition) mit jeweils zwei Ausprägungen (z. B. niedrig und hoch) führt zu vier
Kombinationen, denen unterschiedliche Typen von Forschungs- und Entwicklungs-
Kooperativen zugeordnet werden[319].

Der Fall jeweils hoher Ausprägung der Variablen gilt als besonders erfolgreicher,
weil stark marktorientierter und fokussierter Typ; der Fall jeweils niedriger Ausprägung wird als typisch für Grundlagenforschung mit geringen Erfolgsaussichten erachtet. Ob solche Erwägungen im Lichte der Vielzahl der Einflussgrößen generellen
Bestand haben, muss bezweifelt werden.

Die bisher vorliegenden Erkenntnisse legen ein dreistufiges Vorgehen bei der Entscheidung über die Auswahl von Wissensquellen nahe:

Festlegung des gewünschten Wissens. Unbestimmtes Wissen kann durch eigene Forschung und Entwicklung oder in Kooperationen erarbeitet werden. Durch Erwerb von Rechten, Vertragsforschung oder Aufgabenteilung mit Zulieferern sind eher
bestimmte Wissenselemente zu erwerben.

Prüfung situativer Bedingungen. Hier geben die Ergebnisse aus Tab. 5.2 wertvolle Hinweise. Sie sollten durch ein Kriterium ergänzt werden, das den Zeitdruck für
den Wissenserwerb beschreibt. Unter diesen Aspekten ist z. B. Lizenzerwerb vor allem
bei hohem Zeitdruck zu erwägen, hinsichtlich der übrigen Kriterien aber wenig vorteilhaft. Vertragsforschung ist als Instrument zur Überbrückung von Kapazitätseng-
pässen bei Zeitdruck und in Gebieten mit eigener Kompetenz einzusetzen. Die Kompetenz verhindert allzu hohe Transferaufwendungen. Mit Zulieferern wird kooperiert,
wo die eigene Wettbewerbsposition dadurch nicht beeinträchtigt erscheint und Zeitdruck herrscht. Kerntechnologien sollten dabei nicht extern entwickelt werden, was
auch hinsichtlich der übrigen Kooperationen gilt. Diese können sich aber durchaus
auf Technologien mit hoher Relevanz für die eigene Wettbewerbsposition beziehen.

---

319 Sinha, D. K., Cusumano, M. A., Complementary Resources and Cooperative Research: A Model of
Research Joint Ventures among Competitors, Management Science, Vol. 37, 1991, S. 1091–1106.

Prüfung quellenspezifischer Bedingungen. Hier ist zunächst zu erkennen, dass diese Prüfung nicht völlig unabhängig vom vorherigen Prüfungsschritt erfolgen kann, weil z. B. die Transferkosten extern erworbenen neuen Wissens durch die situativen Bedingungen beeinflusst werden. Weitgehend unabhängig davon ist z. B., dass durch Vertragsforschung oder Lizenznahme relativ schneller Wissenserwerb möglich ist, was der Situation des Zeitdrucks entgegenkommen würde. Die Selbstbeteiligung bei Kooperationsprojekten scheint im Unterschied zu anderen Formen externer Wissensbeschaffung auch als Indiz für die Zurechenbarkeit von Innovationsgewinnen zu gelten. Sie führt zu niedrigen Transferaufwendungen und aufgrund der Kostenteilung unter den Partnern zu niedrigen Erwerbsaufwendungen für das neue Wissen – letzteres ähnlich bei Lizenzen aber im Gegensatz zur Vertragsforschung.

Schon diese Skizze des dreistufigen Vorgehens belegt, dass einfache, in zweidimensionalen Diagrammen abgebildete Regeln für die Auswahl von Wissensquellen die komplexe Entscheidungsstruktur nicht abbilden können.

Eigene Forschung und Entwicklung erscheint vorteilhaft,
- wenn das gewünschte Wissen nicht scharf abgrenzbar ist,
- wenn dieses Wissen Kerntechnologien betrifft und deshalb von hoher Wettbewerbsrelevanz ist,
- sich aber nicht auf gänzlich unvertraute Verwendungszwecke oder Märkte richtet;
- sie kann ausschließlich genutzt werden, wenn kein allzu hoher Zeitdruck für die vorteilhafte Nutzung des Wissens besteht;
- schließlich ist der relative Aufwand zu berücksichtigen, der allerdings durch ein Höchstmaß an Exklusivität und Nachhaltigkeit der Wissensnutzung gerechtfertigt sein kann.

5.3 Elemente einer Forschungs- und Entwicklungsstrategie

5.3.1 Überblick

Wir gehen davon aus, dass interne Technologiebeschaffung durch eigene Forschung und Entwicklung erwogen wird. Dazu ist eine Forschungs- und Entwicklungsstrategie zu formulieren. Solch eine Strategie stellt idealerweise auch einen wesentlichen Bestandteil der Gesamtunternehmensstrategie dar.

Die Feststellung von Elementen einer Forschungs- und Entwicklungsstrategie soll hier aus der Vogelschau vorgenommen werden. Damit wird eine gewisse Neutralität gegenüber konkreten organisatorischen Regelungen angestrebt. Es ist nämlich denkbar, dass insbesondere in Unternehmen mit Spartenorganisation oder profit centers die Strategie eines Funktionsbereichs einerseits sparten- oder geschäftsbereichsgebundene Elemente enthält und andererseits davon unabhängige Elemente. Diese können von der Gesamtentwicklung des Unternehmens bestimmt sein. In schematischer Sicht soll die Abb. 5.10 diese unterschiedlichen Ansatzpunkte erkennen lassen. Da die

Abb. 5.10: Einbettung der F&E-Strategie

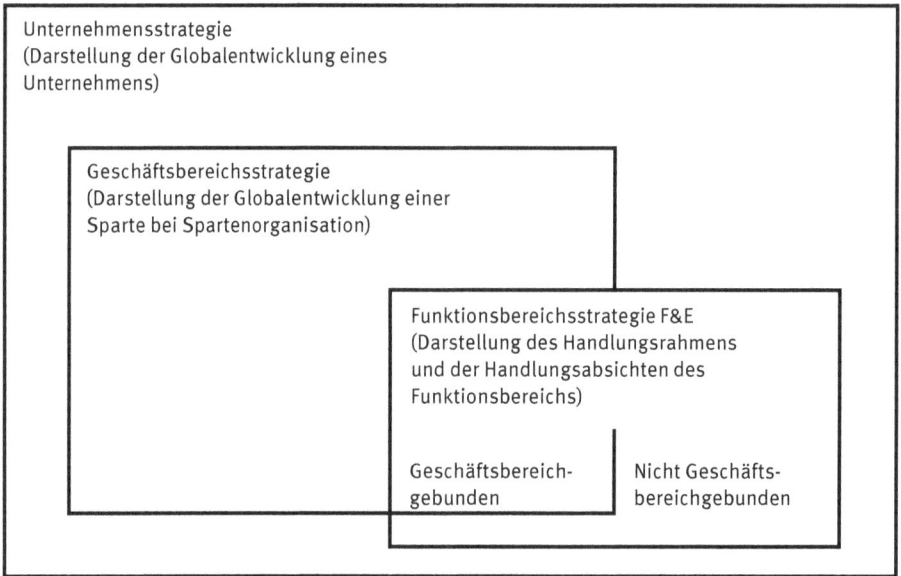

Unternehmensstrategie
(Darstellung der Globalentwicklung eines
Unternehmens)

Geschäftsbereichsstrategie
(Darstellung der Globalentwicklung einer
Sparte bei Spartenorganisation)

Funktionsbereichsstrategie F&E
(Darstellung des Handlungsrahmens
und der Handlungsabsichten des
Funktionsbereichs)

Geschäftsbereich-
gebunden

Nicht Geschäfts-
bereichgebunden

hiermit angesprochene Problemstellung sich auch unterhalb der Geschäftsbereichs-
ebene wiederholen kann, ist zunächst die angekündigte Vogelschau zweckmäßig.

Grundsätzlich ist die Ausformung einer Forschungs- und Entwicklungsstrategie
und die darauffolgende operative Umsetzung auf der Ebene von selbständig strategisch planenden Geschäftseinheiten oder profit centers zweckmäßig. „Die" Strategie
für einen Mischkonzern trifft man auch in der Praxis nicht an, sondern Strategien für
verschiedene Teilbereiche. Das ist natürlich anders, wo ein Unternehmen – aus welchen Gründen auch immer – rein funktional organisiert ist. Hierfür wird man auch
eine Forschungs- und Entwicklungsstrategie entwerfen.

Eine wechselseitige Abstimmung von Unternehmens- oder Geschäftsbereichs-
strategien mit Forschungs- und Entwicklungsstrategien ist heute in der Praxis verbreitet. Die European Industrial Research Management Association (EIRMA) berichtet
auf der Grundlage von 171 befragten Unternehmen bzw. Geschäftsbereichen mit for-
malisiertem strategischem Planungsprozess, dass 19 Einheiten (11 %) nicht in diesen
Planungsprozess eingeschaltet waren[320]. Für die verbleibenden Einheiten ergibt sich
das Bild der Tab. 5.4.

Die wechselseitige Abstimmung von Unternehmens- oder Geschäftsbereichsstra-
tegien mit Forschungs- und Entwicklungsstrategien kann durch die Präsenz des Verantwortlichen für Technologiemanagement in der Unternehmensleitung und organi-

---

320 Vgl. EIRMA (Hrsg.), How Much R&D? Working Group Report 28, Paris 1983, S. 35.

Tab. 5.4: Relative Anteile der Beteiligung an verschiedenen Aktivitäten strategischer Planung der in die strategische Planung einbezogenen Forschungs- und Entwicklungseinheiten (n = 152)

Planungsgegenstand	Einbeziehung		
	voll	teilweise	gar nicht
Bewertung der Wettbewerbsstärke	30	62	8
Zielsetzung/ Strategieentwurf	35	58	7
Festlegung der Forschungs- und Entwicklungsergebnisse	71	29	0
Prioritätensetzung für F&E	63	35	2
Alle vier Bereiche	27	73	0

Quelle: EIRMA, Hrsg., How much R&D? a. a. O., S. 35

satorische Maßnahmen des Schnittstellenmanagements deutlich gefördert werden. Heutzutage wird diese auch oft durch eine Abteilung „Innovationsmanagement" organisatorisch verankert. Es ist ferner darauf hingewiesen worden, dass die wechselseitige Abstimmung nicht nur statistisch, d. h. auf eine Periode bezogen ist. Vielmehr wirkt die heutige Strategie auch auf die Auswahl und das Aktivitätsniveau künftiger Technologien, ebenso wie heutige Technologien das Denken der Entscheidungsträger prägen und damit künftige Strategien beeinflussen[321]. Die vielfältigen Interaktionen können bisher nur rudimentär erfasst, geplant und unterstützt werden.

Eine Strategie kann als Menge von spezifisch ausgeprägten Strategieelementen charakterisiert werden. Ein Beispiel dafür findet sich in Tab. 5.5.

Zur Identifizierung von Strategien gibt es grundsätzlich zwei Wege:

(1) **Kompositorische Strategieidentifizierung.** Hierbei werden Strategieelemente z. B. aufgrund von Fallstudien oder Literaturanalysen identifiziert und von Verantwortlichen für die Strategien bewertet, z. B. auf siebenstufigen Skalen. Die Elemente werden dann auf wechselseitige Unabhängigkeit untersucht und die unabhängigen Elemente in Klassen ähnlicher Strategieausprägung zusammengefasst. Im Vergleich mit früheren Erfahrungen oder normativen Vorgaben werden diese Klassen sodann charakterisiert. In Tab. 5.5 werden verbalisierte Ergebnisse einer ursprünglich numerischen Darstellung von Strategien angegeben.

---

[321] Vgl. Itami, H., Numagami, T., Dynamic Interaction between Strategy and Technology, Strategic Management Journal, Vol. 13, 1992, S. 119–135.

Tab. 5.5: Beispiele von Forschungs- und Entwicklungsstrategien

Strategieelement (zu beurteilen auf einer Siebenerskala)	Ausprägungen	
	Strategie 1	Strategie 2
Eher defensiv statt offensiv	defensiv	offensiv
Eher imitierend statt innovierend	imitierend	innovierend
Eher allgemeiner statt spezialisiert	allgemein	spezialisiert
Eher entwicklungs- statt forschungs-orientiert	entwicklungsorientiert	forschungsorientiert
Eher prozess- statt produktorientiert	prozessorientiert	produktorientiert
Eher auf schrittweise statt auf radikale Neuerungen gerichtet	schrittweise	radikal
Charakterisierung der Strategien	defensive Strategie	offensive Strategie

Quelle: In Anlehnung an Brockhoff, K., Schnittstellen-Management, Stuttgart 1989, S. 23.

(2) **Dekompositorische Strategieidentifizierung.** Hier werden beobachtete Strategien im Hinblick auf ihre wechselseitige Ähnlichkeit bewertet. Diese Urteile werden einer multidimensionalen Skalierung unterzogen. Die Achsen des dann gefundenen Raumes bieten Ansatzpunkte für die Beschreibung von Strategien. Sie
repräsentieren die in den Ähnlichkeitsurteilen implizit enthaltenen Strategieelemente, die hier aber im Unterschied zu (1) nicht vorgegeben werden müssen.

Beide Vorgehensweisen sind deskriptiv und setzen daher die Beobachtung realisier-
ter Strategien voraus. In der Forschungs- und Entwicklungsplanung sind Strategien
normativ zu definieren und dann durch eine Folge von Aktivitäten (Schritte oder Phasen eines Prozesses) zu realisieren[322]. Dabei ist auf einer Analyse der technologischen
Position des Unternehmens relativ zur technologischen Entwicklung seiner Umwelt,
auf einer Analyse weiterer Umweltbedingungen, eigener Stärken oder Schwächen sowie der Interaktion von Forschung und Entwicklung mit anderen Funktionsbereichen

---

[322] Auf organisatorische Probleme der Strategieimplementierung wird hier nicht eingegangen. Dazu: Specht, G., Ewald, A., Organisatorische Implementierung des Strategischen Technologie-Managements, Die Betriebswirtschaft, Bd. 51, 1991, S. 733–747.

Abb. 5.11: Strategischer Managementprozess und seine phasenspezifische Ausprägungen

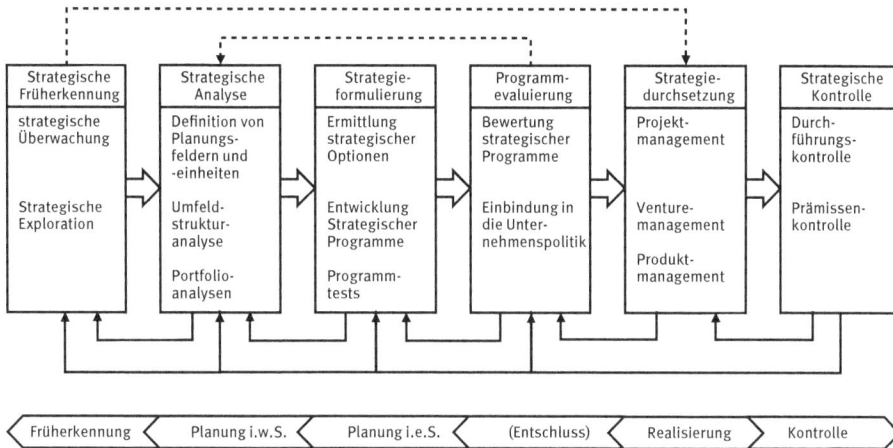

Strategische Früherkennung	Strategische Analyse	Strategie-formulierung	Programm-evaluierung	Strategie-durchsetzung	Strategische Kontrolle
strategische Überwachung	Definition von Planungs-feldern und -einheiten	Ermittlung strategischer Optionen	Bewertung strategischer Programme	Projekt-management	Durch-führungs-kontrolle
Strategische Exploration	Umfeld-struktur-analyse	Entwicklung Strategischer Programme	Einbindung in die Unter-nehmenspolitik	Venture-management	Prämissen-kontrolle
	Portfolio-analysen	Programm-tests		Produkt-management	

Früherkennung ⟩ Planung i.w.S. ⟩ Planung i.e.S. ⟩ (Entschluss) ⟩ Realisierung ⟩ Kontrolle

Quelle: Ewald, A., Organisation des Strategischen Technologie-Managements, a. a. O., S. 21.

(Produktion, Marketing) aufzubauen. Darauf folgen dann Durchsetzung und Kontrolle der Strategie. Ein schematisches Beispiel für ein solches Vorgehen zeigt Abb. 5.11 Es greift sehr weit, weil es auch schon Elemente operativer Umsetzung der Strategie anspricht. Hier beschränken wir uns im Wesentlichen auf die beiden ersten Phasen.

5.3.2 Szenarien

In der Abb. 5.12 werden die Umweltelemente dargestellt, die für eine Forschungs- und Entwicklungs-Strategiebildung zu beachten und aufeinander abgestimmt zu gestalten sind. Dafür sei ein als langfristig verstandener Zeitrahmen verbindlich.

Die Unternehmensentwicklung ist in eine Umweltentwicklung eingebettet, die hier in Form von Szenarien[323] dargestellt wird. Die Szenarien selbst sind nicht unabhängig voneinander und können von der Realisierung eigener Forschungs- und Entwicklungsstrategien abhängen. Vor dem Hintergrund technologischer Szenarien ist ein Urteil über die eigene technologische Stärke im Vergleich zum Wettbewerb abzuleiten. Außerdem kann der eigene Wissensstand relativ zum Stand des Wissens des Wettbewerbes einerseits und zum möglichen Wissen andererseits geschätzt warden.

---

[323] Szenario ist die Beschreibwig einer möglichen Zukunftssituation, wobei die Entwicklungen der für das Unternehmen relevanten Umweltfaktoren unter Berücksichtigung ihrer Interdependenzen darzustellen sind. Vgl. Brauers, J., Weber, M., Szenarioanalyse als Hilfsmittel der strategischen Planung: Methodenvergleich und Darstellung einer neuen Methode, Zeitschrift für Betriebswirtschaft, 56. Jg., 1986, S. 631–652.

Abb. 5.12: Umweltelemente der Forschungs- und Entwicklungsstrategie

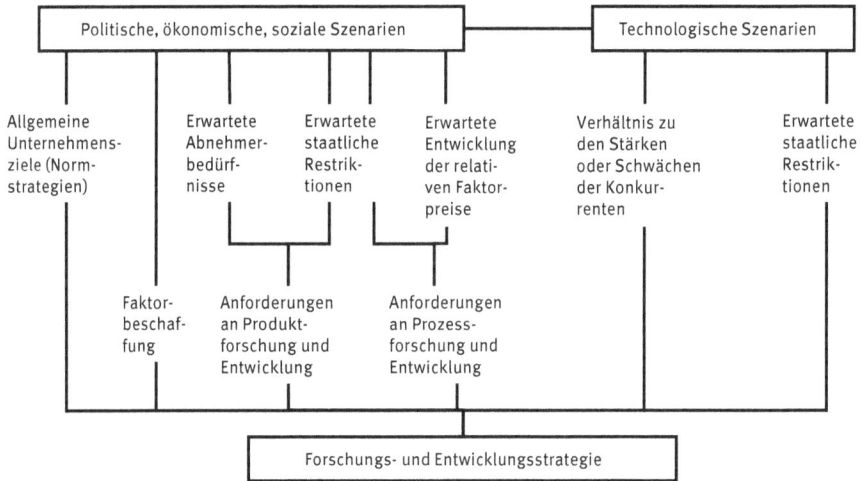

Politische, ökonomische, soziale Szenarien | Technologische Szenarien

Allgemeine Unternehmensziele (Normstrategien)

Erwartete Abnehmerbedürfnisse

Erwartete staatliche Restriktionen

Erwartete Entwicklung der relativen Faktorpreise

Verhältnis zu den Stärken oder Schwächen der Konkurrenten

Erwartete staatliche Restriktionen

Faktorbeschaffung

Anforderungen an Produktforschung und Entwicklung

Anforderungen an Prozessforschung und Entwicklung

Forschungs- und Entwicklungsstrategie

Politische, ökonomische und soziale Szenarien stehen im Zusammenhang mit den allgemeinen Unternehmenszielen, den Bedürfnissen und den Entwicklungen der Faktorpreise sowie staatlichen Auflagen. Zusammen mit der Entscheidung über das Produkt-Markt-Portfolio werden hieraus Anforderungen an die Produktforschung und -entwicklung definiert. Auflagen und Faktorpreisverhältnisse können daneben Anforderungen an Prozessforschung und -entwicklung bestimmen. Beide Gruppen von Anforderungen sind in einer strategischen Programmplanung für Forschung und Entwicklung zu erfassen.

Die ursprünglich methodisch noch unsichere Szenarioanalyse, wie sie etwa in der langen Zeit viel beachteten Weltszenarien von Kahn/Wiener[324] zu Tage tritt, ist mit zunehmendem Bedürfnis nach intersubjektiver Überprüfbarkeit ihrer Ergebnisse stärker methodisch gestützt worden. Damit ist zugleich ihre Attraktivität gestiegen. Ersten Versuchen zur Entwicklung von Unternehmensszenarien, wie etwa für General Electric Corp.[325], folgten viele weitere nach. Heute ist die Szenariotechnik eine weit verbreitete und akzeptierte Methode im Technologie- und Innovationsmanagement, sowie in der Entwicklung der übergeordeten Gesamtunternehmensstrategie[326].

---

324 Kahn, H., Wiener, A. J., Ihr werdet es erleben, Wien, Zürich 1967.

325 Vgl. bei: Agthe, K., Langfristige Unternehmensplanung, in: Agthe, K., Schnaufer, E., Hrsg., Unternehmensplanung, Baden-Baden 1963, S. 47–81, hier S. 57 f.

326 Götze, U., Szenario-Technik in der Strategischen Unternehmensplanung, Heidelberg 2013.

Man geht bei der **Erstellung von Szenarien** von einer dreistufigen Vorgehens-weise aus: Analyse, Prognose von Entwicklungstendenzen einzelner Komponenten. Synthese[327].

In der Analyse-Phase sind Untersuchungsgegenstand und Umfeld zu erfassen und festzulegen. „Als Hilfsmittel … können die unterschiedlichsten Kreativitätstech-niken (z. B. Morphologische Analyse, Brainstorming, Brainwriting-Ideen-Delphi) zum Einsatz kommen"[328].

Die Analyse richtet sich einerseits auf die unternehmensinternen Ausgangssitua-tionen (Aufgabenanalyse) und andererseits auf die Einflussfaktoren der Unterneh-mensumwelt sowie ihrer Beziehungen zueinander (Einflussanalyse)[329].

Zur Prognose einzelner Komponenten kommt grundsätzlich das gesamte Progno-seinstrumentarium zum Einsatz. Die Reichweite der Prognosen und die Formulierung von Prognosefragen, die sich teilweise bewusst von Vergangenheitsentwicklungen lö-sen, führen allerdings zu einer Bevorzugung solcher Verfahren, die ohne explizite An-gabe unabhängiger Variablen auskommen. Das sind vor allem Expertenbefragungen, insbesondere in der organisierten Form der Delphi-Methode[330]. Da hierbei die Exper-ten jedoch bewusst ausgewählt werden und zudem die Anzahl der befragten Experten verhältnismäßig klein ist[331], ist die Zuverlässigkeit der Delphi-Methode nicht unum-stritten[332]. Delphi-Prognosen dürfen daher nicht überbewertet werden. Das Zustan-dekommen der Vorhersagen unterliegt Realitätsstörungen, und die oft beobachtete Konvergenz der Prognoseaussagen erfolgt in diesen Verfahren keineswegs immer auf den unbekannten „wahren Wert" hin. Gleichwohl wird den Aussagen in Politik und Öffentlichkeit oftmals eine große Bedeutung beigemessen.

In der Synthese-Phase der Szenario-Entwicklung wird der Versuch gemacht, un-terschiedliche Ereignisse zu einem Szenario zusammenzustellen und die Wahrschein-

---

327 Vgl. Gomez, P., Escher, F., Szenarien als Planungshilfen, Management-Zeitschrift Industrielle Or-ganisation, Bd. 49, 1980, S. 416–420, hier S. 418. Weitere Vorgehensweisen werden im Überblick darge-stellt bei Geschka, H., Hammer, R., Die SzenarioTechnik in der strategischen Unternehmensplanung, in: Hahn, D., Taylor, B., Strategische Unternehmensplanung, 5. A., Heidelberg 1990, S. 311–336, bes. S. 317 ff.

328 Brauers, J., Weber, M., Szenarioanalyse als Hilfsmittel der strategischen Planung: Methodenver-gleich und Darstellung einer neuen Methode, a. a. O., S. 634. Über Kreativitätstechniken und Kreativ-workshops informieren ausführlich: Brem, A., Brem, S.: Die Kreativ-Toolbox für Unternehmen – Ideen generieren und innovatives Denken fördern, Stuttgart 2019.

329 Vgl. Reibnitz, U., Szenarien – Optionen für die Zukunft, Hamburg 1987, S. 15 f.

330 Vgl. Linstone, H. A. L., Turoff, M., The Delphi-Method, Techniques and Applications, Reading, MA. 1975. Zur Prognose: Brockhoff, K., Prognoseverfahren für die Unternehmensplanung, Wiesbaden 1977. Ein Beispiel gibt: BMFT, Hrsg., Deutscher Delphi-Bericht zur Entwicklung von Wissenschaft und Technik, Bonn 1993.

331 Loo, R., The Delphi-method: a powerful tool for strategic management, Policing: An International Journal, Vol. 25, 2002, S. 762–769.

332 Lilja, K. K., Laakso, K., Palomäki, J., Using the Delphi Method, 2011 Proceedings of PICMET, Port-land (USA), 2011.

lichkeit für das Eintreffen verschiedener möglicher Szenarien abzuschätzen. Hierzu sind aus allen möglichen Szenarien zunächst solche auszuwählen, in denen miteinander konsistente Ereignisse verbunden sind; daraufhin sind Eintrittswahrscheinlichkeiten für diese konsistenten Szenarien zu bestimmen; auf dieser Grundlage werden einige wenige Szenarien für Planungsüberlegungen ausgewählt, wobei die Clusteranalyse hilfreich sein kann.

In der Fachliteratur wird die Szenario-Entwicklung häufig auch in vier Grundschritte untergliedert: Theorie- und Datenrecherche, Aufstellen des Szenarios, Diskontinuitätsanalyse und abschließende Überprüfung durch die Experten[333].

Bei von Reibnitz wird die Synthese-Phase in vier Schritten ausführlicher geschildert. Sie unterscheidet:
– Szenario-Interpretation, was die Erstellung von „stimmigen, plausiblen, stabilen, aber untereinander sehr konträren Szenarien" umfasst[334];
– Konsequenzenanalyse, zur Ableitung von Handlungsalternativen im Unternehmen;
– Störereignis-Analyse, die die Aufdeckung von Störungen und ihre mögliche Neutralisierung zum Ziele haben soll sowie
– die Organisation der laufenden Aktualisierung der Szenarien.

Eine Vielzahl von Heuristiken und Techniken hat sich in den einzelnen Phasen als hilfreich erwiesen, für die auf die Spezialliteratur verwiesen wird. Die Stärke der Szenario-Analyse wird besonders darin gesehen, dass sehr verschiedene Sichtweisen und Entwicklungen gemeinsam betrachtet und aufeinander abgestimmt werden. Das schließt aber nicht aus, dass unvorhergesehene oder wegen ihrer geringen Eintrittswahrscheinlichkeit in der Strategieformulierung unberücksichtigte Alternativen sich tatsächlich einstellen. Die Entwicklung einer „Leitstrategie" ist keineswegs generell möglich, da die unterschiedlichen Szenarien schon von Anfang an auch unterschiedliche Unternehmensstrategien erfordern, um das Überleben oder wenigstens zufriedenstellende Renditen zu sichern.

5.3.3 Darstellungen technologischer Entwicklungstrends: S-Kurven

Die systematische Datensammlung für die Technikgeschichte und die technologischen Vorhersagen hat deutlich gemacht, dass Leistungsdaten von Techniken – sowohl über die Zeit betrachtet als auch über den kumulierten Forschungs- und Ent-

333 von der Gracht, H. A., Darkow, I. L., Scenarios for the logistics services industry: A Delphi-based analysis for 2025, International Journal of Production Economics, Vol. 127, 2010, S. 46–59.
334 v. Reibnitz, U., Szenarien – Optionen für die Zukunft, a. a. O., S. 51 f.

Abb. 5.13: S-Kurven-Konzept (Efficiency Progress Curve) zur Darstellung von Technologielebenszyklen

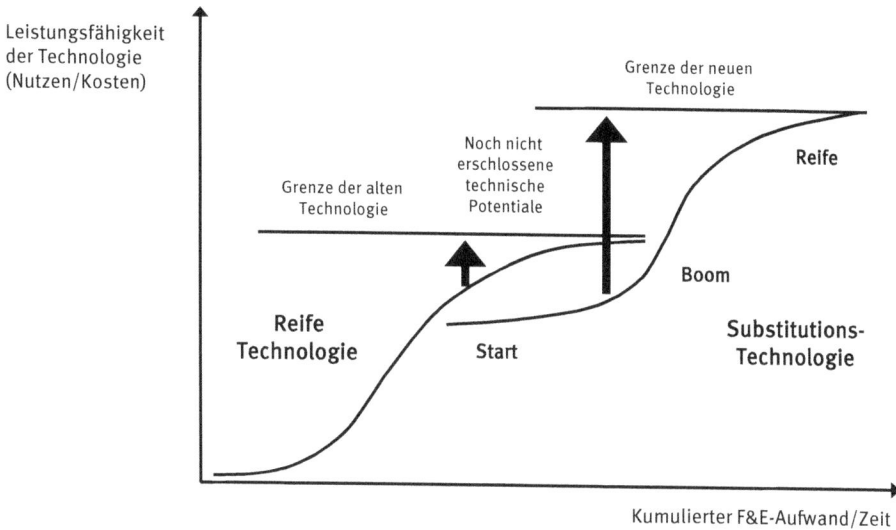

Quelle: Gerpott, T. J.: Strategisches Technologie- und Innovationsmanagement, 2. Auflage, Stuttgart 2005, S. 118

wicklungsaufwand – einen S-förmigen Verlauf beschreiben können[335]. Ein Beispiel für die Darstellung des sogenannten S-Kurven-Konzepts zeigt Abb. 5.13[336]. Im beigefügten Kommentar wird zugleich eines der Probleme solcher Darstellungen angesprochen, nämlich die „richtige" Auswahl eines Leistungsmaßes, da je nach Auswahl des Maßes verschiedene Kurven entstehen. In Abb. 5.14 wird eine auf die Leistungsfähigkeit bezogene Darstellung gegeben. Die folgende Abb. 5.15 zeigt die Technik-S-Kurven um den Generationen- und damit Technologiewechsel von Jet-Triebwerken für Flugzeuge.

Als abhängige Variable soll die Ordinate der zweidimensionalen S-Kurven-Diagramme ein Leistungsmaß für eine Technik oder eine Technologie darstellen. Ausgeschlossen werden damit solche Kurvenbilder, die die Anzahl der Innovationen oder den „Marktanteil" von Techniken, meist indirekt gemessen über den Marktanteil der mit ihrer Hilfe erstellten Produkte, als Maße verwenden. Im ersten Fall fehlt die metrische Vergleichbarkeit der Maßgrößen untereinander, im zweiten Falle werden Diffusi-

---

335 Krubasik, E. G., Technologie, Strategische Waffe, Wirtschaftswoche, 18.6.1982, S. 28–31; Foster, R. N., Boosting the Payoff from R&D, in: Research Management, 1982, 1/S. 22–27; Bright, J. R., On Appraising the Potential Significance of Radical Technological Innovation, in: ders., Hrsg., Research, Development and Technological Innovation, Homewood, Ill. 1964, S. 435–443, hier S. 440.
336 Beispiele für S-Kurven enthält: Wissema, J., Trends in Technology Forecasting, R&D Management, Vol. 12, 1982, S. 27–36.

Abb. 5.14: S-Kurven-Darstellung über kumulierten Entwicklungsaufwendungen

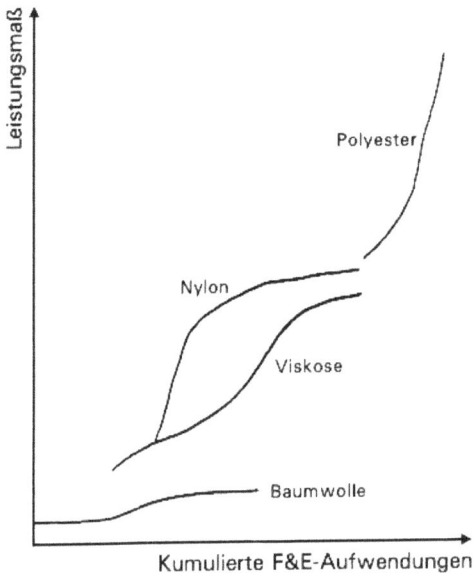

Quelle für Daten: Merino, D. W., Development of a Technological S-Curve for Tire Cord Textiles,
Technological Forecasting and Social Change, Vol. 37, 1990, S. 275–291.

onsvorgänge gemessen. Mit den verbleibenden Maßen verbindet sich eine Reihe von Messproblemen.

Es wird empfohlen, das Leistungsmaß so zu wählen, dass es von bestimmten technischen Lösungen unabhängig ist: „An analysis of erroneous forecasts by earlier futurists shows specificity of device as perhaps the single most vulnerable element in their predictions"[337]. So wird als Leistungsmaß für den Blocksatz in der Druckindustrie die Zahl der Zeichen pro Stunde oder die Zahl der Zeilen zu 31 Zeichen in Achtpunkt Pica-Schrift für Zeitungssatz vorgeschlagen, unabhängig davon, ob es sich um Bleisatz, Linotypie, Fotosatz usw. handelt[338].

Abbildung 5.14 zeigt eine Beispielhafte Darstellung von S-Kurven aus der Textilindustrie und -entwicklung. Die bildhafte Darstellung der s-förmigen Kurven ist dabei klar zu erkennen, wobei die Leistungsfähigkeit in diesem Falle über die kumulierten F&E-Aufwendungen dargestellt ist.

Selbst ein zeitweises dominierendes Kriterium kann seine Bedeutung einbüßen, weil sich die Verwendungsbedingungen verändern. Foster weist auf die Schwierigkei-

---

337 Wills, G., et al., Technological Forecasting, Harmondsworth 1972, S. 112.
338 Vgl. Mohn, N. C., Application of Trend Concepts in Forecasting Typesetting Technology, Technological Forecasting and Social Change, Vol. 3, 1972, S. 225–253.

Abb. 5.15: Beispielhafte Darstellung des S-Kurven-Konzepts: Technisch maximal mögliche Schubleistung von Flugzeugtriebwerken des Herstellers Pratt & Whitney.

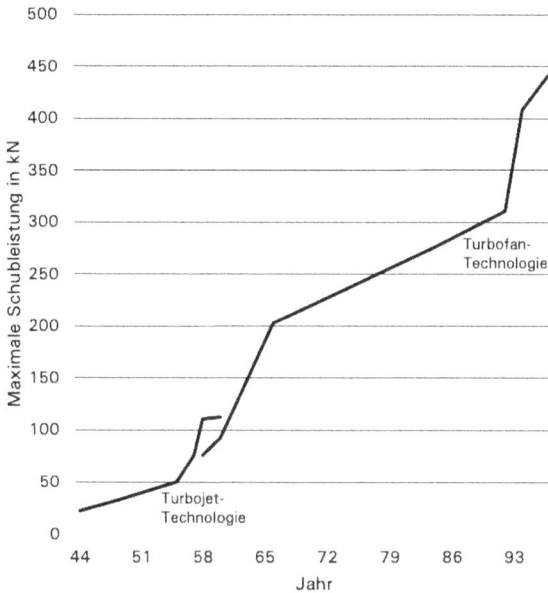

Quelle für Daten: Pratt & Whitney, Leistungsdatenblätter.

ten für die Prognose hin, die aus einem Wechsel der entscheidungsrelevanten Kriterien im Laufe der Zeit erwachsen, und schlägt vor, auch über diese Entwicklungen Informationen zu sammeln[339]. So ist für Becherabfüllmaschinen lange die Zahl der abgefüllten Packungen pro Minute als Leistungsmaß unbestritten gewesen, bis sich aufgrund begrenzter Nachfrage für das Füllgut, der hohen Kosten der Reinigung bei steigenden Löhnen für das dafür eingesetzte Personal und einer wachsenden Zahl von Reinigungsgängen wegen gestiegener Hygieneanforderungen, die nicht zuletzt bei der Abfüllung von Fetten aus einer Veränderung ihrer Zusammensetzung resultierten, eine weitere Steigerung dieses Kriteriums als wenig sinnvoll erwies. Daraus sind zwei Folgerungen zu ziehen. Erstens kann es notwendig sein, mehrere Leistungskriterien zu benutzen, was dann aber schwierige und letztlich nur subjektiv lösbare Fragen der Aggregation dieser Kriterien aufwirft. Zweitens zeigt sich, dass die Auswahl des Kriteriums oder der Kriterien aus der Sicht des Nutzens für den Verwender einer Technologie zu begründen ist. Normalerweise werden Verwender den Nutzen nicht allein aus der Leistung einer Technologie ableiten, sondern ihr auch ihren Preis gegenüberstel-

---

[339] Vgl. Foster, R. N., Assessing Technological Threats, Research Management, Vol. 29, 1986, S. 17–20, hier S. 17 f.

len. Deshalb könnte es sinnvoll sein, den Preis je Leistungseinheit anzugeben. Damit wäre erklärbar, warum z. B. die Verwendung von Carbon im Serienfahrzeugbau derzeit erst selten vorkommt, obwohl sich aufgrund seiner technischen Leistungsdaten schon viel früher hohe Erwartungen auf seine Verwendung gerichtet hatten. Selbst wenn der Preis nur aufgrund grober Kostenschätzungen zu bestimmen ist, sollte eine ökonomische Bewertung des Leistungsmaßes erfolgen.

Das Beispiel der Setztechnik zeigt auch, dass es Leistungsmaße geben kann, die mit individuellen Leistungen interagieren. Es ist dann zu entscheiden, ob man sich auf einen durchschnittlichen Nutzer, einen besonders leistungsstarken Nutzer oder irgendeinen anderen Nutzertyp bei der Messung festlegt. Bisher erfährt man darüber nichts.

An vielen Beispielen aus der industriellen Praxis ist oftmals auffallend, dass Leistungsmaße auch durch subjektive Beurteilung gewonnen werden[340]. Damit sind dann alle Probleme einer solchen Messung im Vergleich zu objektiven Messungen verbunden. Es wäre zu prüfen, wie reliabel hierbei technische Leistung gemessen werden kann.

Schließlich werden Verständlichkeit, leichte Messbarkeit und vermutliche Genauigkeit der Messung als Kriterien für die Auswahl von Leistungsmaßen genannt[341]. Diese Kriterien erfordern allerdings keine weiteren Betrachtungen bis auf den Hinweis, dass auch sie mit anderen Kriterien interdependent sein können, so dass sich eine einseitige Ausrichtung an der Erfüllung eines Kriteriums in der empirischen Arbeit dann verbietet. Allerdings sollte es üblich sein, die Standards offenzulegen, an denen man sich bei der Kriterienauswahl orientiert hat.

Auf der Abzisse in zweidimensionalen Diagrammen der technologischen Prognose werden entweder kumulative Forschungs- und Entwicklungsaufwendungen zur Erreichung der jeweiligen Leistungen oder, als Ersatzgröße, die Zeit aufgetragen. Die Zeit ist eine gute Ersatzgröße für den kumulierten Forschungs- und Entwicklungsaufwand allerdings nur dann, wenn der Periodenaufwand keinen Schwankungen unterliegt. Das wird man aber kaum feststellen können, so dass sich zweckmäßigerweise zeit- und inputorientierte Darstellungen ergänzen sollten. Der kumulative Forschungs- und Entwicklungsaufwand ist nur schwer festzustellen, da die Beiträge zur technologischen Entwicklung meist aus mehreren Quellen kommen, die nicht nur uneinheitlich oder ungenau, sondern häufig überhaupt nicht über ihre Forschungs- und Entwicklungsaufwendungen berichten. Das gilt insbesondere dann, wenn diese Aufwendungen in miteinander konkurrierenden Unternehmen getätigt werden. Dann können höchstens Schätzungen herangezogen werden. Für Prognosen sind aber gerade die Schätzungen der Technologiestrategien von Wettbewerbern schwierig. Falls man üb-

---

340 Merino, D. W., Development of a Technological S-Curve for Tire Cord Textiles, a. a. O.
341 Vgl. Pardee, F. S., State-of-the-Art Projection and Long-Range Planning of Applied Research, Rand Corp., Santa Monica 1965.

liche Forschungs- und Entwicklungsintensitäten kennt und erwartete Branchenum-
sätze abschätzen kann, so sind über diesen Weg die kumulierten Forschungs- und
Entwicklungsaufwendungen zu bestimmen. Diese werden um die durchschnittliche
Entwicklungsdauer verzögert den Leistungsmaßen zugeordnet.

Das Vorgehen ist einfach, denn es greift auf die meist leicht zugänglichen Bran-
chenumsatzstatistiken zurück, z. B. über Portale wie Statista.de. Es ist einer Prognose angemessen, nicht aber der ex post-Darstellung der tatsächlichen Entwicklungen,
denn es garantiert in keiner Weise, dass die tatsächlichen Inputs auch nur annähernd
exakt erfasst werden können. Dafür sollen nur drei Argumente angeführt werden:

(1) Die Annahme konstanter Forschungs- und Entwicklungsintensitäten ist fraglich; für ein ganzes Budget und den Gesamtumsatz eines Unternehmens mag
dies durchaus zutreffen, es muss aber keineswegs für eine einzelne Technologie
gelten.

(2) Der Einsatz von Mitteln vor der Erzielung von Umsätzen bleibt unbeachtet. Dies
ist aber wenig realistisch, wie sich in Fallstudien belegen lässt. So bietet etwa die
Geschichte des Nylons, die im Hinblick auf die Entwicklung von Reifencord von
Interesse ist, dafür ein gutes Beispiel. Es ist belegt, dass die Grundlagenforschung
für Nylon bereits 1927 bei DuPont einsetzte, zeitweilig praktisch eingestellt und
dann schließlich wiederbelebt wurde; allein bis zur Aufnahme der kommerziellen Produktion von Nylon, noch ohne Anwendung auf Reifencord, waren 6 Mio. $
für Forschung und Entwicklung aufgewandt worden[342]. Fraglich ist, welcher Teil
dieser Aufwendungen auch dem Reifencord zuzurechnen ist und welche weiteren
speziell auf Nylon-Reifencord gerichteten Aufwendungen den Umsätzen vorausgingen.

(3) Inflationäre Entwicklungen bleiben unberücksichtigt. Geschieht dies, so ergibt
sich auch bei gleichbleibenden Grenzproduktivitäten allein schon daraus eine
konkave Entwicklung von technischen Leistungskriterien über die Zeit, dass von
Jahr zu Jahr mit einem identischen Nominalbetrag immer geringere Realeinsät-
ze verbunden sind. Ein Blick auf die gebräuchlichen Darstellungen zeigt, dass es
leider nicht zutrifft, dass der kumulierte Aufwand für Forschung und Entwicklung „usually … is expressed in man-years"[343], ganz abgesehen davon, dass damit auch nur ein Teil der Inputs erfasst würde.

Diese drei Argumente zeigen zugleich Ansätze zur Verbesserung der Ableitung von
S-Kurven auf.

Die Beobachtungen von S-Kurven treffen nicht in der Form zu, dass identische und
womöglich symmetrische (logistische) Funktionen jede Leistungsentwicklung einzel-

---

342 Vgl. Jewkes, J., Sawers, D., Stillerman, R., The Sources of Invention, a. a. O., S. 336.

343 Foster, R. N., Assessing Technological Threats, a. a. O., S. 18.

ner Techniken beschreiben[344]. Das erkennt man schon aus Abb. 5.13. Es kann deshalb nur behauptet werden, dass generell ein S-förmiger Verlauf auftritt, wobei das Kurvenbild durch die Messung beeinflusst wird.

Die technikimmanenten Erklärungen für den konkaven Ast der Kurven gehen davon aus, dass bestimmte Leistungsmaße „grundlegenden, natürlichen (oder physikalischen) Begrenzungen, wie der Lichtgeschwindigkeit, dem absoluten Temperaturnullpunkt, dem absoluten Vakuum" unterliegen. „Zahlen für das Verhältnis von Ausgangs- zu Eingangswerten, Wirkungsgrade oder Wahrscheinlichkeiten sind grundsätzlich (nach oben, d.V.) auf Eins begrenzt"[345]. Solche Variablen werden intensiv genannt. Dem stehen extensive Variablen gegenüber, die absoluten, jedoch nur zeitweise gültigen Begrenzungen unterliegen[346]. Im ersten Falle wird von Grenzen (limits) gesprochen[347], im zweiten Fall von Barrieren (barriers)[348]. Ein noch weiter aufgefächertes System von 54 technologieimmanenten Begrenzungen ist durch van Wyk vorgeschlagen worden: drei Gegenstände technologischer Behandlung, nämlich Materie, Energie oder Information, werden alternativ oder sukzessiv drei Prozessen unterworden, nämlich Veränderung (processing), Transport (transporting) oder Lagerung (storing), woraus sich neun Typen von Technologien ergeben[349]. Interessanterweise werden die Prozesse überhaupt nicht ökonomisch erklärt, so dass zum Beispiel Lagerung als eine Unveränderbarkeit der Inputs bezeichnet wird, obwohl sie ökonomisch zu einer Entwertung, einer Werterhaltung oder auch einer Wertsteigerung führen könnte. Auf Prozesse und Gegenstände wirken Struktur- und Leistungstrends der Entwicklung ein; Strukturtrends verändern die Größe oder die Komplexität von Technologien, Leistungstrends verändern die technische Effizienz, die Kapazität, die Dichte oder die Genauigkeit von Technologien[350]. Aus der Kombination der neuen „Technologieprozesse" mit den sechs Ausprägungen der Trends ergeben sich 54 Zellen eines Kubus. Da nun plausibel gemacht wird, dass jeder der eine Zelle repräsentierenden Trends an eine Grenze stößt, ist so eine entsprechende Anzahl von Möglichkeiten für technologische Grenzen abgeleitet worden. Eine Anwendung des Kerns der Betrachtung wird für die Technologie der Dauermagnete versucht[351].

Die Gründe für die Verläufe dürfen allerdings nicht allein in technologischen Einflüssen gesucht werden, vielmehr sind auch ökonomische Beeinflussungen denkbar.

---

344 Vgl. Ayres, R., Barriers and Breakthroughs, a. a. O., zeigt dafür eine Abbildung.

345 Ayres, R., Prognose und langfristige Planung in der Technik, a. a. O., S. 109.

346 Ebenda, S. 110.

347 Vgl. van Wyk, R. J., The notion of technological limits: An Aid to Forecasting, Futures, Vol. 11, 1985, S. 214–223.

348 Vgl. Ayres, R., Barriers and Breakthroughs: An expanding limits theory of technological advance, a. a. O., S. 87–115.

349 Vgl. van Wyk, R. J., The notion of technological limits: An Aid to Forecasting, a. a. O., S. 218.

350 Ebenda, S. 219.

351 Vgl. van Wyk, R. J., Haour, G., Japp, S., Permanent Magnets: A Technological Analysis, R&D Management, Vol. 21, 1991, S. 301–308.

So kann Nachfragemangel weitere Erfindungstätigkeit zum Erliegen bringen und hohe Nachfrage die Erfindungstätigkeit anregen, was bei zeitbezogener Darstellung Abflachung oder Anstieg der Kurve erklärt. Schmookler stellt fest: „(1) invention is largely an economic activity which, like other economic activities, is pursued for gain; (2) expected gain varies with expected sales of goods embodying the invention ..."[352].

Dass organisatorische Faktoren eine gute Alternativerklärung zu wirtschaftlich begründeten Begrenzungen bereitstellen könnten, ist zwar auch schon angedeutet, aber doch im Lichte der vielfachen Möglichkeiten zur Überwindung solcher Begrenzungen zurückgewiesen worden[353].

Auch Kommunikations- und Diffusionseffekte neuen Wissens können eine eigenständige Rolle bei der Erklärung des Kurvenverlaufs spielen. Ihre Wirkung kann durch neue Kommunikationstechniken verstärkt werden, indem eine neue Erkenntnis schnell allen Interessierten vermittelt wird und nicht langsam, auf einen engen Kreis von Personen beschränkt ist. Diese Effekte können sich dadurch verstärken, dass z. B. neue Lösungen zur Exploration ähnlicher Lösungen „anstecken" können; dies ist in den letzten Jahren im Gebiet der Supraleitfähigkeit nach ersten Versuchen mit Kupferoxyd-Verbindungen mit seltenen Erden deutlich zu erkennen[354].

Soweit der technische Fortschritt kumulativ verläuft, vermag auch eine neue Theorie ähnliche Anstöße zu vermitteln. Dies ist etwa in der Kernphysik zu beobachten.

Welche Relevanz kommt nun den dargestellten Verläufen für die strategische Forschungs- und Entwicklungsplanung zu?

Die Darstellungen sind natürlich sowohl für Techniken geeignet, die in Produkten verwendet werden, als auch solche, die in Prozesse eingehen. Aus der Sicht eines Unternehmens kann sich deshalb ergeben, dass für beide Anwendungen S-Kurven zu betrachten sind[355].

Die bisher betrachteten Abbildungen beschreiben die Entwicklungen ex post. Es fragt sich aber, inwieweit auch ex ante-Betrachtungen möglich sind, die als Grundlage für Mitteldispositionen oder zur Alternativplanung[356] herangezogen werden könnten. Im einzelnen stellen sich drei Hauptfragen:

(1) Können der derzeitige Stand bekannter Techniken, ihre künftigen Leistungsgrenzen und ihre Entwicklung dorthin abgeschätzt werden?

(2) Welche Techniken beherrscht das eigene Unternehmen, welche die aktuellen und

---

352 Vgl. Schmookler, J., Invention and Economic Growth, a. a. O.

353 Vgl. Pogany, G. A., Cautions about using S-Curves, Research Management, Vol. 29, 1986, S. 24–25, hier S. 24.

354 Ayres, R., Barriers und Breakthroughs, a. a. O., zeigt dafür eine Abbildung.

355 Vgl. Weiss, E., Management diskontinuierlicher Technologie-Übergänge, Göttingen 1989, S. 59 ff.

356 Lee, Th.-H., Nakicenovic, N., Technology Life-cycles and business decisions, International Journal of Technology Management, Vol. 3, 1988, S. 411–426, hier S. 415 ff.

potentiellen Wettbewerber? Daraus entwickelt sich die technologische Stärken-Schwächen-Analyse.

(3) Ist es sinnvoll, zusätzlichen Forschungs- und Entwicklungsaufwand zur Verbesserung der Leistung einer „alten" Technologie zu treiben, oder ist der **Übergang zu einer „neuen" Technologie** lohnend, deren Leistungen zur Zeit noch unter denen der „alten" Technologie liegen, deren Leistungspotentiale aber die der „alten" Technologie übersteigen?

Das Auftreten einer neuen Technik kann einerseits erhebliche Anstrengungen zur Verbesserung der alten Technik auslösen, so dass die „alte" S-Kurve zumindest über der Zeitachse einen plötzlichen, starken Anstieg zeigt.

Das beschreibt Carl Linde als Reaktion der Eisschrankproduzenten auf das Bekanntwerden seiner Ideen für den Kühlschrank[357]. Wilhelm Zangen, lange Jahre Vorstandsvorsitzender und Aufsichtsrat der Mannesmannröhren-Werke, beobachtete nach Eingliederung der Kronprinz AG in den Mannesmann-Konzern, dass ein als besonders vorteilhaft geltendes neues amerikanisches Elektroschweißverfahren, über das das Unternehmen durch eine Lizenz verfügen konnte, seine Vorteile im Laufe der Zeit verlor: „Die vorkalkulierten Ersparnisse zwischen dem alten und dem neuen Verfahren wurden von Monat zu Monat geringer. Man hatte die alten Verfahren so enorm verbessert und verfeinert, dass schließlich das neue Verfahren nur noch für Spezialzwecke lukrativ war und eingeführt zu werden brauchte ... Ich habe diese Erfahrung wiederholt gemacht und bin deshalb auch nicht für eine vollkommene Spezialisierung innerhalb eines Konzerns. Es ist ganz gut, wenn die Werke etwas konkurrieren, es bewahrt sie vor der Gefahr, rückständig zu werden ..."[358].

Andererseits stellt Foster in einem Beispielsfall fest: „Während der Endphasen der Entwicklung von Nylon-Cord (für Autoreifen, d.V.), als schon an einer Polyester-Alternative gearbeitet wurde, lag der Ertrag von Forschung und Entwicklung in diesem Feld viereinhalbmal höher als in jenem. Polyester erwies sich als überlegen, so dass die Celanese Corp. sehr viel mehr aus ihren Forschungsaufwendungen herausholte als es DuPont Co. konnte. Kein Unternehmen kann solche Kostenunterschiede lange tragen. Es ist klar, bei der Technologieentwicklung ist der Angriff häufig der Verteidigung überlegen"[359].

Bekannt sind in diesem Zusammenhang auch die Konzepte disruptiver Technologien bzw. diskontinuierlicher Innovationen, welche in der Literatur seit vielen Jahren diskutiert werden[360]. Unter „disruptiv" werden solche Innovationen subsumiert, die

---

357 Vgl. Linde, C., Aus meinem Leben und von meiner Arbeit, Düsseldorf 1914 (Nachdruck 1984).

358 Vgl. Zangen, W., Aus meinem Leben, S. 108–110, zitiert nach: Wessel, H. A., Kontinuität im Wandel. 100 Jahre Mannesmann 1890–1990, a. a. O., S. 228.

359 Foster, R. N., A call for vision in managing technology, in: Business Week, 24.5.1983, S. 10–18, hier S. 15 (Übers. v. V.).

360 Vgl. Insbesondere Walsh, S. T., & Linton, J. D. (2000). Infrastructure for emergent industries based on discontinuous innovations. Engineering Management Journal, 12(2), 23–32; Christensen, C. M., Ray-

eine bereits etablierte Technologie, ein bereits etabliertes Produkt oder eine bereits etablierte Dienstleistung entweder verdrängen oder obsolet machen[361]. Dabei müssen diese disruptiven Innovationen nicht zwangsläufig technologisch radikal neu sein[362]. Etablierte Unternehmen haben nach Christensen hier typischerweise Probleme, weil diese in der Vergangenheit mit deren Geschäftsmodellen „zu erfolgreich" waren. Deshalb bestand wenig Offenheit für Neues, weil der Erfolg hierfür bis zu einem gewissen Grad blind macht[363]. Trotz einiger Kritik in den letzten Jahren[364] ist diese Sichtweise eine sehr gute Ergänzung zu der Denkweise von S-Kurven. Denn wenn sich die Veränderung von einer technologischen S-Kurve zur anderen abzeichnet, kommen genau die genannten Effekte zum tragen.

Allerdings fragt es sich, wann eine „radikale" technologische Neuerung den Übergang von einer S-Kurve zu einer anderen verlangt. Theoretisch wird diese Frage durch Bewertung und Vergleich der beiden Technologien beantwortet, wobei die spezifischen Ungewissheiten zu berücksichtigen sind. Es ist vorgeschlagen worden, das Problem durch Dynamische Programmierung zu lösen. Dabei werden folgende zwei Wahlmöglichkeiten miteinander verglichen:
(1) Weiterentwicklung der gegenwärtig genutzten Technologie mit Kosten k und einer künftigen Gewinnerwartung v,
(2) Auswahl einer alternativen Technologie mit Kosten c und ihre Untersuchung, um ihren Wert w festzustellen[365].

Praktisch liegt das gravierendste Problem allerdings darin, die Werte v und w abzuschätzen. Hierfür werden Indizien gesucht, die bisher allerdings kaum zu Optimierungsrechnungen herangezogen werden können. Diese Einschätzungen können auch systematisch verzerrt sein, wobei Berufung auf Erfahrungen[366] oder Umsatzorientierung von Planungsansätzen einerseits zu Verzögerungen beim Übergang auf neue Technologien führen. Auf der anderen Seite kann bei einigen Technologien beobachtet werden, dass ihre Verbreitung zu positiven externen Effekten für ihre Nutzer führt.

---

nor, M. E., McDonald, R., What is disruptive innovation. Harvard Business Review, 2015, Vol. 93(2), S. 44–53; Linton, J. D., Forecasting the market diffusion of disruptive and discontinuous innovation. IEEE Transactions on engineering management, 2002, Vol. 49, S. 365–374.

361 Danneels, E., Disruptive Technology Reconsidered. A Critique and Research Agenda. In: Journal of Product Innovation Management 2004, Vol. 21(4), S. 246–258. https://doi.org/10.1111/j.0737-6782.2004.00076.x

362 Bower, J. L., Christensen, C. M., Disruptive technologies: catching the wave, Harvard Business Review, 1995, Vol. 73, S. 43–53.

363 Christensen, C. M., The innovator's dilemma. New York 2003.

364 Vgl. Danneels, E., Disruptive technology reconsidered: A critique and research agenda. Journal of Product Innovation Management, 2004, Vol. 21, S. 246–258.

365 Lippman, St. A., McCordle, K. F., Uncertain Search: A Model of Search Among Technologies of Uncertain Values, Management Science, 1991, Vol. 37, S. 1474–1490, bes. S. 1486 ff.

366 Vgl. Weiss, E., Management diskontinuierlicher Technolgieübergänge, a. a. O., S. 3, 28 ff.

Das beschleunigt den Verbreitungsprozess bei gegebener technischer Leistung und macht eine frühe, richtige Auswahlentscheidung der Technologieanbieter besonders notwendig[367].

Ursprünglich schien es, als seien die Indizien leicht zu bestimmen. Eine Vervielfachung der Leistungsgrenze[368] oder ein für jeden Abszissenwert höherer Ordinatenwert der neuen Technologie gegenüber einer alten sind als Beispiele zu nennen. Inzwischen zeigt sich aber, dass unter Berücksichtigung situativer, firmenspezifischer, technologiespezifischer, zielmarktorientierter oder zeitlicher Gesichtspunkte eine nahezu unübersehbare Fülle von teilweise stochastisch und unscharf formulierten „wenn ..., dann ..."-Regeln für den Wechsel zwischen Technologien postuliert oder auch getestet wurden. Sie sind als Voraussetzungen oder Folgen unter Umständen auch miteinander verknüpft. Die Verarbeitung dieser komplexen Information erfordert systematische Hilfe. Durch „wissensbasierte Systeme" kann diese Hilfe bereitgestellt werden.

Für die Beurteilung technologischer Diskontinuitäten mit Hilfe eines solchen Systems lassen sich aus 27 relevanten Veröffentlichungen 421 Regeln ableiten, deren Anwendung eine Situationserkennung, -diagnose und eine der Wissensbasis entsprechende Beurteilung bzw. Prognose erlaubt[369]. Das System kann durch die Berücksichtigung von Expertenwissen ergänzt werden. Der Prototyp dieses wissenbasierten Systems macht – neben anderen Vorteilen – deutlich, dass der Rückzug auf sehr wenige Kriterien und einfache Verknüpfungen der Prognose nicht gerecht werden kann.

Für die Planung ist es außerdem bedeutsam zu erkennen, dass S-Kurven beeinflussbar sind. Insbesondere die Höhe der Forschungs- und Entwicklungsanstrengungen, operationalisiert durch den Aufwand, kann den Kurvenverlauf beeinflussen. Dabei ist zu berücksichtigen, dass das Kurvenbild in dynamischer Betrachtung über einer Abszisse mit der Zeit oder dem kumulierten Forschungs- und Entwicklungsaufwand als Variabler deutliche Unterschiede aufweisen kann. Deshalb sollten beide Betrachtungsweisen miteinander kombiniert werden.

5.3.4 Einbindung in die Unternehmensziele

Die Zielorientierung unternehmerischer Forschung und Entwicklung muss aus den allgemeinen Unternehmenszielen abgeleitet werden. Allerdings können Ertrags-, Gewinn- oder ähnliche ökonomische Ziele nicht unmittelbar zur Forschungs- und Ent-

---

367 Arthur nennt als solche externen Effekte: Lernen durch Benutzung, Netzwerkexternalitäten, Skalenvorteile, Informationsaustauschvorteile, Unterstützung durch Komplementärprodukte. Arthur, W. B., Computing technologies: an overview, in: Dozi, G., et al., Technological Change and Economic Theory, London 1988, S. 590–607.
368 Vgl. Bright, J. R., On Appraising the Potential Significance of Radical Technological Innovation, a. a. O., S. 440.
369 Vgl. Lehmann, A., Wissensbasierte Analyse technologischer Diskontinuitäten, Wiesbaden 1994.

wicklungsplanung verwendet werden. In der strategischen Planung stehen regelmäßig Überlegungen im Vordergrund, die sich auf den Nachweis von Ertragspotentialen richten. Zugleich können generelle Vorstellungen von Risiken, die der Realisierung solcher Potentiale entgegenwirken, in die Betrachtungen einbezogen werden. Diese recht allgemeinen Vorstellungen sind in Leitlinien für die Forschungs- und Entwicklungsstrategie umzusetzen. Die so entstehenden generellen **Forschungs- und Entwicklungsziele** „stehen in einer Mittel-Zweck-Beziehung zum globalen betrieblichen Zielsystem und dienen zur Steuerung der gesamten F&E-Tätigkeit. Ihre Formulierung gehört zu den schwierigsten Aufgaben im Rahmen der F&E-Planung: Einerseits lässt ihr noch relativ umfassender Charakter in der Regel nur recht allgemeine Formulierungen zu; andererseits aber müssen sie operational definiert ... sein, um ihre Steuerungsfunktion erfüllen zu können"[370]. Gerade diese letzte Forderung kann allenfalls unter Berücksichtigung anderer, die Strategie bestimmender Faktoren erfüllt werden. Von den in der Literatur genannten Zielkatalogen wird die gewünschte Operationalisierung, gemessen an den Standards der Zielforschung, nicht erreicht. Nach diesen Standards wären nämlich festzulegen[371]:

- Zielobjekte, d. h. Abgrenzungen des Gegenstandsbereichs, auf den sich die Zielbildung beziehen soll.
- Zieleigenschaften, d. h. Beschreibungen der Variablen, durch die eine Beurteilung möglicher Alternativen und eine spätere Bewertung erfolgen soll.
- Zielmaßstäbe, d. h. Messvorschriften, die eine Quantifizierung der Zieleigenschaften ermöglichen sollen.
- Zielerfüllungsbeitrag, d. h. eine Aussage darüber, ob ein Ziel als Extremwert (z. B. schnellstmögliche Entwicklung) aufzufassen, auf einen zufriedenstellenden Wert oder auf einen bestimmten, ggf. durch andere Prozesse bestimmten Wert (z. B. Entwicklung zum bestimmten Zeitpunkt) gerichtet ist.
- Zeitbezug, d. h. die Festlegung des Zeitraumes, an dessen Ende die Zielerreichung überprüfbar sein soll.
- Zielpersonen, d. h. hier insbesondere eine Benennung derjenigen, die für die weitere Konkretisierung und Realisierung der Ziele verantwortlich sind.

Auf der Grundlage der Umweltanalyse könnte für ein Unternehmen der pharmazeutischen Industrie eine Anwendung dieser Kriterien beispielhaft wie folgt aussehen (vgl. Abb. 5.16).

Es ist ersichtlich, dass damit sehr viel konkretere Formulierungen gefordert werden als mit der generellen Forderung, neue Produkte zur Sicherung der Ertragskraft und des Wachstums zu entwickeln. Es mag erstaunen, dass im Unterschied zu weiten

---

370 Kern, W., Schröder, H.-H., Forschung und Entwicklung in der Unternehmung, a. a. O., S. 40 f.
371 Vgl. Hauschildt, J., Entscheidungsziele. Zielbildung in innovativen Entscheidungsprozessen: theoretische Ansätze und empirische Prüfung, Tübingen 1977, S. 7 ff.

Abb. 5.16: Beispiel für eine Anwendung der Operationalisierungskriterien für strategische Forschungs- und Entwicklungsziele

Kriterium	Ausprägung (Stand 2019)
Zielobjekt	Pharmaforschung, hier Ausbau der Erforschung von Antirheumatica zum Ausbau der Ertragskraft des Unternehmens (Grundlagen: Vermutetes Marktpotential, Aufbau auf eigenen Vorarbeiten möglich)
Zieleigenschaften	Entwicklung neuer chemischer Substanzen, die zulassungsfähig sind
Zielmaßstäbe	Anzahl zulassungsfähiger Substanzen
Zielerfüllungsbeitrag	Zwei oder mehr Substanzen (Anspruchsniveauüberschreitung)
Zeitbezug	Synthese bis 2022, Zulassungsvoraussetzungen bis 2025
Zielpersonen	Laborleitung Pharmaforschung in USA

Teilen der Literatur das Zielobjekt sehr stark spezifiziert ist. Gespräche mit mehr als 40 Verantwortlichen für Forschung und Entwicklung deutscher Unternehmen hatten gezeigt, dass weniger starke Spezifizierungen nicht anzutreffen waren.

Besonders kritisch ist die Formulierung der Zielobjekte. Kern/Schröder leiten diese aus der allgemeinen Funktion der Gewinnung neuen Wissens ab und schlagen zwei Orientierungen vor: die Orientierung an technisch-wissenschaftlichen Ordnungssystemen oder an der Struktur der betrieblichen Leistungsprogramme, wobei sie letzteres wegen der größeren Unmittelbarkeit des Bezugs zu den wirtschaftlichen Unternehmenszielen vorziehen, soweit dies möglich ist[372]. Damit kann die Gefahr einer zu geringen Zukunftsbezogenheit der Zielbildung verbunden sein.

Dieser Gefahr könnte dadurch entgangen werden, dass grundsätzlich nach den **Engpassbereichen** bei der Befriedigung aktueller oder latenter Bedürfnisse gefragt wird, die die Erreichung der Unternehmensziele behindern, sowie nach den Beiträgen von Forschung und Entwicklung zur Beseitigung dieser Engpässe. Damit wird zugleich die Marktsituation in die Zielbildung einbezogen. Darauf wird noch genauer eingegangen werden. Die Überlegung deutet an, dass die Einbindung der Forschungs- und Entwicklungsziele in die Unternehmensziele unterschiedlich stark sein kann. Es wäre offensichtlich problematisch, wenn wissenschaftliche Interessen ohne Rücksicht auf andere Anforderungen bei der Zielbildung die Oberhand gewinnen würden, so dass die Generierung von Erträgen am Markt nur noch sekundär erscheinen würde. Auf die Gefahr einer „technology-driven strategy" wurde bereits im 1. Kapitel hingewiesen. Dass sich jedenfalls in der mit unterschiedlicher Stärke betriebenen wechselseitigen Einflussnahme auf die Funktionsbereichsziele und die Unternehmensziele kein nur in einer Richtung wirkender Effekt auf die Kapitalverzinsung des Unternehmens ergibt, haben Untersuchungen von Poensgen/Hort verdeutlicht: Gute, aber nicht ausgezeichnete oder schlechte Information über die Unternehmensziele und starke, aber nicht sehr starke oder schwache Einflussnahme auf die Zielbildung

---

372 Vgl. Kern, W., Schröder, H.-H., Forschung und Entwicklung in der Unternehmung, a. a. O., S. 42.

in Forschung und Entwicklung sind in 37 deutschen Großunternehmen 1970–1979 jeweils mit den höchsten Kapitalrenditen verbunden gewesen[373].

Darüber hinaus gibt es einen interessanten Zusammenhnag zwischen der Planung zukünftiger Technologien (innerhalb des F&E-Managements) und der unternehmerischen Leistungsfähigkeit: Da für technologische Chancen und Möglichkeiten, die innerhalb dieses Planungsprozesses ausgearbeitet werden, i. d. R. Marktbezug besteht, wurde in einer Studie aus dem Jahr 2018 bei einer Befragung von 253 Managern verschiedener Unternehmen eine positive Beziehung der Technologieplanung für die Performance von Unternehmen gemessen. Daraus ergibt sich wiederum ein positiver Einfluss auf die Profitatbilität der Unternehmen[374].

5.3.5 Faktorbeschaffung

Die Konzentration strategischer Überlegungen auf Absatzmärkte in den letzten Jahren hat die Notwendigkeit der Einbeziehung von Beschaffungsvorgängen in die strategische Planung zurückgedrängt. Es wäre aber im Einzelfall zu prüfen, ob dies gerechtfertigt ist. Probleme können z. B. auftreten bei der Bereitstellung von Gelände (wobei Opposition gegen die Einrichtung gefährlicher oder umweltbelastender Anlagen auftreten kann oder Naturschutz-Interessen berührt werden), bei der Nutzung externen Wissens (wobei protektionistische Strömungen auf eine stärkere Kontrolle des Wissenstransfers im Interesse einer ausschließlichen Wissensnutzung gerichtet sein können), beim Einsatz spezieller Anlagen (wofür eigene Entwicklungen erforderlich sein können) und bei der Personalbeschaffung.

Die **Personalbeschaffung** kann Ersatzbeschaffung oder Neubeschaffung sein. Ersatzbeschaffung kann nicht nur durch quantitative Kapazitätsverluste ausgelöst werden, sondern auch auf qualitative Kapazitätsverluste zurückgehen. Diese Verluste werden auf drei Ursachen zurückgeführt: „Schlechte Manager und damit schlechte Führung, geistige Veralterung sowie stagnierende und damit demotivierende Organisation"[375]. Allerdings sollten auch in materieller oder immaterieller Hinsicht als besser wahrgenommene Angebote von Wettbewerbern um die knappe Ressource „kreatives Personal" berücksichtigt werden.

In strategischer Sicht kann sich die Personalbeschaffung nur auf die Deckung des sog. Personalgrundbedarfs richten, der „aufgrund summarischer Vermutung oder

373 Vgl. Poensgen, O. H., Hort, H., R&D Management and Financial Performance. IEEE Transactions on Engineering Management, Vol. EM-30, 1983, S. 212–222, hier S. 216.
374 Vgl. Cho, Y., Exploring Technology Forecasting and its Implications for Strategic Technology Planning, Dissertation, Portland/OR 2018, S. 170.
375 Karger, D., Murdick, R., Managing Engineering and Research, New York 1980.

Abb. 5.17: Alternativen der Deckung des Personalbedarfs

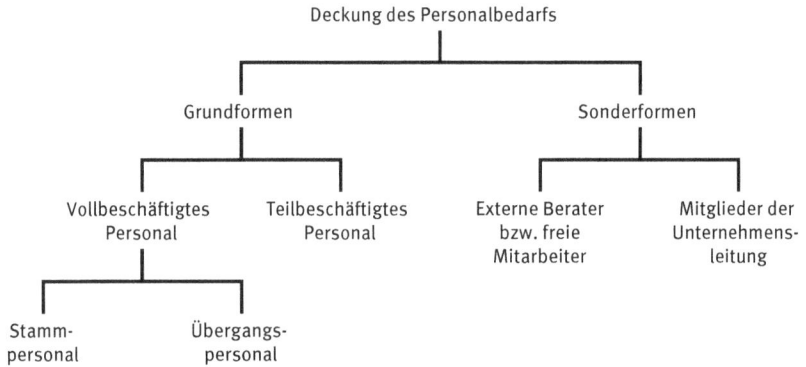

Quelle: In Anlehnung an Kossbiel, H., et al., Personalbereitstellung für industrielle Forschung und
  Entwicklung, Zeitschrift für betriebswirtschaftliche Forschung, 36. Jg., 1984, S. 657–676,
  hier S. 661.

durch politische Setzung festgelegt"[376] wird. Darin kann sich eine der später behandelten Budgetierungsregeln widerspiegeln. Dagegen wird der Personalzusatzbedarf zeitweilig und in Abhängigkeit vom Entwicklungsstand einzelner Projekte festgestellt. Er tritt nur bei solchen Unternehmen in den Vordergrund, die nur gelegentlich und nicht kontinuierlich Forschung und Entwicklung betreiben.

Für die Deckung des Personalbedarfs haben Kossbiel et al. die in Abb. 5.17 dargestellten Alternativen entwickelt.

Hier sind primär die Grundformen beachtlich. Allerdings reicht es nicht aus, sich nur über die grundsätzlich gegebenen Handlungsalternativen klar zu sein. Das Personal muss spezifische qualitative Eigenschaften ausweisen. Hier sind zu erwähnen:

-   eine aus den Zielen abgeleitete, spezifische disziplinäre Ausrichtung des Personals,
-   Verfügung über den Stand des Wissens, was auch Wissen über Wettbewerbsaktivitäten einschließen kann,
-   Anpassungsfähigkeit an die spezifischen Aufgabenstellungen von Forschung und Entwicklung.

Diese Forderungen mögen sehr allgemein erscheinen; ihre Erfüllung ist aber nicht immer in dem langen Zeitrahmen strategischer Planung gesichert. Deshalb können,

---

[376] Kossbiel, H., Personalbedarfsbestimmung und Personalbereitstellung von Wissenschaftlern und Ingenieuren im Tätigkeitsbereich „Forschung und Entwicklung" von Mittelbetrieben, in: Domsch, M., Jochum, E., Personal-Management in der industriellen Forschung und Entwicklung (F&E), Köln et al. 1984, S. 114–127.

stellt man dies fest, besondere, langfristig wirkende Maßnahmen zur Personalbereitstellung nützlich erscheinen, wie z. B. die Förderung der Forschung an Hochschulen durch Stiftungslehrstühle, Forschungsmittel, Stipendien etc.

Zur externen Beschaffung technologischen Wissens ist bereits oben (Abschnitt 5.1) Stellung genommen worden. Sie ergänzt die Sonderformen der Personalbeschaffung.

5.4 Strategische Programmplanung

In der strategischen Programmplanung sollen grundsätzliche Fragen der Zusammensetzung des Forschungs- und Entwicklungsprogramms behandelt werden. Sie richten sich insbesondere darauf, ob Produkt- oder Prozessforschung und -entwicklung schwerpunktmäßig betrieben werden soll, welches Gewicht der Forschung, welches der Entwicklung zukommen soll und wie die Verteilung der damit realisierbaren Innovationen auf „high tech, middle tech, low tech" erfolgen soll.

5.4.1 Produkte und Prozesse als Gegenstände von Forschung und Entwicklung

An erster Stelle soll der Frage nachgegangen werden, ob sich Forschung und Entwicklung eines Unternehmens stärker auf die Erstellung neuen Wissens zur Verwendung in Produkten oder in eigenen Produktionsprozessen richten sollte. Die Bezugnahme auf die eigenen Produktionsprozesse muss deshalb betont werden, weil die Unterscheidung sonst sinnlos werden kann: Eigene Produkte können in die Produktionsprozesse „nachgelagerter" Hersteller eingehen. Ob dies immer so deutlich gesehen wird, ist fraglich, und das ist vor allem bei der Interpretation statistischer Daten zu beachten.

Die Innovationstheorie verweist darauf, gestützt auf einige amerikanische Daten, dass eine erfolgreiche Innovationspolitik den „Entwicklungszustand" des Unternehmens zu berücksichtigen habe[377]. In erster Linie wird dabei an eine Phase im Produktgruppen-Lebenszyklus gedacht. Zudem sollten die Fragen abgewogen werden, wie durch Innovation Mehrwert auf Kundenseite erreicht werden kann, wie dadurch Wert im Unternehmen generiert werden kann und, folglich, welche Innovationen entsprechend angestrebt werden können und sollen. Dabei ist sicherzustellen, dass diese Innovationsstrategie so ausgelegt wird, dass auf Änderungen externer Umstände reagiert und eingegangen werden kann[378].

---

[377] Vgl. im folgenden: Utterback, J. M., Abernathy, W. J., A Dynamic Model of Process and Product Innovation, Omega, Vol. 3, 1975, S. 639–656; Abernathy, W. J., Townsend, Ph. L., Technology, Productivity and Process Change, Technological Forecasting and Social Change, Vol. 7, 1975, S. 379–396.

[378] Pisano, G. P., You need an Innovation Strategy, Harvard Business Review, Vol. 93, 2015, S. 44–54.

Aus einer Untersuchung der ersten Jahrzehnte amerikanischer Automobilproduktion hatten Abernathy/Wayne[379] die Hypothese gewonnen, dass im Zuge der Entwicklung der Produktionsprozess von einem „unconnected stage" über das „segmental stage" zum „systemic stage" fortschreite[380]. In der ersten Stufe dominieren kleine Serien, es fehlt an Standardisierung, es wird Werkstattfertigung eingesetzt. In der zweiten Stufe wird nach stärkerer Standardisierung der Produkte die Möglichkeit zu stärkerer Standardisierung von Teilprozessen ergriffen. In der dritten Stufe setzt sich die Integration der Prozesse fort, so dass Produktionssysteme entstehen, die nicht mehr durch Verbesserung von Teilprozessen effizienter zu gestalten sind, sondern nur noch durch die Optimierung ganzer Systeme.

Diese Entwicklung entspricht einer Veränderung der Wettbewerbsbedingungen. Wird ein neuer Markt mit Produktinnovationen eröffnet, so können zunächst Wettbewerbsvorteile durch Veränderung der Produkte und Steigerung ihres Verwendernutzen erreicht werden. Die Anzahl der Wettbewerber nimmt zu. Werden die Produkte stärker standardisiert, weil sich zum Beispiel überlegene Designs oder Eigenschaftskombinationen herausbilden, durch die auch die Masse eher risikoscheu eingestellter Imitatorenkäufer erreicht wird, so führt dies zu einer stärkeren Verlagerung auf den Preiswettbewerb. Dafür müssen die Grundlagen durch Rationalisierung im Produktionsprozess gelegt werden. Die Anzahl der Wettbewerber nimmt ab, insbesondere, wenn Größen- oder Erfahrungskurvenvorteile ausgenutzt werden können.

Folgt man dieser Skizze, so ergibt sich das in Abb. 5.18 gezeigte Bild. Im Entwicklungsprozess einer Produktart dominiert zunächst die Produktinnovation, die entsprechend gerichtete Forschung und Entwicklung voraussetzt. Später gewinnt die Prozessinnovation hervorragende Bedeutung, bis auch diese Bedeutung nachlässt, weil das „systemic stage" keine ausreichenden Möglichkeiten mehr für reine Produktinnovationen bietet. Eine Abwandlung der Darstellung liegt in der Annahme einer zunächst auf hohem Niveau verharrenden Produktinnovationshäufigkeit, bis nach der Durchsetzung eines dominanten Designs oder Standards die Häufigkeit so zurückgeht, wie es die Abbildung zeigt[381]. In einer mittleren Phase sind Produkt- und Prozessinnovationen in etwa gleicher Häufigkeit zu finden.

Wenn die These vertreten wird, dass es zu einer zunehmenden Interdependenz von Produkt- und Prozessinnovationen kommt[382], so kann dies zwei Ursachen haben:

---

379 Vgl. Abernathy, W. J., Wayne, K., Limits to the Learning Curve, Harvard Business Review, Vol. 52, Sept./Okt. 1974, S. 109–119. Anderson, Ph., Tushman, M. L., Technological Discontinuities and Dominant Designs: A Cyclical Model of Technological Change, Administrative Science Quarterly, Vol. 35, 1990, S. 604–633.

380 Später bezeichnet Utterback diese Entwicklungsphasen mit „fluid phase", „transitional phase" und „specific phase". Vgl. Utterback, J. M., Mastering the Dynamics of innovation, Boston 1994, S. xvii.

381 Vgl. Utterback, J. M., A Dynamic Model of Process and Product Innovation, a. a. O., S. xvii. Dieser Verlauf wird nicht empirisch belegt.

382 Vgl. Williams, J. R., Technological Evolution and Competitive Response, Strategie Management Journal, Vol. 4, 1983, S. 55–65; Wright, P., A Refinement of Porter's Strategies, Strategie Management

Abb. 5.18: Innovationsschwerpunkte im Entwicklungsprozess einer Produktart

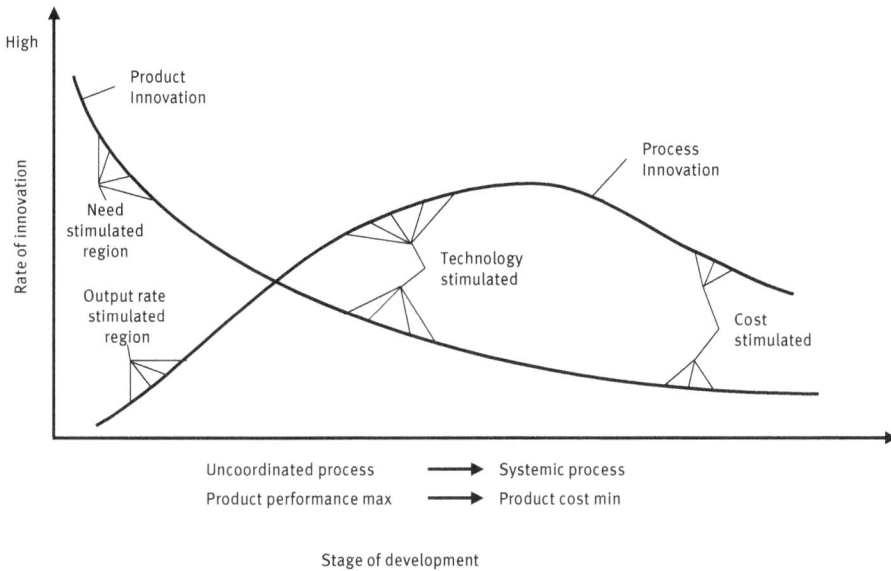

Quelle: Utterback, J. M., Abernathy, W. J., A Dynamic Model of Process and Product Innovation,
a. a. O., S. 645.

(1) Die Vertreter dieser These haben Industrien im Blickfeld, die sich in einer mittleren Phase des Produktarten-Lebenszyklus befinden. Das würde dem Schema der
Abb. 5.18 entsprechen.
(2) Die Vertreter dieser These beobachten ein neues, die Wettbewerbssituation grundsätzlich veränderndes Verhalten, das unabhängig von der Lebenszyklus-Pha-
se zur Stärkung von Wettbewerbs-Positionen empfohlen wird. In diesem Sinne
schlägt zum Beispiel Albach eine Strategie vor, die Differenzierung **und** Kosten-
reduktion in derselben Phase fordert[383].

*Ein eindrucksvolles Beispiel für die Innovationspolitik im „systemic stage" bietet die
„Double Blend"-Zigarette, wobei die Produktinnovation eine Prozessinnovation notwendig voraussetzt. Die „Frankfurter Allgemeine Zeitung" berichtet hierüber am 30. Januar
1987 Folgendes: „Reynolds führt in der kommenden Woche eine neue Zigarette namens
„Reynolds Double Blend" am Markt ein; sie soll erstmals den vollen Geschmack einer
„kräftigen" Filterzigarette bieten, zugleich aber die Werte einer „leichten" Zigarette auf-*

Journal, Vol. 8, 1987, S. 93–101; Breitschwerdt, W., Unternehmerische Initiativen auf veränderten Märkten, Zeitschrift für betriebswirtschaftliche Forschung, 37. Jg., 1985, S. 116.
383 Vgl. Albach, H., Innovationsstrategien zur Verbesserung der Wettbewerbsfähigkeit, Zeitschrift für
Betriebswirtschaft, 59. Jg., 1989, S. 1338–1351.

weisen … In der „Reynolds Double Blend" sind zwei verschiedene Tabakmischungen („Blends") hintereinander angebracht: im vorderen Teil eine kräftige Tabakmischung, im hinteren eine mild-aromatische, was einen „krätiftigen, gleichbleibend harmonischen Geschmack" ergebe, wie erläutert wird … Um das Konzept „Double Blend" in ein Produkt umzusetzen, bedurfte es eines besonderen Fertigungsverfahrens, das zusammen mit den Hamburger Hauni-Werken – auf deren Maschinen 90 Prozent aller Filterzigaretten in der Welt produziert werden – entwickelt worden ist, wobei auch auf das „Konzernwissen" der amerikanischen Muttergesellschaft zurückgegriffen wurde. Das Problem war, die zwei verschiedenen Tabakmischungen an die richtigen Stellen im Tabakendlosstrang zu bringen. Gelöst wurde das so: Die mildere Mischung wird durch ein Taschenrad über Vakuum angesaugt und häufchenweise auf ein Förderband portioniert; die kräftige Mischung wird dann von unten in die Zwischenräume gesaugt.

Dass es sich dabei um einen hochkomplexen technischen Ablauf handelt, zeigt sich auch darin, dass die neuen Maschinen jedenfalls nur 4000 Stück „Reynolds" in der Minute produzieren können, während die herkömmlichen Zigarettenmaschinen 6000 bis 8000 Stück schaffen. Die Rechte an der Zigarette liegen bei Reynolds, die Rechte an den Maschinen bei den Hauni-Werken, die die neuen Maschinen also auch an die Reynolds-Konkurrenz liefern könnten. Reynolds geht jedoch davon aus, dass man selbst die Hauni-Kapazität für einige Zeit auslasten werde. Er verspricht sich auch aus einem anderen Grund eine längere „Alleinstellung": So einfach sei es auch wieder nicht, die richtigen Mischungen zu finden."

Abernathy/Utterback glauben, dass die geschilderten Abläufe über ihr Fallbeispiel hinaus zu verallgemeinern sind, und führen dafür auch statistische Evidenz an. Das würde bedeuten, dass die **strategische Schwerpunktsetzung für Forschung und Entwicklung von der Lebenszyklusphase der jeweiligen Produktart abhängig gemacht werden sollte**.

Allerdings wird eingeräumt, dass man dieses Stufenmodell nicht deterministisch betrachten sollte[384]. Dies würde nämlich zum Ersterben der Innovationen im „systemic state" führen. Tatsächlich konnte aber in einem Sample amerikanischer Unternehmen aus „reifen" Industriezweigen weder eine relativ große Häufigkeit von Prozessinnovationen noch ein Ersterben der Produkt-Innovationen nachgewiesen werden[385]. Als Erklärungsmöglichkeit dafür wurde eingeräumt, dass das Management die Lebenszyklusphase ihrer Industrie nicht richtig wahrgenommen haben könnte und deshalb ein wenig phasenentsprechendes Verhalten zeige.

Akzeptiert man eine korrekte Phasenwahrnehmung, so ist nach Strategien zu suchen, die die wirtschaftliche Stagnation oder den Niedergang im „systemic state" vermeiden. Hierzu werden folgende Wege gesehen:

---

[384] Insofern bietet die Kritik von W. W. Zörgiebel nichts Neues: Technologie in der Wettbewerbsstrategie, a. a. O., S. 41 f.

[385] Vgl. Ramanujam, V., Mensch, G. O., Improving the Strategy-Innovation Link, Journal of Product Innovation Management, Vol. 2, 1985, S. 213–223, hier S. 219.

(1) Initiierung von Forschungs- und Entwicklungsarbeiten mit dem Ziel, deutlich bessere Produkte anzubieten, als dies aufgrund des herrschenden dominanten Designs möglich ist. Damit würde praktisch wieder ein neuer Phasendurchlauf eröffnet, der sich sowohl an gegebene als an neue Abnehmer richtet. Im Sinne der S-Kurven-Methodik entspricht dies dem Übergang zu einer neuen S-Kurve mit deutlich höherem Leistungspotential als der bisherigen S-Kurve. Es ist denkbar, dass solche Schritte in Nischenmärkten getestet oder von Außenseitern in eine Branche hineingetragen werden, da in beiden Fällen die Akteure keine schnelle Entwertung eigener Potentiale (Wissen, spezielle Anlagen etc.) zu befürchten haben.

(2) Veränderung der Arbeitsteilung in der Produktion mit dem Ziel von Produktivitätsgewinnen, durch die Grundlagen für die strukturelle Neuorientierung herkömmlicher Anbieter geschaffen werden. Die Arbeitsteilung wird auf zwei Wegen verändert: erstens durch Verlagerung standardisierter Produktion in Länder mit kostengünstigerer Faktorausstattung, insbesondere in Niedriglohn- und Schwellenländer; zweitens durch Verringerung der Fertigungstiefe, womit sich die Entwicklung zu Systemherstellern ergibt, die ihre Produkte aus Modulen zusammensetzen. In der Automobilfertigung können solche Module z. B. das gesamte Lenksystem oder das Armaturenbrett einschließlich aller Geräte oder sogar der Motor sein.

Hier ergibt sich die Frage, wie das ursprünglich betrachtete Unternehmen die technologische Entwicklung derjenigen Produktteile erfassen, beeinflussen und nutzen kann, die im Zuge der neuen Arbeitsteilung abgegeben werden. Häufig wird mit der Abgabe von Produktionsaufgaben an Dritte auch eine Verlagerung von Forschungs- und Entwicklungsaufgaben vorgenommen. Zumindest wird ihre Wirksamkeit reduziert, wenn interne Entwicklungsmöglichkeiten fehlen, oder ihre Stoßrichtung wechselt von der Entwicklung zur technologischen Umweltanalyse. Damit wären Voraussetzungen für die Zusammenarbeit mit den Anbietern der jeweils wirtschaftlich interessantesten Technologien geschaffen.

(3) Veränderung der Marktorientierung der vorhandenen Angebote. Hier ist an die Erschließung neuer Verwendungen für vorhandene Produkte ebenso zu denken wie an die Erschließung von Märkten in herkömmlich nicht bedienten Regionen. Diese Aktivitäten verlangen Anpassungsentwicklungen, die durch Abteilungen für Konstruktion, Anwendungstechnik o. ä. bereitzustellen sind. Als Beispiele sei verwiesen auf neue Therapiegebiete für ein Arzneimittel, was aber Änderungen der Darreichungsform erfordert, oder die Anwendung regional erfolgreicher Pflanzenschutzmittel in anderen Regionen oder von Stoffarben für neue Gewebetypen. Das letzte Beispiel weist darauf hin, dass sich durch Interaktionen mit Neuerungen an komplementären Produkten Entwicklungsaufgaben ergeben.

Um die aus der Produktpolitik folgenden Optionen für Forschung und Entwicklung zu systematisieren, ist das in Abb. 5.19 vorgestellte Schema nützlich[386]. Die hier

---

[386] Vgl. Ansoff, H. I., A Model for Diversification, Management Science, Vol. 4, 1958, S. 392–414.

Abb. 5.19: Schwerpunkte der Programmplanung zur Durchsetzung der Ansoffschen Marketingstrategien

Kunden- kreise / Produkt- leistung	unverändert	verändert
unverändert	Marktdurchdringung (Preissenkung durch Prozessforschung)	Marktentwicklung (Konstruktive Anpassungen und Anwendungstechnik)
verändert	Produktentwicklung (Qualitätsänderungen durch Produktentwicklung und angewandte Forschung)	Diversifikation (Erschließung neuer Felder durch Grundlagen- und angewandte Forschung sowie Akquisition)

Abb. 5.20: Beispiel für die Anwendung der Ansoffschen Matrix

Kundenkreise / Produktleistung	unverändert	verändert	Zeitbedarf
unverändert	Marktdurchdringung • Produktverbesserung • Farbenwechsel für neue Modelljahre • Kostenreduktion	Marktentwicklung • Übertragung in andere europäische Länder • Japanische Anwender	bis 1 Jahr
verändert	Produktentwicklung • Substitute (wasserbasierte Lacke) • Neue Emulsionstechniken für organische Polymere	Diversifikation • Produktregulierung • ...	3–5 Jahre 6–8 Jahre

Quelle: Nach Akzo (1994)

genannten strategischen Schwerpunktsetzungen für Forschung und Entwicklung[387] stehen in Bezug zu den oben erläuterten drei Wegen. Allerdings ist keine explizite, zeitliche Verknüpfung gegeben. Zu bedenken ist dabei auch, dass die Realisierung der Neuerungen unterschiedlich lange Zeiträume erfordern kann. Deshalb wird die Darstellung bei Akzo Automotive Finishes Europe, einem Hersteller von Autolacken, durch ein Zeitschema ergänzt (Abb. 5.20).

Zusätzlich zum Grade der Produktstandardisierung durch ein dominantes Design und dem Grade der Marktabdeckung durch das Produktangebot kann für die strategische Position eines Unternehmens der Zeitpunkt des Markteintritts relevant sein. Auch er steht mit der strategischen Ausrichtung von Forschung und Entwicklung in einem Zusammenhang (vgl. Abb. 5.21). Allerdings werden bei nur zwei Ausprägungen

---

387 Der Begriff ist zu betonen. Innovationserfolg kann nämlich Kombinationen unterschiedlicher Innovationen, z. B. Produkt-, Prozess- und Serviceinnovationen, voraussetzen.

Abb. 5.21: Chancen und Risiken marktorientierter Technologiestrategien

Nr.	Markteintritt früh	Markteintritt spät	Markterfassung total	Markterfassung partiell	Produktstandardisierung hoch	Produktstandardisierung niedrig	Ausrichtung der F&E Breite	Ausrichtung der F&E Schwerpunkt*	Typ der angestrebten Innovation	Chancen	Risiken
1	*			*		*	Eng	F (E)	Produktinnovation	Vorteile neuer technischer Lösungen begründen Kundenloyalität und ermöglichen hohe Preisniveaus.	Fehlschlagrisiko der Forschung und Risiken enger Marktsegmente. Akzeptanz hoher Preise unsicherer, wenn konventionelle Alternativen verfügbar sind.
2		*		*		*	Eng	K, AT	(Geringe Innovationsleistung)	Ausnutzung der Vorgänger-Erfahrungen. Ausspielen geringer Kosten.	Schmale Know-how-Basis, besonders in turbulenten Umwelten gefährlich. Risiken enger Marktsegmente.
3	*		*			*	Breit	F, E	Produktinnovation	Synergien hoher technisch-ökonomischer Flexibilität. Sonst wie 1.	Hohe Ressourcenbeanspruchung wegen totaler Marktabdeckung. Sonst wie 1.
4		*	*			*	Breit	K, AT	(Geringe Innovationsleistung)	Wie 2.	Falsches Timing, Gefahr von Preiskämpfen.
5	*				*		Eng	F, E	Marktdominierende Standardlösung bei Produktinnovation	Grundlage von Standardisierungseffekten, späteren Lernkurveneffekten. Technische Flexibilität.	Verfehlen des Zeitpunkts der techn. Und wirtschaftlichen Marktreife. Gefährdung durch günstigere Substitute. Hohe Marktaustrittsbarrieren.
6		*		*	*		Eng	E	Prozessinnovation	Wie 2.	Wie 2. Risiko zu späten Markteintritts.
7	*		*		*		Breit	F	Produkt- und Prozessinnovation	Wie 3. Chance der Marktstandardisierung	Gefahr des Verfehlens dominanter Designs. Hohe Kapazitätskosten, hohe Fehlschlagrisiken.
8		*	*		*		Breit	E, AT	Prozessinnovation	Synergien und Kostenvorteile gegenüber dem Führer.	Schwierige Kompensation von Startvorteilen des Führers. Hohe Kosten der totalen Markterfassung. Eingeschränkte Flexibilität.

* F = Forschung; E = Entwicklung; K = Konstruktion; AT = Anwendungstechnik

Quelle: Auf der Grundlage von Specht, G., Zörgiebel, W. W., a. a. O.

Tab. 5.6: Innovationsbeteiligung von deutschen Unternehmen (in %)

Anteil Unternehmen mit	2013	2014	2015	2016	2017
Produkt- oder Prozess-innovationen	37	37	35	36	36
Produktinnovationen	28	29	27	27	25
Prozessinnovationen	22	20	22	22	24

Quelle: Jahresgutachten: Innovationen in der deutschen Wirtschaft – Innovationsaktivitäten der Unternehmen in Deutschland im Jahr 2017/ 2016/ 2015/ 2014/ 2013, ZEW 2014–2018.

jeder dieser Einflussgrößen jetzt schon acht strategische Ausrichtungen erkennbar[388]. Ihre Chancen und Risiken sind aufgrund des empirischen und theoretischen Wissensstandes plausibel zu machen. Insbesondere die erwähnten Risiken lassen erkennen, dass eine beliebig weite Abweichung vom oben dargestellten Lebenszyklus-Schema kaum möglich sein dürfte. So ist hervorzuheben, dass schneller Markteintritt regelmäßig mit hohen Anforderungen an die Produktforschung verbunden ist, ein geplanter späterer Markteintritt vor allem Stärken in der Prozessforschung erfordert.

Es ist schwer, ein zuverlässiges Bild von der Aufteilung der Forschungs- und Entwicklungsbudgets der Unternehmen in verschiedenen Phasen des Produktartenlebenszyklus zu gewinnen. Das beruht auch darauf, dass viele Unternehmen stark diversifiziert sind, ihre Daten aber nicht nach den hier erwünschten Kriterien gliedern. Ein ganz grober Hinweis auf das Verhalten der Unternehmen lässt sich aus dem sog. „Innovationstest" gewinnen. Dabei handelt es sich um eine statistische Erhebung innovationsrelevanter Daten. Es ist beim Blick auf die Tab. 5.6 und 5.7 zu beachten, dass das Sample in den einzelnen Jahren nicht stabil bleibt wie ein ideales Panel, Zurechnungsunterschiede bei den Befragten schwer zu kontrollieren sind und keine explizite Zuordnung zur Häufigkeit unterschiedlicher Innovationsaktivitäten bzw. Lebenszyklusphasen erfolgen kann.

Der Vergleich verschiedener Branchen in Tab. 5.7 mit den Durchschnittswerten für die Jahre 2013 bis 2017 in Tab. 5.6 zeigt einige erkennbare Muster: Zum Beispiel eine hohe Innovationsbeteiligung in der Informations- und Kommunikationsbranche (bei Überwiegen der Produktinnovationen) etwa im Vergleich zum Bergbau (hier überwiegen umgekehrt jedoch die Prozessinnovationen). Die statistischen Anteilsergebnisse spiegeln nicht notwendigerweise ein optimales Verhalten der betrachteten Unternehmen wider.

---

[388] Vgl. Specht, G., Zörgiebel, W. W., Technologieorientierte Wettbewerbsstrategien, Marketing ZFP, 7. Jg., 1985, S. 161–172.

Tab. 5.7: Innovationsausgaben deutscher Unternehmen 2018 (in %)

Branche	Anteil (%) Unternehmen mit		
	Produkt- oder Prozess- innovationen	Produkt- innovationen	Prozess- innovationen
Bergbau	25	9	23
Verarbeitendes Gewerbe	45	33	28
Energie/ Wasser/ Entsorgung	24	15	18
Transport/ Postdienste	25	14	19
Information und Kommunikation	56	45	35
Finanzdienstleistungen	44	29	36
Freiberufl./ techn./ wissenschaftl. Dienstleistungen	35	23	24
Sonstige Unternehmensdienste	27	17	17
Produzierende Industrie	43	32	27
Dienstleistungen	32	21	22
Insgesamt	36	25	24

Quelle: Innovationen in der deutschen Wirtschaft – Innovationsaktivitäten der Unternehmen in Deutschland im Jahr 2017, ZEW 2018.

5.4.2 Instrumente der strategischen Programmplanung

Ist über die Schwerpunktsetzung im Sinne der vorausgehenden Überlegungen entschieden, so muss als nächstes die Vorauswahl von Technologien zur Zielerreichung getroffen werden. Hierzu kann entweder eine Einzelbetrachtung von Alternativen vorgenommen werden oder eine Gesamtbetrachtung von Technologieportfolios.

5.4.2.1 Einzelbetrachtung von Alternativen
Die Betrachtung von S-Kurven technischer Leistungsparameter (vgl. oben Abb. 5.13 oder 5.14) legen die Frage nahe, ob eine einmal verfolgte Technologie weiterverfolgt werden soll oder ob ein Übergang auf eine neue Technologie anzuraten ist. Es ist schon angedeutet worden, dass nur unpräzise Antworten auf diese Frage zu geben sind, weil

es an ausreichenden Daten fehlt, um zum Beispiel zu einer investitionsrechnerisch begründeten Antwort zu kommen.

Die Abbildungen lassen erkennen, dass sich die Reifephasen einer Technologie durch sinkende „Grenzfortschritte" sowohl in der Zeit als auch bezüglich des Mitteleinsatzes ankündigen. Das ist ein erstes Signal für den Übergang zu neuen Technologien. Ein zweites Signal kann im Grad der Annäherung an eine natürlich gegebene Leistungsgrenze liegen, insbesondere wenn diese Grenzen für eine alternative Technologie nicht bestehen. Als Beispiel hierfür ist häufig auf die maximalen Geschwindigkeiten von Propeller- gegenüber Düsenflugzeugen verwiesen worden. Ein drittes Signal kann im Abstand des eigenen Leistungsstandes zu dem des Wettbewerbs liegen. Dies ist eine Basis für die Beurteilung technischer Wettbewerbsvorsprünge.

Obwohl die einseitige, risikoscheue Berücksichtigung von Risiken schon dazu geführt hat, dass die Abkürzung für „return on investment" als „restraint on innovation" verspottet wird[389], ist aus der Beratungspraxis heraus empfohlen worden, diesen Ansatz zur Technologiewahl zu verwenden. So schlägt Foster vor, die Steigung der S-Kurve als Forschungs- und Entwicklungsproduktivität (wobei der Begriff nicht im üblichen Sinne der Betriebswirtschaftslehre verwendet wird) zu interpretieren und diese mit einem Forschungs- und Entwicklungsertrag zu multiplizieren, um zu einer **Technologie-Kapitalwertrate** zu kommen[390]:

$$\text{F\&E-Produktivität} \quad \times \quad \text{F\&E-Ertrag}$$

$$\text{Technologie-Kapitalwertrate} = \frac{\text{Durch F\&E-Aufwand möglicher technischer Fortschritt}}{\text{F\&E-Aufwand}} \times \frac{\text{Erwarteter Projektkapitalwert}}{\text{Durch F\&E-Aufwand möglicher technischer Fortschritt}}$$

Für die Anwendung wird aber nicht nur eine technologische Prognose erforderlich, sondern auch eine Prognose des Projektkapitalwerts. Das ist aus wirtschaftlicher Sicht zu begrüßen, stellt aber die Praxis gerade beim Übergang zu neuen Technologien vor erhebliche Probleme. Auch die Einbeziehung des eigenen technischen Leistungsstandes im Verhältnis zu dem des Wettbewerbs als Einflussgröße auf den Projektkapitalwert beseitigt das Prognoseproblem nicht endgültig, sondern kann nur zusätzliche Anknüpfungspunkte vermitteln[391]. Schließlich ist zu erkennen, dass die Risiko-Komponente ausschließlich im Erwartungswert zum Ausdruck kommt, was selten ausreichend sein dürfte. Insgesamt gesehen liegt hier eine spezielle Regel für die Bewertung

---

[389] Vgl. Mechlin, G., Berg, D., Evaluation Research- ROI is not enough: Managers must learn the full value of industrial research, Harvard Business Review, Vol. 58, 1980, 5/S. 93–99, hier S.94.

[390] Vgl. Foster, R. N., Boosting the Payoff from R&D, a. a. O.

[391] Vgl. auch: Brockhoff, K., Technologischer Wandel und Unternehmenspolitik, Zeitschrift für betriebswirtschaftliche Forschwig, 36. Jg., 1984, S. 619–635, hier S. 632, wo ein Vorschlag zur Einbeziehung der Entwicklungsgrenze auf die S-Kurve vorgetragen wird.

von Technologien oder Techniken vor, die nicht die gesamte diagnostische Information der dafür verfügbaren Wissensbasis einsetzt[392].

Falls die Datenbeschaffung für die Berechnung der Technologie-Kapitalwertrate möglich ist, sind zwei Einsatzmöglichkeiten vorstellbar:

Erstens kann eine fortlaufende Abschätzung für eine Technologie durch die „Produktivitätskomponente" erkennen lassen, in welchem Stadium sie sich befindet. Eine Annäherung an die oberen Grenzwerte sollte dann die Suche nach technologischen Alternativen auslösen.

Zweitens kann beim Vorhandensein solcher Alternativen die Möglichkeit eines Technologiewechsels geprüft werden. Dazu müsste, was wiederum die Betrachtung im Zeitablauf voraussetzt, bei der alten Technologie der Wendepunkt der S-Kurve überschritten sein und bei der neuen Technologie noch nicht erreicht sein. Hinsichtlich der „Ertragskomponente" sollte die neue Technologie deutlich höhere Leistungsgrenzen bieten als die alte Technologie.

5.4.2.2 Gesamtbetrachtung von Technologieportfolios
5.4.2.2.1 Einführung
Die Einzelbetrachtung von Alternativen in der strategischen Planung beschwört die Gefahr einer Informationsüberflutung um so eher herauf, je größer die Anzahl der Alternativen ist. Informationsüberflutung fördert irrationale Entscheidungen. Deshalb ist es verständlich, dass nach einem Instrument gesucht wurde, durch das die Alternativen in ihrer Gesamtheit zu überblicken und gleichzeitig hinsichtlich einiger für die Wettbewerbsfähigkeit wesentlich erscheinender Variablen zu bewerten sind. Dies versprechen verschiedene Versionen der seit Ende der sechziger Jahre entwickelten (Markt-) Portfolio-Analyse zu leisten[393]. Im Marktportfolio sollen Istsituationen und Zukunftssituationen einzelner, unter strategischen Gesichtspunkten gebildeter Geschäftsfelder eines Unternehmens erfasst werden. Sie werden in einer zweidimensionalen Matrix abgebildet. Ihre Achsen können z. B. als relativer Marktanteil (Marktanteil bezogen auf den Marktanteil des stärkeren Wettbewerbers) oder Wertschöpfungspotential und Marktwachstum oder Ressourcenverbrauch bezeichnet werden[394]. Die strategischen Entscheidungen sollen vor allem dadurch erleichtert werden, dass für bestimmte Teile der Matrix sogenannte Normstrategien empfohlen werden,

392 Vgl. oben und vor allem Lehmann, A., Wissensbasierte Analyse technologischer Diskontinuitäten, a. a. O.
393 Vgl. Albach, H., Strategische Unternehmensplanung bei erhöhter Unsicherheit, Zeitschrift für Betriebswirtschaft, 48. Jg., 1978, S. 702–715; Roventa, P., Portfolio-Analyse und strategisches Management, München, 1979; Hahn, D., Taylor, B., Hrsg., Strategische Unternehmensplanung, 2. A., Würzburg/Wien 1983, neben vielen anderen Quellen.
394 Zu Alternativen vgl. besonders: Albach, H., Strategische Unternehmensplanung bei erhöhter Unsicherheit, a. a. O.

Abb. 5.22: Die Ableitung von Achsenbezeichnungen für die Portfolio-Analyse

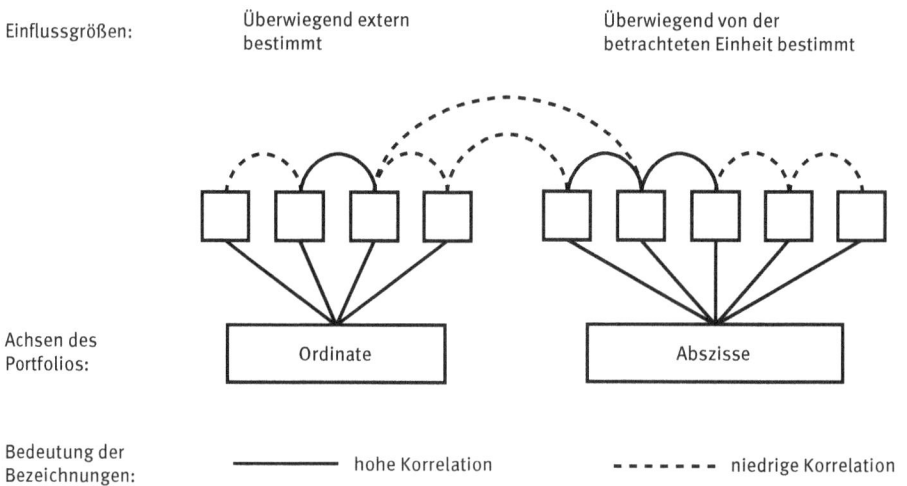

die sich plausibel aus Erfahrungswerten begründen lassen, ohne allerdings zu einer Einzelfallprüfung vorzustoßen.

Die analytische Brauchbarkeit der Marktportfolios ist mehrfach stark in Zweifel gezogen worden. Zunächst ist unstreitig, dass die heutige und die künftige Position eines Geschäftsfeldes von einer großen Vielzahl von Einflussgrößen bestimmt wird. In der Portfolio-Analyse wird angenommen, dass entweder nur zwei dieser Einflussgrößen wirklich relevant sind oder – analog dem Vorgehen der Faktorenanalyse – aus den in ihren Wirkungen partiell miteinander korrelierten Einflussgrößen zwei voneinander nahezu unabhängige Einflussgrößen abgeleitet werden können (vgl. Abb. 5.22).

Das ist natürlich eine empirische Fragestellung, die nicht durch normative Setzung von Achsenbezeichnungen ersetzt werden kann. Für die Aggregation von Beobachtungen über Einflussgrößen zu den Portfolioachsen werden Nutzwert- oder Punktebewertungsverfahren ebenso eingesetzt wie der Analytic Hierarchy Process (vgl. dazu Kapitel 7).

Wie in einer Faktorenanalyse ist es aber dann auch verständlich, dass unterschiedliche Interpretationen der Ordinaten- und Abszissenwerte aufgrund zweier Effekte auftreten können: Einmal aufgrund von unterschiedlich ausgewählten Einflussgrößen und zum zweiten aufgrund divergierender Interpretation der Faktoren oder Achsen bei identisch ausgewählten Einflussgrößen, da diese inhaltliche Interpretation nicht objektiv vom Verfahren gestützt wird. Wird auf die Faktorenanalyse als Verfahren verzichtet, so kann die subjektive Zuordnung von Einflussgrößen als dritte Erklärung für unterschiedliche Portfolio-Achsen hinzutreten. Es wird also nicht „das" Portfolio, sondern nur verschiedene Portfolios geben, zwischen denen auszuwählen ist.

An diesen Punkten setzt weitere Kritik ein. Zunächst ist zu bemerken, dass mit der Reduzierung auf zwei Achsen regelmäßig ein Informationsverlust verbunden ist. Es müsste geprüft werden, ob man ihn hinnehmen kann und will. Ist man dazu nicht bereit, geht schnell der Vorteil radikaler Vereinfachung komplexer Problemsituationen verloren. Diese Frage betrifft zum Beispiel auch die Problematik der gemeinsamen Erfassung von Ertrags- und Risikoaspekten auf den Achsen. Darauf hat Koch hingewiesen und weiterhin den Verzicht auf eine mit der Durchsetzung von Soll-Portfolios für Zukunftssituationen notwendige Liquiditätsplanung kritisiert[395]. Die Alternative ist ein wissensbasiertes System, das aber auch in der Datenbeschaffung deutlich aufwendiger ist.

Albach hat erkennen lassen, dass unterschiedliche Benennungen der Abszisse und der Ordinate auch zu unterschiedlichen strategischen Handlungskonsequenzen führen müssten, was aber in der Praxis kaum geschieht[396]. Die Variablenauswahl kann situativ beeinflusst werden, hätte zum Beispiel unterschiedliche Lebenszyklusphasen des Marktes oder der technologischen Entwicklung zu berücksichtigen. Das macht beim statischen Aufbau der Portfolios und ihrem Einsatz in komparativ-statischen Betrachtungen allerdings Schwierigkeiten.

Auf verschiedene Definitionsprobleme und unzureichende Dynamisierung haben Pfeiffer/Schneider verwiesen[397]. Hier sind die Feststellungen von besonderem Interesse, dass in der marktorientierten Portfolio-Technik kein Instrument zur Generierung von Ideen für Geschäftsfelder gegeben ist und vorgesehene Maßnahmen der Positionsbegründung oder -veränderung von Geschäftsfeldern nicht explizit mit den Möglichkeiten der dafür notwendigen Gewinnung neuen technisch-naturwissenschaftlichen Wissens, insbesondere durch eigene Forschung, verknüpft sind. Dafür würde es prinzipiell drei Wege geben:

1. Die Ableitung einer Forschungs- und Entwicklungsstrategie aus Marktportfolios, das ist die marketing-dominante Vorgehensweise.
2. Die Aufstellung von Technologieportfolios, aus denen auf Marktmöglichkeiten geschlossen wird, das ist die technologiedominante Vorgehensweise.
3. Eine Integration der beiden genannten Wege in einen wechselseitigen Abstimmungsprozess.

5.4.2.2.2 Marketing-dominante Vorgehensweisen

Eine ausdrückliche Verknüpfung mit der Forschungs- und Entwicklungsstrategie kann dadurch vorgenommen werden, dass den bekannten Marktportfolios eine Norm-

---

395 Vgl. Koch, H., Zum Verfahren der strategischen Programmplanung, Zeitschrift für betriebswirtschaftliche Forschung, Bd. 31, 1979, S. 145–161. Aus der Kritik entwickelt Koch den Vorschlag der „selektiven Programmplanung".

396 Vgl. Albach, H., Strategische Unternehmensplanung bei erhöhter Unsicherheit, a. a. O.

397 Vgl. Pfeiffer, W., Schneider, W., Grundlagen und Methoden einer technologieorientierten strategischen Unternehmensplanung, Langfristige Planung, Bd. 1, 1985, S. 121–142, bes. S. 128.

Abb. 5.23: Vorteilsmatrix

Anzahl der Vorteile		
hoch	Fragmentierung	Spezialisierung
niedrig	Patt	Volumen
	klein	groß
	Größe der Vorteile	

Quelle: v. Oetinger, B., Wandlungen in den Unternehmensstrategien der 80er Jahre, a. a. O., S. 45.

Forschungs- und Entwicklungsstrategie überlagert wird. Hierfür werden einige Beispiele dargestellt.

Die Boston Consulting Group entwickelt vier Vorteilsarten oder Strategien der Unternehmensführung aus der Kombination von zwei Kriterien (vgl. Abb. 5.23). Erstens wird die Größe eines möglichen Vorteils gegenüber dem eben noch lebensfähigen Grenzanbieter betrachtet. Der Hinweis auf Großunternehmen in der rechten Matrixhälfte (Abb. 5.23) lässt allerdings erkennen, dass die Vorteilsgröße doch auch absolut gesehen wird. Denkbar ist, dass eine rendite-orientierte Relativbetrachtung eine bessere Klassifizierungsgrundlage darstellen würde. Zweitens wird die Vielfalt der Wege oder die Anzahl der Vorteile betrachtet, die zum Erfolg führen können. „In jedem Quadranten herrschen andere Erfolgsbedingungen"[398]. In vielen Unternehmen wird diese klassische Betrachtungsweise bis heute verwendet.

Es ist nun von Interesse, welche Forschungs- und Entwicklungsstrategie der Unternehmen diese speziellen Erfolgsbedingungen unterstützt oder herbeiführt.

Für die Strategie des **Volumengeschäfts** wird Kosten- und Preisführerschaft gefordert. Solche Geschäfte sind „aufgrund ihrer Kapital-, Forschungs-, Marketingintensität degressionsempfindlich, eröffnen aber nur wenige Optionen"[399].

Daraus ist zunächst zu entnehmen, dass der Schwerpunkt der inhaltlichen Ausrichtung von Forschung und Entwicklung auf der Prozessforschung liegen muss, da diese die geforderten Kostenvorteile am ehesten herbeiführen kann. Weiter wird festgestellt, dass die relative Höhe der Forschungs- und Entwicklungsaufwendungen diejenigen im Feld „Patt" übersteigt. Die Gefahren des Volumengeschäfts sind besonders von Abernathy und Wayne dargestellt worden[400]. Am Beispiel von Ford in den zwanziger Jahren wird gezeigt, dass diese Politik eine flexible Anpassung an Bedürfnis- und

---

398 Lochridge, P. K., Strategien für die achtziger Jahre, Boston Consulting Group (München) 1981/1982.

399 v. Oetinger, B., Wandlungen in den Unternehmensstrategien der 80er Jahre, in: Koch, H., Hrsg., Unternehmensstrategien und strategische Planung, Sonderheft 15/1983 der Zeitschrift für betriebswirtschaftliche Forschung, S. 42–51, hier S. 45.

400 Abernathy, W. J., Wayne, K., Limits to the Learning Curve, a. a. O., pass.

Umweltänderungen erschwert sowie die Innovationsrate vergleichsweise niedrig hält, weil jede Art von Innovation in den gesamten „systemischen" Verbund des Produktionsprozesses eingreift. In der Reifenindustrie unterliegt das Erstausrüstungsgeschäft wegen der Marktmacht der Automobilhersteller starkem Preisdruck. Zugleich gibt es einen Trend zu kleinen Reifenserien, insbesondere wegen der modernen Fertigungsorganisation mit zeitgerechter („just-in-time") Anlieferung. Da bedeutende Produktinnovationen nicht möglich erscheinen, erregte die Ankündigung von Michelin Aufmerksamkeit, wonach in Montagny 1992 ein neues Reifenwerk in Betrieb gehen sollte, in dem Roboter die bis dahin als notwenig angesehene Handarbeit ersetzen. Das verändert die Wettbewerbssituation.

Eine Vielzahl großer Vorteilsmöglichkeiten begründet **Spezialisierung**, wofür als Beispiel auf die Pharmaindustrie verwiesen wird, „bei der hinter jeder Differenzierungschance eine hochspezialisierte Forschung steht"[401]. Einmal deutet dies auf ein Schwergewicht in der Produktforschung hin. Zweitens zeigt das gewählte Beispiel implizit, dass auch in diesem Feld mit hohen Forschungsintensitäten zu rechnen ist. Drittens lehrt die Empirie, dass erfolgreiche Spezialisierung die Abdeckung eines breiten Spektrums von der Grundlagenforschung bis hin zur klinischen Prüfung und der weiteren Produktüberwachung am Markt erfordert.

Fragmentierung wird als eine Situation verstanden, in der der Markt sich in viele kleine Anbieter aufspaltet, „die nur in geringem Maße gegeneinander konkurrieren"[402]. Die Hinweise auf die Installateure als Beispiele für dieses Feld und die Notwendigkeit enger Kundenbeziehungen lassen vermuten, dass eine Forschungs- und Entwicklungspolitik ihren Schwerpunkt in der Anwendungstechnik finden wird oder, partiell außerhalb des technischen Bereiches, in der Realisierung von Serviceinnovationen. In beiden Fällen können Budgets für diese Zwecke relativ klein bleiben, weil eben nur spezifische Kundenprobleme in das Blickfeld des einzelnen Unternehmens rücken. Möglicherweise tragen auch die Kunden einen Teil der Aufwendungen, besonders dort, wo angepasste Sonderlösungen gesucht werden. In Spezialbereichen des Baus wissenschaftlicher Messgeräte und von Spezialmaschinen für die Kunststoffverarbeitung hat von Hippel solche Verlagerungen des Innovationsortes (nutzerdominante Innovation, vgl. Kapitel 2) festgestellt[403]. Allerdings zeigt sich dabei auch, dass die Breite der Anstrengungen häufig von der Angewandten Forschung bis in die Qualitätskontrolle reicht. Insofern ist das Thema Kunden- und Lieferanteneinbindung wichtig, an dieser Stelle wird jedoch auf einschlägige Literatur zum Thema verwiesen[404].

---

401 v. Oetinger, B., Wandlungen in den Unternehmensstrategien der 80er Jahre, a. a. O.
402 Ebenda, S. 46.
403 v. Hippel, E., The Dominant Role of the User in Semiconductor and Electric Subassembly Process Innovation, a. a. O.; Von Hippel, E. (2005). Democratizing innovation: The evolving phenomenon of user innovation. Journal für Betriebswirtschaft, Vol. 55, S. 63–78.
404 Vgl. z. B. Brockhoff, K., Customers' perspectives of involvement in new product development,

Abb. 5.24: Forschungs- und Entwicklungsstrategien in der Vorteilsmatrix

In dem als **Patt** beschriebenen Feld „sind die Ergebnisse im Allgemeinen ge-drückt, denn es gibt keine Vorteile, die der Markt belohnen sollte"[405]. Zur Erhaltung dieser Position sind geringfügige und spezialisierte Entwicklungsaufwendungen aus-reichend. Allerdings wird deutlicher als in jedem anderen Feld, dass ein Verbleiben an dieser Stelle nicht erwünscht sein kann. Der Rückzug erfordert ggf. einen paralle-len Abbau überflüssiger Entwicklungskapazitäten. Der Übergang zu jedem anderen Feld, z. B. auch durch Sprung auf eine neue S-Kurve, erfordert einen Aufbau der Ka-pazitäten bei gleichzeitiger Restrukturierung ihrer Ausrichtung im Sinne der oben erläuterten Positionen.

Diese strategischen Ausrichtungen von Forschung und Entwicklung werden zu-sammenfassend in Abb. 5.24 dargestellt.

Selbstverständlich kann ein Unternehmen im Übergang zwischen den Feldern stehen oder auf unterschiedlichen Teilmärkten anbieten, womit dann der äußere Ein-druck einer Mischung der jeweils den vier Feldern idealtypisch zugeordneten Strate-gien entsteht. Gefährlich erscheint auch hier die Trennung von Prozess- und Produkt-innovation.

Ein weiteres Beispiel für diese Vorstellung vermittelt Abb. 5.25. Danach wird ei-nem gebräuchlichen Marktportfolio eine Normstrategie für Forschung und Entwick-lung überlagert.

International Journal of Technology Management, Vol. 26, 2003, S. 464–481; Brem, A., Tidd, J. (Eds.), Perspectives on supplier innovation: theories, concepts and empirical insights on open innovation and the integration of suppliers, Singapur 2012, S. 3 ff.
405 v. Oetinger, B., Wandlungen in den Unternehmensstrategien der 80er Jahre, a. a. O., S. 45.

Abb. 5.25: Forschungs- und Entwicklungsstrategie und Marktportfolio

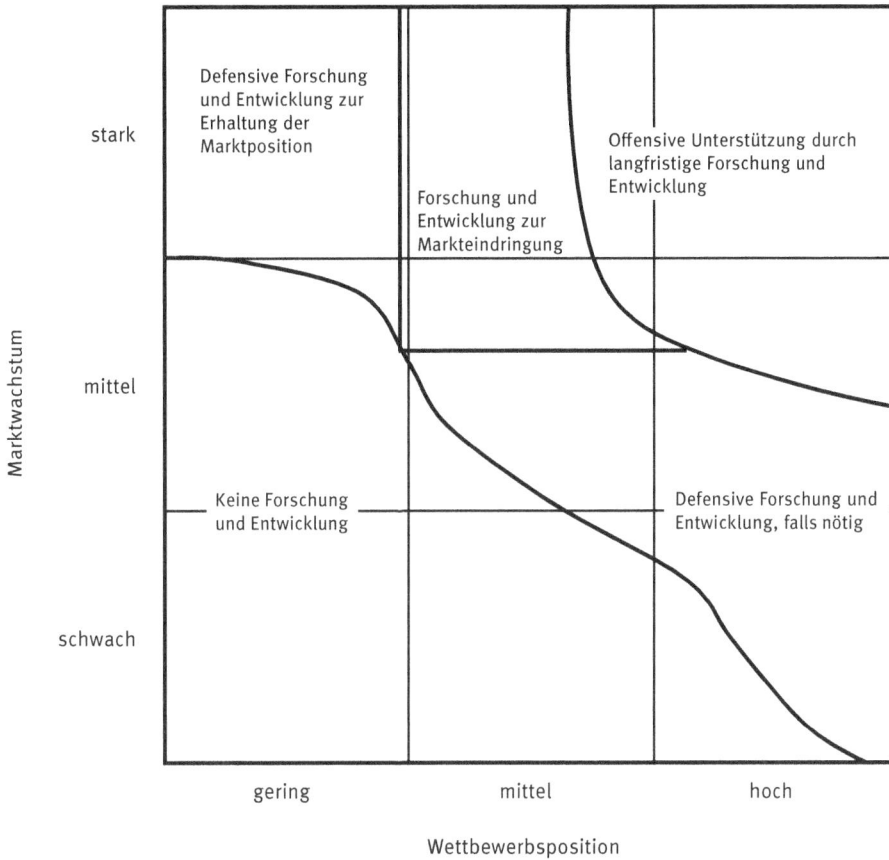

Quelle: In Anlehnung an Frohman, A. L., Bitondo, D., Coordinating Business Strategy and Technical
Planning, Long Range Planning, Vol. 14, 1981, S. 58–67.

Zwei Dinge fallen bei Betrachtung dieser Abbildung besonders auf. Erstens ist die
für Marktportfolios vorgesehene, von weiterer Prüfung abhängige „selektive Investitionspolitik" auf den Diagonalfeldern von links oben nach rechts unten hier näher
spezifiziert worden. Zweitens entsteht aus dieser Überlagerung der Eindruck eines in-
härenten Widerspruchs. Forschung und Entwicklung sollen nämlich eingesetzt werden, um Positionen zu verändern. In der Matrix werden aber die Überlagerungen nur
auf Positionen, nicht auf Veränderungen von Positionen vorgenommen. Dieser Wider-
spruch kann nur aufgelöst werden, wenn man jeder Position in der Matrix zusätzlich
eine Geschichte zuschreibt, durch die erklärt wird, woher diese Position erreicht wurde. Hier könnte unterstellt sein, dass Neuerungen rechts oben platziert werden und
von dort aus im Laufe der Zeit nach links oder unten abwandern.

Abb. 5.26: Strategischer F&E-Mitteleinsatz

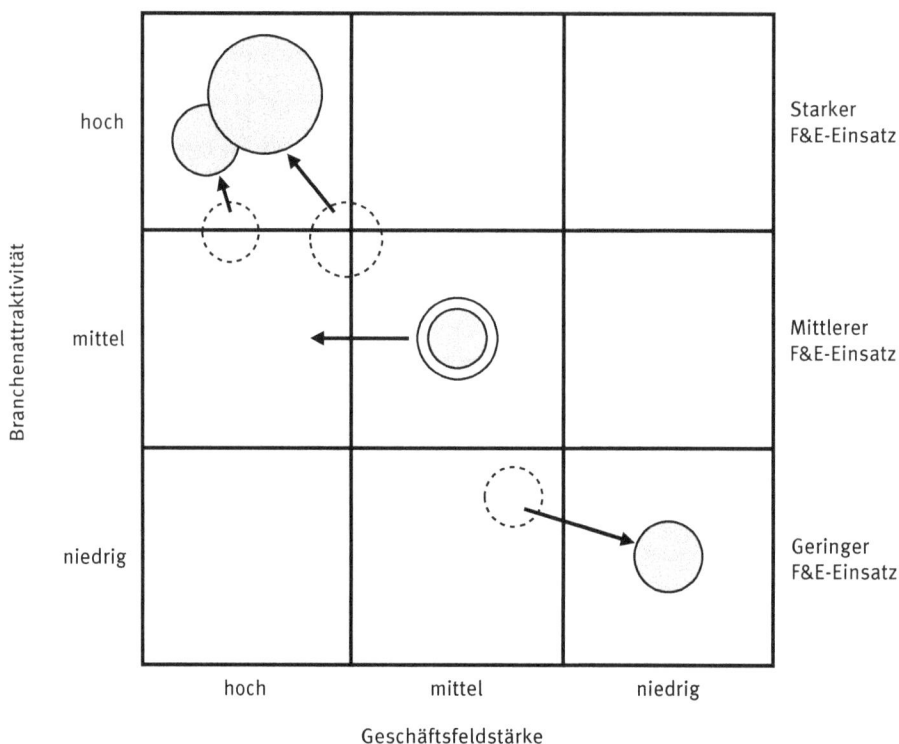

Quelle: Vgl. Beckurts, K. H., Forschungs- und Entwicklungsmanagement – Mittel zur Gestaltung der Innovation, a. a. O., S. 27.

In einem auf McKinsey zurückgehenden Portfolio wird dieser Kritikpunkt sichtbar[406] (Abb. 5.26). Der Einsatz von Forschung und Entwicklung trägt zur Veränderung der Portfolio-Positionen bei. Auffällig ist, dass die Stärke des Einsatzes von Forschung und Entwicklung ausschließlich an die Branchenattraktivität geknüpft ist, also eher eine strategie-imitierende als eine strategie-innovierende Verhaltensweise unterstellt wird. Das ist eine viel zu stark vereinfachende Vorstellung.

Beckurts, der ehemalige Forschungsvorstand der Siemens AG, gibt grundsätzlich zu bedenken, dass in solchen Portfolios die Technologie als Initiator für Produktentwicklungen ausfällt, da alle strategischen Entscheidungen von den marktbestimmten Produktstrategien ausgehen[407].

---

[406] Vgl. Beckurts, K. H., Forschungs- und Entwicklungsmangement – Mittel zur Gestaltung der Innovation. In: Blohm, H., Danert, G., Hrsg., Forschungs- und Entwicklungsmanagement, Stuttgart 1983, S. 15–39, bes. S. 27.
[407] Ebenda, S. 26 f.

Abb. 5.27: Gegenwartswerte der Kosten der marketing-dominanten und der technologie-dominanten Entwicklungen

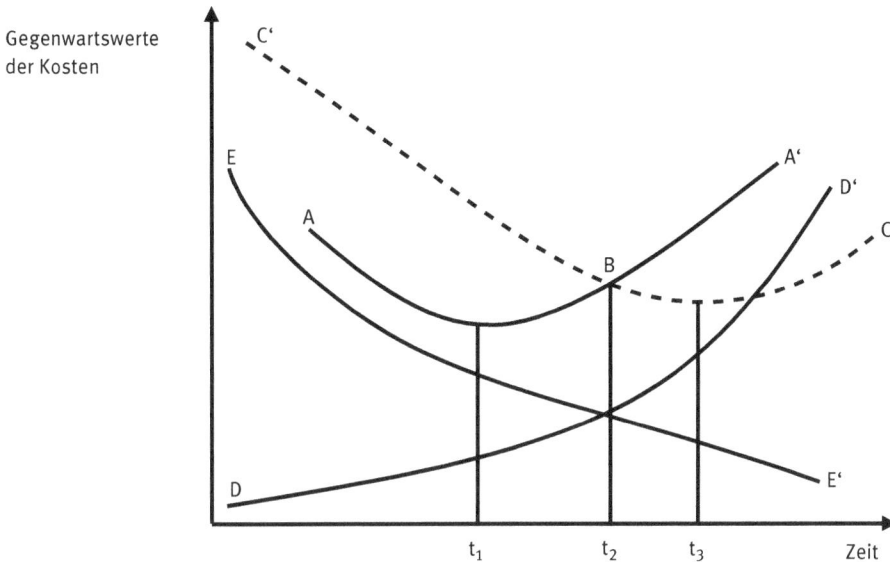

Der wichtigste Einwand gegen marketing-dominante Vorgehensweisen geht allerdings auf die beschränkten Prognosehorizonte der Marktforschung für manifeste oder latente Bedürfnisse zurück[408]. Damit besteht die Gefahr, dass bei diesem Planungsansatz die marginalen Weiterentwicklungen dominieren und bedeutende Neuerungen chancenlos bleiben. Es wird Strategie auf kurze Sicht betrieben.

In Abb. 5.27 wird dargestellt, wie bei einer Ausdehnung der Planungs- und Prognosehorizonte für eine bestimmte Entwicklungsaufgabe die Gegenwartswerte der Gesamtkosten der Forschung und Entwicklung sinken (und unter Umständen später wieder ansteigen) (EE'). Die Reduktion resultiert aus der stärkeren Nutzung externen Wissens und der Vermeidung von Parallel- oder „Crash"-Entwicklungen bei längeren Entwicklungszeiten. Ein Anstieg kann auf unwirtschaftliche Stillstandszeiten von Anlagen, Anfahr- oder Anlernvorgänge bei Versuchsunterbrechungen zurückgehen. Die Gegenwartswerte der Kosten der Marktforschung (DD') werden dagegen als stark ansteigend dargestellt, nicht nur weil der Aufwand mit zunehmendem Horizont ansteigt, sondern auch, weil der Sicherheitsgrad der Aussagen zurückgeht und dies als ein Anstieg von Kosten angesehen wird. Aus beiden Entwicklungen kann eine den Gegenwartswert der Gesamtkosten minimierende optimale Entwicklungszeit t_1 resultieren (AA').

---

408 Vgl. Brockhoff, K., Abstimmungsprobleme von Marketing und Technologiepolitik, Die Betriebswirtschaft, 45. Jg., 1985, S. 623–632, hier bes. S. 631.

Bei einer technologie-dominanten Vorgehensweise entstehen erhöhte Gegenwartswerte der Entwicklungskosten (CC'), weil in Ermangelung einer marktforscherischen Vorbereitung sowohl häufiger Fehlentwicklungen vorkommen als auch unter Umständen höhere Marktwiderstände bestehen, die durch höheren Einsatz von Marketinginstrumenten zu überwinden sind als bei der marketing-dominanten Vorgehensweise. Von t_2 an (in Abb. 5.27) sind die Kosten dieser „angebotsorientierten Innovationspolitik" niedriger als die der „nachfrageorientierten Innovationspolitik". In t_3 wird ein Kostenminimum erreicht, das tatsächlich auch geringer sein kann als das in t_1 erreichte Minimum. In diesem Falle würden Kostenminimierer die technologieorientierte Strategie vorziehen müssen.

5.4.2.2.3 Technologie-dominante Vorgehensweisen

Mit den technologie-dominanten Vorgehensweisen sind Überlegungen dargestellt worden, die auch im Hintergrund mancher, vor allem aus den Laboren heraus vorgetragener Praktiker-Argumentation stehen[409]. Das konzeptionelle Vorgehen erfordert eine Konkretisierung. Um die Gesamtsicht technologischer Alternativen zu zeigen, wird hierfür die Entwicklung von Technologieportfolios propagiert[410].

„Im Gegensatz zu Marktportfolien, die in der Regel komplette Produkte mit heterogenen Technologien positionieren, werden hier die hinter einem Fertigprodukt oder hinter einem Gesamtfertigungsprozess stehenden Einzeltechnologien abgebildet. Dies geschieht für jede Technologie hinsichtlich zweier **Bewertungsvariablen**, der **Technologieattraktivität** und der **Ressourcenstärke**. Die Technologieattraktivität ist, vereinfacht formuliert, die Summe der wirtschaftlichen und technischen Vorteile, die durch die Realisierung der in diesem Technologiegebiet noch steckenden strategischen Weiterentwicklungspotentiale noch wirksam werden. Sie ist somit eine unternehmensexterne, weithin unbeeinflussbare Größe. Die Ressourcenstärke ist ein Ausdruck der technischen und wirtschaftlichen Beherrschung dieses Technologiegebietes, insbesondere im Verhältnis zur wichtigsten Konkurrenz. Sie ist aber als unternehmensinterne und damit beeinflussbare Größe der entscheidende strategische Aktionsparameter"[411].

Zur **Ableitung eines Technologieportfolios** werden folgende Schritte vorgeschlagen.

---

409 Z. B. Beckurts, K. H., FuE-Management – Mittel zur Gestaltung der Innovation, a. a. O., S. 27; EIRMA, Hrsg., Developing R&D Strategies, Report No. 33, Paris 1986.
410 Vgl. besonders: Pfeiffer, W., et al., Technologieportfolio zum Management strategischer Zukunftsgeschäftsfelder, Göttingen 1982; 3. A. 1985.
411 Pfeiffer, W., Schneider, W., Dögl, R., Technologieportfolio-Management, in: Staudt, E., Hrsg., Das Management von Innovationen, Frankfurt 1986, S. 107–124, hier S. 115. (Zun Teil identisch in: Pfeiffer, W., Schneider, W., Grundlagen und Methoden einer technologieorientierten strategischen Unternehmensplanung, a. a. O., S. 131.)

Abb. 5.28: Komponenten der „Technologieattraktivität"

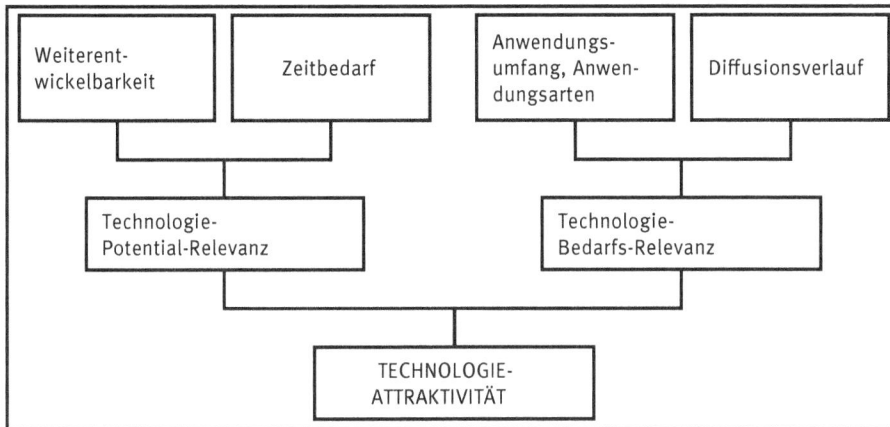

Quelle: Pfeiffer, W., et al., Technologieportfolio Management strategischer Zukunftsgeschäftsfelder, a. a. O., S. 88.

Erstens ist durch eine sehr differenzierte Aufnahme- und Zergliederungstechnik in mehreren Hierachieebenen (z. B. Systeme, Subsysteme, Baugruppen, Elemente, Prozesse) festzustellen, welche Produkt- und welche Prozesstechnologien genutzt werden[412]. **Zweitens** ist die Technologieattraktivität festzustellen. Dazu wird auf die in Abb. 5.28 gezeigten Elemente zurückgegriffen. Sie sollen messen, ob die Technologie schon ausgereift ist oder nicht, was unmittelbaren Bezug auf die S-Kurve nimmt, und ob das Anwendungsspektrum noch wächst oder nicht. In Weiterentwicklung der Abb. 5.28 werden auch noch der Komplementaritätsgrad und Nebeneffekte genannt. Die Skalierung aller dieser Einflüsse soll auf einer dreistufigen Skala erfolgen. **Drittens** ist auf einer gleichartigen Skala die Ressourcenstärke zu messen. In Abb. 5.29 werden die Elemente dieser Dimension dargestellt. **Viertens** wird die Beurteilung in Relation zur möglicherweise künftig konkurrierenden Technologie gesetzt, d. h. also die Produkt- oder Prozessfunktion wird unter der Annahme der Einbeziehung dieser Technologien neu positioniert. Dieser Schritt ist empirisch nur mit hohem Einsatz zu realisieren.

Den Positionen des Technologieportfolios sind wiederum Normstrategien zugeordnet, die denen der Abb. 5.25 ähnlich sind. Als besonders bedeutungsvolle Normstrategie für Unternehmen in entwickelten Volkswirtschaften wird die Technologieführerschaft[413] hervorgehoben. Sie soll durch „Überholen der Wettbewerbertechnologie, ohne sie einzuholen" erreicht werden. Das heißt es wird nicht die Perfektionie-

---

412 So auch: Capon, W., Glazer, R., Marketing and Technology, a. a. O., S. 4 ff.
413 Vgl. Pfeiffer, W., et al., Technologieportfolio zum Management strategischer Zukunftsgeschäftsfelder, a. a. O., S. 21.

Abb. 5.29: Komponenten der „Ressourcenstärke"

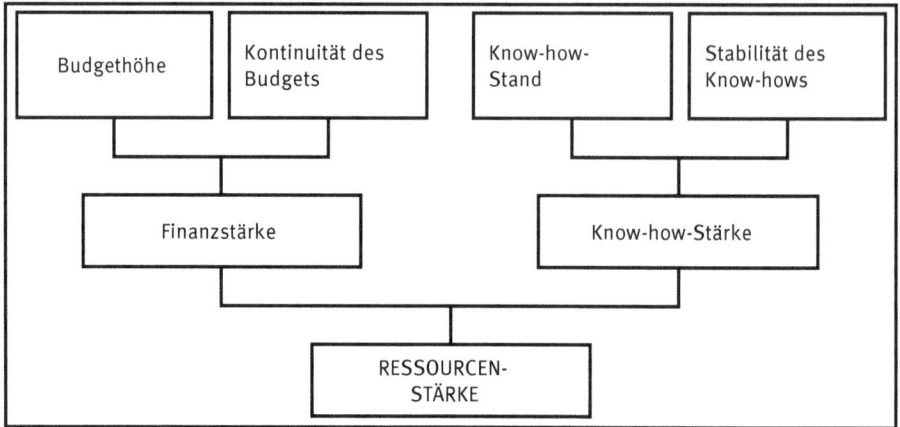

rung auf einer S-Kurve empfohlen, sondern der Wechsel zur erkennbar überlegenen Technik auf einer neuen Kurve.

Es werden Produkttechnologie-, Prozesstechnologie- und Unternehmensbereichs-Portfolios auf diese Weise erstellt. Ihr Einsatz soll in Abstimmung mit anderen Instrumenten der strategischen Planung erfolgen, um so die Gefahren der technologie-dominanten Vorgehensweise zu mindern, die in der völligen Lösung von den potentiellen Marktbedürfnissen liegen. Der Abstimmungsprozess zwischen diesen Teilportfolios wird nicht formalisiert.

In einem weiteren Ansatz ist vorgeschlagen worden, Phasen des Technologielebenszyklus (vgl. Abb. 2.4) und das technologische Potential einer Geschäftseinheit im Vergleich mit dem Wettbewerb („relative Technologieposition") als Achsen eines Portfolios zu verwenden (vgl. Abb. 5.30)[414]. In das Portfolio können erwartete Linien gleichen technologischen Risikos ($r = 1, 2, 3, 4$) eingetragen werden. Das geschieht aufgrund von Plausibilitätsüberlegungen. Die Normstrategien richten sich vor allem auf die Stärkung der relativen Technologieposition in mittleren Phasen des Technologie-Lebenszyklus.

Bei diesem Ansatz werden situative Gegebenheiten explizit zusätzlich beachtet. Es wird nämlich darauf hingewiesen, dass relative Technologie- und Marktposition

---

414 Vgl. Servatius, H.-G., Methodik des strategischen Technologiemanagements, a. a. O., S. 118 ff. Ein ähnliches Konzept legt vor: Cady, J. F., Marketing Strategies in the Information Industry, in: Buzzel, R. D., Marketing in an Electronic Age, Boston, MA. 1985, S. 249–278. Hierbei bilden die Kundenerfahrung mit der Technik und die Phase im Technologielebenszyklus die Achsen. Normstrategien werden nicht entwickelt.

Abb. 5.30: Technologieportfolio (abgewandelt nach Arthur D. Little Inc.)

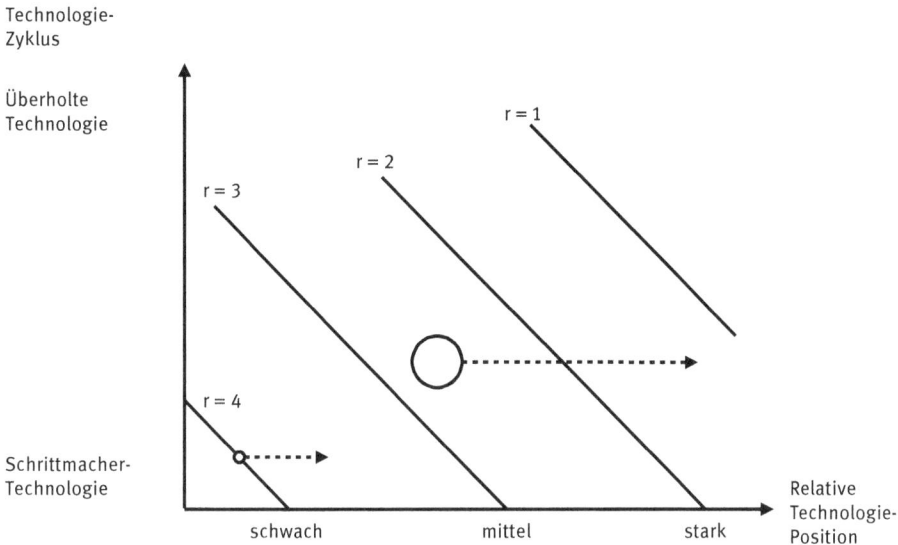

Technologie-Position: Kreisfläche proportional dem derzeitigen Forschungs- und Entwicklungsaufwand.

r   Linien gleich hohen technischen Risikos.

➔   Angestrebte Positionsveränderung durch den derzeitigen Forschungs- und Entwicklungsaufwand.

einerseits oder Technologie- und Produktlebenszyklus andererseits nicht gleichartig, sondern verschieden ausgeprägt sein können. Dann folgen aus den jeweiligen Kombinationen der Ausprägungen (z. B. mittlere relative Technologieposition, starke Marktposition, frühe Phase des Produktlebenszyklus, mittlere Phase des Technologielebenszyklus) andere Normstrategien als bei einer Veränderung dieser Ausprägungen.

Ohne auf weitere Beispiele dieser Art einzugehen, werden folgende Charakteristika des Vorgehens deutlich:

– Es wird versucht, mit sehr wenigen Kriterien zur statischen und dynamischen Beschreibung der technologischen Situation von Geschäftseinheiten auszukommen.

– Diese Kriterien sollen für die Wettbewerbsposition relevant sein. Das ist die Grundlage für die Ableitung von Normstrategien. Dazu dienen Plausibilitätsurteile.

– Strategieempfehlungen verschiedener Portfolio-Ansätze stimmen nicht notwendigerweise überein. Das geht auf unterschiedliche Kriterien, schlecht kontrollier-

Abb. 5.31: Beispiel einer Bildung von Technologiefeldern

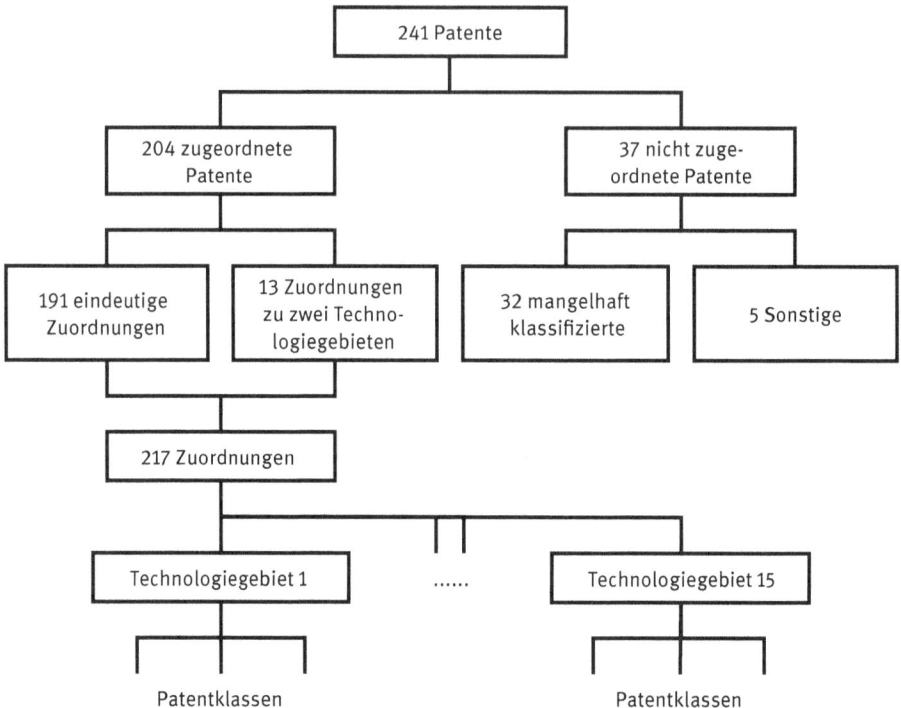

te Aggregationen von Urteilen oder verschiedene Erfahrungen als Grundlage der Plausibilitäten zurück.

– Gleichwohl sieht die Praxis die Problemstrukturierung regelmäßig als nützlich an.

In alle gezeigten Technologieportfolios gehen in starkem Maße subjektive Bewertungen ein, die auch der innerbetrieblichen Kommunikation kaum förderlich sein können. So ist zu fragen, ob nicht auch weniger, dafür aber objektive Informationen ebenfalls einen Ansatz zur Darstellung technologischer Positionen liefern könnten. Dies wird in **Patentportfolios** versucht.

Solche Portfolios bilden die Patent-Position einer Geschäftseinheit ab. Sie setzen zunächst voraus, dass für die Geschäftseinheit relevante, aber nicht allein von ihr, sondern auch von Wettbewerbern besetzte „Technologiefelder" abgegrenzt werden. Sie sind nicht notwendig mit Patentklassen (oder feineren Untergliederungen der Patentämter) identisch. So wurden für eine Geschäftseinheit mit 241 Patenten Zuordnungen zu 15 Technologiefeldern vorgenommen, was im Übrigen nicht vollständig gelang (vgl. Abb. 5.31). Wenige Patente mussten zwei Technologiegebieten zugeordnet werden, was bei noch feinerer Aufteilung der Gebiete vermieden werden kann.

Die Zuordnungen können, wenn sie einmal definiert wurden, automatisch erfolgen. Ist etwa als Gebiet „Elektronenstrahlgravur" definiert, so würden diesen u. a. Patente aus den Patentklassifikationen H04N001/icm (Übertragung oder Wiedergabe von Bildern oder Mustern, die nicht zeitlichen Änderungen unterworfen sind) und B23K015/ic (Schweißen oder Schneiden mittels Ladungsträger) oder HO1J/ic (Elektrische Entladungsröhren oder -lampen) zugeordnet. Die Technologiefelder sollen dann in ein zweidimensionales Patentportfolio eingeordnet werden.

Die Achsenbezeichnungen des Patentportfolios sind:
- **Relative Patentposition**; das ist hier die Anzahl der erteilten Patente im Verhältnis zum größten Wettbewerber je Technologiefeld; eine qualitative Bewertung der Patente ist zusätzlich möglich;
- **Technologieattraktivität**; sie wird hier gemessen durch die durchschnittliche Wachstumsrate der Patentanmeldungen in den jeweiligen Technologiegebieten in den letzten vier Jahren relativ zum Wachstum der Patentanmeldungen in den letzten 16 Jahren.

Die Positionen im Portfolio werden durch Kreisflächen gekennzeichnet, deren Größe als **„Technologie-Bedeutung"** für das betrachtete Unternehmen bezeichnet wird. Technologie-Bedeutung wird definiert als Anteil der Patente des Technologiegebietes relativ zur gesamten Anzahl der Patente der betrachteten Einheit.

In Abb. 5.32 wird das Patent-Portfolio für die oben erwähnte Geschäftseinheit mit zehn ausgewählten Technologiegebieten dargestellt. Ansätze mit anderen, untersuchungsspezifisch gewählten Achsen sind zum Beispiel aus dem Maschinenbau bekannt[415].

Man erkennt, dass die in Abb. 5.32 dargestellte Geschäftseinheit
- grundsätzlich in relativ attraktiven Technologiegebieten Patente erworben hat,
- das Schwergewicht der Patentierungen, verbunden mit der davon nicht unabhängigen, starken relativen Technologieposition, in schwach wachsenden Technologiegebieten liegt,
- in stark wachsenden Technologiegebieten (mit einer Ausnahme) etwa die Position des stärksten Wettbewerbers eingenommen wird.

Diese Darstellung kann bereits die Frage auslösen, ob die bisherige Ausrichtung der Forschungs- und Entwicklungsstrategie weitergeführt werden soll.

Man kann solche Portfolios auch für die Zukunft erstellen. Dazu ist es erforderlich,
- dass die Ordinatenposition der Technologiegebiete geschätzt wird, was in erster Linie subjektive Einschätzungen erfordern wird,

---

[415] Vgl. Ernst, H., Patentinfonnationen für die strategische Planung von Forschung und Entwicklung, Wiesbaden 1996; Ernst, H., Patentportfolios for strategic R&D planning, Journal of Engineering and Technology Management, Vol. 15, 1998, S. 217–223.

Abb. 5.32: Patent-Portfolio (mit 10 Technologiegebieten)

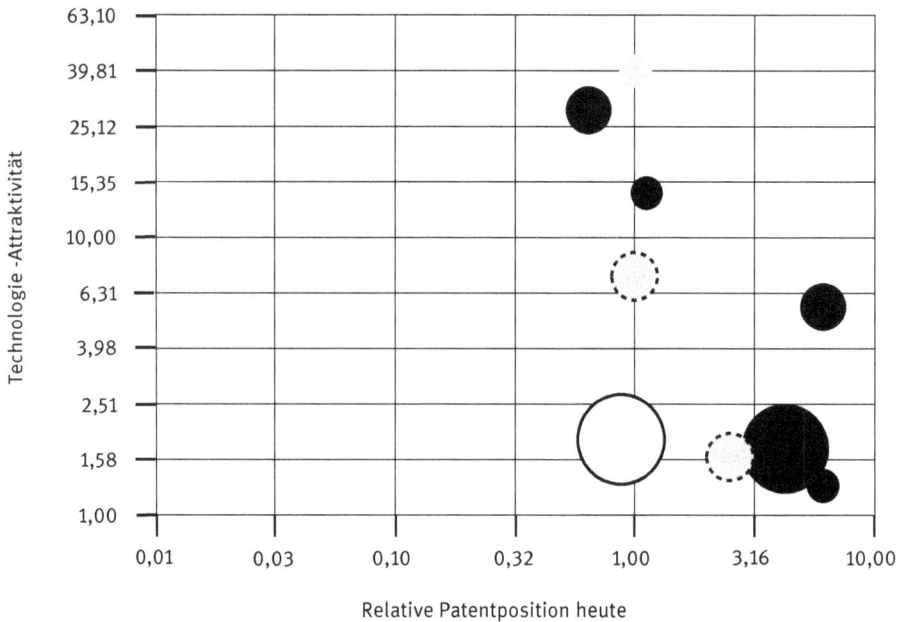

- die Abszissenposition aufgrund der Annahme fortgesetzten eigenen und ange-
nommenen Wettbewerber-Verhaltens verändert wird, wobei
- die in der Vergangenheit beobachteten Unterschiede in der zeitlichen Verteilung
zwischen Patentanmeldungen und Patenterteilungen bei der Positionsbestim-
mung berücksichtigt werden. Solche Unterschiede sind bemerkenswert groß,
was sowohl unternehmensinterne (z. B. späte Erteilung der Prüfaufträge, zögerli-
che Patentbearbeitung) als auch unternehmensexterne Gründe (z. B. Einsprüche,
Patentierung in besonders belasteten Gebieten) haben kann.

Patent-Portfolios sind durch weitere Betrachtungen der Patentierungsaktivitäten zu
ergänzen, wie z. B. die kumulierte Anzahl der Patente über die Zeit für verschiedene
Wettbewerber im jeweiligen Technologiefeld, den Anteil der erteilten an den ange-
meldeten Patenten, den Anteil der Auslandsanmeldungen an den gesamten Anmeldungen, den Anteil der häufig zitierten Patente (ohne Eigenzitate) an den Patenten,
den Anteil der im Prüfprozess stehenden Patentanmeldungen an den noch gültigen
(nicht ungültigen, nicht zurückgewiesenen Anmeldungen oder Patenterteilungen)
Anmeldungen, die Konzentration auf die Patentklassen oder -unterklassen usw[416].

416 Vgl. Brockhoff, K., Instruments for Patent Data Analysis in Business Firms, Technovation, Vol. 12,
1992, S. 41–60.

Hierdurch können unterschiedliche Aspekte des technologischen Potentials, seiner Ausrichtung und seiner Dynamik erfasst werden. Das wird durch den leichten Zugang zu Patentdaten über das Internet sehr attraktiv. Freilich fehlt eine explizite Berücksichtigung von Marktaspekten. Aber auch hier ergeben sich neue Möglichkeiten der Recherche. Z. B. müssen viele Kapitalgesellschaften deren Jahresabschlüsse online veröffentlichen. Diese Plattform heißt www.e-bundesanzeiger.de und kann von jedermann eingesehen werden.

Außerdem kann das Instrument durch Verzicht der Wettbewerber auf Patentierung, durch „Verstecken" von Patenten (Anmeldungen unter Namen von unbekannten Tochtergesellschaften, Nutzung verwandter, aber ungewöhnlicher Unterklassen) oder andere Maßnahmen stumpf werden. Dem kann durch Stärkung der technologischen Wettbewerbsanalyse (methodische und inhaltliche Sachkunde) entgegengewirkt werden.

5.4.2.2.4 Integrationsversuche

Wenden wir uns nun den Versuchen einer Integration von Technologie- und Marktportfolios zu. Ansätze dazu sind bereits erkennbar geworden, doch fehlt eine systematischere Betrachtung. Hier sind folgende Vorgehensweisen erkennbar:

(1) Empfehlungen, eine ganzheitliche Betrachtung aufgrund von Überlegungen zur Verknüpfung von Portfolios vorzunehmen;

(2) Übertragung von Portfolio-Dimensionen aus Technologie- und Markt-Portfolios in ein neues Portfolio;

(3) Originäre Konzeption eines Technologie-Markt-Portfolios
    (a) unter Benutzung von Determinanten von Erfolgserwartungen oder
    (b) unter Benutzung von Determinanten von Erfolgsrisiken;

(4) Formalisiertes Vorgehen.

Wir wollen auch hier Beispiele für diese Fälle präsentieren.

Zu (1): Eine Vielzahl von Kriterien zur strategischen Steuerung der Forschung und Entwicklung resultiert in einer Vielzahl zweidimensionaler Portfolios. Um eine Gesamtsicht zu erhalten, müssen diese aggregiert werden.

Zunächst kann man dies ohne formale Hilfe versuchen. Man stellt Portfolios nebeneinander und versucht, eine „Gesamtschau" zu entwickeln. Gemeinsame Achsen der Portfolios helfen bei der Verknüpfung. So wird vorgeschlagen, jedes größere Projekt in vier Portfolios zu positionieren und zusätzlich einen Projektnutzen zu errechnen[417]. Es sind zu ermitteln:

---

[417] Vgl. Saad, K. N., Roussel, Ph. A., Tiby, C., Management der F&E-Strategie, Wiesbaden 1991, S. 95 ff.; ähnlich: Ewald, A., Methodik der integrierten Technologie- und Marktplanung, Zeitschrift für Planung, Bd. 2, 1991, S. 155–180.

(1) Die Position in einem Portfolio mit den Achsen relative Technologieposition (gleichbedeutend mit technischer Erfolgswahrscheinlichkeit) und Position im Technologielebenszyklus; dies entspricht der Abb. 5.29.

(2) Die Position in einem Portfolio mit den Achsen Gesamterfolgswahrscheinlichkeit (Wahrscheinlichkeit des technischen Erfolgs multipliziert mit der Wahrscheinlichkeit des kommerziellen Erfolgs) und Ertragspotential.

(3) Die Position in einem Portfolio mit den Achsen Vertrautheit mit den Technologien und Vertrautheit mit dem Markt.

(4) Die Einordnung in eine Darstellung von restlicher Bearbeitungsdauer und Jahresbudget je Projekt.

(5) Die Ermittlung eines Projektnutzwertes (genannt Projektattraktivität) aufgrund mehrerer Kriterien (wobei teils sieben, teils neun solcher Kriterien erwähnt werden)[418].

Einige dieser Kriterien nehmen bekannte Ansätze auf, z. B. (3) den Ansatz von Roberts und Berry (vgl. Abb. 5.8). Nicht alle Kriterien sind voneinander unabhängig. So enthält (5) die in (2) und (1) benutzten Wahrscheinlichkeiten oder (1) geht teilweise in (2) ein. Das ist bei der Interpretation der Abbildungen zu berücksichtigen. Die Veränderung der Portfolio-Zusammensetzung erfolgt mit dem Ziel, größere Marktattraktivität und geringere Risikobelastung zu erreichen. Dazu sind auch Projekte aufzugeben, um die freigesetzten Mittel zur Unterstützung anderer Projekte einzusetzen. Die Darstellungen (1) bis (4) zusätzlich zur Attraktivität (5) sind nur verständlich, wenn damit Projektinterdependenzen oder Idealvorstellungen über Kombinationen von Projekten realisiert werden sollen.

Insgesamt fehlt ein schlüssiger Hinweis auf die Aggregation der einzelnen Schritte. Solche Hinweise sind leicht zu entwickeln, wenn zwischen je einer Achse verschiedener Portfolios eine monotone Beziehung besteht (im Extremfall: diese identisch sind). Werden z. B. eine Produkt-Markt-Matrix (Ansoff-Matrix, vgl. Abb. 5.19) und eine Produkt-Technologielebenszyklusphasen-Matrix verwendet, so haben beide die Achse „Produkte" gemeinsam. Deshalb kann sichtbar gemacht werden, welche Produkte für welche Märkte durch welche Technologien unterstützt werden, so dass die Bedeutung der Technologien sichtbar wird[419].

In Abb. 5.33 wird dieses Konzept für vier Portfolios dargestellt[420]: Das Technologieportfolio entspricht wieder der Abb. 5.30. Das Geschäftsfeld-Portfolio bildet den Zusammenhang zwischen Produktarten-Lebenszyklusphasen und relativer Marktposition (z. B. relativem Marktanteil) ab, wie dies im Marketing häufig vorkommt. Es verbleiben zwei Portfolios. Eines stellt die Verbindung von Technologie- und Marktle-

---

418 Ebenda.

419 Vgl. Seiler, A., Marketing-Impulsgeber für F+E?, Die Unternehmung, 39. Jg., 1985, S. 289–307, hier S. 303 f.

420 Vgl. Ewald, A., Methodik der integrierten Technologie- und Marktplanung, a. a. O., S. 155–180.

Abb. 5.33: Zusammenhang von Portfolios

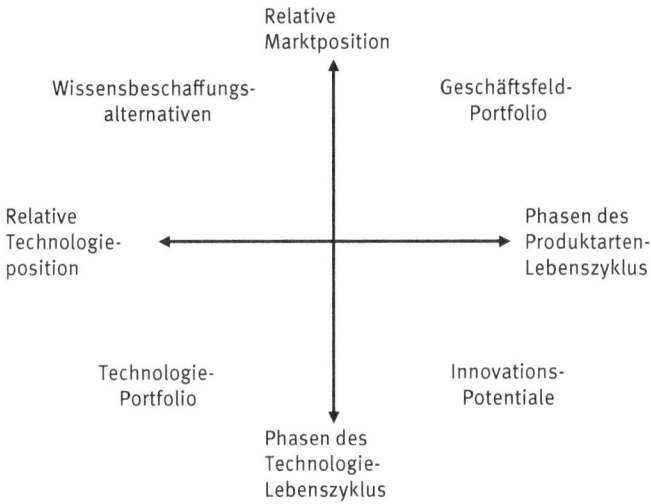

Quelle: Nach Vortragsunterlagen von Sommerlatte (Arthur D. Little Inc.)

benszyklen her. Hier wird eine zwar nicht strenge, aber doch beobachtbare Korrelation der Art unterstellt, dass die Entwicklungsphase der Technologie auf die Lebenszyklusphase des Marktes Einfluss nimmt. Damit sollen auch Innovationspotentiale sichtbar werden. Überlegungen zu Patentportfolios (Abb. 5.32) können dazu herangezogen werden. Das letzte Portfolio verknüpft die relativen Technologie- und Marktpositionen und soll insbesondere Alternativen des Wissenerwerbs (intern oder extern) beurteilen helfen.

Die Positionierung von Projekten im Geschäftsfeldportfolio wird dann ergänzt um Angaben zur Wettbewerbsintensität und zum Marktpotential. Auf dieser Basis wird ihre Attraktivität ermittelt. Die Lage im Technologieportfolio wird ergänzt durch wirtschaftliche Unsicherheit und Schadenspotential, um zu einer Projektrisikoeinschätzung zu gelangen. Beide Größen bilden ein neues Portfolio zur Projektauswahl.

Es ist erstaunlich, in welchem Umfange hier Daten gesammelt werden müssen, teilweise hinsichtlich ihrer Validität schwerlich kontrollierbare Annahmen akzeptiert und subjektive Urteile anerkannt werden, um zu einer Bewertung zu kommen. Man fragt sich, ob unter diesen Bedingungen nicht ein stärker formalisiertes Vorgehen gerechtfertigt wäre.

Zu (2): Krubasik bringt ein Marktprioritäten-Technologieprioritäten-Portfolio in die Debatte[421]. Die Abb. 5.34 zeigt im Überblick das Vorgehen. Es wird je ein Markt-

---

421 Krubasik, E. G., Technologie – Strategische Waffe, a. a. O.

Abb. 5.34: Ableitung eines Gesamt-Portfolios

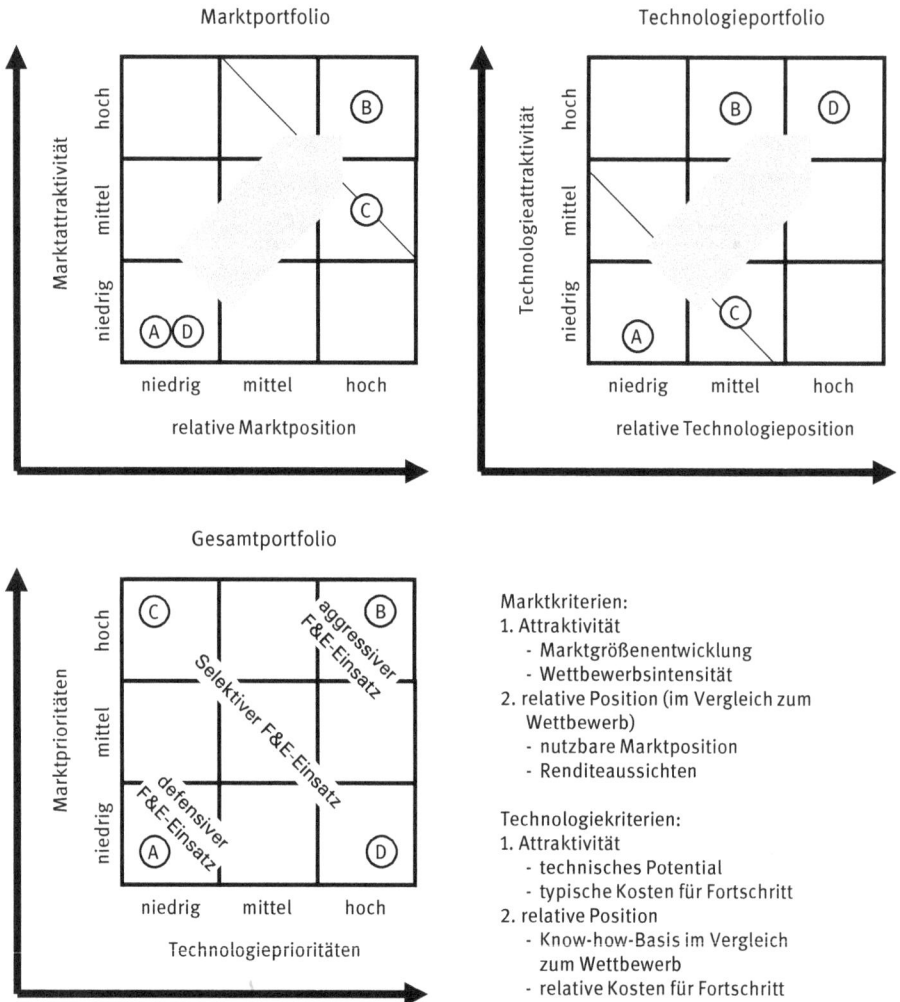

Marktportfolio

Technologieportfolio

Gesamtportfolio

Marktkriterien:
1. Attraktivität
   - Marktgrößenentwicklung
   - Wettbewerbsintensität
2. relative Position (im Vergleich zum Wettbewerb)
   - nutzbare Marktposition
   - Renditeaussichten

Technologiekriterien:
1. Attraktivität
   - technisches Potential
   - typische Kosten für Fortschritt
2. relative Position
   - Know-how-Basis im Vergleich zum Wettbewerb
   - relative Kosten für Fortschritt

Quelle: Krubasik, E. G., Technologie – Strategische Waffe, a. a. O., S. 18

und ein Technologieportfolio aufgestellt, in dem „Produktgebiete" positioniert werden. Die dabei herangezogenen Kriterien sind der Abbildung zu entnehmen.

Zunächst ist festzuhalten, dass Technologien also Produktgebieten ein-eindeutig zuzuordnen sind, was auch für Prozesstechnologien gelten muss. Das wird bei Produktgebieten, in denen auf mehrere, unterschiedlich positionierte Technologien zurückgegriffen wird, sehr schwierig. Sodann wird die Projektion der Produktgebiete in den beiden Portfolios auf ihre Hauptdiagonale, die als Prioritätenachse interpretiert wird, festgestellt. Diese Prioritäten mit den Projektionen werden zur Errichtung eines neuen Portfolios benutzt. Die im Schnittpunkt der Prioritätenpunkte beider Achsen des neuen Portfolios liegenden Positionen markieren die Produktgebiete. Ihnen wird nun als Normstrategie ein bestimmter Forschungs- und Entwicklungseinsatz zugeordnet.

Die Betrachtung des Gesamtportfolios zeigt eine hohe Informationsverdichtung. Allerdings kann man von einer Position im Gesamtportfolio nicht mehr auf die Lage im Markt- oder Technologieportfolio zurückschließen. Hier liegt nun ein Problem. Jeder Punkt des Gesamtportfolios kann auf den gezeigten Ausgangspunkt oder einen der unendlich vielen Ausgangspunkte auf der Lotrechten zur Prioritätenachse durch den Ausgangspunkt liegen. Dies ist hier für das Produktgebiet C angedeutet worden. Nun ist aber schwer vorstellbar, dass für jede der so gekennzeichneten Positionen dieselbe Strategie des Forschungs- und Entwicklungseinsatzes optimal sein kann.

Den vier Quadranten des Portfolios werden Normstrategien für den Forschungs- und Entwicklungsaufwand zugeordnet. Sie laufen auf das Muster hinaus, Stärken auszubauen und aus Schwächen den Rückzug als Konsequenz zu ziehen: Bei hoher Marktbedeutung der Technologie soll um so stärker in Forschung und Entwicklung investiert werden, je stärker die eigene Position ist. Bei niedriger Marktbedeutung ist das Engagement um so eher zu reduzieren, je schwächer die eigene Position ist. Das Ergebnis dieser Vorentscheidungen wird dann in die allgemeine Unternehmensstrategie integriert. Gerade dieser Schritt bleibt in der Darstellung unklar, insbesondere auch im Hinblick auf die Rückwirkung auf die Forschungs- und Entwicklungsstrategie.

Von Unternehmen und Behörden (z. B. Kartellämtern bei der Prüfung von Zusammenschlüssen auf ihre Wettbewerbsrelevanz) wird ein Ansatz verwendet, bei dem ein „Patent Asset Index" als zusammenfassendes Maß errechnet wird[422]. Die Konstruktion des Index geht von drei generellen Beobachtungen aus: In der Welt globaler Märkte müssen auch globale Patentdaten als Datengrundlage herangezogen werden; diese Daten müssen mit Bezug auf die am Markt zu schützenden Erfindungen zu Patentfamilien gruppiert werden, die jeweils eine Erfindung schützen; neben den gültigen Patenten sind Patentanmeldungen einzubeziehen, da sie mit einer gewissen Wahrscheinlichkeit zu späteren Patenterteilungen führen werden, was durch eine entsprechende Gewichtung erfasst werden kann.

Aus den aktiven Patenten in Patentfamilien und den gewichteten Patentanmeldungen ergibt sich die jeweilige „Größe" einer Patentfamilie. Die Patentfamilien einer Geschäftseinheit oder eines Unternehmens werden gemeinsam in einem Patentportfolio dargestellt. Jede Patentfamilie wird durch den „Patent Asset Index" bewertet, sodass die Summe dieser Bewertungen eine Aussage für das gesamte Unternehmen erlaubt. Der Index selbst baut sich additiv aus den Größen „market coverage" und

---

422 Ernst, H., Omland, N., The Patent Asset Index – A new Approach to benchmark patent portfolios, World Patent Information, Vol. 33, 2010, S. 34–41.

„technological relevance" auf. Market Coverage stellt das Verhältnis der Summe der Bruttosozialprodukte aller Länder für die Patentschutz beantragt ist oder vorliegt zum Bruttosozialpordukt der USA dar. Die technologische Relevanz wird aufgrund der Zitate in Patentdokumenten bestimmt, die durch Patentämter oder Antragsteller auf Patentschutz in den Patenten der jeweiligen Patentfamilien aufgeführt werden. Dafür werden die Rohdaten durch drei empirisch bestimmte Faktoren gewichtet: die Beobachtung, dass die Zahl der Zitate eines Patents mit dessen Alter wächst; die Beobachtung, dass die Berücksichtigung internationaler Patente in einzelnen Ländern unterschiedlich ausgeprägt ist, sie zum Beispiel in den USA und Japan besonders gering ist; die weitere Beobachtung, dass in Technologiegebieten mit inkrementalem technologischen Fortschritt mehr Zitate verwendet werden als in Gebieten mit sprunghaftem technologischen Fortschritt.

Die Autoren haben ihr Verfahren für zehn Unternehmen der Welt-Chemieindustrie dargestellt. Seither hat es eine Vielzahl von Anwendungen gegeben, die auf jährlichen Nutzerkonferenzen diskutiert werden, um so Verbeserungspotentiale zu erschließen.

Zu (3a): Hier werden zwei Ansätze zur Kennzeichnung der Vorgehensweisen erwähnt. Während Harris/Shaw/Sommers ein Portfolio mit den Achsen „relative Technologieposition" und „Marktbedeutung einer Technologie" entwickeln[423] also technologieorientiert argumentieren, stellt Möhrle die Dimensionen „Technologie-Druck" und „Marktsog" gegenüber, um zu einer Beurteilung der strategischen Bedeutung von Forschungs- und Entwicklungsprojekten zu kommen[424].

Für die Programm-Portfolio-Darstellung von Möhrle werden in Abb. 5.35 die vorgeschlagenen Achseninterpretationen dargestellt. Das Portfolio wird in vier Felder unterteilt, die je nach den Kombinationen der Achsenausprägungen zu interpretieren sind. Möhrle schlägt die Nutzung der Portfolios zur Darstellung der Ist-Situation oder des historischen Verlaufs von Projektpositionen im Portfolio vor, vermeidet aber die

---

423 Harris, J. M., Shaw, R. W., Sommers, W. P., The Role of Technology in the 1980's, Outlook, published by Booz, Allen & Hamilton, Nr. 5, 1981, S. 20–28. Zu den Dimensionen: „Technology importance is based on criteria that include value added, rate of change, and potential markets and their attractiveness. ‚Relative technology position' is determined by assessing current future development. Some quantitative criteria used to determine these are previous results, as demonstrated by patents, product history and cost, human resource strengths, and technology expenditures, current and projected" (S. 24).

424 Möhrle, M. G., Das FuE-Programm-Portfolio: Ein Instrument für das Management betrieblicher Forschung und Entwicklung, technologie & management, Vol. 37, 4/1988, S. 12–19. „Das FuE-Programm-Portfolio: In einer Ebene mit den Achsen Technologiedruck und Marktsog werden alle FuE-Projekte durch Kreise positioniert. Die Fläche eines Kreises repräsentiert das Projektvolumen (Finanz- und Ressourcenbedarf), Termin- und Kostenabweichungen eines FuE-Projekts werden durch entsprechende Schraffuren kenntlich gemacht (Kontrollstatus)" (S. 13). Zu Anwendungserfahrungen vgl. Möhrle, M. G., Voigt, 1., Das FuE-Programm-Portfolio in praktischer Erprobung, Zeitschrift für Betriebswirtschaft, 63. Jg., 1993, S. 973–992.

Abb. 5.35: Kriterien zur Bestimmung der Portfolio-Dimensionen Technologiedruck, Marktsog und des Projektvolumens

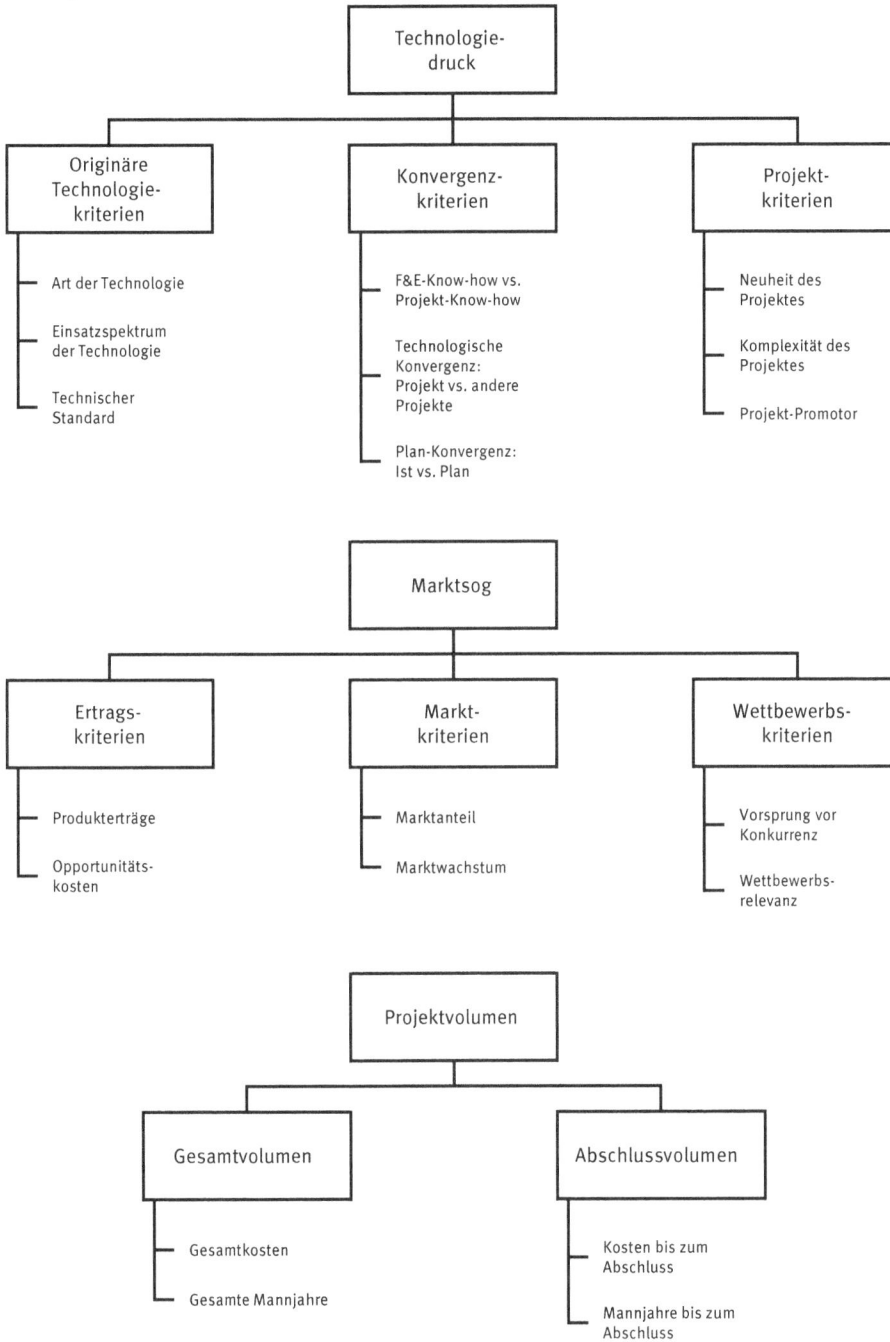

```
                        Technologie-
                           druck

Originäre              Konvergenz-              Projekt-
Technologie-           kriterien               kriterien
kriterien

— Art der Technologie   — F&E-Know-how vs.      — Neuheit des
                          Projekt-Know-how        Projektes

— Einsatzspektrum       — Technologische        — Komplexität des
  der Technologie         Konvergenz:             Projektes
                          Projekt vs. andere
— Technischer             Projekte              — Projekt-Promotor
  Standard
                        — Plan-Konvergenz:
                          Ist vs. Plan
```

```
                          Marktsog

Ertrags-               Markt-                  Wettbewerbs-
kriterien              kriterien               kriterien

— Produkterträge        — Marktanteil           — Vorsprung vor
                                                  Konkurrenz
— Opportunitäts-        — Marktwachstum
  kosten                                        — Wettbewerbs-
                                                  relevanz
```

```
                       Projektvolumen

Gesamtvolumen                          Abschlussvolumen

— Gesamtkosten                         — Kosten bis zum
                                         Abschluss
— Gesamte Mannjahre
                                       — Mannjahre bis zum
                                         Abschluss
```

Quelle: Möhrle, M. G., Das FuE-Programm-Portfolio, a. a. O., S. 14 f.

Empfehlung von Norm-Strategien. Er sieht Grenzen in der ausschließlichen Betrachtung interner Technologien und der Beschränkung auf technologische Innovationen.

Die Darstellung der Achsen-Kriterien verweist auf zum Teil bereits angesprochene Problempunkte:
- sind die Einflussgrößen untereinander abhängig oder unabhängig,
- wie sind die zu aggregierenden Kriterien zu gewichten,
- nach welcher Vorgehensweise sind sie zu aggregieren,
- vor welchem Zeithorizont sind die Bewertungen (z. B. von Marktanteil und Marktwachstum) vorzunehmen,
- sind alle relevanten Kriterien erfasst?

Solche Fragen müssen auch bei anderen Portfolio-Ansätzen beantwortet werden[425], weshalb sie als generell gültig anzusehen sind. Antworten auf die ersten beiden Punkte sind durch den Hinweis auf Methoden wie den Analytic Hierarchy Process und Punktbewertungsverfahren (siehe Abschnitt 7.1) zu finden, obwohl solche Vorgehensweisen bisher im Rahmen der Portfolio-Modelle kaum genutzt werden.

Das Kriterium des relevanten Zeithorizonts erfordert eine Festlegung auf der Grundlage des unternehmerischen Planungshorizonts. Es wird häufig übersehen, dass innerhalb dieses Horizonts wenigstens grob kurz- und langfristige Aktivitäten zu unterscheiden und, nicht zuletzt im Hinblick auf die Liquiditätsplanung, abzustimmen sind. Dieser Gesichtspunkt wird in einer Darstellung von Kamm betont[426].

Im Hinblick auf die Vollständigkeit der Kriterienliste sind Zweifel deshalb angebracht, weil andere Autoren auch weitere Kriterien plausibel machen können.

Zu (3b): Die undifferenzierte Betrachtung von Ertrags- und Risikoaspekten in den meisten Ansätzen der Portfolio-Planung kann leicht zu einer Favorisierung technologischer Führungspositionen in dem Sinne führen, dass jeweils möglichst hohe „Neuigkeitsgrade" oder Fortschritte über den Stand des Wissens hinaus angestrebt werden. Das muss aber nicht auch den höchstmöglichen wirtschaftlichen Erfolg bringen.

Das ist wie folgt zu erklären. Zunehmender Neuigkeitsgrad von Produktinnovationen kann die Erwartung begründen, innerhalb des Planungshorizonts auch größere Anteile des Marktpotentials zu gewinnen. Vermutlich wird aber die Zuwachsrate dieser Ertragserwartungen sinken (vgl. Abb. 5.35). Gleichzeitig aber steigt das Risiko, hier gemessen an der Varianz der Erträge, vermutlich mit steigendem Neuigkeitsgrad überproportional an. Die Erfolgserwartung des risikoscheuen Planers ergibt sich nach den Annahmen der Kapitalmarkttheorie aus der Differenz zwischen den Ertragserwartun-

---

425 Das gilt auch für den in diese Kategorie einzuordnenden Ansatz von Michel, K., Technologie im strategischen Management, Berlin 1987. Vgl. Specht, G., Michel, K., Integrierte Technologie- und Marktplanung mit Innovationsportfolios, Zeitschrift für Betriebswirtschaft, 58. Jg., 1988, S. 502–520.
426 Vgl. Kamm, J. B., The Portfolio Approach to Divisional Innovation Strategy, Journal of Business Strategy, Vol. 7, 1986, S. 25–36.

Abb. 5.36: Ableitung optimaler Neuigkeitsgrade

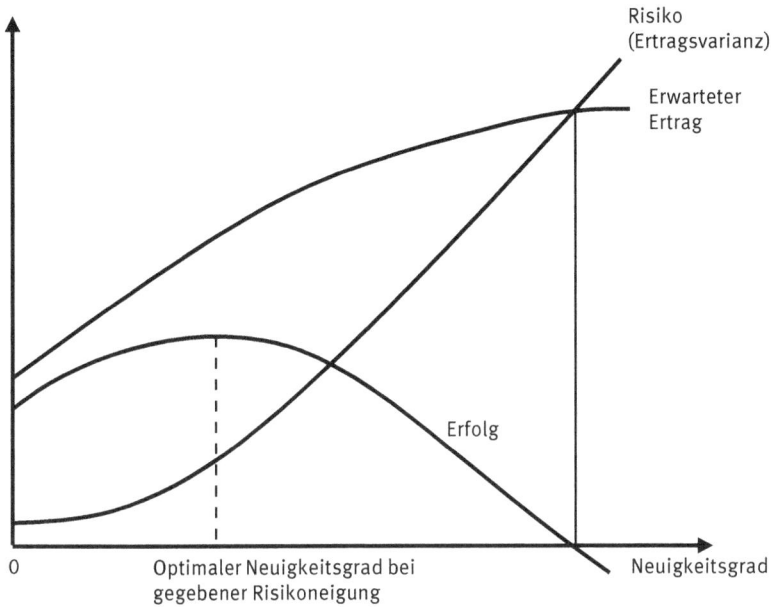

gen und den mit einer subjektiven Risikoneigung gewichteten Ertragsvarianzen. Daraus lässt sich ein optimaler Neuigkeitsgrad ableiten. Geht die Risikoscheu zurück, so reduziert sich auch das Gewicht der Ertragsvarianzen in der Erfolgsfeststellung, und der optimale Neuigkeitsgrad steigt an. Wird das Risiko unbeachtet gelassen, so fallen optimaler und maximaler Neuigkeitsgrad zusammen. Allein aufgrund der Ertragserwartungen wird ein optimaler Neuigkeitsgrad dann festzustellen sein, wenn deren Zuwachsrate negativ wird. Das ist der Fall, wenn das Marktpotential bei gegebenem Markteintrittszeitpunkt mit zunehmendem Neuigkeitsgrad sinkt: der Markt erscheint noch nicht reif für bedeutende technische Fortschritte.

Kotzbauer versucht, den optimalen Neuigkeitsgrad von Produktinnovationen primär aus Nachfragersicht zu bestimmen. In seinem verhaltenstheoretischen Innovationsmodell hängt der Markterfolg einer Innovation von der wahrgenommenen Innovationshöhe und der Akzeptanz auf der Abnehmerseite und dem durch den Anbieter realisierten und den Abnehmern kommunizierten Preis/Leistungsverhältnis gegenüber der Konkurrenz ab. Auf dieser Grundlage wird eine optimale Innovationshöhe ähnlich wie in Abb. 5.36 abgeleitet[427].

---

[427] Kotzbauer, N., Erfolgsfaktoren neuer Produkte: Der Einfluss der Innovationshöhe auf den Erfolg technischer Produkte, Frankfurt a. M. et al., 1992.

Eine ähnliche Hypothese zum optimalen Neuigkeitsgrad haben Meyer/Roberts formuliert[428]. Sie beschränken sich auf kleine, technologieorientierte Unternehmen, deren Erfolg sie am Umsatzwachstum messen. Der Neuigkeitsgrad wird als Durchschnitt über das Angebotsprogramm jedes Unternehmens gemessen. Die auch hier dargestellte Kurve des Erfolgs wird aber anders interpretiert. Eine Strategie der Realisierung ausschließlich geringer Neuigkeitsgrade wird als langfristig risikoreich eingestuft, während die Realisierung ausschließlich hoher Neuigkeitsgrade als kurzfristig risikoreich gilt[429]. Der Zeithorizont variiert also mit dem Neuigkeitsgrad und der Feststellung seiner Erfolgswirkungen, was der Ergebnisinterpretation schadet.

Im Ergebnis bleibt die Empfehlung festzuhalten, eine solche Zusammenstellung von Forschungs- und Entwicklungsprojekten anzustreben, dass ausschließlich extreme Neuigkeitsgrade vermieden werden. Die Abhängigkeit des Optimums von der Risikoeinstellung und dem möglichen Zusammenhang zwischen Neuigkeitsgrad und Marktpotential erfordert Einzelprüfungen, um die Unterschreitung oder Überschreitung des vermuteten Optimums abzuschätzen. Interessant wäre es, wenn sich solche Optima auch empirisch nachweisen ließen. Eine Vermutung hat in dieser Richtung schon vor fast einem Jahrhundert J. Lauster, einer der engsten Mitarbeiter von Rudolf Diesel, angestellt. Er schreibt der zunächst wenig erfolgreichen amerikanischen Dieselmotorenfabrik: „Sie haben in ihrer neuen Construction zuviel Neuerungen auf einmal einführen wollen und haben dieselben zu früh in die Praxis hinausgegeben. Bei der Maschinenfabrik Augsburg wird umgekehrt gehandelt: Neuerungen werden jeweils nur an einzelnen Stellen ausprobiert und erst in die Praxis gegeben, wenn sie sich mindestens sechs Monate in den eigenen Betrieben bewährt haben. Es mag sein, dass dieses Verfahren das andere Extrem des Ihrigen darstellt und dass es möglich wäre, eine goldene Mittelstraße zu finden"[430].

Bei 83 deutschen Neugründungen in technologisch rasch fortschreitenden Gebieten ist festgestellt worden, dass solche Unternehmen ein besonders hohes Wachstum erzielen konnten, die moderate Neuigkeitsgrade realisiert hatten[431]. Schließlich stellen Meyer/Roberts bei zehn neugegründeten Unternehmen in der Elektroindustrie mit 79 Produkten im Wesentlichen einen negativen Zusammenhang zwischen Neuigkeitsgrad und Wachstum fest[432]. Dieses Ergebnis ist allerdings sehr vorsichtig zu interpretieren, da das Wachstumsmaß vom Unternehmensalter abhängig gemacht wurde. Zu-

---

428 Vgl. Meyer, M. H., Roberts, E. B., New Product Strategy in Small Technology-Based Firms: a Pilot Study, a. a. O., S. 811 ff. 1156 Ebenda, S. 811.

429 Ebenda, S. 811

430 Diesel, E., Diesel: Der Mensch, das Werk, das Schicksal, München 1983, S. 298.

431 Vgl. Kulicke, M., Technologieorientierte Unternehmen in der Bundesrepublik Deutschland – Eine empirische Untersuchung der Strukturbildungs- und Wachstumsphase von Neugründungen. Diss., Saarbrücken 1986.

432 Vgl. Meyer, M. H., Roberts, E. B., New Product Strategy in Small Technology-Based Firms: a Pilot Study, a. a. O., S. 813 ff.

sätzlich wurden Neuigkeitsgrade relativ zu den historischen Unternehmenserfahrungen zum Zeitpunkt der jeweiligen Produkteinführung beurteilt. Das Ergebnis ist durch diese beiden Besonderheiten der Messung beeinflusst, ohne dass man weiß, wie stark dieser Einfluss ist.

Bisher ist also der Beleg einer Strategie des erfolgsoptimalen Neuigkeitsgrades eines Portfolios noch schwach, obwohl die Hypothese selbst recht plausibel erscheint.

Immerhin gibt es aber auch ein schon oben präsentiertes Portfolio-Modell, das ausschließlich Risiko-Situationen auf den Achsen darstellt: Pearson's „Unsicherheits-Matrix"[433]. Den Matrix-Positionen werden kritische Erfolgsfaktoren zugeordnet, die mit dem jeweiligen Zeitdruck variieren können. Sie dienen also nicht der Zusammenstellung in irgendeiner Weise „risikobalancierter" Forschungs- und Entwicklungsprogramme.

Pearson findet, dass verschiedene Fallstudien von Forschungsprojekten gut in die Matrix einzuordnen sind. Die Matrix bildet damit eine Grundlage für die Diskussion der Erfolgsaussichten neu positionierter Projekte und der zweckmäßig einzusetzenden Erfolgsfaktoren.

Zu prüfen ist, inwiefern mit diesem Repräsentanten der risikoorientierten Ansätze ein von den anderen Ansätzen unterschiedliches Konzept angeboten wird. Wäre eine Unsicherheit über Zwecke mit fehlendem oder geringem Marktsog gleichzusetzen und eine Unsicherheit über Mittel mit fehlendem oder geringem Technologiedruck, so hätte man lediglich eine Umkehr der Achsenrichtungen erreicht, die schon aus dem Portfolio von Möhrle bekannt sind. Diese Frage kann empirisch entschieden werden, indem geprüft wird, ob die Wahrnehmung der Dimensionen beider Portfolios hoch positiv miteinander korreliert oder nicht.

Schließlich fehlt eine Aussage über Norm-Programme, d. h. Kombinationen von Projekten in den Quadranten, die zu optimalen Neuigkeitsgraden führen.

Zu (4): Von einer strategischen Programmplanung werden Projektzusammenstellungen erwartet, die

- mehrere Ziele möglichst gut erfüllen,
- nicht nur risikoneutrale Einstellungen der Entscheidungsträger berücksichtigen,
- Kapazitätsrestriktionen grundsätzlich beachten,
- Interdependenzen zwischen technologischem und Markterfolg sowie zwischen Projekten berücksichtigen können.

Sobald zielbezogene Bewertungen der Projekte vorgenommen worden sind, können diese Anforderungen grundsätzlich im Rahmen eines unternehmensspezifisch erstellten Modells der **Zielprogrammierung** behandelt werden. Obwohl die mathematische Formulierung gegenüber der graphischen Darstellung von Portfolios als nachteilig

---

433 Pearson, A., Innovation Strategy, a. a. O., S. 185–192.

empfunden werden kann, bietet sie doch eine wesentlich größere Flexibilität. Das wird hier durch ein Beispiel gezeigt.

Der Ansatz könnte wie folgt formuliert werden. Es seien:

g_z Zielgewichte der Ziele $z = 1, 2, \ldots, Z$, worunter sowohl voneinander unabhängige Marktziele als auch technische Ziele verstanden werden können;

d_z^+, d_z^- positive bzw. negative Abweichungen der Projektzusammenstellungen von „idealen" Zielniveaus, wobei auch extreme Zielniveaus angenähert darstellbar sind;

$X_{ij(i)}$ Projektvariablen der Projekte $i = 1, 2, \ldots, I$ in der Durchführungsvariante $j(i) = 1, 2, \ldots, J(i)$, womit z. B. ein „Crash Program" der Projektdurchführung gemeint sein kann, d. h. es sind damit auch spezifische Ressourcenbeanspruchungen und Zielbeiträge verbunden;

$b_{i,j(i),k,t}$ Ressourcenbeanspruchung des i-ten Projekts in der $j(i)$-ten Durchführungsart der Ressource $k = 1, 2, \ldots, K$, und in der Periode $t = 1, 2, \ldots, T$;

$a_{i,j(i),z}$ Zielbeitrag des i-ten Projekts in der $j(i)$-ten Durchführungsart zum z-ten Ziel, wobei Risikonutzen in diese Parameter eingehen können. Die Parameter können auch als Funktion von Distanzen zu idealen Kriterienausprägungen in Portfolios aufgefasst werden.

Es soll das folgende Planungsproblem optimal gelöst werden:

(1) $$x_{i,j(i)} = \{0, 1\}, \quad \text{alle } i, j(i)$$

Das heißt, dass alle Projekte in beliebigen Durchführungsarten nur entweder akzeptiert oder zurückgewiesen werden können. Teilweise Projektbearbeitung ist ausgeschlossen.

(2) $$\sum_{j(i)=1}^{J(i)} x_{i,j(i)} \le 1, \quad \text{alle } i$$

Das bedeutet, dass höchstens eine Durchführungsart eines Projekts realisiert werden darf. Sollen mehrere Durchführungsarten vorgesehen werden, so sind die entsprechenden Projekte aus dieser Bedingung herauszunehmen und getrennt durch entsprechende, die Anzahl der Durchführungsarten steuernde Nebenbedingungen zu behandeln.

(3) $$\sum_{i=1}^{I} \sum_{j(i)=1}^{J(i)} b_{i,j(i),k,t}\, x_{i,j(i)} \le B_{k,t'}, \quad \text{alle } k, t.$$

Damit wird ausgedrückt, dass die in jeder Periode auftretenden Ressourcenbeanspruchungen den Ressourcenbestand $B_{k,t}$ nicht überschreiten dürfen. Diese Bestände werden hier strategisch vorgegeben. Der Grad der Zielerreichung wird durch die folgenden Zielbedingungen gesteuert.

(4) $$\sum_{i=1}^{I} \sum_{j(i)=1}^{J(i)} a_{i,j(i),z}\, x_{i,j(i)} - d_z^+ + d_z^- = A_z, \quad \text{alle } z$$

(5) $$d_z^+, d_z^- \geq 0 \,, \quad \text{alle } z$$

Hiermit wird ausgedrückt, dass ideale Zielniveaus A_z der Ziele $z = 1, 2, \ldots, Z$ durch die Zielbeiträge der verschiedenen Projekte bis auf positive (d_z^+) bzw. negative (d_z^-) Abweichungen erreicht werden sollen. Diese Abweichungen, die bei Extremierungszielen auch nur einseitig definiert sein können, sollen durch die Zielfunktion möglichst minimiert werden. Deshalb gilt für diese Zielfunktion:

(6) $$\min \left(\sum_{z=1}^{Z} g_z(d_z^+ + d_z^-) \right)$$

Durch die Minimierungsvorschrift wird die möglichst gute Anpassung an die einzelnen Ziele unter Berücksichtigung der Zielgewichte g_z erreicht. Bei Kenntnis der Parameter ist die Aufgabe der Zielprogrammierung lösbar. Es sind $(2z + i \times j(i))$ Variablen zu berücksichtigen und $(i + k \times t + z)$ „echte" Nebenbedingungen einzuführen. Das Problem wird also im wesentlichen durch die Anzahl der Projekte und Durchführungsalternativen dimensioniert. Zusätzlich können gewünschte Projektinterdependenzen deshalb leicht modelliert werden, weil die Projektvariablen als {0,1}-ganzzahlige Variablen eingeführt wurden. Ähnlich wie bei der Bedingung (2) können diese Interdependemen z. B. als wechselseitiger Projektausschluss oder wechselseitiger Durchführungszwang von Projekten zum Ausdruck kommen.

Portfolios und Portfolio-Programme lösen nicht alle Planungsprobleme. Sie bieten aber die Chance, den Dialog zwischen den Funktionsbereichen anzuregen und auf überprüfbare Grundlagen zu stellen. Dies muss durch entsprechende organisatorische Vorkehrungen unterstützt werden.

5.5 Zur Realisierung der strategischen Planung

Das Zustandekommen und die Ausführung strategischer Planung bereiten in der Praxis wenigstens soviel organisatorische wie methodische Probleme. Die Pläne sind einerseits mit der operationalen und der taktischen Planung zu verknüpfen. Andererseits sind in ihnen die Grundsatzpläne, die strategischen Vorstellungen von Sparten, Produktgruppen und von Regionen abzustimmen, sofern dies die Planungsträger des Unternehmens sind. Um Einheitlichkeit zu erreichen, werden vom Controlling oder einer Planungsabteilung die Planungsrichtlinien erarbeitet, durch die die Planungsinhalte und der Planungskalender bestimmt werden.

In Abb. 5.37 wird eine gegenüber der Realität vereinfachte Darstellung dieser Vorgänge in einem multinationalen Unternehmen gegeben. Man erkennt daraus deutlich den zeitlichen und organisatorischen Iterationsprozess der Planung sowie die Verknüpfung strategischer und taktischer Planungsebenen, letzteres bei der Programmplanung. Auf die Darstellung aller involvierten Instanzen im Prozess der Forschungs- und Entwicklungsplanung, wie etwa des Controlling, musste hier aus Gründen der Übersichtlichkeit ebenso verzichtet werden, wie auf die explizite Wiedergabe der

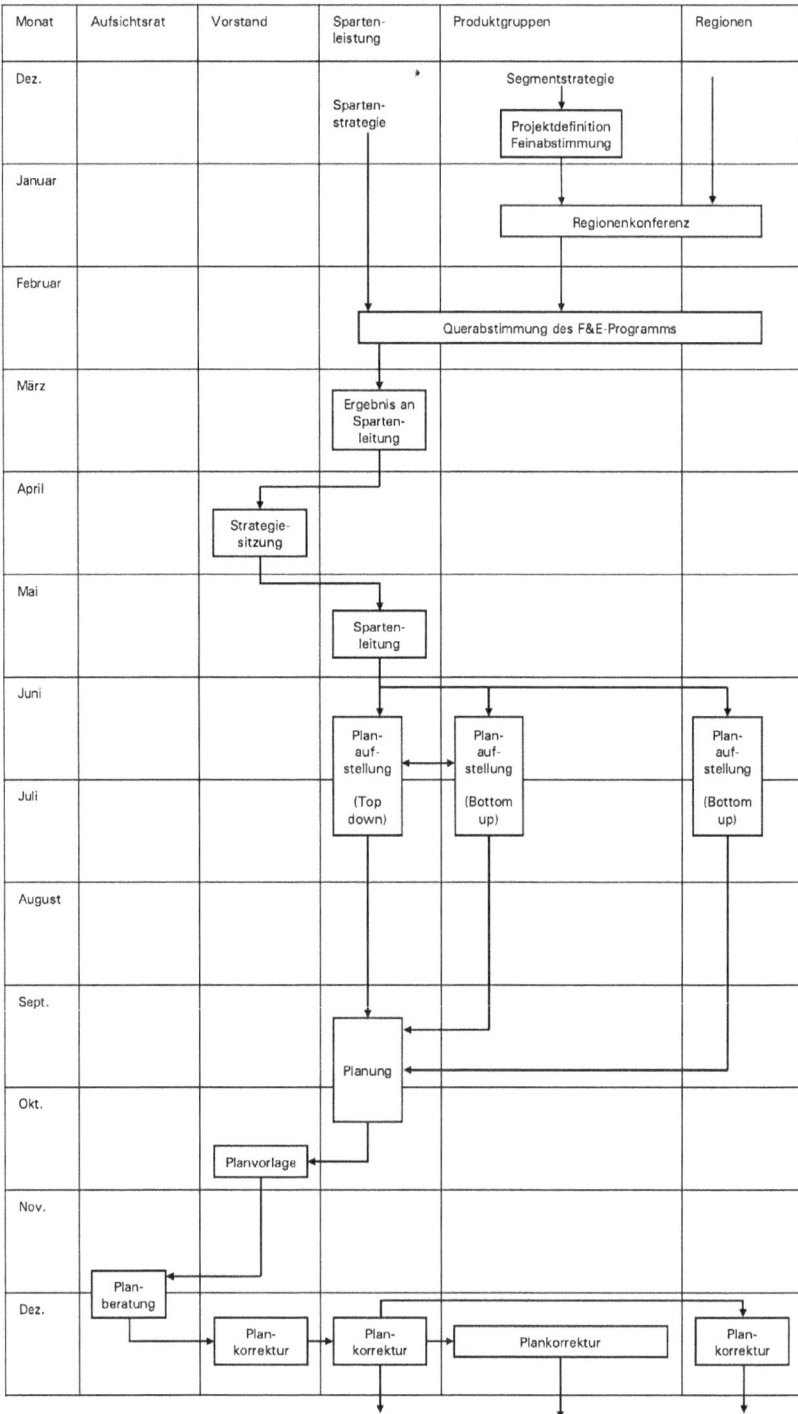

Monat	Aufsichtsrat	Vorstand	Sparten-leistung	Produktgruppen	Regionen
Dez.			Sparten-strategie	Segmentstrategie / Projektdefinition Feinabstimmung	
Januar				Regionenkonferenz	
Februar				Querabstimmung des F&E-Programms	
März			Ergebnis an Sparten-leitung		
April		Strategie-sitzung			
Mai			Sparten-leitung		
Juni			Plan-auf-stellung	Plan-auf-stellung	Plan-auf-stellung
Juli			(Top down)	(Bottom up)	(Bottom up)
August					
Sept.			Planung		
Okt.		Planvorlage			
Nov.					
Dez.	Plan-beratung	Plan-korrektur	Plan-korrektur	Plankorrektur	Plan-korrektur

◄ **Abb. 5.37:** Vereinfachte Darstellung des Ablaufs der strategischen Planung in einem multinationalen Unternehmen

Abstimmungen mit anderen Funktionsbereichen. Jedoch sei an dieser Stelle auf die Wichtigkeit dieser Abstimmungen verwiesen.

Interessanterweise werden für die Plandurchsetzung in dem vorliegenden Beispiel verschiedene Entscheidungseinheiten vereinende Konferenzen zu Jahresbeginn veranstaltet, während die Planaufstellung in diesen Einheiten getrennt erfolgt und nur zwischen Spartenleitung und Produktgruppen eine den Planungsprozess begleitende Kommunikation im Juni/Juli vorgesehen ist.

Man wird wohl annehmen dürfen, dass hier und an anderen Stellen in diesem Ablauf noch weitere, informelle Kommunikation zur gegenseitigen Abstimmung erfolgt.

Im Ergebnis schlägt sich die strategische Planung zumindest in Aussagen zu folgenden Fragen nieder:

(1) Welche quantitative Veränderung der Forschungs- und Entwicklungskapazität wird mittel- und langfristig für notwendig gehalten?

(2) Auf welche Gebiete sind die Forschungs- und Entwicklungsaktivitäten zu konzentrieren?

(3) Welche Verteilung von Grundlagenforschung, angewandter Forschung und Entwicklung ist im Hinblick auf Marktziele und Technologie anzustreben?

Es ist klar zu erkennen, dass Unternehmen die Antworten bewusst erarbeiten.

Eine Studie, die 2016 von der Europäischen Kommission in Auftrag gegeben wurde, kam zu dem Ergebnis, dass es für Unternehmen durchaus sinnvoll ist, Forschungs- und Entwicklungsbudgets bewusst zwischen Geschäftsbereichen zu verteilen, um damit gezielt einem etwaigen Strukturwandel begegnen zu können. Anzeichen hierfür können beispielsweise zunehmende überregionale Standardisierungsbestreben innerhalb einer Branche, die Internationalisierung von Forschung und Entwicklung oder kostenbezogene Auslagerung der F&E in Schwellen- und/ oder Entwicklungsländer sein[434].

Für die bewusste Verschiebung der Forschungs- und Entwicklungsmittel zwischen verschiedenen Gebieten gibt Bayer deutlich Hinweise, die sich z. B. in folgenden Zahlen niederschlagen (Tab. 5.8).

Dem Einfluss öffentlicher Regulierung ist es vermutlich in erster Linie zuzuschreiben, wenn sich im Laufe der Zeit die Verwendung der Budgets der pharmazeutischen Forschung in Richtung auf die Sicherheit der Präparate hin und von der Entdeckung neuer Präparate weg verschoben hat.

---

434 European Commission, R&D Investment and Structural Changes in Sectors – Final Report, 2016.

Tab. 5.8: Beispiel für die Veränderung des Anteils an der Konzern-Forschung- und Entwicklung verschiedener Geschäftssegmente der Bayer AG (%)

Segment	2015	2016	2017	2018
Pharmaceuticals	57,3	59,7	64,1	55,1
Consumer Health	5,8	5,6	5,3	4,3
Crop Science	25,3	24,9	25,9	37,2
Animal Health	3,1	3,0	3,4	2,7
Überleitung	2,2	1,2	1,2	0,6
Covestro	6,3	5,6	–	–

Quelle: Geschäftsberichte der Bayer AG, Jg. 2016, 2018.

Die Vielfalt der in der strategischen Planung zu bedenkenden Probleme und das große Aufgebot an Techniken für die technologische Vorhersage sowie die strategische Programmplanung konnten nicht zu **einem** integrierten Planungskonzept verdichtet werden. Das ist aber auch nicht verwunderlich, da zum Beispiel bei der Darstellung der verschiedenen Portfolio-Konzepte erkannt werden konnte, dass sie auf unterschiedliche Erfolgsfaktoren abstellen. In welchem Maße sich diese in konkreten Fällen als bedeutsam erweisen, ist aber nicht normativ festzulegen. Aus der Praxis der Unternehmensberatung heraus ist zum Beispiel darauf hingewiesen worden, dass Stärken und Schwächen der Unternehmen bezüglich ihrer Forschungs- und Entwicklungsressourcen sowie ihrer technologischen Fähigkeiten, die Entwicklungsphase der betrachteten Technologien und ihre strategische Bedeutung zu den Faktoren zählen, die über die Art der auszuwählenden Portfolios mitentscheiden[435]. Da der Entwicklungsstand dieser Faktoren (und möglicherweise anderer Erfolgsfaktoren) nicht in allen Produktbereichen eines Unternehmens gleich ist, die Zahl der Portfolio-Dimensionen aber begrenzt ist, kommen nahezu zwangsläufig verschiedene Portfolio-Konzepte zur Darstellung der Gesamtsituation eines Unternehmens zum Zuge. So ist es auch zu verstehen, dass in der Fallstudie „Intercontinental AG" zur Entwicklung einer Forschungs- und Entwicklungsstrategie nacheinander drei verschiedene Portfolios und zusätzliche Darstellungen für dieselben Projekte betrachtet werden[436]. Die Ableitung von Sollvorstellungen und die Entscheidungsfindung wird durch einen Dialog aller beteiligten Funktionsbereiche, also durch subjektive Bewertungen und Aggregationen der verschiedenen Informationen erreicht. Die Portfolios haben dabei eine Informationsfunktion und eine Integrationsfunktion, zumal ihr Einsatz Informations- und Bewertungsunterschiede leicht erkennbar werden lässt.

---

435 Vgl. Saad, K. N., Roussel, Ph. A., Tiby, C., Management der F&E-Strategie, a. a. O., S. 96.
436 Vgl. ebenda, S. 102 ff.

Morin[437] beschreibt das Zusammenwirken verschiedener Aktionselemente eines Technologiemanagements durch sechs Elemente:

(1) **optimieren** durch Integration der Unternehmensfunktionen, insbesondere Marketing, Forschung und Entwicklung, die Vermeidung von Verschwendung – auch des technologischen Wissens – und den Technologieverkauf zur Stärkung der eigenen Position,

(2) **anreichern** des Technologiepotentials, auch durch Technologiehandel, Technologiemanagement, Organisation,

(3) **schützen**, nicht nur der Technologien und des Know-how, sondern auch der „Köpfe", die es tragen und entwickeln,

(4) **sammeln**, d. h. die Anlage eines Inventars bekannter Technologien und ihre Klassifikation nach der möglichen Zukunftsbedeutung,

(5) **bewerten** der technologischen Potentiale und der Wettbewerbsstärke,

(6) **überwachen** durch systematische Umweltanalyse, auch der Technologien des Wettbewerbs, zur Früherkennung von Änderungen in der Bedeutung von Technologien oder dem Aufkommen von Neuerungen.

---

437 Morin, J., L'excellence technologique, Paris 1985, bes. S. 71–162.

6 Operative und taktische Planung

Die begriffliche Abgrenzung von taktischer und operativer Planung gestaltet sich in vielen Fällen als relativ schwierig. „Die operative Planung geht jeweils von einem bestimmten strategischen Plan aus. Durch sie werden die spezifischen Aktivitäten der obersten Unternehmensbereiche detaillierter festgelegt, als es im strategischen Plan geschehen ist. In einem divisionalisierten Unternehmen regelt die operative Planung die Aktivitäten der Geschäftsbereiche und der Zentralbereiche"[438]. Im Rahmen der operativen Planung wird in diesem Kapitel zunächst auf die Frage der Budgetierung sowie das Zusammenwirken des Budgets mit der Personalplanung eingegangen.

Außerdem betrachten wir die Aspekte der taktischen Planung. Die „unterste Stufe der hierarchischen Unternehmensplanung" wird als taktische Planung bezeichnet; sie „baut jeweils auf einem operativen Budget auf", „ihren Gegenstand bilden jene detaillierten Unternehmensvariablen, die zur Durchführung der Operationen festzulegen sind" und der „Integrationsaspekt spielt [...] nur eine untergeordnete Rolle"[439]. Im Rahmen der Forschungs- und Entwicklungsaktivitäten geht es deshalb primär um die Planung der Durchführung einzelner Projekte, aber auch um die Projektbewertung als Voraussetzung für ihre Durchführung und ihre Zusammenfassung zu Programmen.

Aufgrund des fortgeschrittenen Einsatzes von Informationstechnologie sind die folgenden Ausführungen auf die wesentlichen Komponenten beschränkt, die aus Managementsicht zu berücksichtigen sind. Durch den gezielten Einsatz von übergeordneten Planungssystemen, wie von dem Unternehmen SAP (z. B. Hana), aber auch mit verhältnismäßig einfachen Tools, wie die von Microsoft (z. B. Access oder Excel), lassen sich auch sehr komplexe Planungsprozesse sehr gut abbilden. Insofern wird an dieser Stelle an weiterführende Literatur zu diesem Thema verwiesen[440].

Immer breitere Anwendung in Unternehmen finden zudem auch methodische Werkzeuge, die im Rahmen von Forschung und Entwicklung der Planung, Steuerung, Durchführung und Kontrolle dienen. Die bedeutendsten stellen wir daher im Anschluss vor und geben zudem einen Ausblick aufkommende Trend- und Zukunftsthemen innerhalb der (oder mit Relevanz für die) Forschung und Entwicklung. Beginnen möchten wir mit dem Thema der Budgetierung.

---

438 Koch, H., Aufbau der Unternehmensplanung, 1977, S. 99.

439 Koch, H., Aufbau der Unternehmensplanung, 1977, S. 137.

440 Vgl. z. B. Westkämper, E., Niemann, J., Warschat, J., Scheer, A. W., Thomas, O. Methoden der digitalen Planung. In Handbuch Unternehmensorganisation, Berlin/Heidelberg 2009, S. 515–568; Leyh, C. Implementierung von ERP-Systemen in KMU – Ein Vorgehensmodell auf Basis von kritischen Erfolgsfaktoren. HMD Praxis der Wirtschaftsinformatik, Vol. 52 (3), 2015, S. 418–432; Tiemeyer, E. Kennzahlengestütztes IT-Projektcontrolling: Projekt-Scorecards einführen und erfolgreich nutzen (No. 03-11-010). SIMAT Arbeitspapiere, 2011.

https://doi.org/10.1515/9783110600667-006

6.1 Forschungs- und Entwicklungsbudgetierung in der Praxis

Der Blick auf die Forschungs- und Entwicklungsstatistik (vgl. Abschnitt 3.2) hat bereits gezeigt, dass der auf den Umsatz bezogene Forschungs- und Entwicklungsaufwand (Forschungsintensität) mit der Unternehmensgröße und zwischen den Branchen variiert. Diese Beobachtungen reichen aber nicht aus, um alle Varianz in den „Forschungsintensitäten" zu erklären. Aufgrund einer detaillierten Analyse bei 68 Unternehmen stellten Poensgen und Hort fest: „Industriezugehörigkeit und Größe machen zwar zusammen 46 % der erklärten [...] Varianz aus, die Aufteilung der 46 % unter diesen beiden kann aber mit unseren Daten nicht geleistet werden"[441]. Die im Hinblick auf die unternehmensstrategische Bedeutung von Forschung und Entwicklung wichtige Frage der Budgetbestimmung kann eben nicht allein durch den Hinweis auf gewisse situative Variablen gelöst werden.

Es liegt nahe, eine Beantwortung durch die Praxis selbst zu versuchen. Das kann einerseits durch verschiedene Formen der Befragung geschehen und andererseits durch die Interpretation von Beobachtungen.

Die unternehmensstrategische Bedeutung von Forschung und Entwicklung müsste erwarten lassen, dass sich die notwendigen Aufwendungen an Unternehmenszielen oder Erwartungsgrößen von Umsätzen oder Gewinnen orientierten. Eine Studie aus dem Jahr 2006 hat verschiedene Ansatzpunkte herausgearbeitet, die Einfluss auf die Budgetierung von Forschung und Entwicklung haben und im Rahmen dieser auch berücksichtig werden sollten[442]:

- Gewinnabschätzung nach Vergangenheitswerten (Basierend auf Vergangenheitswerten für Umsatz, Gewinn und F&E-Budget können erste Schätzungen hergeleitet werden sowie mögliche Einflussfaktoren erkannt werden.)
- Wettbewerbsanalyse und -vergleich (insbesondere Vergleich der F&E-Intensitäten verschiedener Unternehmen)
- Gewinnabschätzung für die nahe Zukunft (basierend auf der aktuellen Situation sowie Trendentwicklungen; Abschätzung – i. d. R. – auf ein bis zwei Jahre)
- Vorhersage zukünftiger (mittelfristiger) Gewinn- und Umsatzentwicklung (basierend auf Gewinnabschätzung für nahe Zukunft sowie den möglichen Abstufungen des F&E-Budgets und deren Einfluss)
- Betrachten von Alternativszenarien (z. B. Steigerung der F&E-Ausgaben, Verkürzung der Entwicklungszeiten etc.)

Diese Ansatzpunkte zeigen deutlich, dass die reine Betrachtung von Vergangenheits- oder Zukunftsgrößen in der Regel keine vollumfängliche Forschungs- und Entwick-

---

441 Poensgen, O. H., Hort, H., F&E-Aufwand, Firmensituation und Firmenerfolg, Zeitschrift für Betriebswirtschaft, Vol. 51, 1981, S. 3–21, hier S. 9.
442 Hartmann, G. C., Myers, M. B., Rosenbloom, R. S., Planning your Firm's R&D Investment, Research Technology Management, Vol. 49, 2006, S. 25–36, hier S. 27.

Abb. 6.1: Einflussvariablen auf die Budgetierung von Forschung und Entwicklung.
(Quelle: EIRMA, How much R&D?, 1983, S. 89.)

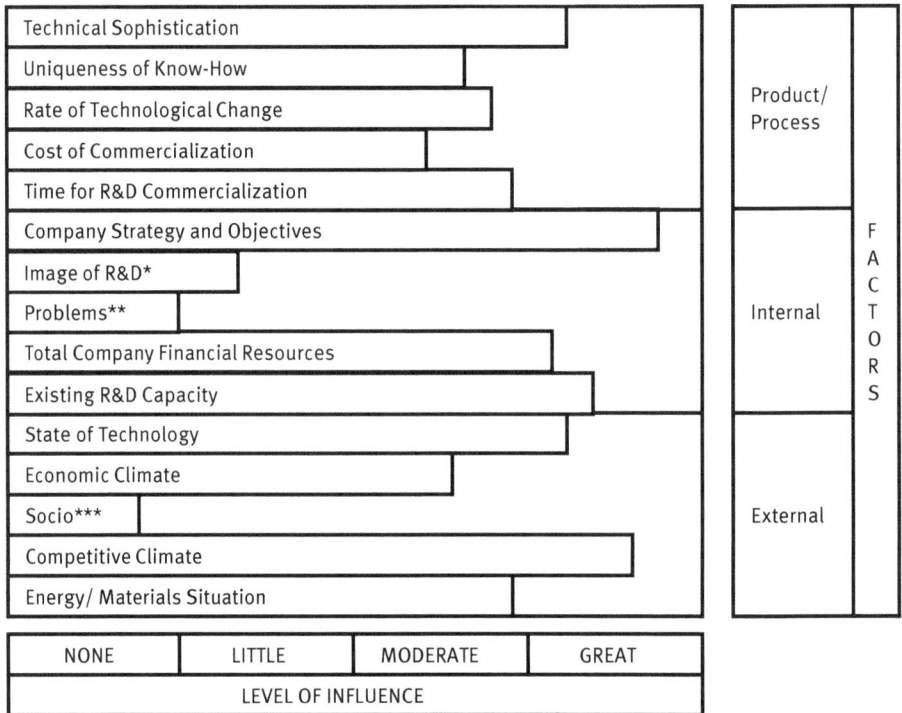

Technical Sophistication			Product/
Uniqueness of Know-How			Process
Rate of Technological Change			
Cost of Commercialization			
Time for R&D Commercialization			
Company Strategy and Objectives			
Image of R&D*			
Problems**			Internal
Total Company Financial Resources			
Existing R&D Capacity			
State of Technology			
Economic Climate			
Socio***			External
Competitive Climate			
Energy/ Materials Situation			

NONE	LITTLE	MODERATE	GREAT
	LEVEL OF INFLUENCE		

FACTORS

* within the company; ** backlock of problems to be solved; *** socio-political climate.

lungsbudgetierung darstellt. Vielmehr sind Abschätzungen nötig, die beide Betrachtungsweisen berücksichtigen und daher auf vielen verschiedenen Einflussgrößen basieren. Deren Vielfalt wird in Abb. 6.1 illustriert und präsentiert. Eine eigene Befragung bei 40 deutschen Unternehmen bestätigt, dass überwiegend die bottom-up akkumulierten Projektanforderungen von Finanzmitteln durch die Finanzierungsmöglichkeiten oder die bestehenden Kapazitäten begrenzt werden und darüber hinaus nur in seltenen Fällen Sonderzuweisungen erfolgen, um neue unternehmensstrategische Ziele zu erfüllen. Im Übrigen herrscht die Orientierung an Vergangenheitswerten, insbesondere dem Forschungs- und Entwicklungsbudget und dem Umsatz der Vergangenheit, vor (vgl. Tab. 6.1). Vergleicht man die Anzahl der Nennungen in dieser Tabelle mit der Anzahl der Befragten, so wird deutlich, dass im Durchschnitt fast zwei Kriterien zur Budgetierung eingesetzt werden. Auf diese Aspekte wird im folgenden Kapitel auch noch einmal genauer eingegangen.

Die Frage, ob Abweichungen von so einfachen Regeln innerhalb einer Branche von der Produktionsstruktur oder dem Diversifikationsgrad abhängen, hat verstärkte Aufmerksamkeit auf sich gelenkt. Einerseits wird ein solcher Zusammenhang aus

Tab. 6.1: Kriterien zur Budgetierung von Forschung und Entwicklung in 40 deutschen Unternehmen 1986 (Mehrfachnennungen zulässig. Quelle: Eigene Erhebungen.)

	Anzahl der Nennungen	Anteil der Gesamtzahl %
Vergangenheitsorientierung davon:	39	59,2
• Am Umsatz	10	15,2
• Am F&E-Budget	20	30,3
• Am Wettbewerb	5	7,6
• Am Ergebnis	4	6,1
Zukunftsorientierung davon:	27	40,8
• An Projektvorschlägen oder Projektideen	18	27,3
• Aus Programmanalysen abgeleitet	3	4,5
• Aus Unternehmenszielen	2	3,0
• Aus verschiedenen Überlegungen der strategischen Planung abgeleitet	3	4,5
• Sonstige	1	1,5
Nennungen	66	100

dem Effekt der Risikominderung bei zunehmender Diversifikation theoretisch abgeleitet und festgestellt: Mit steigendem Diversifikationsgrad, gemessen an der Anzahl der Branchen, in denen ein Unternehmen tätig ist, nimmt (auch unternehmensgrößenbereinigt) die Forschungsintensität zu[443]. Andererseits wird argumentiert, dass die höhere Diversifikation die Verwertungschancen unerwarteter Entwicklungsergebnisse steigere und deshalb ein positiver Zusammenhang zu erwarten sei[444]. Wissenschaftliche Studien, die sich in den vergangenen drei Jahrzehnten dieser Fragen angenommen haben, sind dementsprechend zu unterschiedlichen Ergebnissen gekommen[445]. Nach der Analyse von 204 Unternehmen aus 13 Industriesparten stellen Peyrefitte und Brice fest, dass mit steigendem Diversifikationsgrad die Forschungs- und Entwicklungskosten gesenkt werden konnten[446]. Entsprechend wurden geringere Forschungs-

---

[443] Vgl. Schanz, G., Forschung und Entwicklung in der elektrotechnischen Industrie, 1972, S. 111 ff.; ders., Industrielle Forschung und Entwicklung und Diversifikation, Zeitschrift für Betriebswirtschaft, 45. Jg., 1975, S. 449–462, sowie die dort angeführte Literatur.

[444] Vgl. Nelson, R. R., The economics of invention: a survey of the literature, Journal of Business, Vol. 32, 1959, S. 101–127; Poensgen, O. H., Hort, H., F&E-Aufwand, Firmensituation und Firmenerfolg, Zeitschrift für Betriebswirtschaft, Vol. 51, 1981, S. 3–21, hier S. 13.

[445] Alonso-Borrego, C., Forcadell, F. J., Related diversification and R&D intensity dynamics, Research Policy, 2010, Vol. 39 (4), S. 537–548.

[446] Peyrefitte, J., Brice Jr., J., Product Diversification and R&D Investment: An Empirical Analysis of Competing Hypothesis, Organizational Analysis, 2004, Vol. 12 (4), S. 379–394.

und Entwicklungsausgaben bei höherer Diversifikation gemessen. Darin könnte eine Erklärung liegen. Ob aber hier nur ein Artefakt der Maßgrößen vorliegt, kann nicht entschieden werden, denn die Tests sind problematisch: Branchengliederungen sind kein gutes Maß für Geschäftsgelegenheiten, und die Diversifikation wird durch Beschäftigungsanteile außerhalb des Hauptwirtschaftszweiges oder durch eine Dummy-Variable nur ungenau abgebildet, wie in einer belgischen Untersuchung mit positiver Auswirkung der Diversifikation auf das Forschungs- und Entwicklungsbudget[447]. Schließlich ist zu bedenken, dass Risikominderung durch Diversifikation nicht selbstverständlich auftritt, sondern nur bei negativ korrelierten Ertragserwartungen in den verschiedenen Geschäftsfeldern, d. h. bei negativen Kovarianzen. Ökonomisch lässt sich zudem in zwei weiteren Richtungen argumentieren: Einerseits kann eine höhere Diversifikation eine Zersplitterung der Mitteleinsätze bewirken und damit gegenüber konzentriertem Einsatz weniger effizient sein. Andererseits kann der konzentrierte Mitteleinsatz mit geringer Grenzeffizienz verbunden sein. Da die Effizienzerwartungen die Budgetierung beeinflussen können, käme es also darauf an, den gesamten Verlauf der Grenzeffizienz der Mittelverwendung zu kennen, um argumentieren zu können.

Die Interpretation von Beobachtungen knüpft meist an Regressionsanalysen an. Darin soll die Höhe des Forschungs- und Entwicklungsbudgets in einer t-ten Periode (F_t) als Funktion f von verschiedenen Variablen ($x_{i,t}$) derselben Periode, von Vorperioden oder künftigen Perioden ($x_{i,t-v}$; $i = 1, 2, \ldots, I$; $v = -V, \ldots, -1, 0, 1, \ldots, W$) erklärt werden:

$$F_t = f(x_{i,t-v}; i = 1, 2, \ldots, I; v = -V, \ldots, -1, 0, 1, \ldots, W) . \tag{6.1}$$

Die Vielzahl der in der Literatur dargestellten Modelle kann nach folgenden Kriterien gegliedert werden:
(1) Zukunftswertmodelle ($v = -V, \ldots, -1$) gegenüber Vergangenheits- und Gegenwartswertmodellen ($v = 0, 1, \ldots, W$);
(2) monovariable ($I = 1$) gegenüber multivariablen Modellen (I größer als 1);
(3) lineare gegenüber nichtlinearen Modellen, je nach der Gestalt von $f(\cdot)$;
(4) Nach der Art der unabhängigen Variablen können zielorientierte, finanzierungs-, konkurrenz- und kapazitätsorientierte Modelle[448] unterschieden werden, doch treten dazu gehörende Variablen auch gemischt in Modellen auf. Es kommt hinzu, dass eine bestimmte Variable, z. B. der Umsatz, unterschiedlich interpretiert werden kann, z. B. einmal als eine Zielgröße und ein anderes Mal als Einzahlungen und damit als Grundlage, einen möglichen Finanzmittelfluss zu bestimmen. Andere Benennungen von Modelltypen erscheinen ambivalent: Kapazitätsori-

---

447 Vgl. Veugelers, R., Internal R&D expenditures and external technology sourcing, 1997, S. 307, 310 f.
448 Vgl. zu dieser Gliederung auch: Kern, W., Schröder, H.-H., Forschung und Entwicklung in der Unternehmung, a. a. O., S. 122.

entierung kann so einerseits bedeuten, dass die Budgetbestimmung von dem vorhandenen oder gewünschten Personalbestand in Forschung und Entwicklung ausgeht, sie kann andererseits meinen, dass Forschungs- und Entwicklungsbudgets in Konkurrenz mit anderen Verwendungen knapper Finanzierungskapazitäten festzulegen sind.

Generell ist festzuhalten, dass auch eine nach statistischen Kriterien überzeugende Schätzung der Funktion (6.1) keinen schlüssigen Beweis für ein entsprechendes Budgetierungsverhalten darstellt, sondern lediglich ein Indiz bereitstellt. Umgekehrt kann ein überzeugendes Schätzergebnis in der Praxis zunächst auf Ablehnung stoßen, weil es der gewünschten Vorgehensweise widerspricht. Das zeigt folgendes Fallbeispiel.

Der Vorstand für Forschung und Entwicklung eines Unternehmens wünschte eine Budgetierung nach einem zielorientierten Zukunftswertmodell. Tatsächlich ermittelt wurde der lineare, monovariable Fall eines Vergangenheitswertmodells:

$$F_t = -117{,}54 + 0{,}03167\, U_{t-2}\,, \tag{6.2}$$

$$(\bar{t} = -4{,}7)\ (\bar{t} = 19{,}76)$$

$$R^2 = 0{,}95\,;\ \ \bar{F}(l,22) = 390{,}4\,;\ \ Durbin\text{-}Watson = 1{,}73\,;$$

mit *F : Forschungs- und Entwicklungsaufwand,*

U : Umsatz,

$\bar{F}$: Errechneter Wert der F-Verteilung,

R : Korrelationskoeffizient

$\bar{t}$: Errechneter Wert der t-Verteilung.

Sobald er dieses Ergebnis erfuhr, räumte der Controller ein, dass tatsächlich im Vollzug der Planaufstellungen Vergangenheitsumsätze als Schätzgrundlage für künftige Finanzierungsmöglichkeiten gewählt würden und diese wiederum auf das Forschungs- und Entwicklungsbudget einwirkten.

Generell zeigen empirische Untersuchungen[449], dass weit weniger Variablen eine befriedigende Erklärung der Forschungs- und Entwicklungsbudgets erlauben, als dies etwa durch die Befragungsergebnisse der Abb. 6.1 nahegelegt wird. Die Berücksichtigung finanzieller Variablen hängt maßgeblich von Markt und Umwelt ab: Dunk und Kilgore stellen fest, dass das Niveau, zu dem ebensolche Variablen von Unternehmen bei der Festsetzung ihrer Forschungs- und Entwicklungsbudgets betrachtet werden, häufig auf Markt(-koordination), strategische Allianzen und das Wettbewerbsumfeld

449 Einen Überblick findet man in: Brockhoff, K., Forschungsprojekte und Forschungsprogramme, ihre Bewertung und Auswahl, 2. A., Wiesbaden 1973, S. 232 ff.

zurückgeht[450]. Wir beschäftigen uns deshalb hier auch nur exemplarisch mit zwei Variablengruppen: den Finanzierungs- und den Zielvariablen[451].

Zunächst werden drei Hypothesen zu den Finanzierungseinflüssen betrachtet, die unterschiedlich operationalisiert werden können. Die Finanzierungsmöglichkeiten für Forschung und Entwicklung in einer Periode t werden beeinflusst durch:

(1) die in der Periode t erwarteten Einzahlungen an das Unternehmen, approximiert durch die erwarteten Umsätze in dieser Periode oder – wegen der Verzögerungen im Planungsprozess – in einer Vorperiode,

(2) mit den Forschungsaufwendungen konkurrierende erwartete Auszahlungen der t-ten Periode,

(3) die von der Periode (t-1) an die Periode t übertragenen Zahlungsmittel, approximiert durch eine Funktion der Gewinne dieser Vorperiode,

(4) die Struktur der Finanzierung, also den Eigenkapitalanteil oder den Verschuldungsgrad.

Von diesen Faktoren sind die unter (1) und (3) genannten als Einflussgrößen auf die Höhe der Forschungs- und Entwicklungsaufwendungen mehrfach nachgewiesen worden. Die Hypothese (3) wurde dadurch erweitert, dass außer den Gewinnen der Vorperiode auch die Abschreibungen der laufenden Periode herangezogen wurden, um ein Maß für die internen Finanzierungsmöglichkeiten zu erhalten[452]. Darüber hinaus zeigte Grabowski, dass der Ersatz des gesamten ausgewiesenen Betriebsgewinns durch die Variable „zurückbehaltene Gewinne" nur in der chemischen Industrie unter sonst gleichen Bedingungen zu einer besseren Erklärung der Forschungs- und Entwicklungsaufwendungen führt. Daraus ist zu entnehmen, dass sich die auf unterschiedlichen Gewinnbegriffen basierenden Mittelverwendungen auf die Budgetbestimmung auswirken.

Zur Konkurrenz von Forschungsaufwendungen und anderen erwarteten Auszahlungen, die in der Hypothese (2) unterstellt werden, liegen weder signifikante Ergebnisse noch übereinstimmende Ansätze zur Prüfung des Zusammenhangs vor: Die Analyse von Mueller[453] lässt zwar den behaupteten Zusammenhang vermuten, da der entsprechende Parameter der untersuchten Regressionsgleichung das richtige, negative

450 Dunk, A. S., Kilgore, A., Financial Factors in R&D Budget Setting: The Impact of Interfunctional Market Coordination, Strategic Alliances, and the Nature of Competition, Accounting and Finance, 2004, Vol. 44, S. 123–138, hier S. 134.

451 Vgl. Dunk, A. S., Kilgore, A., Financial Factors in R&D Budget Setting: The Impact of Interfunctional Market Coordination, Strategic Alliances, and the Nature of Competition, Accounting and Finance, a. a. O., S. 229 ff.

452 Vgl. Grabowski, H., The Determinants of Industrial Research and Development: A Study of the Chemical, Drug, and Petroleum Industries, Journal of Political Economy, Vol. 76,1968, S. 292–306.

453 Mueller, D. C., The Firm Decision Process, An Econometric Investigation, Quarterly Journal of Economics, Vol. 81,1967, S. 58–87.

Vorzeichen aufweist. Allerdings ist die Schätzung auf vertretbarem Sicherheitsniveau nicht signifikant[454]. Hall erwartet dagegen einen positiven Zusammenhang zwischen den relativen erwarteten Kapazitätsänderungen und den Forschungsaufwendungen, da beide Faktoren gleichzeitig zur Überwindung einer unbefriedigenden Kostensituation in der jeweiligen Vorperiode beitragen können[455]. In keiner der Hallschen Untersuchungen erweist sich der Regressionskoeffizient der entsprechenden Variablen aber als gesichert.

In Erweiterung der ersten drei Hypothesen kann man davon ausgehen, dass die hier diskutierten Zusammenhänge nur so lange gültig sind, wie die unabhängigen Variablen bestimmten zusätzlichen Bedingungen genügen. So kann verlangt werden, dass der Umsatz einer Periode nur dann die Forschungsaufwendungen beeinflussen soll, wenn die Umsatzänderung zwischen der Vorperiode und der laufenden Periode positiv ist. Andernfalls soll der maximale Umsatz aller vergangenen Perioden den Periodenumsatz als Variable ersetzen. Wenn nämlich die in den Planungsmodellen implizierte Input-Output-Beziehung im Bereich der Forschung gilt, ist mit unerwünschten Verstärkereffekten in der Entwicklung der unabhängigen Variablen zu rechnen, sodass die Empfehlung, das ganze oder einen Teil des Forschungsbudgets fest mit der Umsatz- oder Gewinnentwicklung zu verbinden[456], generell kaum zielkonform sein kann. Nebenbedingungen können auch durch Variablen gesetzt werden, die keine unmittelbare Beziehung zu den Finanzierungsmöglichkeiten aufweisen, gleichwohl aber im Planungsprozess beachtet werden. Ein Unternehmen der Aluminium- und Chemieindustrie setzt zum Beispiel die Forschungs- und Entwicklungsaufwendungen des Vorjahres als Untergrenze für die geplanten Forschungsaufwendungen an, nachdem die Forschungsabteilung etwa zehn Jahre lang unter einer einmaligen Kürzung des Budgets litt, die durch Nichtachtung dieser Regel ausgelöst worden war.

Die Wirkung der hier beschriebenen Nebenbedingungen wird plastisch als ein Sperrklinken-Effekt („ratchet-effect") bezeichnet. Dieser ist sowohl bei einer umsatzabhängigen als auch bei einer gewinnabhängigen Planung der Forschungsaufwendungen denkbar.

In der Praxis ist wohl eher eine sehr abgeschwächte Wirkung von Gewinn- oder Renditeeinbußen auf den Forschungs- und Entwicklungsbereich zu erwarten, solange

---

[454] Ein vergleichbares Ergebnis hat Minasian gefunden. Vgl. Minasian, J. R., The Economics of Research and Development, in: National Bureau of Economic Research, Hrsg., The Rate and Direction of Inventive Activity, Princeton, N. J. 1962, S. 93–141, hier S. 122 ff. Auch bei Grabowski, der die Hypothese untersucht, fehlt der Nachweis eines signifikanten Zusammenhangs: Grabowski, H., The Determinants and Effects of Industrial Research and Development, Diss., Princeton, N. J. 1966, S. 103.

[455] Hall, M. M., The Determinants of Investment Variations in Research and Development, IEEE Transactions on Engineering Management, Vol. EM-11, 1964, S. 8–15.

[456] Vgl. Cooles, J. F., Financial Provision for Research and Development in Industry, Journal of Industrial Economics, Vol. V, 1956/57, S. 239–242, wo eine Umsatz- Forschungsaufwand-Beziehung für die langfristige Planung gefordert wird.

man von seiner positiven Wirkung auf die künftige Unternehmensentwicklung überzeugt ist.

Zu der Vermutung (4), die Finanzierungsstruktur beeinflusse den Forschungs- und Entwicklungsaufwand, gibt es verschiedene Interpretationen. Mit Verweis auf Teile der Finanzierungstheorie (Modigliani-Miller-Theorem) könnte die Irrelevanz der Finanzstruktur für die Budgetierung behauptet werden. Demgegenüber verweist die Praxis auf die Notwendigkeit der Eigenkapitalfinanzierung besonders risikoreicher Investitionen, also gegebenenfalls auch von Forschung und Entwicklung. Empirische Arbeiten zu dieser Frage existieren kaum. In deutschen Unternehmen gibt es einen Zusammenhang zwischen Forschungsintensität und der Eigenkapitalquote durchgängig nur im Fahrzeugbau und der Steine- und Erdenindustrie. Auch für Großunternehmen der Chemieindustrie ist ein Zusammenhang nachweisbar, bei Unternehmen des Maschinenbaus nur bei bestimmten Definitionen der Eigenkapitalquote[457]. Es ist ebenfalls eine starke Abhängigkeit der Forschungs- und Entwicklungsbudgets von der Innenfinanzierung und der Liquidität nachgewiesen[458]. Dabei erfolgte aber keine Größenbereinigung der Variablen.

Die hohe positive Korrelation zwischen den unabhängigen Variablen in vielen Unternehmen hat mehrere, nach statistischen Kriterien etwa gleich gute, Ergebnisse auftreten lassen. Durchgängig müssen die Schätzungen mit den Umsätzen als unabhängiger Variablen als überlegen angesehen werden.

Das Budgetierungsverhalten deutscher Großunternehmen wurde auch in Querschnittsanalysen untersucht. Für 52 Unternehmen wurden dabei zugleich die Alternativen zu Forschung und Entwicklung, wie Investitionen in Sachanlagen, Dividenden, Liquidität und die unterschiedlichen Finanzmittel berücksichtigt[459]. Es zeigt sich aber, dass der einfache Zusammenhang mit den Umsätzen der Unternehmen im statistischen Sinne überlegene Erklärungen bietet. In der gleichartigen amerikanischen Studie wurde dies vermutlich nur deshalb nicht entdeckt, weil diese Alternative gar nicht untersucht wurde.

Hinsichtlich der Wirkung von Zielvorstellungen auf die Höhe von Forschungs- und Entwicklungsbudgets gibt es eine Vielfalt von Hypothesen über die Art der unabhängigen Variablen, die Richtung und Stärke ihrer Wirkungen.

Insbesondere folgende Hypothesen sind untersucht worden:

(1) Wenn sich die Gewinnerwartungen verändern, ändern sich die Forschungs- und Entwicklungsaufwendungen in gleicher Richtung.

---

457 Vgl. Brockhoff, K., Forschungs- und Entwicklungsfinanzierung als Wachstumsschwelle? In: Albach, H., Hrsg., Globale soziale Marktwirtschaft, Wiesbaden 1994, S. 339–354.

458 Vgl. Stratmann, A. W., Die Finanzierung von Innovationen, Essen 1998.

459 Damit wird einer amerikanischen Untersuchung gefolgt. Vgl. Guerard, J. B., Jr., Bean, A. S., Andrews, St., R&D Management and Corporate Financial Policy, Management Science, Vol. 33, 1987, S. 1419–1427.

(2) Forschungs- und Entwicklungsaufwendungen werden so verändert, dass der Gegenwartswert des Unternehmens dadurch maximiert wird.

(3) Wenn Gewinn- oder Umsatzwachstum von bestimmten Anspruchsniveaus abweichen, wirkt dies in umgekehrter Richtung auf die Forschungs- und Entwicklungsaufwendungen.

(4) Wenn die Innovationsrate der Unternehmen von bestimmten Anspruchsniveaus abweicht, wirkt dies in umgekehrter Richtung auf die Forschungs- und Entwicklungsaufwendungen.

Eine grundsätzliche Schwierigkeit bei der Überprüfung dieser oder ähnlicher Hypothesen liegt darin, dass sie eine Kenntnis der jeweiligen Erwartungswerte oder der Anspruchsniveaus voraussetzen. Hierüber liegen aber selten unabhängige Beobachtungen vor, z. B. aus Interviews. Deshalb wird häufig angenommen, dass plausible Prognosen der Vergangenheits- oder Gegenwartswerte unabhängiger Variablen zur Bildung der Zukunftswerte benutzt würden und in der Überprüfung auch nachvollzogen werden könnten. In anderen Fällen wird unterstellt, dass die Prognosen der Praktiker sich als zutreffend erweisen und deshalb die realisierten Werte unabhängiger Variablen in einer nachträglichen Betrachtung mit den zuvor geschätzten Werten übereinstimmten. Da schon diese Annahmen als heroisch zu gelten haben, verwundert es nicht, wenn der statistische Nachweis zielorientierter Budgetierung von Forschung und Entwicklung schwerfällt. Gleichwohl sollen auch hier exemplarische Hinweise auf empirische Beobachtungen gegeben werden.

Die erste Hypothese ist allerdings – mit Patenten als Outputmaß von Forschungs- und Entwicklungsprozessen – als Leitidee der wirtschaftswissenschaftlichen Innovationsforschung eingeführt und aus der Betrachtung langer Zeitreihen heraus auch bestätigt worden[460]. Hinsichtlich der Inputvariablen „Forschungs- und Entwicklungsaufwendungen" ist vor allem auf frühe Arbeiten von Mansfield zu verweisen, der regressionsanalytisch feststellt, dass Gewinnerwartungen einen bedeutenden Teil der Varianz der Forschungs- und Entwicklungsaufwendungen einzelner Unternehmen erklären[461]. Andere Modelle beschreiben jedoch auch den umgekehrten Zusammenhang: Untersuchungen haben ergeben, dass die Festsetzung bzw. Veränderung des Forschungs- und Entwicklungsbudgets einen messbaren (zeitverzögerten) Zusammenhang mit den Wachstumsraten von Gewinn bzw. Umsatz aufzeigt. Darauf basierend lassen sich auch Modelle zur Abschätzung entwickeln[462].

---

460 Vgl. Schmookler, J., Invention and Economic Growth, a. a. O.

461 Vgl. Mansfield, E., The Economics of Technological Change, New York 1968, S. 43, 52. Vgl. auch die Bestimmung erwünschter Forschungs- und Entwicklungsbudgets bei Mansfield, E., Industrial Research and Development Expenditures. Determinants, Prospects, and Relation to Size of Firm and Inventive Output, Journal of Political Economy, Vol. 72, 1964, S. 319–340, hier S. 321.

462 Hartmann, G. C., Linking R&D Spending to Revenue Growth, Research Technology Management, Vol. 46, 2003, S. 39–46.

Die zweite Hypothese – Budgetierung in Gewinnmaximierungsabsicht – spezifiziert die erste. Sie setzt allerdings eine Reihe von Annahmen voraus. Hier werden zwei Ansätze skizziert: (1) Analog zum Test einer Investitionsfunktion wird folgende Vorstellung entwickelt[463]: Forschungs- und Entwicklungsprogramme werden als Investitionen betrachtet, und ihre Budgetierung sei von den erwarteten Gewinnen abhängig. Die einzelnen Projekte werden durch Berechnung ihrer Kapitalwerte vergleichbar gemacht. Die verwirklichten Projekte jeder Periode werden so ausgewählt, dass der Kapitalwert des Programms maximiert wird. Dabei ist zu beachten, dass die Grenzrentabilität des investierten Kapitals mit steigendem Budget abnimmt. Kann eine geeignete Prognosefunktion für die erwarteten Gewinne gefunden werden, so lässt sich nach einigen Umformungen und Vereinfachungen eine gewinnabhängige „Investitionsfunktion" ableiten. Sie lautet:

$$F_t = a_0 + a_1 \cdot \ln(1 - a_2 \cdot D_{t+1}) \tag{6.3}$$

Hier sind a_0, a_1, a_2 unbekannte Parameter und für D wurde alternativ die Dividende oder der Jahresüberschuss eingesetzt. Anfänglich ermutigende Testergebnisse[464] haben sich auf Dauer nicht wiederholen lassen.

(2) Aus einem statischen Oligopolmodell mit gewinnmaximierenden Unternehmen kann eine Schätzgleichung abgeleitet werden, um die Forschungs- und Entwicklungsintensität zu schätzen[465]. Außer der theoretischen Fundierung hat sie den Vorteil, den Einfluss des Wettbewerbs implizit (im Sinne einer Cournot-Reaktionshypothese) zu berücksichtigen. Die Forschungs- und Entwicklungsintensität steigt mit steigendem Kosten-Preis-Verhältnis, positiven Nachfrageerwartungen, dem freien Kreditspielraum, der Verfügbarkeit von Wissen aus wissenschaftlichen Quellen, von Wettbewerbern und Kunden sowie der Möglichkeit, durch faktische oder rechtliche Sicherungsmaßnahmen geschützt zu werden. Sie wird durch die Bereitstellung des Wissens von Zulieferern negativ beeinflusst. Ein Teil des extern verfügbaren Wissens ist also substitutiv, ein anderer Teil komplementär. Die Ergebnisse entsprechen insgesamt plausiblen Erwartungen. Nach Berücksichtigung von Brancheneffekten können 20 Prozent der Varianz der Intensität in einer Querschnittanalyse erklärt werden. Die gewinnmaximierende Budgetierung scheint also nur eine vergleichsweise geringe Bedeutung zu haben.

Die dritte Hypothese, wonach der Vergleich aktueller Gewinn- oder Umsatzänderungen mit einem Standard die Budgetierung bestimmt, ist zunächst schon wegen der zeitlichen Richtung dieses Zusammenhangs kontrovers diskutiert worden. Grabowski

463 Vgl. Albach, H., Steuersystem und unternehmerische Investitionspolitik, Wiesbaden 1970, S. 39 ff.
464 Vgl. Brockhoff, K., Forschungsprojekte und Forschungsprogramme – ihre Bewertung und Auswahl, a. a. O., S. 253.
465 Vgl. Harhoff, D., Innovationsanreize in einem strukturellen Oligopolmodell, a. a. O., 1997, S. 333–364.

glaubt, die prospektive Richtung aufgrund seiner Befunde ablehnen zu müssen[466]. Horowitz akzeptiert den Zusammenhang, hat aber sowohl Gewinn- als auch Umsatzänderungen in sein Modell aufgenommen[467]. Die Umsatzabhängigkeit der Gewinne lässt aber seine Ergebnisse kaum interpretierbar sein, die auf ein größeres Gewicht der Umsatzänderungen hinweisen.

Es lässt sich entsprechend festhalten, dass die Budgetierung von Forschung und Entwicklung ein Optimierungsproblem darstellt, das auf vielfältigen Kriterien beruht. Daher sollte eine monovariable Steuerung der F&E-Budgetierung möglichst vermieden werden. Zur Unterstützung sind z. B. Simulationsmodelle hilfreich.

Durch Simulation kann festgestellt werden, wie sich verschiedene Budgetierungsregeln auf die Unternehmensentwicklung auswirken. Dazu werden stochastische Simulationsmodelle bevorzugt, da der Forschungs- und Entwicklungserfolg nicht deterministisch eintritt. Durch die Simulationen kann grundsätzlich auch eine Steuerung in einen Bereich „guter Lösungen" vorgenommen werden, wenn mit realistischen Modellparametern gearbeitet werden kann. Dabei kann zwischen Gesamtunternehmensmodellen, welche alle Tätigkeitsbereiche eines Unternehmens erfassen, und Partialmodellen unterschieden werden, welche zwar durch die Konzentration der Modellbildung auf wenige Unternehmensfunktionen die Übersicht bewahren wollen, dafür aber den Preis einer stärkeren Pauschalisierung zu bezahlen haben. Vergleiche unterschiedlicher Budgetierungsstrategien für Forschung und Entwicklung im Rahmen eines stochastischen evolutionären Modells für Unternehmensentwicklung scheinen dabei besonders fruchtbar.

Der Aufbau von Modellen zur Simulation der Budgetierung von Forschung und Entwicklung[468] erfolgt nach einer modellspezifisch grundlegenden Budgetierungsregel. Fünf Beispiele solcher Regeln sind etwa:

(1) Budgetierung bis zur Grenze der Tragfähigkeit.
(2) Budgetierung proportional zum Umsatz.
(3) Budgetierung proportional zur Planungslücke der Umsätze.
(4) Budgetierung in Abhängigkeit von einer gewünschten Innovationsrate; auch
(5) unter Beachtung einer Finanzierungsbedingung.

Exkurs: Abschätzung der Forschungs- und Entwicklungseffizienz.
Die Abschätzung der Forschungs- und Entwicklungseffizienz stellt zwar nicht originär einen Teil der in diesem Kapitel beschriebenen Budgetierungsansätze dar. Dennoch möchten wir in diesem Exkurs einen kurzen Überblick bieten, da die F&E-Effizienz selbstverständlich ein wichtiges Instrument in der Planung und Kontrolle abbildet:

---

466 Vgl. Grabowski, H., The Determinants and Effects of Industrial Research and Development, 1968, S. 100 ff.
467 Vgl. Horowitz, I., Estimation Changes in Research Budgets, 1961, S. 114–118.
468 Vgl. hierzu auch Auflage 5 dieser Veröffentlichung.

Forschung und Entwicklung soll nach unserer Definition zu neuem Wissen führen (vgl. Kapitel 2). Hier wird nun angenommen, dass Wissen ein Produktionsfaktor ist, der neben und mit den traditionell betrachteten Produktionsfaktoren zur Erzielung von Outputs eingesetzt wird. Diese Sichtweise wurde schon früh geäußert. So betrachtet der utopische Sozialist Charles Fourier neben Arbeit und Kapital auch Wissen („talent") als einen Produktionsfaktor, dem im Rahmen seiner verteilungspolitischen Vorstellungen ein Anteil am Produktionsergebnis zukommen müsse[469]. Im Hauptstrom der Wirtschaftswissenschaften verschwand dieser Gedanke. Tatsächlich wurde der auf neuem Wissen beruhende technische Fortschritt gemeinsam mit anderen nicht-quantifizierten Faktoren als ein „Residuum" angesehen[470]. Von den sechziger Jahren an aber ändert sich dies. Erst seit dieser Zeit wird Wissen wieder explizit als Produktionsfaktor betrachtet, auf verschiedene Weise operationalisiert und formal in Produktionsfunktionen einbezogen. In jüngster Zeit hat Wissensmanagement (knowledge management) größte Aufmerksamkeit in der Management-Literatur auf sich gezogen.

Die Grundlage einer rationalen Budgetierung für Forschung und Entwicklung ist die Möglichkeit, eine **Input-Output-Beziehung** festzustellen und wertmäßig abzuschätzen. Dies wird durch zwei Eigenschaften von Forschung und Entwicklung erschwert: den unsicheren Charakter der Input-Output-Beziehung und die zeitliche Verzögerung der Inputwirkung. Hinzu tritt, dass unterschiedliche Arten von Forschung (Grundlagenforschung, Angewandte Forschung) und Entwicklung (Vorentwicklung, Entwicklung, Nachentwicklung) unterschiedliche Wirkungen auf die jeweiligen Outputs haben können.

Die erste Eigenschaft erlaubt die Feststellung einer Beziehung nur, wenn eine statistisch ausreichende Menge vergleichbarer Projekte in den Budgets eingeschlossen ist, so dass der Misserfolg oder Erfolg im Einzelfall über die Gesamtheit der Projekte zu einem durchschnittlichen Erfolgssatz ausgeglichen werden.

Die zweite Eigenschaft erfordert entweder ein den Verzögerungen gerecht werdendes Schätzverfahren verteilter Lags oder führt zu dem Ausweg, im Output von Forschung und Entwicklung nicht den recht spät anfallenden wirtschaftlichen Erfolg, sondern solche Manifestationen neuen Wissens zu sehen, die früher anfallen und als Ersatzmaße angesehen werden (Patente, Mengen von Innovationen etc.). Dabei soll hier allerdings nicht auf die Ebene der individuellen Leistungsmessung zurückgegangen werden. Durch diese Berücksichtigung der zweiten Eigenschaft entstehen unterschiedliche „Messebenen", und auf jeder von ihnen ist eine stochastische Input-Output-Relation vorstellbar, die „Produktionsfunktion neuen Wissens" darstellen. Tatsächlich liegen empirische Ergebnisse für alle Messebenen sowohl für einzelne Unternehmen als auch für Branchen vor[471].

Budgetierung von Forschung und Entwicklung ist ein komplexes Problem. Es kann nicht gut durch Blick auf *eine* Einflussgröße aus der *Vergangenheit* gelöst werden. Besser sind *zukunftsorientierte Ansätze*, die diese Budgets als Investitionen begreifen, die von mehr als einer Variablen beeinflusst werden. Das erfordert in der Planung entsprechende Modellunterstützung.

---

469 Vgl. Fourier, Ch., De l'anarchie industrielle et scientifique, Paris 1847, S. 15, 38.
470 Vgl. Solow, R. M., Technical Change and the Aggregate Production Function, Review of Economics and Statistics, Vol. 39, 1957, S. 312–320.
471 Für weitere Ausführungen zur Berechnung der F&E-Effizienz siehe Auflage 5 dieser Veröffentlichung.

6.2 Forschung und Entwicklung im Kontext der Personalplanung

Durch die Personalplanung soll zielbezogen der Personalbedarf festgestellt, durch Personalbereitstellung gedeckt und mit den übrigen Restriktionen betriebswirtschaftlichen Handelns abgestimmt werden (vgl. Abschnitt 5.2.3). Von diesen übrigen Restriktionen ist vor allem das Forschungs- und Entwicklungsbudget zu nennen. Obwohl diese Abstimmung theoretisch ein interdependentes Problem darstellt, wird es in der Praxis als ein dependentes behandelt.

Eine gewisse Unsicherheit über das bevorzugte Vorgehen in der Praxis erkennt man in den folgenden Ausführungen: „Die Planung je Kostenstelle im Bereich Forschung und Entwicklung resultiert – abgesehen von der Grundlagenforschung aus den F&E Programmplanungen bzw. aus den F&E-Projektplanungen mit den hieraus ableitbaren Anforderungen im Hinblick auf Ressourcen" (womit ein Bottom-up-Ansatz beschrieben wird). „Hierbei sind Aufbau und ggf. Abbau von Human- und Sachkapazitäten gerade im F&E-Bereich nur unter Beachtung strategischer Ziele sinnvoll"[472]. Dies bezieht sich wiederum auf einen Top-down-Ansatz.

In kapazitätsorientierten Budgetierungsmodellen leitet man das Budget aus dem Personalbedarf ab, der für die Erledigung der Forschungs- und Entwicklungsaufgaben bestimmt wurde. Dieses Vorgehen muss aber geprüft werden, denn es tendiert dazu, eine vorhandene Personalstruktur auf Dauer festzulegen und notwendige Anpassungen an neue Aufgabenstellungen zu verhindern oder zu verlangsamen. Umgekehrt kann die Personalbereitstellung aus einem Budget abgeleitet werden, wenn dessen Personalkostenanteil sowie seine Aufteilung auf unterschiedliche Qualifikationsgruppen von Beschäftigten abschätzbar ist. Die fachliche Ausrichtung lässt sich auf die strategische Planung zurückführen. Dass dies möglich ist, bestätigen praktische Erfahrungen. So heißt es: „Aus der strategischen Planung und den Erfordernissen der übrigen Funktionsbereiche lassen sich Prioritäten nicht nur für Projekteinplanungen, sondern auch für Kapazitätsvariationen ableiten"[473]. Damit ergibt sich das schematische Konzept der Abb. 6.2 Die Kopplung von operativen Planungsebenen mit den Projektbewertungen auf der taktischen Ebene wird im Idealfall durch die Programmplanung erreicht, worauf wir noch zurückzukommen werden.

Anders als in den Feldern routinemäßiger Aufgabenbearbeitung kann der Personalbedarf in Forschung und Entwicklung weder durch Festlegung einer Anzahl homogener Leistungseinheiten pro Periode, des Arbeitszeitbedarfs pro Leistungseinheit noch der Arbeitszeit pro Arbeitskraft und Periode ermittelt werden.

---

[472] Arbeitskreis „Integrierte Unternehmungsplanung", Integrierte Forschungs- und Entwicklungsplanung, Zeitschrift für betriebswirtschaftliche Forschung, 38. Jg., 1986, S. 351–382, hier S. 372.
[473] Ebenda.

Abb. 6.2: Schema der Planungszusammenhänge. (Quelle: Eigene Darstellung.)

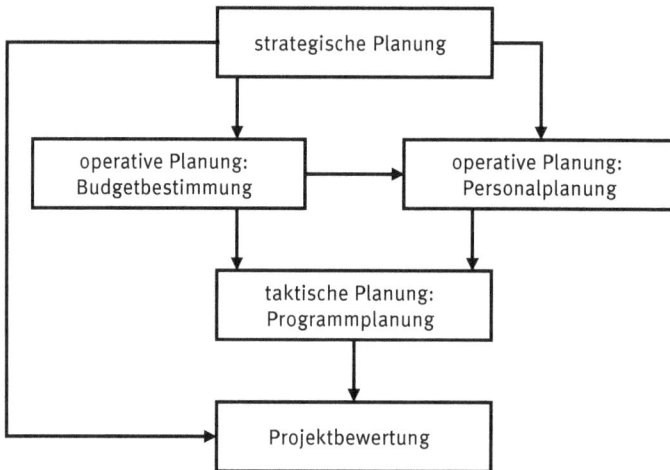

```
                    ┌─────────────────────┐
                    │ strategische Planung │
                    └─────────────────────┘
     ┌────────────────────┐      ┌────────────────────┐
     │ operative Planung:  │──→  │ operative Planung: │
     │ Budgetbestimmung    │      │ Personalplanung    │
     └────────────────────┘      └────────────────────┘
              ┌──────────────────────┐
              │ taktische Planung:    │
              │ Programmplanung       │
              └──────────────────────┘
              ┌──────────────────────┐
              │ Projektbewertung      │
              └──────────────────────┘
```

Kossbiel[474] hat in einer Untersuchung bei 307 Unternehmen unterschiedlicher Größe folgende Vorgehensweisen ermittelt:

1. Es wird zwischen einem „Personalgrundbedarf" und einem „Personalzusatzbedarf'" unterschieden. Ersterer wird „aufgrund summarischer Vermutung oder durch politische Setzung festgelegt" und deckt im Prinzip die ständig anfallenden Forschungs- und Entwicklungsaufgaben ab. Der Zusatzbedarf wird projektbezogen ermittelt, vermutlich primär dort, wo eine ständige Forschungs- und Entwicklungstätigkeit fehlt oder wo neue Gebiete erschlossen werden sollen. Letzteres muss aus der strategischen Planung entnommen werden. Damit kann dann ein grober Überblick über Kapazitäten und deren Ausnutzung (das entspricht Personalbereitstellung und -bedarf) abgeleitet werden.

2. Gelegentliche Forschungs- und Entwicklungstätigkeiten, die in Klein- und Mittelbetrieben vorkommen, werden durch teilbeschäftigtes Personal ausgeführt. Es bilden sich also Taskforces oder Arbeitsgruppen, um zeitweise anfallende Probleme zu lösen. Je kleiner das Unternehmen ist, umso eher wird auch die Unternehmensleitung diese Aufgabe in einem Teil ihrer Arbeitszeit wahrnehmen.

Kossbiel weist darauf hin, dass die Nutzung spezifischer Qualifikationen ein stärkeres Motiv für die Nutzung teilbeschäftigten Personals in dieser Situation ist als die Überwindung kurzfristiger, quantitativer Engpässe[475]. Typischerweise würde die Teil-

---

474 Kossbiel, H., Personalbedarfsbestimmung und Personalbereitstellung von Wissenschaftlern und Ingenieuren im Tätigkeitsbereich „Forschung und Entwicklung" von Mittelbetrieben, a. a. O., 1984, S. 118.
475 Vgl. Kossbiel, H., Personalbedarfsbestimmung und Personalbereitstellung von Wissenschaftlern und Ingenieuren im Tätigkeitsbereich „Forschung und Entwicklung" von Mittelbetrieben, a. a. O., S. 124.

beschäftigung auch zu einem zeitlichen Nebeneinander von Aufgabenwahrnehmungen führen.

Einen einführenden Überblick über Modelle der Personalbereitstellung gibt Kossbiel an anderer Stelle[476]. Allerdings sind diese Modelle primär auf Bereiche routinemäßiger Aufgaben hin entwickelt worden. Es wundert deshalb auch nicht, wenn bisher solche Modelle im Forschungs- und Entwicklungsbereich kaum verwendet werden (allerdings wohl auch nur selten in anderen Funktionsbereichen[477]). Auf der operativen Planungsebene scheint primär Interesse daran zu bestehen, mithilfe überschaubarer Modelle den Übergang jeder Jahrgangskohorte von Neueinstellungen in weitere Hierarchiestufen, andere Unternehmensbereiche oder aus dem Unternehmen hinaus verfolgen zu können. Durch Aggregation über alle Jahrgänge soll damit ein quantitatives Bild von den künftigen Personalbeständen gezeichnet werden[478].

Im Prinzip ist diese Forderung durch ein Markow-Ketten-Modell zu erfüllen, allerdings unter stationären Bedingungen.

Wir nehmen dazu an, dass eine Matrix von Übergangshäufigkeiten von Personen je Jahr aus der Vergangenheit heraus ermittelt werden kann. Sie hat etwa die Form der Tab. 6.2. Hier werden Personalveränderungen von 120 Personen festgehalten. Es erfolgen 15 Neueinstellungen von außen, und zehn Personen aus anderen Funktionsbereichen (innen) traten in Forschung und Entwicklung ein. Vier Personen verließen diesen Bereich nach außen und 17 nach innen. Vierzehn Personen wurden um je eine Hierarchiestufe befördert.

Diese Matrix kann dadurch in eine Matrix von Übergangswahrscheinlichkeiten umgerechnet werden, dass man zeilenweise jede Eintragung durch die Gesamtsumme

Tab. 6.2: Beispiel einer Matrix von Übergangshäufigkeiten. (Quelle: Eigene Entwicklung.)

von \ nach	Außen	Stufe 1	Stufe 2	Stufe 3	Innen	Gesamt
Außen	0	10	3	2	0	15
Stufe 1	2	30	10	0	12	54
Stufe 2	1	0	20	4	1	26
Stufe 3	1	0	0	10	4	15
Innen	0	5	5	0	0	10
Gesamt	4	45	38	16	17	120

---

476 Vgl. Kossbiel, H., Personalwirtschaft, in: Bea, F. X., Dichtl, E., Schweitzer, M., Allgemeine Betriebswirtschaftslehre, Bd. 3, 2. A., Stuttgart, New York 1985, S. 281–354, hier S. 317 ff.

477 Vgl. Drumm, H. J., Scholz, Ch., Polzer, H., Zur Akzeptanz formaler Personalplanungsmethoden, Zeitschrift für betriebswirtschaftliche Forschung, 32. Jg., 1980, S. 721–740.

478 Vgl. Epton, S. R., Pearson, A. W., Manpower Planning in R&D in a no-growth Environment, in: Domsch, M., Jochum, E., Hrsg., Personal-Management in der industriellen Forschung und Entwicklung (F&E), Köln 1984, S. 100–113, bes. S. 103 ff.

der Zeile dividiert. Wir nennen diese Matrix P. Kennt man nun eine Ausgangsverteilung des Personals für ein bestimmtes Jahr V_1 (analog der „Gesamt"- Spalte), so lässt sich diese für alle folgenden Jahre fortschreiben, indem man jeweils

$$V_{t+1} = V_t \cdot P \qquad\qquad (6.4)$$

$$\text{bzw.} \quad V_{t+n} = V_t \cdot P^n, \quad n \geq 1.$$

berechnet. So würde etwa aus der Ausgangsverteilung $V_t = (10; 50; 25; 15; 5)$ von 105 Personen mit der Übergangsmatrix der Tab. 6.2 nach drei Jahren die Verteilung $V_{t+3} = (3,8; 26,5; 44,8; 17,3; 12,7)$ werden. Man erkennt deutlich, dass die Hierarchiestufe 1 sich „ausgedünnt" hat, während die Stufe 2 einen deutlichen Zugang verzeichnet. Es wäre zu fragen, ob hierin eine erwünschte oder eine – im Hinblick der davon ausgelösten Kostensteigerungen – unerwünschte Entwicklung liegt, um gegebenenfalls korrigierende Maßnahmen einzuleiten. Sie müssten insbesondere an einer Veränderung der Übergangswahrscheinlichkeiten ansetzen. Allerdings ist dieses Vorgehen durch die Annahme konstanter Übergangswahrscheinlichkeiten beschränkt. Man muss sich fragen, inwieweit diese Planungsannahme gerechtfertigt ist. Selbstverständlich kann auch mit Matrizen variabler Übergangswahrscheinlichkeiten gerechnet werden, doch müssen dafür dann auch Informationen bereitstehen, aus denen sich Gründe und Stärke einer kontinuierlichen oder zeitlichen Veränderung der Übergangsbedingungen ablesen lassen.

Natürlich kann man statt einer fortgesetzten Kette solcher Berechnungen auch exogen neue Werte für eine Periode V_{t+1} vorgeben, wenn z. B. ein Zusatzbedarf von Einstellungen auftritt oder wegen eines strategischen Rückzugs ein Gebiet aufgegeben und damit eine Forschungsgruppe aufgelöst wird. Die Berechnungen zeigen die hierarchische Verteilung des Personals in jeder Periode, die Abgänge und die Zugänge.

Auch für diesen Bereich gibt es inzwischen etablierte Softwareprodukte, die zur IT-gestützten Berechnung verwendet werden können.

6.3 Projektbewertung

„Projekte sind Vorhaben mit definiertem Anfang und Abschluss, die durch die Merkmale zeitliche Befristung, Komplexität und relative Neuartigkeit gekennzeichnet sind. Wegen ihres einmaligen Charakters sind Projektaufgaben mit erheblichem Risiko behaftet. Sie enthalten eine Vielzahl von schwer vorausbestimmbaren Teilaktivitäten und Interdependenzen ..."[479]. Durch die erfolgreiche Abwicklung der Projektaufga-

---

[479] Frese, E., Projektorganisation, Handwörterbuch der Organisation, 2. A., Stuttgart 1980, Sp. 1960–1974, hier Sp. 1960 f. Der Begriff Risiko wird hier abweichend von der Theorie im Sinne von Ungewissheit verwendet.

ben sollen bestimmte Projektziele erreicht werden, was wegen Ungewissheit allerdings nicht garantiert werden kann.

Um zu einer Auswahl der Aufgaben zu kommen, müssen die Projektziele festgelegt werden. Eine klare Formulierung der erwarteten Entwicklungsergebnisse ist ein wesentlicher Einflussfaktor auf den Entwicklungserfolg[480]. Allerdings ist insbesondere bei besonders neuartigen Projekten zu erwarten, dass es während der Bearbeitung aufgrund neuer Erkenntnisse zu Zielrevisionen kommen kann. Die Ziele werden in Lastenheften beschrieben. Zusammen mit den Schätzungen des Zeitbedarfs und der Kosten der Aufgaben sowie einer Vorstellung über ihre zeitliche Abfolge werden sie in Projektanträgen oder Pflichtenheften festgehalten. Die Ziele werden häufig in bedeutende Teilziele untergliedert, deren Erreichung als Meilenstein bezeichnet wird. Sie bilden damit zugleich Anknüpfungspunkte für die Kontrolle.

Es ist zweckmäßig, dass alle an der Entwicklung Interessierten die Pflichtenhefte für Entwicklungsprojekte abzeichnen und damit genehmigen. Das sind vor allem die verantwortlichen Repräsentanten des Entwicklungs-, des Produktionsbereichs (nicht nur bei Prozessentwicklungen), des Marketingbereichs (vor allem bei Produktentwicklungen) und gegebenenfalls des Finanzbereichs oder des Controllings. Damit soll der Gefahr entgegengewirkt werden, dass Entwicklungen ohne Marktbedürfnis oder ohne unternehmensstrategische Notwendigkeit in Gang kommen.

Wie notwendig diese Abstimmung ist, ist für den wenig erfolgreichen Computer TI 9914 beschrieben **!**
worden. Auf ihn projizierten einige Manager „their private electronic fantasies" und förderten das Projekt. „It works half the time. But half the time, you end up pouring an awful lot of money down the drain before somebody says, ‚Whoa! There's no marketplace'"[481]. Von der Kunstfaser Kevlar berichtete das Wall Street Journal am 1.10.1987: „Du Pont's difficulties illustrate that technological breakthroughs don't guarantee financial triumphs. ‚Kevlar was the answer,' says Wayne B. Smith, a marketing manager for the fiber, ‚but we didn't know for what!'" Solche Beispiele finden sich in fast allen Branchen und Unternehmensgeschichten.

Der Prozess, ein Pflichtenheft aufzustellen, birgt aber auch Gefahren in sich. Im Vorfeld der Zielbestimmung wird eine Entwicklungsidee häufig von einer Instanz zur nächsten gereicht. Aufgrund von organisatorischen oder persönlichen Beschränkungen, wie zum Beispiel fehlenden Mitteln, Missverständnissen von Details usw., verändert sich das Projektziel. Auch die Suche nach Partnern, die die Durchsetzung des Projekts unterstützen, kann zu Zielkompromissen führen. So emanzipieren sich „Lieblingsideen" von den ursprünglichen Bedürfnissen, und „heilige Kühe" bleiben

---

480 Vgl. Souder, W. E., Chakrabarti, A. K., The R&D/Marketing Interface: Results from an Empirical Study of Innovation Projects, IEEE Transactions on Engineering Management, Vol. EM-25, 1978, S. 88–93.
481 Uttal, B., TI's Horne Computer Can't Get in the Door, Fortune, Vol. 101, 12/1980, S. 139–140.

Abb. 6.3: Anomaler Projektablauf. (Quelle: Eigene Darstellung, aufgrund von Diskussionen mit F&E Managern gezeichnet.)

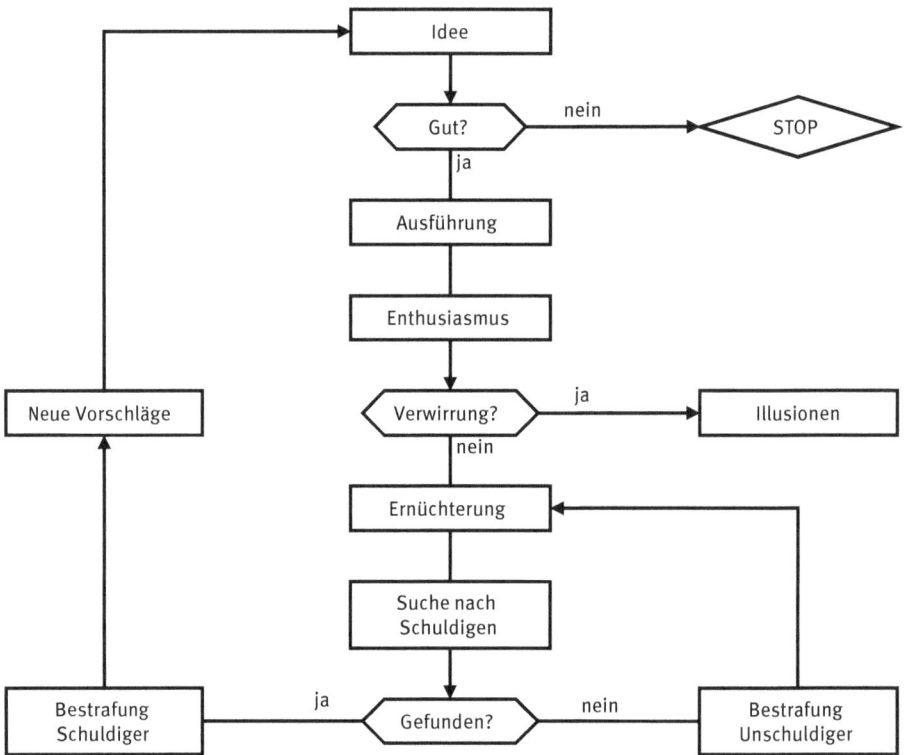

am Leben. In der Retrospektive wird dann allenfalls vermutet, irgendwer müsse sich bei den vorliegenden Entscheidungen etwas gedacht haben.

Auf der Grundlage von Pflichtenheften kann ein Projekt bewertet werden. Theoretisch und faktisch hängen aber Projektziele, -kosten, -ablauf und -wert miteinander zusammen. Eine stufenweise Optimierung dieser Einzelaktivitäten kann deshalb nur im Sonderfall zu einer Optimierung der gesamten Abwicklung führen. Folgende Zusammenhänge sind dabei wesentlich[482]:

(1) Beziehungen zwischen der Projektspezifikation und den Kosten: Mit zunehmender Anzahl der Teilaufgaben oder Versuche steigen die Kosten ihrer Koordination an. Möglicherweise werden diese Kosten bei der Analyse von Kostenabrechnungen nicht erkannt, weil sie durch erhöhten Planungsaufwand, der häufig in den Gemeinkosten verrechnet wird, kompensiert werden. Darüber besteht eine positive Beziehung zwischen den Kosten K und dem technischen Schwierigkeitsgrad einer Aufgabe.

---

482 Brockhoff, K., Produktpolitik, Stuttgart 1993, S. 98 ff.

(2) Beziehung zwischen der geplanten Fertigstellungszeit des Projekts und den Kosten: Mit zunehmender Bearbeitungszeit eines Projekts kann unter sonst gleichen Bedingungen zunächst mit abnehmenden Kosten gerechnet werden. Das ist zu erwarten, weil zum Beispiel weniger Teilziele gleichzeitig anzustreben sind, auf Überstunden oder Wochenendarbeiten verzichtet werden kann usw. Bei Überschreitung einer „optimalen" Entwicklungsdauer werden die Entwicklungskosten wieder ansteigen. Das kann zum Beispiel auf die Aufarbeitung vergessener früherer Ergebnisse zurückgehen, wenn Versuche unterbrochen werden müssen, durch Demotivierung oder einen Hang zur Überperfektionierung der Lösung. Die optimale Entwicklungsdauer ist von erheblicher Wettbewerbsbedeutung, insbesondere in Märkten mit kurzen Marktlebensdauern der Produkte. Dabei kann man davon ausgehen, dass diese Produktlebenszyklen auch in Branchen wie dem Automobilbau angekommen sind. Auch hier hat sich – ähnlich wie im Bereich der Unterhaltungselektronik – das Phänomen durchgesetzt, dass Kunden fast im Monatstakt neue Produkte erwarten. Insofern muss man davon ausgehen, dass bei verspätetem Markteintritt keine ausreichenden Erlöse erwirtschaftet werden können. Ein allgemeines Beispiel für den diskutierten Kosten-Zeit-Zusammenhang zeigt Abb. 6.4. Darin wird zugleich deutlich, dass die Lage des auf die Zeit bezogenen Kostenminimums vom jeweiligen Kalkulationszins abhängt.

Abb. 6.4: Typischer Kosten-Zeit-Zusammenhang bei Entwicklungsprojekten. (Quelle: Eigene Darstellung.)

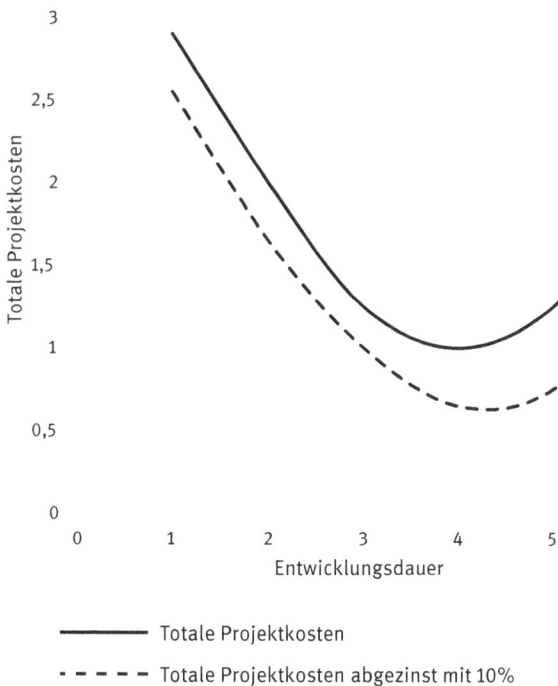

Abb. 6.5: Ansatzpunkte zur Planung und Beeinflussung von Entwicklungsdauer. (Quelle: Murmann, P., Zeitmanagement für Entwicklungsbereiche im Maschinenbau, a. a. O., S. 219)

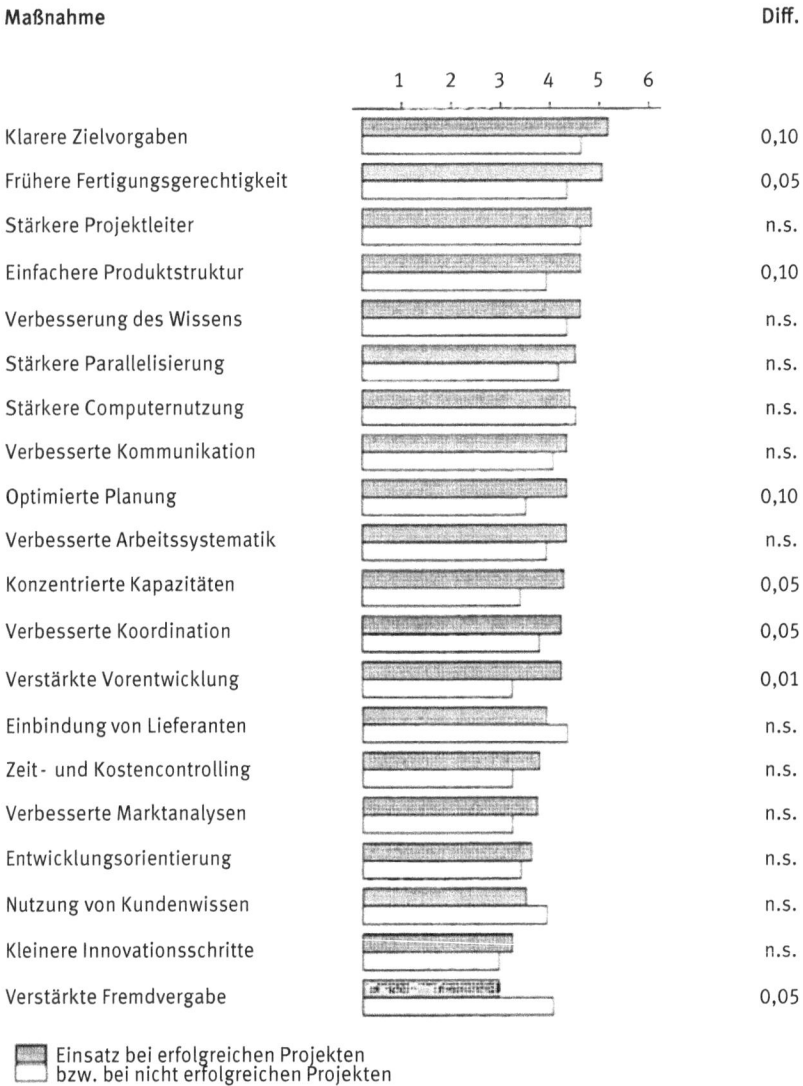

Maßnahme	Diff.
Klarere Zielvorgaben	0,10
Frühere Fertigungsgerechtigkeit	0,05
Stärkere Projektleiter	n.s.
Einfachere Produktstruktur	0,10
Verbesserung des Wissens	n.s.
Stärkere Parallelisierung	n.s.
Stärkere Computernutzung	n.s.
Verbesserte Kommunikation	n.s.
Optimierte Planung	0,10
Verbesserte Arbeitssystematik	n.s.
Konzentrierte Kapazitäten	0,05
Verbesserte Koordination	0,05
Verstärkte Vorentwicklung	0,01
Einbindung von Lieferanten	n.s.
Zeit- und Kostencontrolling	n.s.
Verbesserte Marktanalysen	n.s.
Entwicklungsorientierung	n.s.
Nutzung von Kundenwissen	n.s.
Kleinere Innovationsschritte	n.s.
Verstärkte Fremdvergabe	0,05

Einsatz bei erfolgreichen Projekten
bzw. bei nicht erfolgreichen Projekten

Für die Planung von Forschung und Entwicklung ist die Beeinflussung des Kosten-Zeit-Zusammenhangs sehr bedeutend. Eine gegenüber dem Optimum verkürzte Entwicklungsdauer ist durch eine Vielzahl von Maßnahmen zu erreichen. In Abb. 6.5 wird ein Überblick über solche Maßnahmen vermittelt, die nicht nur das Projekt selbst, sondern auch seine Umwelt betreffen. Es zeigt sich im Maschinenbau, dass bei „kleinen" Projekten eher projektexterne Ansatzpunkte die Entwicklungsdauer reduzieren können, während bei „großen" Projekten diese Ansatzpunkte überwiegend projektintern zu suchen sind[483]. Eine Systematik projektinterner Maßnahmen zeigt Abb. 6.6, wobei gegebene Sachziele der Entwicklungsaufgabe angenommen werden.

Insbesondere die Parallelisierung von Versuchen oder Teilprojekten ist für den Kurvenverlauf von Abb. 6.4 bedeutend. Bei der Analyse der dabei auftretenden Zeit-Kosten-Zusammenhänge ist Folgendes festzustellen[484]:

(a) Werden parallel abzuarbeitender Aktivitäten hinzugefügt, wird der Erwartungswert der gesamten Projektbearbeitungsdauer sinken, die gesamten erwarteten Projektkosten aber steigen.

(b) Dasselbe gilt bei einer stärkeren Parallelisierung bisher sequentiell geplanter, aber grundsätzlich einander ersetzender Aktivitäten.

(c) Sind die Aktivitäten zueinander komplementär und damit voneinander unabhängig, so kann bei „informatorisch" miteinander verknüpften Aktivitäten die Entwicklungsdauer verkürzt werden. Sie findet ihre Grenze an einem „kritischen Überlappungsgrad", dessen Lage vom erwarteten Lernfortschritt des Projekts bestimmt wird. Der erwartete Wert der Projektkosten steigt mit der zunehmenden Parallelisierung an.

Obwohl auch empirische Untersuchungen diese theoretischen Feststellungen stützen[485], ist doch ein Gegenargument für die Kostenentwicklung zu beachten. Eine Reduzierung der Entwicklungsdauer kann zu verkürzter Kapitalbindung führen (außer wenn Aktivitäten hinzugefügt werden). Damit sind dann geringere Kapitalkosten verbunden, was bei Schröder unberücksichtigt bleibt. Materiell ist dies aber vermutlich nur in wenigen, kapitalintensiven Projekten von Bedeutung.

(3) In den bisherigen Ausführungen über Zusammenhänge zwischen Projektparametern ist schon deutlich geworden, dass ein weiterer Aspekt zu berücksichtigen ist: Die Beziehung zwischen der Wahrscheinlichkeit des technischen Erfolges und den Kosten: Mit der Forderung nach zunehmender Lösungssicherheit (Wahrscheinlichkeit des technischen Erfolgs) werden die geplanten Kosten ansteigen.

---

483 Vgl. Murmann, P., Zeitmanagement für Entwicklungsbereiche im Maschinenbau, Wiesbaden 1994.

484 Vgl. Schröder, H.-H., Die Parallelisierung von Forschungs- und Entwicklungsaktivitäten als Instrument zur Verkürzung der Projektdauer im Lichte des „Magischen Dreiecks" aus Projektdauer, Projektkosten und Projektergebnissen. In: Zahn, E., Hrsg., Technologiemanagement und Technologien für das Management, Stuttgart 1994, S. 289–323; Knolmayer, G., Das Brooks'sche Gesetz, Wirtschaftswissenschaftliches Studien, 1987, S. 453–457; Knolmayer, G., Rückle, D., Betriebswirtschaftliche Grundlagen der Projektkostenminimierung in der Netzplantechnik, Zeitschrift für betriebswirtschaftliche Forschung, Bd. 28, 1976, S. 431–447.

485 Vgl. Fenneberg, G., Kosten- und Terminabweichungen im Entwicklungsbereich. Eine empirische Analyse, Berlin 1979; Brockhoff, K., Urban, Ch., Die Beeinflussung der Entwicklungsdauer, in: dies., Picot, A., Zeitmanagement in Forschung und Entwicklung, Sonderheft 23, Zeitschrift für betriebswirtschaftliche Forschung, 1988, S. 1–42, bes. S. 4; Murmann, Ph., Zeitmanagement für Entwicklungsbereiche im Maschinenbau, a. a. O.

Abb. 6.6: Projektinterne Maßnahmen zur Verkürzung der Entwicklungsdauer bei gegebenen Sachzielen. (Quelle: Murmann, P., Zeitmanagement für Entwicklungsbereiche im Maschinenbau, a. a. O., S. 219.).

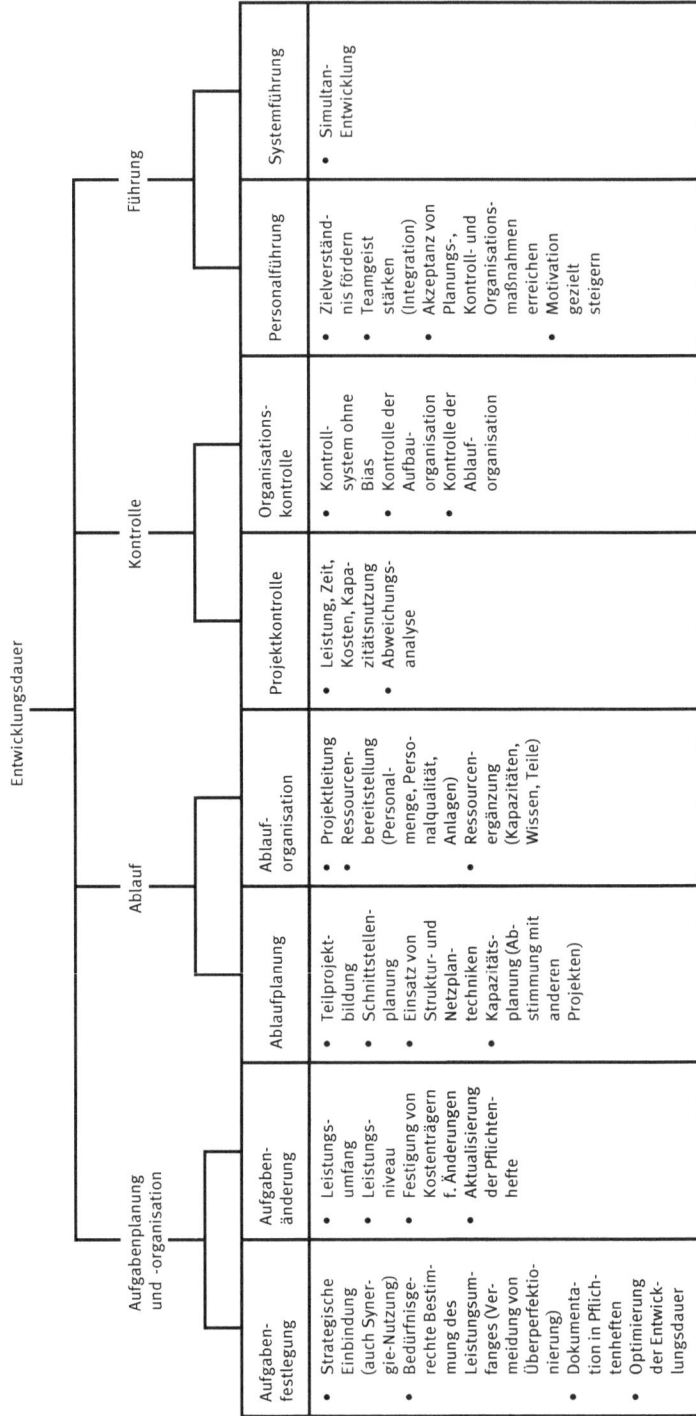

Entwicklungsdauer

Aufgabenplanung und -organisation		Ablauf		Kontrolle		Führung	
Aufgabenfestlegung	Aufgabenänderung	Ablaufplanung	Ablauforganisation	Projektkontrolle	Organisationskontrolle	Personalführung	Systemführung
• Strategische Einbindung (auch Synergie-Nutzung) • Bedürfnisgerechte Bestimmung des Leistungsumfanges (Vermeidung von Überperfektionierung) • Dokumentation in Pflichtenheften • Optimierung der Entwicklungsdauer	• Leistungsumfang • Leistungsniveau • Festigung von Kostenträgern f. Änderungen • Aktualisierung der Pflichtenhefte	• Teilprojektbildung • Schnittstellenplanung • Einsatz von Struktur- und Netzplantechniken • Kapazitätsplanung (Abstimmung mit anderen Projekten)	• Projektleitung • Ressourcenbereitstellung (Personalmenge, Personalqualität, Anlagen) • Ressourcenergänzung (Kapazitäten, Wissen, Teile)	• Leistung, Zeit, Kosten, Kapazitätsnutzung • Abweichungsanalyse	• Kontrollsystem ohne Bias • Kontrolle der Aufbauorganisation • Kontrolle der Ablauforganisation	• Zielverständnis fördern • Teamgeist stärken (Integration) • Akzeptanz von Planungs-, Kontroll- und Organisationsmaßnahmen erreichen • Motivation gezielt steigern	• Simultan-Entwicklung

Dieser Zusammenhang ist theoretisch daraus zu begründen, dass die Sicherheit des sach- und zeitgerechten Projektabschlusses gesteigert werden kann, wenn zu Teilaufgaben (Aktivitäten) mit ungewisser Realisierungschance ebenfalls ungewisse Parallelaktivitäten hinzugefügt werden können, die dann gemeinsam die Erfolgswahrscheinlichkeit erhöhen.

Wegen dieser Interdependenzen muss das Projekt sorgfältig bewertet werden, um als Grundlage der Ablaufplanung zu dienen. Falls es alternative Ablaufpläne eines Projektes gibt, erfordert dies gegebenenfalls mehrere „Planungsdurchläufe".

Die dargestellten Abhängigkeiten sind im Zusammenhang mit einer spektakulären Verfehlung eines neuen Fahrtests bei der A-Klasse von Mercedes Benz deutlich geworden.

- *Die Entwicklungsdauer war unter dem Wettbewerbsdruck und unter Kostengesichtspunkten auf 32 Monate gegenüber bisher deutlich längeren Zeiträumen verkürzt worden.*
- *Die Komplexitätsanforderungen, insbesondere aufgrund länderspezifischer Vorschriften, waren gestiegen.*
- *Zur Kostensenkung wurden in starkem Maße Simulationen und elektronische Prüfprogramme an Stelle umfangreicher Fahrversuche genutzt.*
- *Das Fahrzeug war der erste kleine PKW mit Frontantrieb für den Hersteller. Es erforderte deshalb besonderes, bisher nicht notwendiges Wissen.*

Offenbar war das ursprüngliche Ergebnis der Entwicklung nicht zufriedenstellend[486].

Für die Projektbewertung kommt eine Vielzahl von Verfahren infrage, deren Einsatz von folgenden Faktoren abhängt:

- Risikoeinstellung der Entscheidungsträger
- Verfügbarkeit von Bewertungsinformationen
- Annahmen über die Knappheit der einzusetzenden Mittel
- Ziele.

Aufgrund dieser allgemeinen Überlegungen sind umfangreiche Listen von Bewertungskriterien erstellt worden[487]. Die Bewertung erfordert Kenntnisse vieler Funktionsträger im Unternehmen und eine große Informationsmenge. Für die Entscheidungen werden Unterstützungssysteme herangezogen, die zugleich Expertenwissen und Entscheidungsregeln umfassen[488]. Die Systeme greifen auch auf einzelne Bewertungsverfahren zurück, wie sie im Folgenden dargestellt werden. Die bedeutendsten Bewertungsverfahren, die in einer Vielzahl von Abwandlungen vorkommen, können auf einige Grundtypen zurückgeführt werden (Abb. 6.7).

---

486 Vgl. Peters, W., Lehren aus einem Unfall, Frankfurter Allgemeine, 15.11.1997.

487 Vgl. EIRMA, Hrsg., Methods for the Evaluation of R&D Projects, Vol. 1, Paris 1970, bes. S. 66 ff.; Fahrni, P., Spätig, M., An application-oriented Guide to R&D Project Selection and Evaluation Methods, R&D Management, Vol. 20, 1990, S. 155–171.

488 Vgl. Liberatore, M. J., Stylianon, A. C., Expert Support Systems for New Product Development Decision Making: A Modeling Framework and Applications, Management Science, Vol. 41, 1995, S. 1296–1316.

Abb. 6.7: Grundtypen von Bewertungsverfahren. (Quelle: Eigene Entwicklung.)

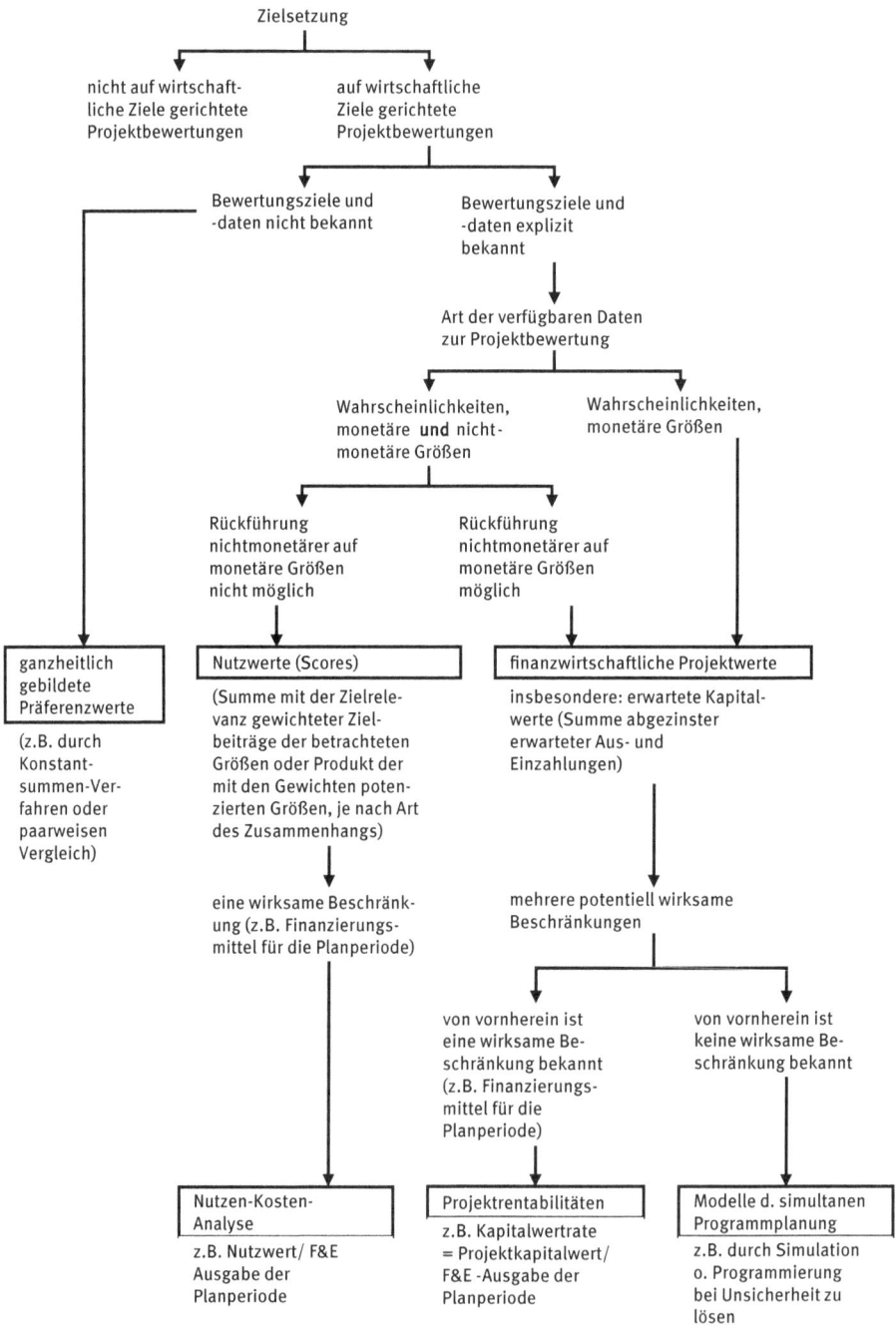

Zielsetzung

nicht auf wirtschaft-
liche Ziele gerichtete
Projektbewertungen

auf wirtschaftliche
Ziele gerichtete
Projektbewertungen

Bewertungsziele und
-daten nicht bekannt

Bewertungsziele und
-daten explizit
bekannt

Art der verfügbaren Daten
zur Projektbewertung

Wahrscheinlichkeiten,
monetäre **und** nicht-
monetäre Größen

Wahrscheinlichkeiten,
monetäre Größen

Rückführung
nichtmonetärer auf
monetäre Größen
nicht möglich

Rückführung
nichtmonetärer auf
monetäre Größen
möglich

ganzheitlich
gebildete
Präferenzwerte

(z.B. durch
Konstant-
summen-Ver-
fahren oder
paarweisen
Vergleich)

Nutzwerte (Scores)

(Summe mit der Zielrele-
vanz gewichteter Ziel-
beiträge der betrachteten
Größen oder Produkt der
mit den Gewichten poten-
zierten Größen, je nach Art
des Zusammenhangs)

eine wirksame Beschränk-
ung (z.B. Finanzierungs-
mittel für die Planperiode)

finanzwirtschaftliche Projektwerte

insbesondere: erwartete Kapitalwerte (Summe abgezinster
erwarteter Aus- und
Einzahlungen)

mehrere potentiell wirksame
Beschränkungen

von vornherein ist
eine wirksame Be-
schränkung bekannt
(z.B. Finanzierungs-
mittel für die
Planperiode)

von vornherein ist
keine wirksame Be-
schränkung bekannt

Nutzen-Kosten-
Analyse

z.B. Nutzwert/ F&E
Ausgabe der
Planperiode

Projektrentabilitäten

z.B. Kapitalwertrate
= Projektkapitalwert/
F&E -Ausgabe der
Planperiode

Modelle d. simultanen
Programmplanung

z.B. durch Simulation
o. Programmierung
bei Unsicherheit zu
lösen

Im Folgenden gehen wir nur auf zwei Verfahren genauer ein: die ganzheitlichen Präferenzwerte sowie die Nutzwerte. Diese werden typischerweise auch heute noch regelmäßig in Unternehmen so angewandt. Die anderen Verfahren werden meist über Computerprogramme durchgeführt, und deshalb an dieser Stelle nicht weiter vertieft.

Bei dieser Darstellung wird zunächst angenommen, dass der Entscheidungsträger risikoneutral eingestellt ist. Dann reicht es aus, die projektimmanente Unsicherheit durch Erwartungswerte zu erfassen.

Aus der Betrachtung schließen wir folgende Prozesse aus: Die nicht auf wirtschaftliche Ziele gerichteten Bewertungsverfahren sollen hier nicht behandelt werden. Dabei ist an Bewertungen nach rein technischen, ästhetischen oder anderen Kriterien zu denken. So hat z. B. Huber die Frage untersucht, wie Forschungssatelliten auszulegen sind, wenn der Informationsgewinn, gemessen an dem technischen Informationsmaß von Shannon, möglichst groß sein soll[489].

Nicht eingegangen wird auch auf diejenigen impliziten Bewertungen, bei denen Projekte „konkurrenzlos" sind. Hiermit sind Projekte gemeint, die aufgrund vermuteter strategischer Notwendigkeit auf jeden Fall durchgeführt werden. So hatten z. B. zwei Maschinenfabriken einen Teilmarkt aufgrund historisch gewachsener Spezialisierung in einen Markt für große und für kleine Anlagen segmentiert und jeweils nur in einem dieser Teilmärkte angeboten. Um den Wettbewerber an diese Regelmäßigkeit zu erinnern, wurde, als dieser seinen „angestammten" Bereich zu verlassen drohte, eine strategische Entwicklung für den historisch nicht belieferten Teilmarkt durchgeführt, in zwei Prototypen gefertigt und abgesetzt. Diese Demonstration wirkte so, dass die herkömmliche Spezialisierung und Marktaufteilung erhalten blieb. Unabhängig von einer wettbewerbspolitischen Bewertung dieses Vorgangs ist ersichtlich, dass die strategische Zielrichtung der „Drohentwicklung" kaum mit den herkömmlichen Projektbewertungsverfahren adäquat zu erfassen ist, da sie auf weit über das Entwicklungsprojekt hinausreichende Wirkungen zielt.

6.3.1 Ganzheitliche Vergleiche

Insbesondere in der Grundlagenforschung wird es oft als unmöglich empfunden, Projekte nach finanzwirtschaftlichen Auszahlungs- und Einzahlungskriterien zu bewerten und in eine metrische Ordnung zueinander zu bringen. In solchen Fällen strebt man aber doch wenigstens eine Präferenzrangordnung der Projekte an. Dazu wird vorweg keine Aufzählung, Gewichtung und Bewertung einzelner bestimmender Projekt-

---

489 Vgl. Huber, R.K., Der relative Informationsgewinn als Kriterium für die Auslegung von Forschungssatelliten, Diss. TU München 1970.

eigenschaften vorgenommen. Stattdessen wird vom Entscheidungsträger oder einem „Gutachter" eine ganzheitliche Beurteilung erwartet.

Bei solchen Urteilsbildungen ist zunächst in Rechnung zu stellen, dass sie durch zufällige Schwankungen verzerrt sein können. Um sie zu erfassen, können grundsätzlich wiederholte Beurteilungen durch einen Gutachter, parallele Beurteilungen durch mehrere Gutachter oder Kombinationen dieser beiden Maßnahmen erfolgen.

In jedem dieser Fälle ist zu klären, welcher Methodik sich die Gutachter bedienen sollten. Das hängt wesentlich auch davon ab, mit welcher Feinheit Präferenzen und deren Unterschiede angegeben werden können.

Eine unmittelbare Präferenzbeurteilung ist dadurch möglich, dass eine feste Anzahl von Nutzeneinheiten (z. B. 100 Punkte) so auf eine vorgegebene Menge von Projekten verteilt wird, dass aus dem Verteilungsergebnis die Rangordnung der Projekte abgelesen werden kann. Auf diese Weise wird sogar eine verhältnisskalierte Bewertung erreicht.

Das Verfahren macht Schwierigkeiten, wenn die Anzahl der Vergleichsprojekte relativ groß wird, das kann schon bei einem Dutzend eintreten. In solchen Fällen bewährt sich ein hierarchisch gestaffeltes Sortierverfahren. Danach werden die Projekte zunächst in zwei Gruppen, die vorgezogenen und die weniger attraktiven, sortiert. Jede Gruppe wird nach derselben Regel wiederum in zwei Untergruppen unterteilt. So fährt man fort, bis schließlich eine vollständige Präferenzordnung erreicht wird. Souder berichtet über die Erfahrungen bei der Anwendung dieser Vorgehensweise[490].

Eine mittelbare Beurteilung ist durch einen Vergleich von Präferenzunterschieden möglich. Dabei ist zunächst zu entscheiden, ob jedes Projekt gegenüber einem gegebenen Vergleichsstandard oder gegenüber wechselnden Standards zu beurteilen ist. Im letztgenannten Fall wird lediglich festgestellt, ob es einem anderen gegenüber vorgezogen oder nicht vorgezogen wird. Dafür empfiehlt sich das Paarvergleichsverfahren. Hierbei werden alle Projekte in einer zufälligen Reihenfolge in den Zeilen und Spalten einer Matrix angeordnet. Grundsätzlich wird für jedes Matrixfeld oberhalb der Hauptdiagonalen nun bei Vorgezogenheit des in der jeweiligen Spalte angeordneten Projekts vor dem in der Zeile angeordneten Projekt eine Bewertung mit Eins vorgenommen, andernfalls mit Null. Bei I Projekten sind $I(I-1)/2$ solcher Bewertungen erforderlich. Nach der Abgabe der Bewertungen kann die untere Hälfte der Matrix komplementär zur oberen Hälfte automatisch ausgefüllt werden. Addiert man nun die Einträge jeder Spalte, ergibt das Ergebnis die Rangordnung über die Projekte. In Tab. 6.3 wird ein willkürliches Beispiel für das Verfahren gezeigt. Hier wurden fünf Projekte beurteilt. Man erkennt, dass dem Projekt 3 die höchste Präferenz zukommt, Projekt 5 den zweiten Rang belegt, usw. Es sind auch Indifferenzen zwischen den Projekten möglich.

---

490 Vgl. Souder, W. E., Field studies with a Q-sort/nominal group process for selecting R&D projects, Research Policy, Vol. 5, 1975, S. 172–188.

Tab. 6.3: Beispiel einer Paarvergleichsmatrix. (Quelle: Eigene Entwicklung.)

		\multicolumn{5}{c}{Projekte}				
		1	2	3	4	5
Projekte	1	-	1	1	1	1
	2	0	-	1	1	1
	3	0	0	-	0	0
	4	0	0	1	-	1
	5	0	0	1	0	-
Summe		0	1	4	2	3

Über die hier skizzierte Vorgehensweise hinaus sind Schätzungen der Nutzens der Projekte nach dem Verfahren der kleinsten Quadrate möglich. Die Beurteilungsergebnisse können auch räumlich dargestellt werden, wozu man auf die „multidimensionale Skalierung" zurückgreift[491].

Werden mehrere Gutachter tätig und gibt es eine plausible Annahme über die Zufallsverteilung der Urteile, so kann außerdem eine intervallskalierte Projektbeurteilung abgeleitet werden[492]. Über eine Anwendung für 52 Projekte berichten Sorell und Gildea[493], wobei 1326 Paarvergleiche nötig waren.

Steigt die Anzahl der Projekte an, wird schnell eine so große Zahl von Paarvergleichen erforderlich, dass das Verfahren unübersichtlich wird. Insbesondere wenn es nicht Ziel des Verfahrens ist, möglicherweise zirkuläre Präferenzen[494] aufzudecken, wird es mit Computerunterstützung erheblich verkürzt[495]. Die Verkürzungen beruhen im Wesentlichen darauf, dass aus der geforderten Transitivität der Präferenzordnung Schlüsse auf den Ausgang von Projektvergleichen möglich sind: Gilt zum Beispiel a>b und b>c, so soll auch a>c gelten. Solche impliziten Urteile können zur weiteren Reduktion der expliziten Bewertungen benutzt werden. Brockhoff zeigte, dass statt der 1326 Bewertungen für das Beispiel mit 52 Projekten nach Anwendung der Regeln zur

---

491 Vgl. van Dyk, E., Smith, D. G., R&D Portfolio Selection by Using Qualitative Pairwise Comparisons, Omega, Vol. 18, 1990, S. 583–594.

492 Vgl. Thurstone, L. L., A Law of Comparative Judgement, Psychological Review, Vol. 34, 1927, S. 272–286; Torgerson, W. S., Theory and Methods for Scaling, 7. A., New York 1967, S. 159 ff.

493 Vgl. Sorell, R. St., Gildea, H., The Determination of the Relative Value of Research Tasks Using the Law of Comparative Judgement, Manuskript TIMS/ORSA-Meeting San Francisco 1968.

494 Bei zirkulären Präferenzen würde über die Projekte a, b, c zum Beispiel geurteilt: a>b>c>a, worin > bedeutet „wird vorgezogen".

495 Vgl. Brockhoff, K., Forschungsprojekte und Forschungsprogramme, ihre Bewertung und Auswahl, a. a. O., S. 380 ff.

Tab. 6.4: Beispiel einer Paarvergleichsmatrix für kategoriale Vergleiche nach dem Analytic Hierarchy Process. (Quelle: Eigene Entwicklung.)

		Projekte			
		1	2	3	4
Projekte	1	1	7	1/2	4
	2	1/7	1	1/9	1/3
	3	2	9	1	6
	4	1/4	3	1/6	1

Reduktion der Urteilsabgaben nur 210 explizite Paarvergleiche notwendig sind[496], um dasselbe Ergebnis zu erreichen.

Nimmt man nun an, dass beim paarweisen Vergleich zusätzlich der Grad der Vorgezogenheit auf einer Punkteskala beurteilt werden kann, so ist die Methode des kategorialen Vergleichs anwendbar[497]. Saaty hat eine axiomatische Begründung einer Version dieses Verfahrens gegeben[498]. Dies ist der „Analytic Hierarchy Process (AHP)", der die differenzierte Bewertung der Projekte gegenüber mehreren Zielen vorsieht, aber auch in dem hier diskutierten holistischen Sinn eingesetzt werden kann. Die verbal interpretierte Bewertungsskala reicht im Bereich der vorgezogenen Bewertungen von Indifferenz (mit dem Wert 1) bis zur unzweideutigen, absoluten Vorgezogenheit (mit dem Wert 9). Die Skalenwerte für die entgegengesetzten Bewertungen nehmen jeweils die Kehrwerte an (vgl. Tab. 6.4 zeigt für ein willkürliches Beispiel)[499]. Die Matrixelemente zeigen relative Vorgezogenheit der Spaltenelemente vor den Zeilenelementen von 9 (äußerst stark) über 1 (indifferent) bis zu 1/9 (äußerst nachgeordnet).

---

[496] Vgl. Brockhoff, K., Forschungsprojekte und Forschungsprogramme, ihre Bewertung und Auswahl, a. a. O., S. 385.

[497] Vgl. Torgerson, W. S., Theory and Methods for Scaling, 1967, S. 205 ff.

[498] Vgl. Saaty, T. L., The Analytic Hierarchy Process, New York 1980; ders., Axiomatic Foundation of the Analytic Hierarchy Process, Management Science, Vol. 32, 1986, S. 841–855.

[499] Zu Anwendungen vgl.: Zahedi, F., The Analytic Hierarchy Process. A Survey of the Method and its Implication, Interfaces, Vol. 16, 1986, S. 96–108; Lockett, A. G., Muhleman, A. P., Gear, A. E., Group Decision Making and Multiple Criteria – A Documented Application, in: Morse, J. N., Hrsg., Organizations, Multiple Agents with Multiple Criteria, Berlin, Heidelberg, New York 1981, S. 205–221; Liberatore, M., An Extension of the Analytic Hierarchy Process for Industrial R&D Project Selection and Resource Allocation, IEEE Transactions on Engineering Management, Vol. EM-34, 1987, S. 12–18; Kleindorfer, P. R., Partori, F. Y., Integrating Manufacturing Strategy and Technology Choice, European Journal of Operational Research, Vol. 47, 1990, S. 214–224. An Extension of the Analytic Hierarchy Process for Industrial R&D Project Selection and Resource Allocation, IEEE Transactions on Engineering Management, Vol. EM-34, 1987, S. 12–18; Kleindorfer, P. R., Partori, F. Y., Integrating Manufacturing Strategy and Technology Choice, European Journal of Operational Research, Vol. 47, 1990, S. 214–224.

Der Analytic Hierarchy Process zur Ableitung von Projektprioritäten ist umstritten. Zu den Kritikpunkten zählen[500]:

(1) Es gibt keinen allgemein akzeptierten Weg, um zu einem „hierarchischen" System von Ober- und Unterzielen zu gelangen, auf dessen einzelnen Stufen der Prozess zum Einsatz kommen soll. Deshalb können die Lösungen divergieren.

(2) Die verbale Benennung der Skalenwerte ist weniger gut begründet als gelegentlich dargestellt wird. Das kann die Reliabilität einschränken.

(3) Die Beschränkung der Skala hat fast notwendigerweise Inkonsistenzen zur Folge. Es seien drei Projekte (a,b,c) gegeben, die untereinander mit Bewertungen $u(.,.)$ versehen sind. Sei nun $u(a, b) = 4$ und $u(b, c) = 5$, so müsste ein konsistenter Wert $u(a, c) = 20$ gelten. Es kann aber nur der obere Skalengrenzwert von 9 verwendet werden.

(4) Das in der Entscheidungstheorie wichtige Axiom der „Unabhängigkeit von irrelevanten Alternativen" (die Rangordnung der Alternativen untereinander darf sich beim Herausfallen oder Hinzutreten einer Alternative nicht ändern) wird verletzt.

(5) Die Bestimmung der relativen Projektwerte kann auch durch Regressionsverfahren erfolgen, führt dann aber nicht zu identischen Ergebnissen.

(6) Aggregationsvoraussetzungen für die Ermittlung additiver, messbarer Wertfunktionen (nämlich gegenseitige Präferenzunabhängigkeit und Differenzunabhängigkeit) sind nicht generell gegeben und geprüft. Die angenommene Unabhängigkeit zwischen Zielen und Eigenschaftsausprägungen der Projekte ist nicht immer gesichert.

Insbesondere die Verbreitung vieler Anwendungsberichte und die Verfügbarkeit von Software (z. B. Expert Choice) haben die Kritik zurücktreten lassen. Das heißt aber nicht, dass sie unbegründet wäre.

Nach Abgabe aller möglichen Bewertungen, die untereinander nicht notwendig konsistent sind, kann die Präferenz für die einzelnen Projekte als Eigenvektor[501] aus der Bewertungsmatrix ermittelt werden. Der Grad der Urteilskonsistenz kann durch Vergleich des maximalen Eigenwerts mit dem Rang der Matrix beurteilt werden. Völlig konsistent ist eine Bewertung, wenn die kategorialen Urteile $u(.,.)$ über Projek-

---

[500] Vgl. Eisenführ, F., Weber, M., Rationales Entscheiden, 1993, S. 110 ff.; Holder, R. D., Some Comments on the Analytic Hierarchy Process, Journal of the Operational Research Society, Vol. 41, 1990, S. 1073–1076; Vargas, L. G., An Overview of the Analytic Hierarchy Process and its Applications, European Journal of Operational Research, Vol. 48, 1990, S. 2–8; Zimmermann, H.-J., Gutsche, L., Multi-Criteria Analyse. Einführung in die Theorie der Entscheidungen bei Mehrfachzielsetzungen, Berlin 1991, S. 57 ff., 65 ff.; Schneeweiß, Ch., Planung, Bd. 1, Berlin 1991, S. 157 ff.

[501] Sei A eine Matrix, w ein nichtnegativer Vektor und l ein Skalar. Sucht man das maximale l, l^*, aus $Aw = l^* w$, so ist l^* der maximale Eigenwert und w der Eigenvektor, l^* ist nicht kleiner als der Rang der Matrix. Bei einer konsistenten, reziproken Matrix A mit n Zeilen oder Spalten ist $l^* = n$. Alternativ kann eine Bestimmung der Gewichte auch durch Regressionsrechnung erfolgen.

Tab. 6.5: Ergebnisse zur Matrix aus Abb. 6.4 (Quelle: Eigene Darstellung.)

Projekt	Relative Projektbewertung
1	0,082 xxxx
2	0,598 xxxxxxxxxxxxxxxxxxxxxxxxxxxxxxxxxxxxxxxxx
3	0,050 xxx
4	0,270 xxxxxxxxxxxxxx
Inkonsistenz: 0,024 (hervorragend, kein Anlass zur Neubewertung)	

te a, b und c die Bedingung erfüllen, dass $u(a, b) \cdot u(b, c) = u(a, c)$ ist[502]. Das willkürliche Beispiel der Tab. 6.4 führt (berechnet mit Expert Choice) zu den Ergebnissen in Tab. 6.5. Dieser Fall ist sehr einfach, da alle Projekte nur hinsichtlich eines Zieles beurteilt wurden. In der Realität können Hierarchien von Zielen und Unterzielen bestehen, hinsichtlich derer die Projekte zu beurteilen sind.

6.3.2 Nutzwertanalyse und Nutzen-Kosten-Relationen

Tabelle 6.6 stellt dar, dass für Projektbewertungen durch aggregierende Berücksichtigung einzelner Kriterien mit monetären und nichtmonetären Ausprägungen die Ermittlung von Nutzwerten vorgeschlagen wird[503]. Dazu werden Punktbewertungsverfahren („scoring rules") eingesetzt.

Wenn Projekte beispielsweise gegen Rechtnormen verstoßen, keine Aussicht auf Durchführung haben oder mit Naturgesetzen kollidieren (perpetuum mobile) führt eine negative Beurteilung im Rahmen einer Ja-Nein-Entscheidung zum endgültigen Verzicht auf das Projekt, ohne dass ein Ausgleich mit positiven Bewertungen bei anderen Kriterien möglich ist. Es ist schwierig, eine Liste solcher praktisch nicht kompensierbarer Kriterien (Ausschluss- oder Aussonderungsverfahren) aufzustellen. Ist sie zu kurz, gelangen zu viele Projekte in weitere aufwendige Planungs- und Prüfphasen; ist sie zu lang, bleiben erfolgversprechende, aber größere Umstellungen erfordernde Projektvorschläge unausgeführt.

Selbstverständlich sind aber Punktbewertungsverfahren nicht auf Ja-Nein-Entscheidungen beschränkt. Ausgangspunkt für ihre Aufstellung ist die Ableitung operationaler Projektbewertungsziele aus den Unternehmenszielen. Wir gehen hier davon

---

502 Konsistenz ist also gleichbedeutend mit statistischer Unabhängigkeit und könnte deshalb auch durch einen Chi-Quadrat-Test geprüft werden.

503 Vgl. Zangemeister, Ch., Nutzwertanalyse in der Systemtechnik. Eine Methodik zur multidimensionalen Bewertung und Auswahl von Projektalternativen, 2. A., München 1971; Strebel, H., Forschungsplanung mit Scoring-Modellen, Baden-Baden 1975; Brockhoff, K., Scoring-Modelle in der Forschungsplanung, Zeitschrift für betriebswirtschaftliche Forschung, 28. Jg., 1976, S. 205–212.

Tab. 6.6: Beispiel zur Anwendung eines Punktbewertungsverfahrens. (Quelle: Eigene Darstellung.)

Zielarten und ihre Ausprägung Z_g	Z_1 Vermeidung von Patentverletzungen möglich?		Z_2 Erwarteter Entwicklungsaufwand			Z_3 Erwarteter Entwicklungserfolg			Z_4 Erwarteter Deckungsbeitrag je Jahr			Z_5 Marktperiode in Jahren		
	ja	nein	0-10000	>10000-50000	>50000-90000	hoch	ausreichend	niedrig	0-30000	>30000-60000	>60000	1-3	4-6	>7
Projektbeurteilungen														
y_{1g}		x			x		x				x	x		
y_{2g}	x			x			x			x			x	
Nutzenwerte der Stufen u_g	1	0	3	2	1	8	6	2	1	2	3	1	2	3
Gewichtung der Zielarten w_g	1		1			1			1			0,5		

$N_1=0^1*(1^1*6^1+3^1*1^{0,5})=0$
$N_2=1^1*(2^1*6^1+2^1*2^{0,5})=14,82$

aus, dass $g \in G$ voneinander unabhängige Zielarten Z_g gebildet werden. Dabei lassen wir zunächst kompliziertere Fälle von Zielhierarchien mit Unter- und Oberzielen außer Betracht.

Insgesamt sollen $i \in I$ Projekte beurteilt werden. Jedes Projekt ist „vollständig" beschrieben, wenn ihm Beurteilungen y_{ig} zugeordnet sind, durch die der Beitrag jedes Projekts zu jeder der Zielarten bei seiner Realisierung gemessen wird. Die Aussage der Vollständigkeit der Beschreibung bezieht sich darauf, dass das Zielsystem vollständig ist und die Beurteilung gelingt. Bei den Werten y_{ig} kann es sich z. B. um den Markterfolg oder die technische Erfolgswahrscheinlichkeit handeln. Daraus erkennt man, dass hier sehr verschiedene und miteinander nicht direkt vergleichbare Skalen verwendet werden. Wie viele Abstufungen von Werten für jedes y_{ig} bei festem g zu bilden sind, richtet sich nach dem Vermögen, unterschiedliche Ausprägungen der betrachteten Zielarten zu unterscheiden.

Da es grundsätzlich denkbar ist, dass für die Wertstufen y_{ig} nur verbale Beschreibungen vorliegen, spricht man von Rangstufen. Als Folgeschritt wird eine Transformation ihrer Ausprägungen in „Nutzen-" oder „Zielwerte" $u_{ig} = f_g(y_{ig})$ vorgenommen.

Ist also z. B. die Zielart $g = 4$ die Verträglichkeit des Projekts mit dem Vertriebsprogramm und passt das Projekt 1 gut in das Programm, das Projekt 7 aber schlecht, so wäre $y_{14} > y_{74}$. Anschließend sollen der guten Verträglichkeit der Nutzwert $u = 2$, der schlechten Verträglichkeit der Nutzwert $u = 1$ zugeordnet werden, sodass hier $u_{14} > u_{74}$ ist. In einem weiteren Schritt wird angenommen, dass Gewichtungsfaktoren $w_g, g \in G$ für die einzelnen Zielarten ermittelt werden können. Durch diese Faktoren werden die einzelnen Zielarten miteinander vergleichbar gemacht, sodass die mit w_g gewichtete Einheit des Nutzenindex u_{ig} den partiellen Beitrag der g-ten Zielart zum Gesamtnutzen (Nutzwert) des Projekts angibt.

Wurden nun die Nutzwerte auf einer Intervallskala gemessen, so können sie additiv aggregiert werden, bei Messung auf einer Verhältnisskala auch multiplikativ[504]. Diese wichtige Voraussetzung wird oft vergessen. So entstehen zwei reine Formen für die Feststellung von Nutzwerten:

$$N_i = \sum_{g \in G} w_g u_{ig}$$

und

$$N_i = \prod_{g \in G} u_{ig}^{w_g}$$

In der Praxis können auch additiv-multiplikativ gemischte Ausdrücke auftreten, wenn die Struktur des Problems dies erfordert. So sind etwa Wahrscheinlichkeiten und Zahlungen multiplikativ miteinander zu verknüpfen um Erwartungswerte zu bilden, Zahlungen untereinander aber additiv. Auch dies wird nur selten beachtet.

---

504 Vgl. Strebel, H., Forschungsplanung mit Scoring-Modellen, Baden-Baden 1975, S. 81 ff.

Der mithilfe der Formeln formulierte Fall hat in der multiattributiven Nutzentheorie seine theoretische Grundlage, in der auch die Anwendungsvoraussetzungen behandelt werden[505]. Ein einfaches Beispiel verdeutlicht diese Vorgehensweise. In Tab. 6.6 werden zwei Projekte nach der gemischten Formel

$$N_i = u_{i1}^{w_1} (u_{i2}^{w_2}\ u_{i3}^{w_3} + u_{i4}^{w_4} u_{i5}^{w_5})$$

beurteilt. Sie zeigt, dass die Unvermeidbarkeit von Patentverletzungen auf jeden Fall zu einem Nutzwert von Null führen soll. Im Übrigen werden erwartete Entwicklungsaufwendungen und der kumulierte erwartete Deckungsbeitrag über mehrere Jahre additiv miteinander verknüpft. Die Gewichtungen sind hier willkürlich gesetzt worden. Es wird ermittelt, dass das Projekt 2 alleine zu realisieren ist.

Die Projekte werden nach ihren Nutzwerten in eine Präferenzreihe gebracht und ihr entsprechend in ein Programm aufgenommen. Im Prinzip muss ein Abbruchkriterium N^* festgesetzt werden, sodass nur Projekte mit $N_i > N^*$ berücksichtigt werden. Das ist problematisch, weil damit implizit die Folgen erfolgloser, gestarteter Projekte gegen potenziell erfolgreiche, nicht gestartete abgewogen werden.

Ist eine vorweg bekannte Nebenbedingung, z. B. die Finanzierung des Entwicklungsaufwands, bei der Projektauswahl für eine Periode zu beachten, so sind die Nutzwerte zu den Projektanforderungen an die knappe Ressource (das seien „Kosten") in Beziehung zu setzen. So entstehen Nutzen-Kosten-Verhältnisse. Die Projekte sind entsprechend zu ordnen und in absteigender Folge in ein Programm zur Realisierung aufzunehmen, bis die knappe Ressource durch das letzte aufgenommene Projekt erschöpft ist.

Bisher wird unterstellt, dass mit N_i die Projekte $i \in I$ bewertet werden, die unmittelbar zur Zielerreichung beitragen. Häufig wird eine Hierarchie von Ober-, Zwischen- und Unterzielen entwickelt, um ein umfangreiches Problem besser zu strukturieren. Es entstehen mehrere Zielstufen, $s = 1, 2, \ldots, S$, auf denen Bewertungen vorgenommen werden können. Gefragt ist, welches Projekt alternativ den größten Beitrag leisten kann, um das Oberziel zu realisieren. Beginnt man beim Projekt auf der untersten Stufe, so müssen die Bewertungen der einzelnen Stufen nach oben hin zusammengefasst werden. Abb. 6.8 zeigt ein allgemeines Beispiel.

Die Anlage des Systems erfolgt so, dass die Ziel-Aktivitäten einer bestimmten Stufe jeweils als Mittel zur Erreichung einer nächst höherer Stufe anzusehen sind.

In mehrstufigen Systemen fordert man zunächst Normierungen der Gewichtungen und Nutzwerte auf jeder s-ten Stufe:

$$\sum_{g_g \in G_g} w_{g_s, s} = 1$$

---

[505] Vgl. Eisenführ, F., Weber, M., Rationales Entscheiden, Berlin/Heidelberg 1993.

Abb. 6.8: Mehrstufiges Ziel-Mittel-System. (Quelle: Eigene Darstellung.)

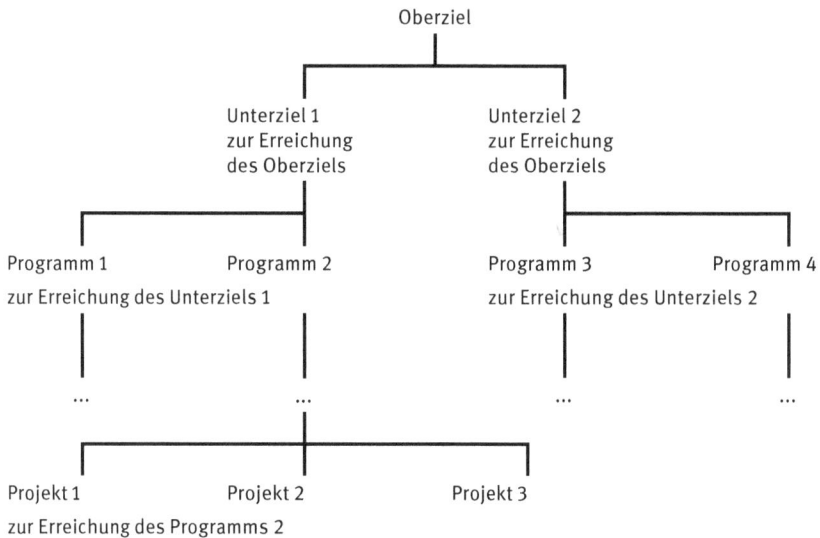

(das entspricht der Forderung nach einem Zielartenkatalog auf der Stufe s)

$$\sum_{i\in I} u_{i,g_s,s} = 1$$

(das kann durch Normierung nachträglich immer erreicht werden).

Dann wird

$$N_{i,s} = \sum_{g_s\in G_s} w_{g_s,s} u_{i,g_s,s}$$

berechnet und über alle Stufen

$$N_i = \sum_{s=1}^{S} N_{i,s}$$

gebildet.

Hier wird vorausgesetzt, dass jede Maßnahme auf der ersten Stufe unabhängig ist und nur ein Ziel auf der vorgelagerten oberen Stufe beeinflusst. Dies soll sich entsprechend durch das ganze System fortsetzen. Dabei können auch kompliziertere Annahmen grundsätzlich behandelt werden.

Im Unterschied zu dem vorher behandelten einstufigen Fall wird im mehrstufigen Fall zusätzlich die Frage aufgeworfen, nach welchen Kriterien die Stufen zu bilden sind und ob die Anlage von Verzweigungen (Alternativen) auf jeder Stufe auf das Gesamtergebnis wirkt. Letzteres ist tatsächlich der Fall. Deshalb sollten möglichst symmetrische Baumstrukturen von Unter- und Oberzielen angestrebt werden.

Auf den ersten Blick erscheinen die Flexibilität und vermeintliche Einfachheit der Scoring-Modelle bestechend. Man muss sich aber sehr hüten, aus dem Ansatz statt einer Vorbereitung rationaler Entscheidungen ein Instrument zur Rechtfertigung irrationaler Projektauswahl zu machen. Dafür bieten sich auf allen Entscheidungsebenen Ansatzpunkte. Einzelne Scoring-Modelle sind auch in dieser Hinsicht in der Literatur mehrfach kritisch analysiert worden. Hier werden nur grundsätzliche Probleme dargestellt:

(1) Die Auswahl der Zielarten und ihre Operationalisierung wird häufig willkürlich gehandhabt. Stattdessen sollten Zielarten hierarchisch aus dem Unternehmensziel abgeleitet werden. Als Zielarten kommen dabei sowohl solche in Betracht, die Extremierungen verlangen, als auch solche, die als Beschränkungen des Entscheidungsbereichs die Zulässigkeit der Problemlösung betreffen.

(2) Teilmengen der Zielarten sollen zunächst nach der Logik des Entscheidungskalküls zusammengefasst werden, bevor das Niveau der Messskalen als Bestimmungsgrund für die Art der Zusammenfassung herangezogen wird. Jedem Scoring-Modell unterliegt ein Entscheidungskalkül. Man muss nur darauf achten, dass dieser nicht unversehens durch willkürliche Zusammenfassung der Daten von den angestrebten Zielen ablenkt.

(3) Aggregationsregeln für die in ökonomische Entscheidungskalküle eingehenden Zielarten sollten der Struktur entsprechender Modelle angepasst sein. Damit können die Messskalen der natürlichen Bedeutung der gemessenen Zielarten entsprechen. Durch Simulationsstudien ist gezeigt worden, dass die Zahl der für die Messung einzelner Zielarten gebildeten Kategorien die Ergebnisse beeinflussen, da Spannweiten inkorrekt festgelegt und die Verteilungen ungewisser Größen im Scoring-Modell nicht adäquat berücksichtigt werden.

(4) Durch entsprechende Festlegung der Nutzenindizes und der Gewichtungen kann leicht die ganze Projektbewertung so verzerrt werden, dass z. B. nur noch wenig anspruchsvolle Neuerungen, die dem herkömmlichen Produktions- und Vertriebsprogramm stark verwandt sind, an der Spitze der Auswahlliste stehen. Die Unzufriedenheit mit solchen „Lösungen" wird dann häufig den formalen Verfahren angelastet, geht aber auf eine methodisch unzulängliche Anwendung zurück.

(5) Die Umrechnung z. B. in Geldeinheiten gemessener Werte einzelner Zielarten (stufenweise) in die Nutzenindizes u_{ig} bedeutet eine Transformation auf ein niedrigeres Skalenniveau. Damit wird Unschärfe in den Entscheidungskalkül eingeführt[506]. Sie ist kein rationales Verfahren zur Behandlung der Ungewissheit. Es muss daher geprüft werden, ob nicht der Versuch sinnvoll ist, möglichst viele Komponenten der Entscheidung auf das höchste Skalenniveau (Ausdruck in Geldeinheiten) umzurechnen, um zu genaueren Entscheidungen zu kommen, die stärker dem Ziel entsprechen.

(6) Soweit eine Nutzenbewertung der Projekte für einzelne Zielarten mit u_{ig} vorgenommen werden soll, bleibt offen, ob diese – wie gefordert – unabhängig von der

506 Vgl. Beattie, C. J., Reader, R. D., Quantitative Management in R&D, London 1971, S. 80.

Verteilung der Gewichtungen w_g für die Zusammenfassung der Zielarten erfolgen kann.

In der Diskussion um die Anwendung von Scoring-Modellen werden die empirischen Erkenntnisse und Probleme aus der Einstellungsmessung (empirische Ermittlung der Einstellung einer Person zu einem Objekt) nicht berücksichtigt. Danach ist zwischen kognitiven (hier u_{ig}) und motivationalen (hier w_g) Elementen zur Erklärung der Struktur von Einstellungen zu unterscheiden. Werden etwa u_{ig} „mengenmäßig" statt als „Wahrscheinlichkeiten des Projektes i, eine Eigenschaft g zu haben", gemessen, so ist nicht zu erwarten, dass w_g als unabhängige Variablen noch signifikante Beiträge zur Bestimmung der Projektnutzwerte leisten. Das wäre der Annahme gleich, dass Kardinalskalen mit gleichen Nutzeneinheiten und Nullpunkten für die Messung der u_{ig} verfügbar seien.

(7) Schnell und einfach anwendbar erscheinende Verfahren werden gerechtfertigt mit der Überlegung, sie hielten die Kosten der Entscheidungsvorbereitung klein. Je grober sie aber sind und je weniger ihre Voraussetzungen bei den Anwendungen beachtet werden, desto eher ist ein Anstieg der Kosten einer Fehlentscheidung zu erwarten. Das Zusammentreten beider Komponenten ist bei der Gestaltung und Anwendung von Scoring-Modellen in Rechnung zu stellen. Die beiden Kostenarten beeinflussen auch die Entscheidung, ob statt einfacher Scoring-Modelle komplizierte Bewertungsformeln verwendet werden sollen.

In der Praxis werden vereinfachte Versionen des Nutzwertverfahrens vorgeschlagen und eingesetzt[507]. Das führt in manchen Fällen zu Unzufriedenheit, die sich dann gegen den Einsatz formaler Bewertungsverfahren in Forschung und Entwicklung generell richtet. Stattdessen sollten die Ursachen vermeintlicher Verfahrensmängel sorgfältig analysiert werden.

6.3.3 Projekt-Kapitalwerte

Einzelne F&E-Projekte können im günstigsten Falle allein durch die von ihnen ausgelösten Zahlungen bewertet werden. Diese werden abgezinst in einem Projektkapitalwert erfasst.

Insbesondere Entwicklungsprojekte können häufig ausschließlich aufgrund von Erfolgswahrscheinlichkeiten und den durch sie ausgelösten Zahlungen bewertet werden. Für den an der Maximierung erwarteter Gewinne interessierten Entscheidungsträger ist es dann vernünftig, die Projekte in eine Rangordnung entsprechend ihrer erwarteten Kapitalwerte zu bringen.

---

507 Vgl. Liessmann, K., Beurteilung der Erfolgschancen technischer Produktinnovationen, in: Eschenbach, R., Das Management von Innovationen, Wien 1988, S. 7–33.

Sei c_i der Gegenwartswert der Forschungs- und Entwicklungsauszahlungen des i-ten Projekts, p_i die Erfolgswahrscheinlichkeit der Entwicklung, b_i der Gegenwartswert der Projekterfolge (abgezinste Nettoeinzahlungen), so errechnet sich der Projektkapitalwert C_i aus

$$c_i = c_{i,0} + c_{i,1} / (1 + z)^1 + c_{i,2} / (1 + z)^2 + \cdots \tag{6.5}$$

$$b_i = b_{i,0} + b_{i,1} / (1 + z)^1 + b_{i,2} / (1 + z)^2 + \cdots \tag{6.6}$$

$$C_i = -c_i + p_i \cdot b_i / (1 + z^k) \tag{6.7}$$

worin der zweite Index auf den rechten Seiten in (6.5) und (6.6) jeweils Zeitperioden angibt und z der Kalkulationszins ist. Normalerweise wird die Entwicklung erst abgeschlossen werden, bevor Nettoeinzahlungen zu erwirtschaften sind. Die Dauer bis zur Markteinführung betrage $k > 1$ Perioden. Nur für diesen Fall ist die in (6.7) gewählte Berücksichtigung der Erfolgswahrscheinlichkeit auch als konsistent anzusehen.

Hohe Projektkapitalwerte können im Vergleich zu niedrigen Kapitalwerten oft nur durch einen überproportional hohen Ressourceneinsatz erreicht werden. Ist dieser Ressourceneinsatz begrenzt und die relativ knappste Ressource bekannt, seien dies nun Finanzierungsmittel, Personalstunden oder Kapazitätseinheiten von Großgeräten, so muss dieser Tatbestand bei der Rangordnung der Projekte berücksichtigt werden. Die Berücksichtigung erfolgt dadurch, dass der Projektkapitalwert durch die vom Projekt beanspruchte Menge der knappen Ressource dividiert wird. Die Projekte sind dann nach diesen Quotienten, der **Kapitalwertrate**, in Rangordnung zu bringen und bis zur Erschöpfung der knappen Ressource zu realisieren.

Die direkte Zuordnung der in den Projektkapitalwert eingehenden Zahlungen, insbesondere auch ihre Verteilung über die Zeit, bereitet der Praxis erhebliche Schwierigkeiten. Es ist hilfreich, wenn es branchenspezifische „typische" Verläufe von Auszahlungen für die Entwicklung, die Vorbereitungsphase der Markteinführung einer Produktinnovation und die erwarteten Umsätze am Markt gibt. Solche Verlaufsfunktionen können aus wenigen Parametern abgeleitet werden. Beispielsweise würde man für den Entwicklungsaufwand nach der Dauer der Entwicklung und der Periode mit dem maximalen Entwicklungsaufwand sowie dessen Höhe fragen, um daraus einen Verlauf abzuleiten. Diesem wären dann die periodenbezogenen Werte für die Kapitalwertberechnung zu entnehmen. Entsprechend kann mit den anderen typisierten Verläufen verfahren werden.

6.3.4 Innovations-Ergebnisrechnung

Mit der Einbeziehung der künftigen Kostenersparnisse bei Prozessinnovationen oder der Gewinnbeiträge der Produktinnovationen kann so der gesamte Innovationsprozess in eine Projektbewertung einbezogen werden. Das führt zur Innovations-Ergebnisrechnung für einzelne Projekte. Für sie werden drei Forderungen erhoben:
(1) Sie muss alle dem Projekt zurechenbaren Ausgaben und Einnahmen erfassen.
(2) Sie muss wirtschaftliche Beziehungen zu anderen Projekten erfassen und deutlich machen.
(3) Sie muss an verschiedene Entwicklungsstadien (Projektbeginn, -mitte, -ende) flexibel angepasst werden können.

Tab. 6.7: Projektergebnisrechnung. (Quelle: Eigene Darstellung.)

(1) Aufgezinste, realisierte (kumulierte) Ausgaben für das Projekt	(5) Aufgezinste, realisierte (kumulierte) Einnahmen für das Projekt (einschl. Subventionen, Lizenzeinnahmen etc.)
(2) Aufgezinste, verrechnete, von anderen Projekten übernommene Ausgaben	(6) Aufgezinste, verrechnete, von anderen Projekten übernommene Einnahmen
(3) Erwarteter Kapitalwert künftiger Ausgaben B —————————————— (4) Erwarteter Innovationsprojektgewinn (Gegenwartswert)	(7) Erwarteter Kapitalwert künftiger Einnahmen —————————————— B (8) Erwarteter Innovationsprojektverlust (Gegenwartswert)

BB = Break Even Kapitalwert

Einen Vorschlag für eine solche Projektergebnisrechnung hat Hauschildt[508] ausgearbeitet. Dieser Vorschlag wird hier leicht abgewandelt. Im allgemeinsten Falle[509] (in speziellen Phasen der Projektbearbeitung nehmen einige der Positionen den Wert Null an) ist dem folgenden Schema zu entsprechen (vgl. Tab. 6.7).

Beim Projektstart können (1), (2), (5) und (6) gleich Null sein, sodass mit (3) und (7) die Daten zur Berechnung des Projektkapitalwerts (4) erhoben werden. Bei Projektende wird das Feld (1) gefüllt sein, mit fortschreitender Vermarktung wird Feld (5) zulasten des Feldes (7) wachsen. Das Ergebniskonto sammelt die projektbezogenen Zahlungen, ist aber nur vor dem Projektstart auch eine Investitionsrechnung, da eine solche Rechnung auf zukunftsbezogenen Zahlungen basiert.

Die Innovationsergebnisrechnung ist für einen risikoneutral eingestellten Entscheidungsträger formuliert, soweit die Positionen (3) und (7) betroffen sind. Risikoscheu sollte zum Ausweis von Risikokorrekturposten führen, deren Höhe durch die Streuung und den Grad der Risikoscheu zu bestimmen ist. Wenn mit dem Projektfortschritt die Positionen (3) und (7) immer mehr in (1) und (5) umgewandelt werden, so verschwinden damit auch die Risikokorrekturposten, da die entsprechenden Zahlungen realisiert werden.

Die Rechnung kann Grundlage einer laufenden Abweichungsanalyse sein. Dabei sind dann Abweichungsursachen, wie etwa Änderungen von Kalkulationszinssätzen oder Abweichungen von den erwarteten Zahlungen, auszuweisen. Die Planabweichungen können unter Beibehaltung ursprünglicher Planwerte auf dem Projektkonto in einem getrennten Planabweichungskonto gesammelt werden[510].

---

508 Vgl. Hauschildt, J., Die Innovationsergebnisrechnung – Instrument des F&E-Controlling, Der Betriebsberater, Jg., 1994, S. 1017–1020.
509 Abweichend von Hauschildt wird angenommen, dass Vergangenheitszahlungen auf den Entscheidungszeitpunkt aufgezinst werden.
510 Schneider, D., Reformvorschläge zu einer anreizverträglichen Wirtschaftsrechnung bei mehrperiodiger Lieferung und Leistung, Zeitschrift für Betriebswirtschaft, Bd. 58, 1988, S. 1371–1386.

6.4 Programmplanung

Nachdem einzelne Entwicklungsprojekte im Hinblick auf Unternehmensziele bewertet sind, ist aus ihnen eine Auswahl zu treffen, die als Programm bezeichnet wird. Die dafür notwendigen Entscheidungen haben in der Regel eine Vielzahl von Beschränkungen zu betrachten. Beispielsweise beanspruchen die einzelnen Projekte in unterschiedlichem Maße finanzielle und personelle Ressourcen, es können Projektinterdependenzen bestehen (beispielsweise die Aufeinanderfolge von Projekten im Laufe der Zeit in Abhängigkeit vom erfolgreichen Abschluss voraufgehender Projekte), Planungsunsicherheiten sind zu berücksichtigen (wofür es unterschiedliche Ansätze gibt). Hinsichtlich der Reichweite der Programmplanung ist zu bedenken, ob diese sich auf eine oder mehrere Perioden bezieht, nur in der Gegenwart Entscheidungen zu treffen sind oder auch künftige Entscheidungen durch flexible Planung zu berücksichtigen sind, in welchen Dimensionen eine Zielfunktion beschrieben wird und ob der Grad der Verfehlung weiterer Zielfunktionen zu berücksichtigen ist. Schon diese unvollständigen Aufzählungen lassen erkennen, dass ein kombinatorisches Problem vorliegt, welches bei Berücksichtigung der Unsicherheit nichtlineare Beziehungen enthält und meist auch ganzzahlige Variablen (zum Beispiel schon dann, wenn nur Durchführung oder Zurückweisung eines Projekts berücksichtigt wird).

Das Programmplanungsproblem kann als Optimierungsaufgabe erfasst werden:

$$\max z(x_1, x_2, \ldots, x_i, \ldots, x_I) \,,$$

worin $z(\ldots)$ eine Zielfunktion ist und x_i, $i = 1, 2, \ldots, I$, die einzelnen Projekte symbolisieren.

Diese sind bereits mit einem Wert c_i bewertet, der ihren Beitrag zum Ziel angibt. Im einfachsten Fall könnte die Zielfunktion geschrieben werden:

$$\max \sum_{i=1}^{I} c_i x_i \,.$$

Hinzu treten nun die Nebenbedingen. Bei einem vorgegebenem Entwicklungsbudget F, das durch die einzelnen Projekte jeweils mit $f_i > 0$ beansprucht wird, ergibt sich:

$$\sum_{i=1}^{I} f_i x_i \leq F \,.$$

Für die Auswahl der Projekte müsste noch festgelegt werden:

$$x_i = \{0, 1\} \,.$$

Das wäre das einfachste, einperiodige Programmplanungsmodell mit nur einer finanziellen Nebenbedingung und einer Projektauswahlregel[511]. Software zur Lösung sol-

---

[511] Einen Überblick über Programmplanungsmodelle findet man unter anderem bei: Brockhoff, K., Forschungsprojekte und Forschungsprogramme, a. a. O., S. 298 f.; Brockhoff, K., Programmplanung

cher Planungsprobleme gibt es für die verschiedensten Bedingungen; im linearen Fall kann sogar Excel herangezogen werden.

6.5 Abwicklung und Ablaufplanung

Forschungs- und Entwicklungsprojekte können sich dadurch auszeichnen, dass die ihnen inhärente Ungewissheit nicht allein durch eine Folge von Versuchen oder Experimenten abgebaut werden kann. Vielmehr stehen häufig mehrere Wege zur Auswahl, um möglicherweise zu mehr Wissen und Gewissheit zu gelangen. Lässt man Kapazitätsbegrenzungen außer Betracht, so besteht die Möglichkeit, diese einzelnen Wege gleichzeitig zu beschreiten oder jeweils einen Weg auszuwählen und nur bei Misserfolg eine weitere Auswahl zu treffen. Im ersten Fall spricht man von Parallelforschung, im zweiten Fall von Sequentialforschung. (Nur aus sprachlicher Bequemlichkeit wird dabei die Entwicklung nicht in diese Begriffe aufgenommen.) Natürlich ergibt sich die Frage, welche dieser Vorgehensweisen als wirtschaftlicher anzusehen ist. Die partielle Überlappung von Teilprojekten oder Versuchen, die im 2. Kapitel als Maßnahme zur Verkürzung der Entwicklungsdauer angeführt ist, wird hier nicht behandelt. Sie steht zwischen Parallel- und Sequentialforschung. Die jeweilige Vorgehensweise beeinflusst möglicherweise die Verhaltensweisen der Beteiligten, was hier unberücksichtigt bleibt. So wird davon ausgegangen, dass bei Parallelisierung auf das gleiche Ziel ausgerichteter Versuche zwischen den jeweils zuständigen Gruppen Wettbewerb stimuliert wird, der dem Ergebnis nützt. Bei sequentieller Forschung und Entwicklung kann dieser Effekt ausbleiben.

Die Praxisrelevanz der Fragestellung wird beispielsweise dadurch illustriert, dass für die Entwicklung der Hinterachse des Mercedes 190 acht Typen für die Radaufhängung mit 77 Varianten untersucht wurden. Das war nur durch rechnergestütztes Konstruieren wirtschaftlich möglich[512].

Parallelforschung ist im Vergleich zur Sequentialforschung aufwändig, verspricht aber früheren Projekterfolg. Besonders wenn sogenanntes „frühes Lernen" erforderlich und möglich erscheint, ist daher Parallelforschung angeraten. Zu frühe Konzentration auf nur einen Ansatz kann gerade bei hoher Projektunsicherheit falsch sein. Bei Sequentialforschung ist mit späterem Projektabschluss zu rechnen, doch es werden weniger auf dasselbe Ziel gerichtete Versuche erwartet als bei Parallelforschung.

---

für die Forschung und Entwicklung, Handwörterbuch der Produktion, Stuttgart 1979, Sp. 652–671; Winkofky, E. P., Mason, R. M., Souder, W. E., R&D Budgeting and Projct Selection, in: Dean, B. V., Goldhar, J., Management of Research and Development, Amsterdam 1980, S. 183–198; Fox, G. E., Baker, N. R., Bryant, J. L., Economic Models for Project Selection in the Presence of Project Interaction, Management Science, Vol. 30, 1984, S. 890–902.
512 Breitschwerdt, W., Von der Idee zum Produkt, Forschung und Entwicklung im Großunternehmen. a. a. O., S. 154 ff.

Außerdem liegt der Durchschnitt der Auszahlungen später, was sich positiv auf den Projektwert auswirkt. Dem steht unter Umständen ein später einsetzender Einzahlungsstrom aus der Projektverwertung gegenüber[513]. Sequentialforschung kann trotz gegebener Entwicklungskapazitäten dadurch zeitlich beschränkt sein, dass nur beispielsweise in jährlichen Abständen das Ergebnis der Entwicklung geprüft werden kann. Das ist etwa bei Erntemaschinen der Fall[514].

Soll zwischen Parallel- und Sequentialforschung entschieden werden, müssen – unbeschadet der Lösungsmöglichkeiten für spezielle Fragestellungen – vergleichsweise einfache Situationen unterstellt werden. Die dafür notwendigen Grundlagen haben Abernathy und Rosenbloom gelegt[515].

Bei der Entscheidung über die Durchführung von Projekten ist für diese eine Ablaufplanung zu erstellen.

Die Projektablaufplanung verfolgt fünf Zwecke:
(1) Feststellung der möglichen Einzelaktivitäten (Versuche) und ihrer zeitlichen Beziehungen zueinander,
(2) Ermittlung der Wahrscheinlichkeit der verschiedenen Möglichkeiten, wie das Projekt abgeschlossen werden kann,
(3) Ermittlung der erwarteten Dauer bis zu diesen verschiedenen Möglichkeiten,
(4) Ermittlung der erwarteten Aufwendungen und der Projektwerte,
(5) Ermittlung von erwarteten Kapazitätsbeanspruchungen.

Auf der Basis theoretischer und empirischer Studien haben Kern und Schröder ein umfassendes Modell des Ablaufs von Forschungs- und Entwicklungsprojekten gebildet[516]. Es umfasst drei Hauptphasen: Projektdefinition, Bildung und Auswahl von Lösungshypothesen, Überprüfung der Lösungshypothesen. Daran sollte sich eine Trans-

---

513 Zu den komplexen Entscheidungen vgl.: Nelson, R. R., Uncertainty, Learning and the Economics of Parallel Research and Development Efforts, Review of Economics and Statistics, Vol. 48, 1962, S. 351–364; Weingartner, H. M., Capital Budgeting of Interrelated Projects, Management Science, Vol. 12, 1966, S. 485–516; Marschak, T. A., Yahav, J. A., The Sequential Selection of Aproaches to a Task, Management Science, Vol. 12, 1966, S. 627–647; Granot, D., Zuckerman, D., Sequencing and Resource Allocation in R&D, Management Science, Vol. 37, 1991, S. 140–156.
514 Logan, S. H., Evaluating Financial Support of Research Programs, Journal of Farm Economics, Vol. 46, 1964, S. 188–199.
515 Vgl. Abernathy, W. J., Rosenbloom, R. S., Parallel Strategies in Development Projects, Management Science, Vol. 15, 1969, S. B 486–B 505.
516 Vgl. Kern, W., Schröder, H.-H., Forschung und Entwicklung in der Unternehmung, 1977, S. 267 ff. Projektmanagement ist ein umfassendes Gebiet, das hier nicht in seinen Einzelheiten behandelt werden kann. Eine Darstellung aus Sicht der Praxis geben: Platz, J., Schmelzer, H. J., et al., Projektmanagement in der industriellen Forschung und Entwicklung, Einführung anhand von Beispielen aus der Informationstechnik, Berlin, Heidelberg, New York 1986; Madauss, B. J., Projektmanagement: Theorie und Praxis aus einer Hand, 2017; Gassmann, O., Internationales F&E-Management: Potentiale und Gestaltungskonzepte transnationaler F&E-Projekte. Berlin, 2019; Litke, H. D., Kunow, I., Schulz-Wimmer, H., Projektmanagement (Vol. 200), 2018.

Abb. 6.9: Schema der Ablaufplanung eines Projekts. (Quelle: Eigene Darstellung.)

Phase	Aktivitäten und Instrumente
Vorphase	Entwicklungsidee (Produkt oder Prozessidee) ↓ Problembeschreibung (Lastenheft) ↓ Entwicklung einer Projektzielsetzung (Pflichtenheft)
Hauptphase	↓ Entwicklung der Projektstruktur (Gliederung in Teilaufgaben) ↓　　　　　　　　　↓ Ablaufplan　　　　　Ressourcenplan (Abfolge der Teilaufgaben　(Quantitäten und Aufwendung; Arbeitspakete, Abschluss　oder Grundlage für durch Meilensteine)　　Kostenpläne) ↓　　　　　　　　　↓ Netzplan (Berücksichtigung der Kapazitäten)
Nachphase	↓ Projektbearbeitung ↓ Nutzung der Entwicklung

ferphase anschließen, in der die Ergebnisse durch „Kommunikationsmechanismen, wie z. B. ein Berichtswesen bzw. Konferenzsystem" weitergegeben werden[517]. Jede dieser Phasen ist in Einzelaktivitäten untergliedert. Neuere Studien detaillieren diese Betrachtungen und suchen nach Hilfsmitteln für die Steuerung des Projektablaufs (Abb. 6.9).

Bevor wir uns dem Schema der Abbildung zuwenden, sollte festgestellt werden, dass in der Realität kein so „linearer" Ablauf der Projektdurchführung zu erwarten ist, wie er sich hier darstellt. Vielmehr wird man auf verschiedenen Ebenen mit Rücksprüngen in frühere Phasen oder zu früheren Aktivitäten zu rechnen haben. Das ist die unmittelbare Folge der jedem Forschungs- und Entwicklungsprojekt innewohnenden Ungewissheit.

Weiter soll die folgende Betrachtung im Wesentlichen auf die Hauptphase beschränkt werden. Die Nachphase ist hier nur insofern von Interesse, als sich aus ihr Zeitziele für die Projektbearbeitung ableiten lassen und da in ihr Revisionsmöglich-

517 Steck, R., Ablaufplanung für die Forschung und Entwicklung, Handwörterbuch der Organisation, 2. A., Stuttgart 1980, S. 642–652, hier S. 644.

keiten für das Projekt mit Rückwirkung auf die vorausgehenden Aktivitäten vorzusehen sind. Die Vorphase umfasst zunächst Aktivitäten, die von der projektdefinieren-
den Kreativität abhängig sind. Am Ende der Vorphase sind relativ grobe Konkretisie-
rungen in einem Lastenheft festzulegen. Ein klassisches und allgemeinverständliches
Beispiel eines Lastenheftes für ABS-Forschung der Daimler AG zeigt folgender Text[518]:

1.) *Während des geregelten Bremsvorgangs muss die Fahrstabilität und Lenkfähigkeit des Fahrzeugs gewährleistet sein.*
2.) *Die notwendige Lenkreaktion soll – auch bei ungleichem Reibwert an rechten und linken Rädern –
möglichst klein sein.*
3.) *Die Regelung muss im gesamten Geschwindigkeitsbereich des Fahrzeugs arbeiten.*
4.) *Das Regelsystem soll die Haftung der Räder auf der Fahrbahn optimal ausnutzen, wobei Lenkfähigkeit vor Bremswegverkürzung kommt.*
5.) *Die Regelung soll sich äußerst schnell an eine Änderung der Übertragungsfähigkeit der Oberflä-
che anpassen.*
6.) *Auch auf welliger Fahrbahn muss das Fahrzeug bei beliebig starker Bremsung voll beherrschbar
sein.*
7.) *Die Regelung muss Aquaplaning erkennen und darauf richtig reagieren.*
8.) *Die Regelung ist der normalen Bremsanlage nur zu überlagern. Eine Sicherheitsschaltung muss
bei einem Defekt selbsttätig und rückwirkungsfrei die Regelung abschalten. Die normale Bremsanlage muss dann voll funktionsfähig sein.*
9.) *Sämtliche Forderungen an die Regelung müssen mit allen für das jeweilige Fahrzeug zugelasse-
nen Reifen erfüllt werden.*

Stärkere Spezifizierungen als im Lastenheft folgen im Pflichtenheft. Es ist von wesentlicher Bedeutung, weil der präzise Anforderungskatalog die Entwicklungstätigkeit in die durch Unternehmensziele und Marktkenntnisse vorbestimmten Bahnen
lenkt. Deshalb muss das Pflichtenheft auch bei einer grundlegenden Veränderung
der Unternehmensziele oder der Marktsituation angepasst werden können, ohne allerdings die Entwicklung zu einer Abfolge von kurzfristig angesetzten „Feuerwehrak-
tionen" zu drängen. Im Pflichtenheft ist das Abstimmungsergebnis über das Projekt
zwischen den Funktionsbereichen des Unternehmens dokumentiert[519].

In der Hauptphase ist ein Projektstrukturplan oder „work breakdown structure"[520]
zu entwickeln. Dazu werden alle mit der Entwicklungsaufgabe verbundenen Teilaktivitäten, auch solche der Planung und Berichterstattung, systematisch erfasst. Auf
diese Weise sollen möglichst mit früheren oder künftigen Aufgaben vergleichbare Ar-

---

518 Breitschwerdt, W., Von der Idee zum Produkt. Forschung und Entwicklung im Großunternehmen,
a. a. O.
519 Vgl. Siegwart, H., Produktentwicklung in der industriellen Unternehmung, Bern, Stuttgart 1984,
S. 122; Kuba, R., Pflichtenheft für Entwicklungsaufgaben, Controller-Magazin, 2. Jg., 1988, S. 64–70.
520 Vgl. Balderston, J., et al., Modem Management Techniques in Engineering and R&D, New York
et al., 1984, S. 59–89; Kern, W., Schröder, H.-H., Forschung und Entwicklung in der Unternehmung,
a. a. O., 1977, S. 277.

beitspakete entstehen, die einer Stelle zur Abarbeitung übergeben werden können. Wegen dieser Funktion wird der Projektstrukturplan auch als „der Plan aller Pläne" bezeichnet, der sich sowohl am Objekt als auch an der Umsetzung orientieren kann[521].

Aufgrund der gebildeten Arbeitspakete kann einerseits ein **Ablauf-** und andererseits ein **Ressourcenplan** erstellt werden. Im Ablaufplan wird die Abfolge der Arbeitspakete festgelegt. Dabei ist im Interesse frühen Markteintritts daran zu denken, Vorgänge möglicherweise parallel ablaufen zu lassen. Dann sind entsprechende Vorkehrungen zur Koordination zu treffen[522].

Aus praktischer Erfahrung ist – wie schon oben erwähnt – die Forderung begründet, bei besonders risikoreichen Unternehmungen die Bildung von parallel zu bearbeitenden Teilprojekten oder Arbeitspaketen vorzusehen[523].

Der Ablaufplan wird teilweise auch als **Meilensteinplan** bezeichnet. Meilensteine sind Projektereignisse, durch die zu einem bestimmten Termin bestimmte Ergebnisse erreicht werden sollen, die für den Projekterfolg als wesentlich angesehen werden. Aus dem beispielhaften Meilensteinplan in Abb. 6.10 lassen sich keine Informationen über den Ressourcenbedarf entnehmen. Soweit sie nicht besonders durch Symbole bezeichnet sind, gelten die zeitlichen Endpunkte der eingetragenen Teilprojekte als die Meilensteine. Um den Ressourcenbedarf sichtbar zu machen, werden in einem gesonderten Ressourcenplan den Arbeitspaketen oder Teilprojekten unter der Annahme einer Normalbearbeitungsdauer die notwendig erscheinenden Ressourcen (z. B. Projektmitarbeiter bestimmter Qualifikation, Messgeräte, Versuchsfelder) zugeordnet. Sie werden anschließend bewertet, womit die Grundlage für die Projektkostenplanung gelegt wird. Aus diesem Vorgehen wird auch deutlich, dass die Pläne wechselweise aufeinander bezogen sind, weil zum Beispiel nicht generell von der Einhaltung der Normalbearbeitungsdauer ausgegangen werden kann, Abweichungen davon sich aber auch auf den Ressourcenverbrauch auswirken können. Die beiden Planungen sind in einem Netzplan zu integrieren, zu der Theorie und Praxis eine Fülle von Ansätzen bieten. Im Hinblick auf die spezifischen Probleme von Forschungs- und Entwicklungsprojekten muss deshalb die Auswahl geeigneter Techniken sorgfältig getroffen werden.

In der Praxis der Netzplantechnik herrschen vielfach noch einfache Balkendiagramme vor (Gantt-Diagramme), aus denen allenfalls die zeitliche Struktur der Arbeitspakete und eine mögliche Überbeanspruchung einer knappen Ressource zu erkennen sind. Dabei wird auch regelmäßig von nur einer Möglichkeit, nämlich dem

521 Platz, J., Projektplanung, in: Platz, J., Schmelzer, H. J., et al., Hrsg., Projektmanagement in der industriellen Forschung und Entwicklung, Berlin, Heidelberg, New York 1986, S. 131–159, hier S. 142

522 Vgl. Reichwald, R., Schmelzer, H. J., Durchlaufzeiten in der Entwicklung. Praxis des industriellen F&E-Managements, München, Wien 1990. Aus japanischer Sicht vgl. Takeuchi, H., Nonaka, I., The New Product Development Game, Harvard Business Review, Vol. 64, 1989, (1) S. 137–146. Vgl. dazu auch Kapitel 2.

523 Vgl. Brockhoff, K., Urban, Ch., Die Beeinflussung der Entwicklungsdauer, a. a. O., S. 21 ff.

Abb. 6.10: Beispielhafter Meilensteinplan. (Quelle: Breitschwerdt, W., Von der Idee zum Produkt, a. a. O., 1988, S. 136.).

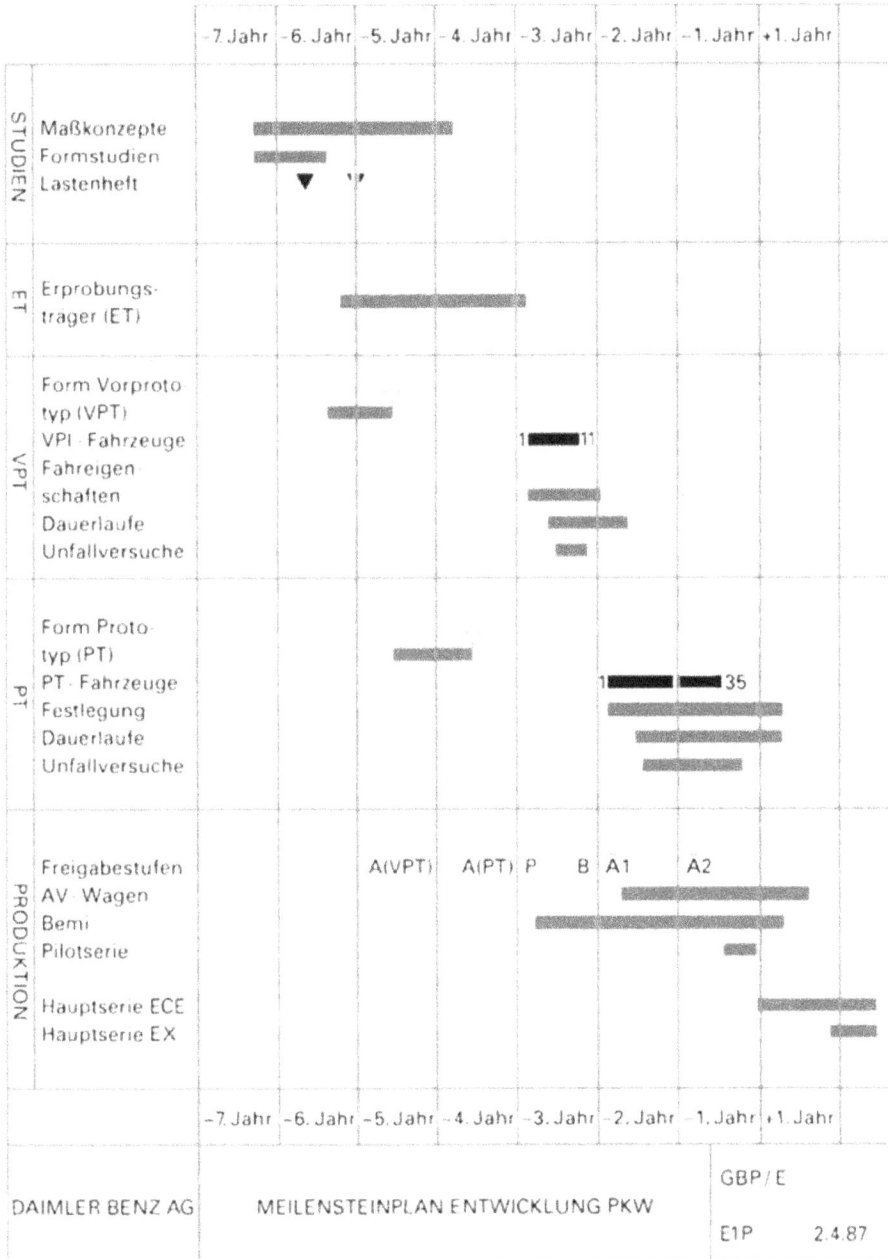

Abb. 6.11: Überblick über Netzplantypen und -methoden.

		Knoten	
		deterministisch	stochastisch
Kanten	deterministisch	Critical Path Method, Metra Potential Methode	Entscheidungs-Netzpläne
	stochastisch	PERT	GERT

Quelle: Zimmermann, H. J., Netzplantechnik, Handwörterbuch der Organisation, 2. Aufl., Stuttgart 1980, Sp. 1381.

Projekterfolg, ausgegangen, die die spezifischen Eigenschaften von Forschungs- und Entwicklungsprojekten kaum berücksichtigt. Ein Grund dafür ist, dass die für jedes Projekt neue Aufstellung von Netzplänen recht aufwendig ist und die Netzplantechnik nicht immer die für Innovationen notwendige Flexibilität birgt. Dem ersten Argument wird durch das Angebot allgemeiner Standard-Prozess-Pläne entgegengetreten, die die in einer Vielzahl von Forschungs- und Entwicklungsprojekten erfahrungsgemäß auftretenden Ereignisse als Module bereithalten[524]. Nur über diese muss individuell entschieden werden. Die Anwendung hängt davon ab, ob sich der Prozess tatsächlich verallgemeinern lässt, was von der Natur der Sache her nur beschränkt möglich ist. Immerhin bietet die Standardisierung eine Denk- und Organisationshilfe. Dem zweiten Argument wenden wir uns im Folgenden ausführlicher zu.

Aus der Definition von Forschung und Entwicklung wissen wir, dass Dauer und Aufwand einzelner Vorgänge nicht sicher zu bestimmen sind. Außerdem können nicht alle Ereignisse mit Sicherheit erreicht werden, weil z. B. Versuche fehlschlagen. Die Abb. 6.11 stellt dar, dass von den verschiedenen Netzplantechniken die erste dieser Projekteigenschaften durch PERT (Program Evaluation and Review Technique), zusätzlich die zweite durch GERT (Graphical Evaluation and Review Technique) behandelt werden kann.

Da weiterhin Netzplantechniken für verschiedene Variationen von Vorgangsdauern, Anpassungskosten, alternative Aktionen oder etwa Ressourcen entwickelt wurden, kann hier kein Überblick über die einzelnen Verfahren gegeben werden[525].

---

524 Vgl. Hirzel, M., Standard-Prozess-Pläne für F&E, Zeitschrift für Organisation, 49. Jg., 1980, S. 161–168. Versuche bei der Schering AG haben allerdings zur Abkehr von Standard-Prozessplänen in der Pharmaforschung geführt, und für die Siemens AG wird von einem flexiblen, projektangepassten Meilensteinkonzept berichtet: Singer, S., F&E Controlling (Siemens AG), in: Mayer, E., Liessmann, K., Hrsg., F+E-Controllerdienst, Stuttgart 1994, S. 53–84.

525 In die Literatur führen ein: Matthes, W., Erweiterungen der Netzplantechnik, Handwörterbuch der Produktionswirtschaft, Stuttgart 1979, S. 1327–1340; Küpper, W., Grundlagen der Netzplantechnik, Handwörterbuch der Produktionswirtschaft, Stuttgart 1979, S. 1340–1353. Einen interessanten Stammbaum von CPM- und PERT-Netzplanmethoden zeichnet Wiest, J. D., Gene-Splicing PERT and CPM: The Engineering of Project Network Models. In: Dean, B. V., Project Management, Methods and Studies, Amsterdam 1985, S. 67–94, hier S. 70.

6.6 Projektabbruch

Die Entscheidung Forschungs- und Entwicklungsprojekte abzubrechen ist aus mehreren Gründen von besonderer Bedeutung. Sie stellt Führungs- und Motivationsprobleme. Nicht zuletzt deshalb verlangt sie nach einer überzeugenden Entscheidungsregel. Fehlt diese oder kann sie nicht durchgesetzt werden, so besteht die Gefahr, dass Projekte ohne Erfolgspotenzial weitergeführt werden (u. U. unter neuen Bezeichnungen) und damit Ressourcen absorbieren, die für die Unternehmensentwicklung verfügbar sein sollten.

Die schon mehrfach betrachtete Geschichte der Forschung und Entwicklung bei Du Pont illustriert dieses Problem.

The black powder project raised other issues about the management of research. Perhaps the biggest was determining when to stop. Alfred du Pont articulated this issue most clearly. He believed that the cases of Stabilite [ehemaliger Wettbewerber, A. d. A.] and the continuous process [im Unterschied zur herkömmlichen, diskontinuierlichen Pulverherstellung] demonstrated that the [Experimental] Station [einer der Laborbereiche] had been unable to make a determination of when to stop. Not only the Experimental Station needed someone who could push projects with more vigor, it needed someone who could 'decide within a reasonable length of time as to (a projects) respective merits. It takes too long as matters are at present conducted as the Experimental Laboratory to arrive at any conclusion regarding the value of any new process, or the value of any alteration made in any explosives in order to determine its success'. If a project has value, Alfred maintained in black-and-white terms, 'it should be determined as soon as possible; if not, further expenditures in its so called development should be discontinued.[526]

Umgekehrt kann jeder Praktiker auf Fälle verweisen, wo entgegen einer Abbruchentscheidung insgeheim weiterentwickelt wurde und das Ergebnis das Unternehmen später sogar möglicherweise vor dem Untergang rettete. Die Entwicklung einer einäugigen Spiegelreflexkamera bei Rollei entgegen den Wünschen des damaligen Eigentümers ist ein solcher Fall. Aus der Förderung von solchen „U-Boot-" oder „Bootlegging"-Projekten ein Management-Prinzip zu machen, geht allerdings zu weit[527].

Eine auf ein Unternehmen beschränkte „Nachanalyse" von 241 Projekten zeigte, dass 7 Prozent der Projekte voll und 45 Prozent der Projekte teilweise abgebrochen wurden[528]. Die Beschränkung auf ein Unternehmen und auf einen fixierten Zeit-

---

526 Hounshell, D. A., Smith, J. K., Jr., Science and Corporate Strategy, a. a. O., 1989, S. 46.

527 Vgl. Hoffmann, L., Innovation durch Konspiration, Harvard Manager, 13. Jg., 1991, (1) S. 121–127; Augsdorfer, P., Forbidden Fruit. An Analysis of Bootlegging, Uncertainty and Learning in Corporate R&D, Aldershot 1996; Augsdorfer, P., Bootlegging and path dependency. Research Policy, 2005, Vol. 34(1), S. 1–11.

528 Vgl. Pfeiffer, W., Asenkerschbaumer, St., Weiss, E., FuE-Projektanalyse. Ein Instrument zur Hebung der FuE-Effizienz, in: Pfeiffer, W., Weiss, E., Technologie-Management, Philosophie-Methodik-Erfahrung. Göttingen 1990, S. 127–220, hier S. 127 ff.

abschnitt von einem Jahr für die Beobachtung der Projekte (die weitere Misserfolge oder auch spätere Erfolge der teilweise abgebrochenen Projekte zulassen) erlauben keine Verallgemeinerung der Ergebnisse. Das ist aber auch hier nicht so bedeutsam, da schon die Feststellungen allein zeigen, dass Abbruchprobleme häufiger auftreten. Deshalb erfordern sie intensive Behandlung.

Obwohl der Charakter von Forschung und Entwicklung notwendig auch Misserfolge in Rechnung stellen muss, die auch bei erfolgreich innovierenden Unternehmen auftreten[529] gelten sie in der Praxis immer noch oft als Ausdruck von Fehlverhalten: „This leads to a certain reluctance [...] to acknowledge the existence of such situations"[530]. Dieser Zurückhaltung begegnet man allerdings auch in der Literatur.

Grundsätzlich sind zwei Wege zur Behandlung des Abbruchproblems denkbar: der empirische und der analytische.

Empirische Studien gehen zunächst einmal von einer Reihe von Einflussfaktoren auf den Projektabbruch aus, die nach Objekten, handelnden Personen, Zielen und Zeitaspekten geordnet und die nach Kriterien kategorisiert werden[531], was für die Information des Management von Bedeutung ist. Weitere Faktoren lassen sich aus der Erfahrung gewinnen, insbesondere auch über Wechsel in der Projektbearbeitung, oder aufgrund der Ergebnisse der Erfolgsfaktorenforschung neuer Produkte. Solche Faktoren lassen sich für die Formulierung von Testfragen nutzen. Es wurde vorgeschlagen, die Projekte mit diesen Testfragen zu konfrontieren und aufgrund der Antworten eine Entscheidung über den Projektabbruch zu fällen[532].

Dabei tritt das Problem auf, dass normalerweise nicht alle Antworten eindeutig auf einen Abbruch oder auf eine Fortführung des Projekts hindeuten. Deshalb müssten die Antworten gewichtet und aggregiert werden, wofür aber bei diesem Vorgehen keine Hinweise zu erlangen sind.

Diese werden in einer zweiten Gruppe von Arbeiten gegeben. Die potenziellen Einflussgrößen auf den Projekterfolg werden für erfolgreiche und für abgebrochene Projekte bewertet und zunächst einer Faktorenanalyse unterworfen. So können voneinander möglichst unabhängige Faktoren gefunden werden. Auf dieser Grundlage wird

---

529 Vgl. Adams, W., Dirlam, J. B., Big Steel, Invention and Innovation, Quarterly Journal of Economics, Vol. 80, 1966, S. 167–189.

530 Balachandra, R., Raelin, J. A., How to Decide When to Abandon a Project, Research Management, Vol. 23, 1980, S. 24–29.

531 Vgl. Pfeiffer, W., Asenkerschbaumer, St., Weiss, E., FuE-Projektanalyse. Ein Instrument zur Hebung der FuE-Effizienz, a. a. O., S. 144 f.

532 Vgl. Buell, C. D., When to Terminate a Research and Development Project, Research Management, Vol. 10, 1967, S. 275–284; Holzman, R. T., To Stop or Not – The Big Research Question, Chemical Technology, Vol. 2, 1972, S. 81–89; Bedell, R. J., Terminating R&D Projects Prematurely, Research Management, Vol. 26, 1983, S. 32–35; Szakonyi, R., Keeping R&D Projects on Track, Research Management, Vol. 28, 1985, S. 29–34.

dann eine Diskriminanzanalyse zwischen den abgebrochenen und den planmäßig beendeten Projekten durchgeführt. Dadurch wird zum einen die relative Bedeutung der Faktoren ermittelt und zum anderen der kritische Diskriminanzwert. Durch ihn werden die abgebrochenen und die planmäßig zu Ende geführten Projekte differenziert. Setzt man die Faktorausprägungen neuer Projekte in die Diskriminanzfunktion ein, so wird für sie erkennbar, ob sie den Gruppen der abzubrechenden oder der fortzuführenden Projekte zugerechnet werden sollten[533]. Darüber kann durch logistische Regression auch eine Wahrscheinlichkeitsaussage abgeleitet werden.

In diesen Studien wird unterstellt, dass historisch gewonnene Erfahrungen in die Zukunft übertragen werden können. Es ist aber fraglich, ob organisatorische oder menschliche Einflüsse auf den Projekterfolg bei der üblichen Personalfluktuation als stabile Kontextfaktoren behandelt werden können. Außerdem haben die Studien erkennen lassen, dass nicht in allen Branchen dieselben diskriminierenden Faktoren auftreten[534]. Das legt die Vermutung nahe, dass die Faktoren auch in einzelnen Unternehmen oder Arbeitsbereichen unterschiedlich ausgeprägt sind. In so kleinen Einheiten wird es dann schwierig sein, auf ausreichend viele dokumentierte Erfolgs- und Misserfolgsfälle zurückgreifen zu können, um individuelle Diskriminanzfunktionen zu bestimmen. Hinzu kommt, dass die diskriminierenden Faktoren offenbar auch im Laufe der Projektbearbeitung wechseln: Nur wenige Faktoren, wie die Klarheit der Zielsetzung oder die Kundennähe[535], haben in allen Phasen der Projektbearbeitung diskriminierende Bedeutung. In Tab. 6.8 wird aufgrund einer Untersuchung von 73 erfolgreichen, 39 erfolglosen und 44 zurückgestellten Projekten in deutschen Untemehmen[536] gezeigt, welche Faktoren in drei grob untergliederten Projektphasen signifikant ($p < 0.01$) zwischen erfolgreichen und nicht erfolgreichen Projekten diskriminieren können. Die Phase im Marktlebenszyklus, Kundenorientierung, Technologieentwicklung, technologischer Vorsprung, Engagement des Projektleiters und unerwartete Ereignisse sind die einzigen Faktoren, die in allen Phasen der Projektbearbeitung signifikant zwischen erfolgreichen und erfolglosen Projekten zu diskriminieren helfen.

---

533 Vgl. folgende Autoren, die regressionsanalytisch arbeiten: Balachandra, R., Raelin, J. A., How to Decide When to Abandon a Project, 1980, S. 26 ff.; Balachandra, R., Critical Signals for Making Go/NoGo Decisions in New Product Development, Journal of Product Innovation Management, Vol. 1, 1984, S. 92–100; Tadisina, S. K., Support System for the Termination Decision in R&D Management, Project Management Journal, Dec. 1986, S. 97–104; Pinto, J. K., Slevin, D. P., Critical Success Factors in R&D Projects, Research Technology Management, Vol. 32, 1989, S. 31–35.

534 Vgl. Tadisina, S. K., Support System for the Termination Decision in R&D Management, a. a. O.

535 Vgl. Pinto, J. K., Slevin, D. P., Critical Success Factors in R&D Projects, 1989.

536 Vgl. Lange, E., Abbruchentscheidung bei F&E-Projekten, Wiesbaden 1993.

Tab. 6.8: Diskriminanzvarialen erfolgreicher und nicht erfolgreicher F&E-Projekte.

Diskriminanzvarilen	Projektphase		
	Beginn	Mitte	Ende
Strategie			
– Strategische Übereinstimmungmit Unternehmenszielen		X	X
– Proje.ktinterdependenz.en (Synergien)		X	X
Markt			
– Phase im Marktlebenszyklus	X	X	X
– Marktunsicherheit			X
– Wettbewerbsstärke			X
– Kundenorientierung	X	X	X
Technologie			
– Technologiepotential	X		
– Technologieentwicklung	X	X	X
– Know-how-Stärke			X
– Technologievorsprung	X	X	X
– Technologische Synergien	X		
– Verfügbare Spezialisten	X	X	
Führungsaspekte			
– Top-Management-Unterstützung			X
– Qualifikation des Projektleiters	X		
– Engagement des Projektleiters	X	X	X
– Zeitabweichungen		X	X
Umwelt			
– Unerwartete Ereignisse	X	X	X

Quelle: Lange, E., Abbruchentscheidung bei F&E-Projekten, Wiesbaden 1993

Nicht alle Ergebnisse in Tab. 6.8 erscheinen plausibel. Warum hat zum Beispiel die Qualifikation des Projektleiters in der mittleren oder in der Endphase eines Projekts keine diskriminierende Bedeutung? Wird sie durch Planungsmaßnahmen ersetzt, nachdem die Unsicherheit stark reduziert wurde? Die Fragen deuten auf ein Problem hin, das den angeführten empirischen Untersuchungen gemeinsam anhaftet. Die Untersuchungen erfassen Perzeptionen des Managements, die allerdings in vielfältiger Weise von den „wahren" Gründen und Erklärungen für einen Projekterfolg oder -misserfolg abweichen können. So ist denkbar, dass bedeutende Einflussgrößen als solche nicht erkannt oder unterbewertet werden, unbedeutenden Faktoren kann ein ungerechtfertigt hohes Gewicht zugemessen werden. Auf dieses Problem haben Cooper und Kleinschmidt hingewiesen[537]. Die Autoren vergleichen die Mittelwerte verschiedener potenzieller Einflussgrößen auf abgebrochene Projekte, fertig entwickelte und solche ohne Markterfolg. Die zum Teil unplausiblen Ergebnisse veranlassen die

---

[537] Vgl. Cooper, R. G., Kleinschmidt, E. J., New Product Success Factors: A Comparison of 'Kills' versus *Successes* and Failures, R&D Management, Vol. 20, 1990, S. 47–63.

Autoren zu einer Simulation des Managementverhaltens, bei dem die beobachteten, unplausiblen Ergebnisse ebenfalls auftreten, wenn man bei einzelnen Variablen hohe Datenunsicherheit annimmt, unscharfe oder falsche Abbruchkriterien setzt oder die Kriterien mit falschen Gewichtungen versieht.

Die Abbruchentscheidungen sind also außerordentlich komplex. Sie können auch nicht allein aufgrund empirischer Forschung behandelt werden, deshalb sind analytische Vorgehensweisen hinzuzuziehen. Sie sind zwar bisher nur für vergleichsweise einfach strukturierte Zielsetzungen formuliert worden, doch können sie gleichwohl wichtige Anregungen für eine logische Vorgehensweise beim Projektabbruch vermitteln.

Analytische Studien liegen in zwei Formen vor: Entweder wird die Abbruchentscheidung im Rahmen eines Programmplanungsmodells dadurch getroffen, dass über die Weiterführung der Projektarbeiten im simultanen Vergleich mit allen anderen Projekten entschieden wird[538], oder es werden Bewertungen von Einzelprojekten vorgenommen. Wir wollen uns hier dem zweiten Fall zuwenden.

Grundsätzlich gilt hier – wie bei allen Investitionsentscheidungen –, dass ausschließlich die vom Entscheidungszeitpunkt an zukünftig anfallenden Zahlungen für das Projekt entscheidungsrelevant sind. Erfolgt die Entscheidung auf der Basis von Kapitalwerten, so sind dabei grundsätzlich Zahlungen früherer Perioden unberücksichtigt zu lassen. Eine Ausnahme bietet der Fall, dass die bereits investierten Mittel wiederverwertet werden können, was gerade bei dem hohen Personalaufwand an Forschungs- und Entwicklungsprojekten selten sein dürfte. Gleichwohl wird der Hinweis, man habe an einem Misserfolg viel gelernt, genau aus diesem (investitionstheoretischen) Grund ins Feld geführt – auch wenn dem Verwender dieses Arguments das nicht klar sein sollte.

Das zeigt sich besonders gut am Beispiel der sogenannten Großen Windenergieanlage (GROWIAN), die als Versuchsanlage zur Elektrizitätsgewinnung aus Windenergie an der deutschen Nordseeküste errichtet wurde. Hierüber wird berichtet:

> *Je höher der Mast und je grösser der Rotor, desto mehr Strom gibt es, so dachten viele. Aber gerade die hochaufragenden Türme mit riesigen, computergesteuerten Propellern, die verstellt werden können, erwiesen sich als äußerst komplizierte Maschinen [...] Bei der Großen Windanlage [...] traten schon bald nach der Inbetriebnahme 1982 Risse in der Nabe des Rotors auf. Inzwischen haben sich die technischen Mängel als so gravierend erwiesen, dass das Experiment am 30. Juni [1987] beendet und die Anlage abgebaut wird.*
> *Dennoch habe dieser Rotor eine Vielzahl von Erfolgen gebracht, die für die weitere Entwicklung von Windanlagen ausgenutzt würden, meint Gerd Eisenbeiß, Referatsleiter „Erneuerbare Energie" im Forschungsministerium in Bonn. So habe man ganz neue Erkenntnisse über Aerodynamik und auch über meteorologische Phänomene gewonnen, die jetzt anderen Anlagen zugutekamen[539].*

---

538 Vgl. Brockhoff, K., Forschungsprojekte und Forschungsprogramme, a. a. O., 1973, S. 320 ff.
539 Vgl. o. V., Der Growian an der Nordsee wird abgebaut, Frankfurter Allgemeine Zeitung, 16.6.1987.

Sehr viel kritischer beurteilt Pulcynski in einer Analyse der Organisation und des Erfolges dieses Großprojekts solche Ex-post-Rechtfertigungen[540].

Doch zurück zu den theoretischen Überlegungen: Die künftigen Zahlungsströme sind natürlich nicht in ihrer absoluten Höhe interessant, sondern relativ zur alternativen Verwendung der eingesetzten Mittel. Deshalb liegt die Idee nahe, diese Alternativen in einem Kalkulationszins zu erfassen. Dann könnte als Entscheidungskriterium periodisch der erwartete Projektkapitalwert berechnet werden oder – bei risikoscheuem Entscheidungsverhalten – ein entsprechend der Risikonutzenfunktion geringerer Projektnutzenwert. Wird dieser negativ, ist das Projekt abzubrechen.

In Anlehnung an die Stoptheorie ist gezeigt worden, dass dieses Entscheidungskriterium fehlerhaft sein kann[541]. Wenn nämlich nach der Entscheidung über die Weiterführung oder die Beendigung eines Projekts Folgeentscheidungen zu treffen sind, bei denen man nicht jede zufällige Realisationen der künftigen Zahlungen in Rechnung zu stellen hat, kann ein vorteilhafteres Entscheidungskriterium entwickelt werden. In diesem Kriterium kann nämlich berücksichtigt werden, dass (ebenso wie in der anstehenden Entscheidung auch) in allen künftigen Entscheidungen rational gehandelt wird und deshalb erkennbar unvorteilhafte und vermeidbare Entwicklungen nicht in die Erwartungswertbildung der Gegenwart einzubeziehen sind.

Die alternative Verwendung gegenwärtig verfügbaren Kapitals ist mit der optimalen Verwendung dieses Kapitals im Projekt zu vergleichen. Nur wenn die Differenz zugunsten des Projektes positiv ist, wird es fortgeführt. Diese Regel wird vom vorgesehenen Projektende an rückwärtsschreitend angewendet, bis zum aktuellen Entscheidungszeitpunkt.

Wenn in t eine Entscheidung zu fällen ist, so sei der Wert einer optimalen Fortführung des Projekts von $(t + 1)$ bis zum vorgesehenen Ende mit $f(t + 1)^*$ bezeichnet. Dieser Wert ist mit dem Abzinsungsfaktor r auf t abzudiskontieren. Außerdem ist in t die Zahlung $c(t)$ zu berücksichtigen, die in der anstehenden Periode anfallen wird. Dann lautet das Entscheidungskriterium:

Stoppe das Projekt, falls $f(t)^* = E(\max(c(t)_k + rf(t+1)^*, 0)) = 0$, andernfalls führe es weiter.

Dabei wird $f(t + 1)^*$ durch rekursive Rechnung bestimmt. Das Maximum wird bezüglich aller Alternativen k der Periode gewonnen. Diese Vorgehensweise macht das Beispiel von Henke plausibel.

Gegeben seien die Daten in Tab. 6.9. Das Projekt läuft noch über 5 Perioden, und der Abzinsungsfaktor sei $r = 0,9$. Die Eintrittswahrscheinlichkeit der Zahlungen $c(t)_k$ sei $p_{k,t}(c(t)_k)$ für den k-ten Zustand in t.

540 Vgl. Pulcynski, J., Die Große Windenergieanlage GROWIAN, Fallstudie zum Innovationsmanagement eines staatlich geförderten Projektes, Diss. Kiel 1990.
541 Vgl. im Folgenden: Henke, M., Zum Stoppen von Forschungs- und Entwicklungsprojekten, Zeitschrift für die gesamte Staatswissenschaft, 128. Bd., 1972, S. 39–64.

Tab. 6.9: Beispiel für die Berechnung der Stop-Regel.

Zustände	$t = 1$		$t = 2$		$t = 3$		$t = 4$		$t = 5$	
	$c(1)$	$p_{k1}(c(1))$	$c(2)$	$p_{k2}(c(2))$	$c(3)$	$p_{k3}(c(3))$	$c(4)$	$p_{k4}(c(4))$	$c(5)$	$p_{k5}(c(5))$
$k = 1$	−4	0,5	−6	0,6	5	0,5	15	0,8	30	0,9
$k = 2$	−6	0,5	−22	0,4	−20	0,2	−10	0,2	−5	0,1
$k = 3$	−	−	−	−	−35	0,3	−	−	−	−

Quelle: Henke, M., Zum Stoppen von Forschungs- und Entwicklungsprojekten, a. a. O.

Man errechnet nun von der Entscheidung für $t = 5$ aus rückwärtsschreitend für jede Periode das Entscheidungskriterium $f(t)^*$. Dazu nehmen wir an, es sei $f(6)^* = 0$. Dann ergibt sich:

$$f(5)^* = 0,9 \cdot 30 = 27$$

(wobei 0,9 die Eintreffenswahrscheinlichkeit darstellt und die Situation −5 wegen $\max(−5 \bullet 0, 1; 0)$ nicht zu berücksichtigen ist; der Wert $f(6)^*$ ist unberücksichtigt gelassen, da er auch abgezinst den Wert Null annimmt);

$$f(4)^* = p_{1,4}(c(4)_1) \bullet \max(c(4)_1 + r \bullet f(5)^*; 0) + p_{2,4}(c(4)_2) \bullet \max(c(4)_2 + r \bullet f(5)^*; 0)$$

oder

$$f(4)^* = 0,8(15 + 0,9 \cdot 27) + 0,2(−10 + 0,9 \cdot 27) = 34,3 \;;$$
$$f(3)^* = 0,5(5 + 0,9 \cdot 34,3) + 0,2(−20 + 0,9 \cdot 34,3) = 20,11$$

(wobei der Summand $0,3 \bullet \max(−35 + 0,9 \bullet 34,3; 0)$ weggelassen wurde, weil er den Wert Null annimmt);

$$f(2)^* = 0,6(−6 + 0,9 \cdot 20,11) = 7,26$$
$$f(1)^* = 0,5(−4 + 0,9 \cdot 7,26) + 0,5(−6 + 0,9 \cdot 7,26) = 1,53 \;.$$

Danach sollte das Projekt in $t = 1$ weitergeführt werden. Realisiert sich aber in der zweiten Periode zum Beispiel die Zahlung $c(2) = −22$, so ist es dann abzubrechen, ebenso in der dritten Periode, falls −35 eintreten sollte und natürlich in der fünften Periode, falls nur noch −5 zu erwarten wäre. Da *alle* Situationen mit ihrem Erwartungswert in die Berechnung des erwarteten Projektkapitalwerts eingehen, wird dieser für die Entscheidung in der ersten Periode mit −1,2 ermittelt, gibt also fälschlich ein Signal zum sofortigen Projektabbruch.

Die auf der „dynamischen Optimierung" aufgebaute Regel entspricht der Anwendung des Entscheidungsbaumprinzips auf die Frage der Weiterführung oder des Abbruchs von Projekten. Sie kann in der Praxis (bei diskreter Anzahl der Realisationen der zufällig eintretenden Zahlungen) deshalb auch mithilfe der Standardsoftware ermittelt werden. Damit ist für eine rationale Behandlung dieser Form von Abbruchentscheidung das analytische Hindernis ausgeräumt.

Wie bereits dargestellt, kann bei Risikoscheu entweder unter Verwendung einer Risikonutzenfunktion zur Transformation der Entscheidungswerte in Tab. 6.9 vorgegangen werden oder durch explizite Einbeziehung von Risikomaßen in den Zahlungen, wie etwa der Varianz.

6.7 Berücksichtigung von Wettbewerbern

In der Projektbewertung werden einzelne Projekte betrachtet und die gesamte Umwelt auf ein Abbruchkriterium reduziert, z. B. einen minimalen Nutzenvergleichswert, einen Kapitalwert von Null bzw. den zugehörigen Kalkulationszins usw. In der Programmplanung wird unter expliziter Berücksichtigung alternativer Projekte eine Bewertung und Auswahl getroffen. Es wird dabei aber keine explizite Annahme über das Verhalten von Wettbewerbern getroffen, obwohl doch bekannt ist, dass dieses Verhalten den Erfolg der eigenen Entscheidungen in aller Regel beeinflusst. Insbesondere die Vielfalt der Verhaltensmöglichkeiten und die wechselseitige Beeinflussung der Wettbewerber erschweren die Projektbewertung und die Ableitung optimaler Programme.

Seit den 1980er-Jahren gibt es eine Reihe von Versuchen, das Wettbewerbsverhalten in die Bewertung und Planung einzubeziehen. Dazu wird auf die Spieltheorie zurückgegriffen und vorzugsweise die Ableitung von Nash-Lösungen angestrebt. Das ist problematisch, weil diese Lösungen (1) auf Elementen aufbauen, die – werden sie von den Spielern durchschaut – manipuliert werden können, um das Ergebnis zu beeinflussen, und (2) nicht alle Annahmen über die Nutzenfunktionen der Spieler – besonders die der Unabhängigkeit von irrelevanten Alternativen – für jeden akzeptabel sind.

Reinganum, die selbst wichtige Beiträge zu dieser Forschungsrichtung geleistet hat[542], fordert eine größere Realitätsnähe der zunächst entwickelten Modelle[543]. Analytische Lösungen sind auf realitätsferne Fälle beschränkt, realitätsnähere Fälle erlauben Lösungen häufig nur aufgrund numerischer Analysen. Dabei bleiben Aspekte der Programmplanung auch in neuesten Arbeiten noch unberücksichtigt. Ali, Kalwani und Kovenock zum Beispiel betrachten ein Dyopol, in dem jede Firma ausschließlich zwischen zwei Projekten sehr unterschiedlichen Innovationsgrades auszuwählen hat, wobei der Erfolg von folgenden Faktoren abhängt:

die Wettbewerber beeinflussen sich wechselweise bei der Auswahl,

Forschungs- und Entwicklungseffizienz,

Markteintrittszeitpunkt,

---

542 Vgl. Reinganum, J. F., Dynamic Games of Innovation, Journal of Economic Theory, Vol. 25, 1981, S. 21–41; dies., Nash Equilibrium Search for the Best Alternative, Journal of Economic Theory, Vol. 30, 1983, S. 139–152.

543 Vgl. Reinganum, J. F., The Timing of Innovation, in: Schmalensee, R., Willig, R. D., Handbook of Industrial Organization, Vol. 1, New York 1989, S. 849–908.

Verdrängungspotenzial des Produkts, das aus dem Projekt mit dem höheren Innovationsgrad entsteht[544].

Eine Mischung der Projekte in einem Programm ist nicht vorgesehen.

Größere Realitätsnähe verspricht der Einsatz der Simulationstechnik. Mit ihrer Hilfe sollen möglichst robuste, gewinnträchtige oder überlebenssichernde Budgetierungs- und Projektauswahlregeln entdeckt werden. Robustheit bedeutet dabei im Sinne der Zielsetzung erfolgreiche Einsetzbarkeit unter vielen verschiedenen Umweltbedingungen. Ein Beispiel für diesen Typ von Arbeiten bietet das Modell von Schebesch[545]. Hierbei wird angenommen, dass Firmen nicht mit allen anderen Anbietern eines Markts konkurrieren, sondern nur mit „benachbarten" Konkurrenten. Dabei kann sich die Nachbarschaftsbeziehung von Periode zu Periode in Abhängigkeit von den jeweiligen Forschungs- und Entwicklungsentscheidungen und ihrem Erfolg ändern. Diese Gestaltung des Wettbewerbsumfeldes ist realistisch. Demgegenüber ist die völlige Vernachlässigung des Absatzbereiches in dem Modell realitätsfern: Produktion und Forschung und Entwicklung allein zu betrachten, ist zu restriktiv.

Für unternehmerische Anwendungen sind daher aus dieser Gruppe von Ansätzen noch keine unmittelbaren Empfehlungen abzuleiten. Sie haben allerdings ein bedeutendes Problem aufgegriffen und Anstöße für weitere Forschungen gegeben. Es sind deshalb weitere Ergebnisse zu erwarten, die realistischere Entscheidungssituationen behandeln.

Verknüpfungen mit der strategischen Planung könnten ein weiteres Ziel solcher Modellentwicklungen sein. Die bisher eher plausibel oder empirisch begründeten Normstrategien in Portfolio-Modellen könnten so präzisiert und ergänzt werden. Das Wettbewerbsverhalten würde dabei nicht mehr implizit in Rechnung gestellt, sondern explizit zu berücksichtigen sein. Dabei wäre die Berücksichtigung der in einem Programm bereits enthaltenen Projekte gemeinsam mit der Planung neuer Projekte unter Beachtung des Wettbewerbs anzustreben. Strategische, operative und taktische Planung könnten auf diesem Wege verbunden werden.

6.8 Werkzeuge in der Forschung und Entwicklung

Die operative Planung ist sowohl zeitlich als auch sachlich in die strategische Planung eingebettet. Der Einsatz der Planungsmethodik setzt die effiziente Gewinnung und Verarbeitung der Daten zur Projektbewertung und -steuerung voraus. Das ist nicht zuletzt ein Problem der Führung, weil die Datenerfassung je Projekt als Kostenträger

---

544 Vgl. Ali, A., Kalwani, M. U., Kovenock, D. Selecting Product Development Projects: Pioneering versus Incremental Innovation Strategies, Management Science, Vol. 39, 1993, S. 255–274.
545 Schebesch, K. B., Innovation, Wettbewerb und neue Marktmodelle, Diss. Bremen, 1990.

und je Kostenstelle auf Widerstand stoßen kann. Es ist aber auch ein Organisations-
problem, weil die systematische Datenerfassung im Forschungs- und Entwicklungsbereich in der Praxis selten so weit entwickelt ist wie bei der routinemäßigen Aufga-
benabwicklung.

Es ist Domsch zuzustimmen, der mit guten Argumenten für den Aufbau eines Un-
terstützungssystems wirbt, um Entscheiden in Forschung und Entwicklung zu treffen.
Es soll mit der gesamten Unternehmensplanung und anderen Management-Informa-
tionssystemen verknüpft werden können und vier Elemente enthalten:

(1) Eine Datenbank von gemeinsam genutzten Definitionen (R and D Definitions
    Bank)
(2) eine Datenbank mit Kapazitätsdaten (Rand D Supply Data Bank)
(3) eine Datenbank mit Kapazitätsanforderungen und Projektvorschlägen (Rand D
    Demand Data Bank)
(4) eine Methodenbank (R and D Method and Model Bank)[546]

Diese Daten- und Methodenbanken sollten miteinander verknüpft werden können
(vgl. Abb. 6.12). Als Grundlage können diverse verfügbare Software-Pakete, wie etwa
Excel, dienen. Inzwischen gibt es auch gut funktionierende Cloud-Lösungen. Der Vorteil des Vorschlags liegt vor allem darin, Anforderungen und Möglichkeiten systematisch zu erfassen und über die Methodenbank im Hinblick auf die Unternehmensziele
aufeinander abzustimmen.

Die Kapazitätsdatenbank kann „top down" aufgrund der strategischen und operativen Planung, insbesondere der Budgetplanung, mit Daten versorgt werden. Die
Datenbank der Kapazitätsanforderungen und Projektvorschläge wird „bottom up" be-
stückt. Damit entspricht dieses System der überwiegenden praktischen Vorgehensweise.

Projekte werden durch ein Projektmanagement geplant, realisiert und oft auch
kontrolliert[547]. Die Koordination mehrerer Projekte erfordert ein Multiprojektmanage-
ment[548]. Insbesondere mit hoher Unsicherheit belastete Projekte erfordern die Wahrnehmung von Promotorenrollen (Macht-, Fach-, Prozess-, Beziehungspromotor), die
für den Erfolg eine Voraussetzung darstellen[549].

---

546 Domsch, M., The Organisation of Corporate R&D Planing, Long Range Planning, Vol. 11, 1978 (3),
S. 67–74.
547 Zum Projektmanagement existiert eine sehr umfangreiche Literatur, deshalb wird an dieser
Stelle hierauf verwiesen, z. B. Madauss, B. J., Handbuch Projektmanagement, Stuttgart 2000; Lechler, T., Projektmanagement. In Handbuch Technologie- und Innovationsmanagement, Wiesbaden
2005, S. 493–510.; Kuster, J., Huber, E., Lippmann, R., Schmid, A., Schneider, E., Witschi, U. & Wüst, R.,
Handbuch Projektmanagement Berlin 2011.
548 Vgl. Rickert, D., Multi-Projektmanagement in der individuellen Forschung und Entwicklung,
Wiesbaden 1995; Burghardt, M., Projektmanagement: Leitfaden für die Planung, Überwachung und
Steuerung von Projekten, Berlin/München, 2018.
549 Vgl. Hauschildt, J., Innovationsmanagement, 1997, S. 153 ff.

Abb. 6.12: Elemente eines Entscheidungsunterstützungssystems für Forschung und Entwicklung. (Quelle: Domsch, M., The Organization of Corporate R&D Planning, 1978 S. 70.)

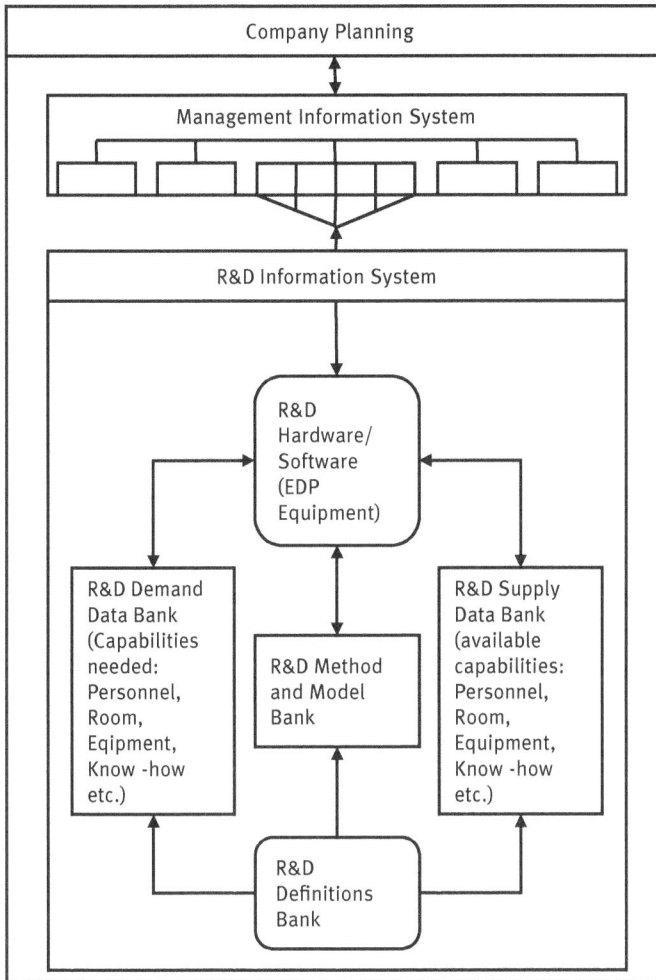

Die organisatorische Realisierung von Planungssystemen erfolgt oft schrittweise in einem Lernprozess, indem die Planung erweitert und verfeinert wird. Somit kann das System nach einer Testphase entsprechend weiterentwickelt werden.

Wie bereits erwähnt, gibt es verschiedene Möglichkeiten, alle Planungsebenen im Forschungs- und Entwicklungsmanagement mit Informationstechnik zu unterstützen. Hierzu zählen neben unternehmensweiten Enterprise-Resource-Planning-Systemen auch einfach Arbeitsplatzanwendungen, wie das Microsoft Office Paket mit den bekannten Programmen Word, Excel, PowerPoint und Access. Aufgrund der hohen

Dynamik bei diesen Programmen und zunehmend mehr Möglichkeiten durch Cloud-basierte Programme, wird an dieser Stelle auf einschlägige Literatur und Websites verwiesen.

Darüber hinaus gibt es jedoch noch viele andere Werkzeuge, die in der Forschung und Entwicklung Anwendung finden. Auf einige relevante Anwendungen wird im Folgenden kurz eingegangen. Der Anspruch hier ist nicht auf Vollständigkeit, sondern auf dem Aufzeigen von konkreten Best Practice Tools, die in vielen Unternehmen bereits nachhaltig Anwendung finden. An dieser Stelle sei auch bereits auf weiterführende Literatur verwiesen, die sich ausschließlich diesem Thema widmet[550].

Konkret wird auf das Total Quality Management und dessen Kernbestandteile Quality Function Deployment sowie der Fehlereinflussanalyse eingegangen, die jeder Manager im Bereich Forschung und Entwicklung kennen sollte. Darüber hinaus wird ein Überblick zu Kreativitätsworkshops und der technischen Problemlösungsmethode TRIZ gegeben.

6.8.1 Total Quality Management (TQM)[551]

Der übergeordnete Ansatz im Forschungs- und Entwicklungsmanagement wird oft als Total Quality Management bezeichnet. TQM ist als integriertes Qualitätsmanagement zu sehen, das Qualitätserfordernisse seitens der Kunden, der Öffentlichkeit sowie der Hersteller zusammenführt. TQM ist nach DIN ISO 8402 definiert als „[...] auf der Mitwirkung aller ihrer Mitglieder gestützte Managementmethode einer Organisation, die Qualität in den Mittelpunkt stellt und durch Zufriedenstellen der Kunden auf langfristigen Geschäftserfolg sowie auf Nutzen für die Mitglieder der Organisation und für die Gesellschaft zielt"[552]. Ein TQM zielt somit auf die Integration der gesamten Wertschöpfungskette in ein ganzheitliches Management ab, das die Qualität der internen Abläufe als Voraussetzung für externe Qualität definiert. TQM ist deshalb zum einen ein technisch ausgerichtetes System, das die Qualitäts-, Prozess- und Kundenorientierung des gesamten Unternehmens berücksichtigt. Als wesentliche Konzepte sind hierbei QFD und FMEA anzuführen, die noch erläutert werden. Zum anderen umfasst ein TQM jedoch auch ein soziales System, das sich dem Ziel verschreibt, ein durchgehendes Qualitätsbewusstsein bei allen Mitarbeitern zu schaffen. Dazu gehört auch

---

550 Vgl. z. B. Müller-Prothmann, T., Dörr, N., Innovationsmanagement: Strategien, Methoden und Werkzeuge für systematische Innovationsprozesse, München 2019.

551 Vgl. Rau, M., Stollmayer, U., Handbuch QM-Methoden: Die richtige Methode auswählen und erfolgreich umsetzen, München 2012.

552 DIN EN ISO 8402:1995-08 Qualitätsmanagement-Begriffe (ISO 8402:1994); Dreisprachige Fassung EN ISO 8402:1995, 1995-08: https://www.beuth.de/en/standard/din-en-iso-8402/2600806, abgerufen am 24.08.2020.

das Thema kontinuierliche Verbesserung, was typischerweise durch Kaizen[553] oder ein betriebliches Vorschlagswesen[554] sichergestellt wird.

6.8.2 Quality Function Deployment (QFD)[555]

Beim Ansatz des QFD überträgt man mithilfe von Matrizen Kundenanforderungen gezielt in spezifische Produktmerkmale und diese wiederum in unternehmerische Abläufe, wie der Produktion. Der QFD Prozess besteht aus vier Phasen, deren jeweiliges Ergebnis die zu erfüllenden Anforderungen der nächsten Phase darstellt. Elementare Bestandteile einer QFD ist das sogenannte House of Quality (vgl. Abb. 6.13) mit den folgenden Bestandteilen:
– Beziehungsmatrix
– Korrelationsmatrix
– weitere Diagramme mit relevanten Informationen.

Eine QFD läuft idealtypisch in vier Phasen ab. Eine solche phasenweise Einstufung findet üblicherweise im Rahmen eines Workshops statt, bei dem Mitarbeiter aus möglichst unterschiedlichen Abteilungen hinzugezogen werden. Die Beurteilung aller Dimensionen erfordert Know-how aus unterschiedlichsten Bereichen, insbesondere dem Management, Marketing und Vertrieb, Produktentwicklung, Projektmanagement, Produktion, Qualität und Einkauf. Insofern dient eine QFD auch dazu, Personen aus diesen Bereichen strukturiert zusammenzubringen, was nicht der Regelfall ist. Das heißt, es ist eine spezifische Form des Schnittstellen-Managements.

Man beginnt typischerweise mit der Qualitätsplanung des Produkts. Dabei kommt es darauf an, die individuellen Anforderungen und Gewichtungen aus Kundensicht strukturiert zu erfassen. Hierbei können insbesondere Teilnehmer aus dem Marketing- und Vertriebsbereich wertvollen Input liefern. Auch eine Festlegung technischer Produktmerkmale ist elementar, der der Erfüllung der Kundenanforderungen entspricht. Besonders der Input aus den technischen Unternehmensabteilungen ist an dieser Stelle gefragt. Danach erfolgt die Beurteilung der Wechselbeziehungen zwischen den verschiedenen Anforderungen mithilfe der genannten Korrelationsmatrix.

Aus den abgeleiteten technischen Funktionsmerkmalen werden im Rahmen der Teileplanung die jeweiligen Produktmerkmale, Baugruppen und Bauteile abgeleitet.

---

553 Vgl. z. B. Rau, M., Stollmayer, U., Handbuch QM-Methoden: Die richtige Methode auswählen und erfolgreich umsetzen, München 2012.
554 Vgl. z. B. Brem, A., Voigt, K. I. (2007). Betriebliches Vorschlagswesen, holistisches Ideenmanagement und die Rolle von Best Practice: Hintergrund, Konzept und Umsetzung in der Praxis. In Vorausschau und Technologieplanung, HNI-Verlagsschriftenreihe, 2007, S. 131–154.
555 Vgl. Specht, G., Beckmann, C., F&E-Management, Stuttgart 1996.

Abb. 6.13: Beispiel für ein ausgefüllte QFD-Matrix („House of Quality")

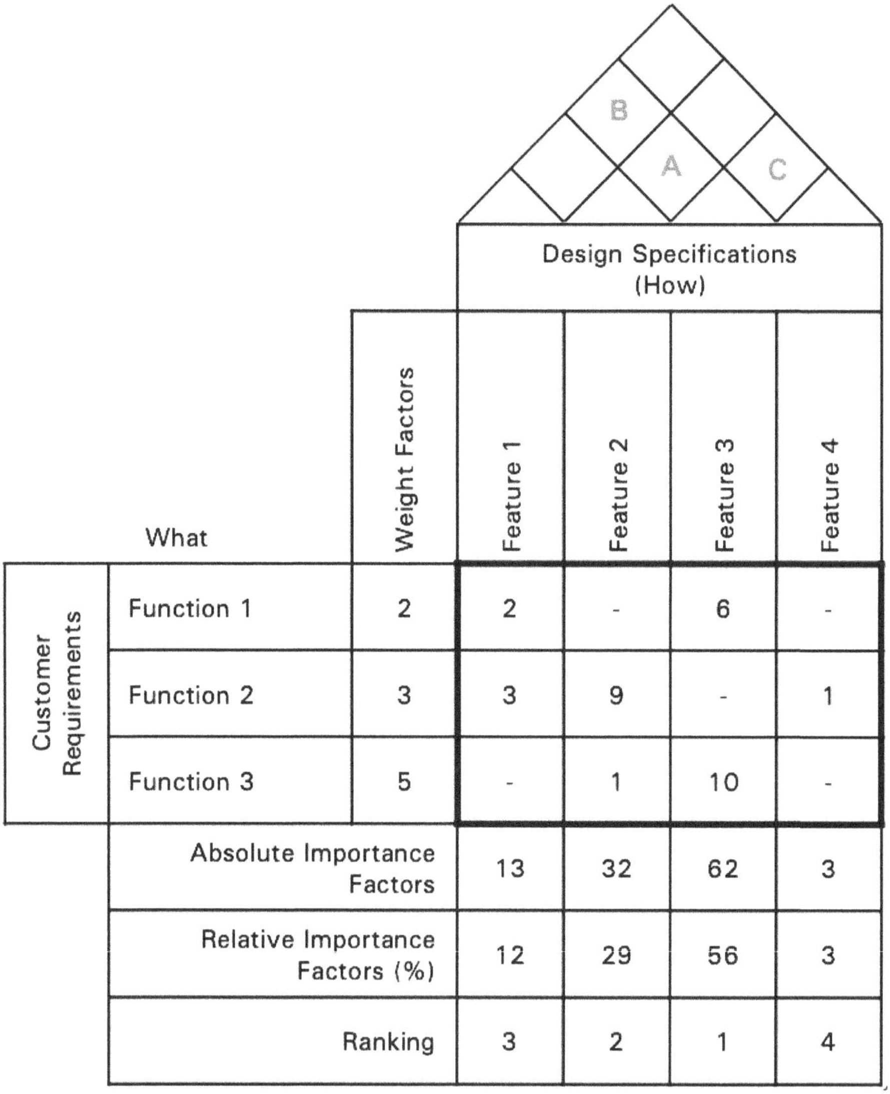

		Weight Factors	Feature 1	Feature 2	Feature 3	Feature 4
	What					
Customer Requirements	Function 1	2	2	-	6	-
	Function 2	3	3	9	-	1
	Function 3	5	-	1	10	-
	Absolute Importance Factors		13	32	62	3
	Relative Importance Factors (%)		12	29	56	3
	Ranking		3	2	1	4

Die darauffolgende Prozessplanung legt von den technischen Merkmalen ausgehend die kritischen Produkt- und Prozessparameter sowie Prüfverfahren für die Betriebsabläufe fest. Abschließend setzt die Fertigungsplanung die Betriebsabläufe in Produktionserfordernisse um. Wie eingangs erwähnt, sollten alle Schritte mit einem möglichst interdisziplinären Team entwickelt werden, oft sind hierfür mehrtägige Workshops notwendig.

Die Literatur nennt eine Vielzahl weiterer Optionen, wie eine QFD durchführt werden kann[556], auch im Kontext agiler Methoden[557].

6.8.3 Fehlermöglichkeits- und -einflussanalyse (FMEA)[558]

Im Rahmen des TQM ist die FMEA eine weitere, etablierte Methode für die präventive Qualitätssicherung. Mithilfe einer systematischen Erhebung und Priorisierung von Risikopotenzialen werden mögliche Fehler systematisch identifiziert und nachverfolgt. Damit ist es möglich, frühzeitig vorbeugende Maßnahmen bei der Entwicklung von Produkten, Prozessen und übergeordneten Systemen ergreifen zu können. Allerdings ist der Anwendungsbereich dieser Methode durchaus breiter. So kann eine FMEA auch im Kontext eines Kreativitätsworkshops zur Ideenbewertung oder im Zusammenhang einer Marketingkampagne sinnvoll eingesetzt werden.

Auch bei der FMEA kommt es wesentlich darauf an, dass die Teilnehmer aus verschiedenen Unternehmensbereichen stammen. Je facettenreicher die Teilnehmer sind, desto besser können möglichst viele unterschiedliche Risiken erkannt und benannt werden. Wesenskern einer jeden FMEA ist das strukturierte Hinterfragen, um möglichst viele potenzielle Fehler zu erfassen, deren Folgen vorauszudenken und Ursachen zu identifizieren, um diese dann gezielt vermeiden zu können.

Grundsätzlich unterscheidet man zwischen einer System-, Konstruktions- und einer Prozess-FMEA. Erstere zielt auf Systemkomponenten und deren Schnittstellen ab. Eine Konstruktions-FMEA wendet man auf Baugruppen und Bauteilebene an. Die Prozess-FMEA ist typischerweise Bestandteil der Teilprozesse, z. B. in der Fertigung.

Im ersten Schritt einer FMEA werden Team, Moderator und Produkt ausgewählt sowie die notwendigen Informationen beschafft. Daneben ist auch die Organisation des Workshops selbst Teil dieses Schrittes.

Den Workshop selbst startet man idealweise mit der Risikoanalyse: Ermittlung von Fehlern, ihren Ursachen und Folgen. Darauf folgt eine Risikobewertung und -interpretation, in deren Rahmen folgende Faktoren analysiert werden:
- Fehlerauftrittswahrscheinlichkeit
- Fehlerfolgenbedeutung,

---

556 Vgl. z. B. Klein, B., QFD-quality function deployment: Konzept, Anwendung und Umsetzung für Produkte und Dienstleistungen, Wien 1999; Friedrich, A., QFD–Quality Function Deployment: Mit System zu marktattraktiven Produkten, München 2016.
557 Schockert, S., Herzwurm, G., Agile Software Quality Function Deployment. Software Engineering und Software Management, Siegburg 2018.
558 Lindemann, U., Methodische Entwicklung technischer Produkte: Methoden flexibel und situationsgerecht anwenden,Berlin/Heidelberg 2006; Werdich, M., FMEA-Einführung und Moderation, Berlin 2012; Pfeufer, H. J., FMEA–Fehler-Möglichkeits-und Einfluss-Analyse, München 2014.

–   Entdeckungswahrscheinlichkeit
–   Ermittlung und Interpretation der sog. Risikoprioritätskennzahl.

Letztgenannte ist die auf einen Wert zusammengefasste Kennzahl, die im weiteren Verlauf des Projekts immer wieder zu Rate gezogen werden kann. Sie dient dazu, die Risiken zu priorisieren und zu überwachen. Idealerweise findet dieser Workshop nicht nur einmalig statt, sondern begleitet das Projekt bis zum Abschluss, wenn seine Wirksamkeit überprüft wird.

6.8.4 Kreativität und TRIZ[559]

Das Thema Kreativität bzw. die Theorie des erfinderischen Problemlösen (TRIZ) wird im Forschungs- und Entwicklungsmanagement deutlich unterschätzt. Regelmäßig ist dabei nicht nur die Kreativität der Mitarbeiter gefragt, sondern auch deren Organisationstalent, um z. B. Kreativitätsworkshops zu organisieren. Insofern ist eine gewisse Grundkenntnis an dieser Stelle anzuraten, da die gezielte Planung und Erreichung guter Ergebnisse häufig auch auf strukturierter Organisation und Durchführung aufgebaut ist[560]. Im Folgenden geben wir einen kurzen Einblick in das Thema Kreativität und TRIZ, die weiterführende Literatur stellt die Details dar[561].

Die Theorie des erfinderischen Problemlösen (TRIZ) wurde in den 1950er-Jahren von Genrich S. Altschuller entwickelt[562] und wird heute in zahlreichen Unternehmen mit verschiedenen Ansätzen und Methoden erfolgreich angewandt[563]. Auf Basis einer Analyse von zahlreichen Patenten stellte er drei grundlegende Thesen auf[564]:
–   Technische Systeme entwickeln sich nach bestimmten Mustern
–   Erfinden macht das Überwinden von Widersprüchen notwendig.
–   Einer großen Zahl von Erfindungen liegt eine vergleichsweise kleine Zahl von Lösungsprinzipien zugrunde.

---

559 Orloff, M. A., Toward the modern TRIZ, *ABC-TRIZ*, Cham 2017, S. 19–30.

560 Brem, A., Brem, S., Die Kreativ-Toolbox für Unternehmen. Ideen generieren und innovatives Denken fördern, Stuttgart 2019.

561 Vgl. hierzu vertiefend insbesondere Brem, A., Brem, S., Die Kreativ-Toolbox für Unternehmen. Ideen generieren und innovatives Denken fördern, Stuttgart 2019; Schlicksupp, H., Innovation, Kreativität & Ideenfindung, Würzburg 1989.

562 Altschuller, G. S., And Suddenly the Inventor Appeared. TRIZ, the Theory of Inventive Problem Solving (L. Shulyak, tr.), Technical Innovation Center, Worcester, MA 1996.

563 Möhrle, M. G., How combinations of TRIZ tools are used in companies – results of a cluster analysis, Journal of R&D Management, Vol. 35, 2005, S. 285–296.

564 Münzberg, C., Hammer, J., Brem, A., Lindemann, U., Crisis Situations in Engineering Product Development: A TRIZ Based Approach, 2016; Savransky, S. D., Engineering of creativity: Introduction to TRIZ methodology of inventive problem solving, Boca Raton, FL 2000.

Abb. 6.14: Auszug aus gängigen TRIZ Methoden und Zuordnung zu dem TRIZ-Framework

Aufgabe analysieren	Herausforderung lösen	Lösungskonzept auswählen
Innovations-Checkliste	Effekte-Datenbank	
Ressourcen-Checkliste	FOS	Lösungen priorisieren
Idealität und IER	Klonprobleme	
S-Kurven-Analyse		
TESE	Open Innovation	Lsg konkretisieren
Neun-Felder-Denken	Technischer Widerspruch	
Funktionales Benchmarking	40 Innovationsprinzipien	Sekundärprob. lösen
ABC-Analyse	Physikalischer Widerspruch	
Fluss-Analyse		
Funktions-Struktur	4 Separationsprinzipien	Antizip. Fehlererk.
Funktionsanalyse	Stoff-Feld-Analyse	
Inkrementelle Verbesserung	76 Standard-Lösungen	Supereffekt-Analyse
Radikale Verbesserung	Problem. Neun-Felder	
Wertanalyische Betrachtung		
Funktionsraub	Operator MZK	Bewertung
Patent-Umgehung	Zwergemodell	
Trimmen	GALFMORBUS	Reverse FOS
Ursache-Wirkungs-Analyse		
Feature Transfer	ARIZ	

Nach Altschuller ist erfinderisches Problemlösen von jedem erlernbar und auch umsetzbar[565]. Zeitgenössische Beschreibungen von TRIZ deuten darauf hin, dass sie über eine bloße Theorie oder eine Reihe von Prinzipien hinausgeht, wie ihr Name vermuten lässt[566]. Nach der VDI-Richtlinie 4521 bietet TRIZ „eine Systematik von Annahmen, Regeln, Methoden und Werkzeugen zur innovativen Systemgestaltung von Produkten, Prozessen, Dienstleistungen oder Organisationen [und] ist dabei unabhängig von bestimmten Feldern der Technik anwendbar"[567]. Die Methoden des TRIZ-Baukastens können in folgende Schritte eingeteilt werden:
– Aufgaben analysieren
– Herausforderungen lösen
– Lösungskonzepte auswählen

Hierbei liegt der Fokus auf der Analyse von Systemen und Problemen. Abbildung 6.14 zeigt eine Übersicht von ausgewählten Methoden[568].

TRIZ erleichtert es dem Anwender über die vorhandenen Methoden ein konkretes technisches Problem oder eine Aufgabenstellung zu definieren und zu analysieren, es

565 Altschuller, G. S., And Suddenly the Inventor Appeared. TRIZ, the Theory of Inventive Problem Solving (L. Shulyak, tr.), Technical Innovation Center, Worcester, MA 1996.
566 Fey, V., Rivin, E. I., Innovation on demand, Cambridge 2005.
567 VDI-Gesellschaft Produkt- und Prozessgestaltung, Erfinderisches Problemlösen mit TRIZ – Zielbeschreibung, Problemdefinition und Lösungspriorisierung, VDI, Blatt 1–3, 2016–2018.
568 Ilevbare, I. M., Probert, D., Phaal, R., A review of TRIZ, and its benefits and challenges in practice, Technovation, Vol. 33, 2013, S. 30–37.

im Anschluss auf abstrakte Bestandteile herunterzubrechen und anhand zahlreicher Beispiele und Lösungsvorschläge eine abstrakte Lösung zu finden. Beispiele aus anderen Themenfeldern helfen dabei den Erfahrungsschatz zu vergrößern. Im Anschluss daran wird die abstrakte Lösung auf das Problem adaptiert und konkretisiert.

Nach einer größeren wissenschaftlichen Umfrage von Ilevbare werden folgende Methoden sehr häufig in Unternehmen eingesetzt[569]:

1. Idealität und IFR (Ideales Endresultat)
2. technische Widersprüche und Widerspruchsmatrix
3. 40 Innovationsprinzipien
4. Funktionsanalyse und deren Ausprägungen
5. Stoff-Feld-Analyse und 76 Standardlösungen
6. Evolutionstrends technischer Systeme (Trends of Engineering System Evolution – TESE) und S-Kurven.

Im Folgenden werden einige ausgewählte Methoden erklärt. Auch die anderen Methoden (vgl. Abb. 6.14) werden in der Praxis angewendet und haben je nach Anwendungsfall ihre Relevanz.

- Technische Widersprüche weisen auf erfinderische Probleme hin, die sich aus der offensichtlichen Inkompatibilität ausgewählter Merkmale innerhalb eines Systems ergeben[570]. Die Verwendung der Widersprüche in Kombination mit den 40 Innovationsprinzipien unterstützen die Auflösung eines Widerspruchs und das Lösen des Problems. Grundsätzlich werden bei TRIZ technische und physikalische Wiesersprüche unterschieden.
- Die Funktionsanalyse ist ein analytisches Werkzeug, um die Komponenten eines technischen Systems und die Zusammenhänge zwischen ihnen zu bestimmen (Funktionen). Dieses Werkzeug kann bei dem tieferen Problemverständnis, der Strukturierung und der Zielklärung sowie bei der Ideenfindung helfen[571]. Die Funktionsanalyse ist in fünf Kernelemente unterteilt: inkrementelle Verbesserung, Wertanalytische Betrachtung, Trimmen, Patentumgehung und Funktionsraub. Die verschiedenen Werkzeuge bestimmen den Schwerpunkt der Analyse[572].
- Die Stoff-Feld-Analyse ist ein Analysewerkzeug, um Probleme zu modellieren, die mit bestehenden technologischen Systemen zusammenhängen. Dieses Modell be-

569 Münzberg, C., Hammer, J., Brem, A., Lindemann, U., Crisis Situations in Engineering Product Development: A TRIZ Based Approach, Procedia CIRP, Vol. 39, 2016, S. 144–149; Ilevbare, I. M., Probert, D., Phaal, R. A review of TRIZ, and its benefits and challenges in practice, Technovation, Vol. 33, 2013, S. 30–37.
570 Ebenda.
571 Münzberg, C., Hammer, J., Brem, A., Lindemann, U., Crisis Situations in Engineering Product Development: A TRIZ Based Approach, Procedia CIRP, Vol. 39, 2016, S. 144–149.
572 Ebenda.

steht aus zwei Stoffen und einem Feld, die in Wechselwirkung stehen. Durch 76 Standardlösungen des Modells können Probleme behoben werden.

- Die Evolutionstrends technischer Systeme (Trends of Engineering System Evolution, TESE) basieren auf einer Vielzahl von untersuchten Systemen (Patenten). Dabei zeigen sie die „natürlichen" Übergänge eines Systems von einem Zustand in den nächsten auf und gelten für alle Arten von technischen Systemen.

Livotov beschreibt, wie eine Integration von TRIZ in das Innovationsmanagement ein Unternehmen unterstützen kann und welcher Mehrwert zu erwarten ist[573].

- Unterstützung bei der Entwicklung neuer Produkte, Prozesse und Geschäftsstrategien
- Verbesserung der Problemlösung
- Vorhersage der Entwicklung von technischen Systemen, Produkten und Prozessen
- Unterstützung bei der Suche nach Lösungen für den Schutz des Firmen-Knowhows
- Unterstützung bei der kundenorientierten Marktsegmentierung und dem Erarbeiten von verdeckten Kundenbedürfnissen
- vorausschauende Fehlererkennung und Fehlerbehebung bei neuen und bestehenden Produkten.

Neben dem Ziel einer direkten Steigerung der Innovationskraft wird TRIZ auch in Kombination mit anderen Methoden eingesetzt und in andere Ansätze integriert, um deren Wirksamkeit zu erhöhen und Potenzial zu nutzen (z. B. TRIZ in Kombination mit Six Sigma, QFD, Lean Management/agilen Methoden, SWOT und Risikomanagement)[574]. Darüber hinaus wird TRIZ seit den 1970er-Jahren auf Prozesse des Produktionsmanagements und der Verwaltung[575] sowie, später, dem Technologie-Roadmapping eingesetzt[576].

Mehrere globale Unternehmen, darunter Siemens, Phillips, General Electric, Mitsubishi und Procter & Gamble, nutzen TRIZ zur Weiterentwicklung ihrer Produkte. Laut MATRIZ, der internationalen TRIZ-Vereinigung, steigt die Zahl der zertifizierten Personen jedes Jahr kontinuierlich an.

---

573 Livotov, P., TRIZ and innovation management, INNOVATOR, Vol. 8, 2008, S. 178.
574 Münzberg, C., Hammer, J., Brem, A., Lindemann, U., Crisis Situations in Engineering Product Development: A TRIZ Based Approach, Procedia CIRP, Vol. 39, 2016, S. 144–149; Ilevbare, I. M., Probert, D., Phaal, R. A review of TRIZ, and its benefits and challenges in practice, Technovation, Vol. 33, 2013, S. 30–37; Kiesel, M., Hammer, J., TRIZ – develop or die in a world driven by volatility, uncertainty, complexity and ambiguity. In International TRIZ Future Conference, October 2018, S. 55–65.
575 Ilevbare, I. M., Probert, D., Phaal, R., A review of TRIZ, and its benefits and challenges in practice. Technovation 2013.
576 Möhrle, M. G., TRIZ-basiertes Technologie-Roadmapping. In: Möhrle, M. G., Isenmann, R. (eds), Technologie-Roadmapping, Berlin, Heidelberg 2008.

6.9 Trendthemen der Forschung und Entwicklung

Wie bereits aufgezeigt, ist das Thema Forschungs- und Entwicklungsmanagement bereits viele Jahrzehnte alt und ein etablierter Bereich im Technologie- und Innovationsmanagement. Natürlich unterliegt es auch Trends, die insbesondere mit Offenheit und unternehmerischen Verhalten zu tun haben.

Abb. 6.15: Trendthemen im Forschungs- und Entwicklungsmanagement ab 20XX. (Quelle: Gassmann, O., Schweitzer, F. (2018) Entrepreneurial Innovation. In: Faltin, G. (eds) Handbuch Entrepreneurship. Springer Reference Wirtschaft. Springer Gabler, Wiesbaden)

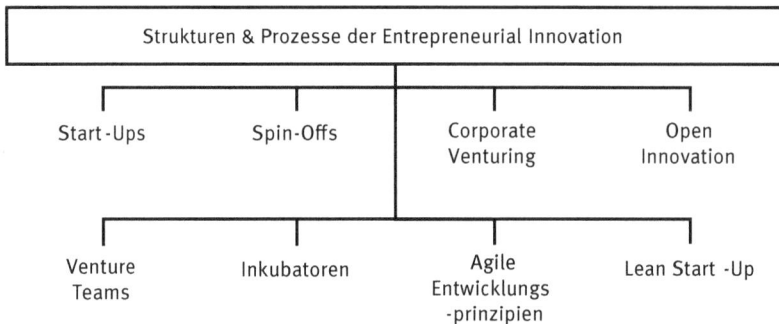

Abbildung 6.15 zeigt die wesentlichen Trendthemen der letzten Jahre auf[577]. Zu jedem dieser Bereiche wurde eine Vielzahl von Methoden entwickelt, die im Forschungs- und Entwicklungsmanagement eingesetzt werden können. Dies kann sowohl zur Ergänzung bestehender Tools erfolgen als auch als deren Ersatz. Im Rahmen dieses Werkes ist es nicht möglich, auf all diese Optionen im Detail einzugehen. Andererseits hat sich auch gezeigt, dass sich einige Trends im Unternehmensalltag nicht bewährt haben. Deshalb wird an dieser Stelle nicht nur an die Literatur verwiesen[578], sondern auch auf Blogs, Websites und Softwarevarianten, die unter den bekannten Suchmaschinen problemlos auffindbar sind. Explizit sei auch an moderne Methoden wie Lean Management[579] verwiesen.

---

577 Gassmann, O., Schweitzer, F., Entrepreneurial innovation, Handbuch Entrepreneurship, Wiesbaden 2018, S. 71–89.
578 Z. B. Ries, E., Lean Startup: Schnell, risikolos und erfolgreich Unternehmen gründen, München 2014; Sauter, R., Sauter, W., Wolfig, R., Agile Werte- und Kompetenzentwicklung, Berlin Heidelberg 2018.
579 Viergutz, S., Rittiner, F., Product Development: Lean Management in der Entwicklung, Erfolgsfaktor Lean Management 2.0, Berlin, Heidelberg 2016, S. 115–133.

7 Controlling und Kontrolle

7.1 Notwendigkeit und Ausgestaltung des Controlling

Die Analyse von Unternehmenspraxis und betriebswirtschaftlicher Literatur zeigt, dass
- Planung des „Pendants" der **Kontrolle** bedarf,
- Planung, Kontrolle und Informationsversorgung die Führungsfähigkeit von Organisationen verbessern hilft,
- dazu eine spezifische „Betreuung" erforderlich ist, die durch ein **Controlling** geleistet werden kann[580].

Diese grundsätzlichen Erkenntnisse und Aussagen sind auch, nicht zuletzt auf Grund der hier einhergehenden Unsicherheit der Erfolgsaussichten, auf die Funktionen Forschung und Entwicklung zu übertragen. Ob sich dabei die angestrebte Verbesserung der Führungsfähigkeit und darüber hinaus eine verbesserte wirtschaftliche Leistungsfähigkeit der Unternehmen erreichen lässt, hängt u. a. wesentlich von der Ausgestaltung der Controlling-Aufgaben ab. Insbesondere vom Controlling von Forschung und Entwicklung wird aber befürchtet, dass es inhaltlich in den Forschungs- und Entwicklungsprozess eingreifen könnte. Das gilt dann als in hohem Grade unakzeptabel, wenn die Funktionsträger selbst nicht über naturwissenschaftliches oder technisches Wissen verfügen. Um mögliche Spannungen zu vermeiden, wird Forschungs- und Entwicklungscontrolling als „Steuerung und Kontrolle von Forschungs- und Entwicklungsprojekten im Hinblick auf eine vorgegebene Problemstellung"[581] definiert. Stockbauer definiert demgegenüber Forschungs- und Entwicklungscontrolling als „ein Konzept zur zielorientierten Führung des F&E-Bereichs"[582]. Das ist so weitgehend, dass kaum noch eine Abgrenzung von den üblichen Linien- oder Stabsfunktionen möglich ist. Deshalb wird an anderer Stelle Controlling als „Sicherstellung der Rationalität der Führung" verstanden, was insbesondere auch die Plankoordinationen und Vermeidung opportunistischer Entscheidungen umfassen soll[583].

Heutzutage ist der Controller in der Mitte einer jeden Unternehmung angekommen und aus modernen Betriebsabläufen, selbst in kleinen und mittelständischen

---

580 Vgl. Horvath, P., Controlling, 4. A., München 1992, hier S. 158, 72, 108.
581 Alves, R., Controlling-Strategien für computergestütztes F+E (CAR), in: Witte, Th., Systemforschung und Kybernetik für Wirtschaft und Gesellschaft, Berlin 1986, S. 117–126, hier S. 121. Dazu auch: Bürgel, H. D., Controlling von Forschung und Entwicklung, Erkenntnisse und Erfahrungen aus der Praxis. München 1989, S. 1–3.
582 Stockbauer, H., F&E-Controlling, Wien 1989, S. 48.
583 Weber, J., Schäffer, U., Sicherstellung der Rationalität von Führung als Aufgabe des Controlling? Die Betriebswirtschaft, 1999, Bd. 59, S. 731–747.

https://doi.org/10.1515/9783110600667-007

Unternehmen nicht mehr wegzudenken. So ergibt beispielsweise die Abfrage eines populären Jobportals 1.533 Treffer für das Suchwort „Controller"[584]. Anders als in der Vergangenheit, in der beispielsweise Firmen wie Hewlett-Packard Stellen für „engineering productivity managers" geschaffen haben, die dann jedoch Controlling-Aufgaben im engeren Sinne wahrnehmen sollten[585]. Hierbei war zu vermuten, dass eine vom Controller abweichende Bezeichnung gewählt wurde, um die Akzeptanz der Stelleninhaber in den Forschungs- und Entwicklungsbereichen zu erhöhen, wo Controlling – insbesondere in seiner allein effizienzorientierten Ausprägung – meist mit Kontrolle gleichgesetzt wurde und daher abgelehnt wird. Drei Aspekte dieses Konzepts sind besonders bemerkenswert: Erstens wird versucht, über die herkömmlichen Möglichkeiten der Effizienzsteigerung hinaus auch zur Effektivitätssteigerung beizutragen. Zweitens wird größter Wert auf Durchschaubarkeit auf der Grundlage quantitativer Größen gelegt. Drittens werden Weiterbildung und Wissenstransfer betont, so dass sich der damalige productivity manager (heute direkt auf den F&E Controller übertragbar) nicht als Geheimnisträger von anderen Funktionen abkapselt oder erhöht.

Allerdings hat sich bisher kein einheitliches Bild vom Aufgabenspektrum des Controlling herausgebildet, nicht einmal der Charakter dieses Begriffs als Oberbegriff für die Betreuung von Planungs-, Kontroll- und Informationsaufgaben scheint geläufig zu sein. So wird der hier relevante Aufgabenbereich einer entsprechenden Stelle im Forschungs- und Entwicklungsbereich eines Großunternehmens wie folgt umschrieben:

„*Entwicklungscontrolling (Zielplanung und -überwachung; Prioritätensetzung; Entwicklungsprogramm-Planung; Ressourcenplanung; Investitionsplanung; Analysen, Bewertungen; Maßnahmen hinsichtlich Effektivität, Effizienz, Produktivität; Termin-, Durchlaufzeiten-, Qualitäts-, Kostencontrolling; Kennzahlensysteme; Erfahrungsdaten; Berichtsysteme)*

Entwicklungsorganisation (Ablauforganisation; Prozessorganisation, Dokumentationswesen, Änderungswesen, Qualitätssicherung, Kommunikationsorganisation; Aufbauorganisation für Entwicklungsvorbereitung; Entwicklungs- und Projektdienste; Projektorganisation; Arbeitsorganisation; CAD-Organisation; Grunddatenorganisation)

Entwicklungsplanung und -steuerung (Planung, Überwachung und Steuerung von Entwicklungsaktivitäten hinsichtlich Ressourceneinsatz, Terminen, Qualität, Kosten; Ermittlung und Auswertung von Plandaten hinsichtlich Qualität, Zeiten, Mengen, Aufwand, Kosten; Erfassung und Auswertung von Erfahrungsdaten)."

Die Überschneidungen und Unklarheiten in den Abgrenzungen sind offensichtlich, was vor allem deshalb bedenklich ist, weil die hervorgehobenen Hauptaufgaben

---

[584] Abfrage durchgeführt auf Monster.de, unter: https://www.monster.de/jobs/suche/?q=controller&cy=DE, abgerufen am 22.01.2020.
[585] Hewlett-Packard, Hrsg., Hewlett-Packard and Engineering Productivity, Mai 1988.

von unterschiedlichen Stelleninhabern wahrgenommen werden sollen. Wenn sich die erste Aufgabe auf die Abteilung insgesamt, die dritte auf einzelne Projekte bezieht, kann man sich keine Vermeidung von Konflikten vorstellen. Dies wird auch vor dem Hintergrund der Begrifflichkeit des Innovationscontrollings relevant, das weit über das F&E-Controlling hinausgeht: „Das Innovationscontrolling umfasst die Steuerung aller Innovationsarten im Hinblick auf die organisationale Zielerreichung durch Einbezug und Berücksichtigung der Marktbedingungen sowie der ökonomischen Zieldimension. Das Innovationscontrolling beschränkt sich somit nicht auf den F&E-Bereich, sondern umfasst funktionsübergreifend alle Innovationsaktivitäten"[586]. Kurz zusammengefasst lässt sich hier feststellen, dass das Innovationscontrolling die „funktionsübergreifende, markt- und resultatorientierte Steuerung aller Innovationsaktivitäten umfasst"[587], wohingegen sich F&E-Controlling klassischerweise auf die Bereiche von der Grundlagenforschung bis zur Produktentwicklung konzentriert. Auf welche Aufgabengebiete das F&E-Controlling sich in diesem Rahmen erstreckt, wird hierdurch nicht weiter abgegrenzt.

Diese unscharfe Abgrenzung der Aufgabengebiete für Forschungs- und Entwicklungscontroller in der Praxis wird auch aus Abb. 7.1 deutlich. Darin werden die Verhältnisse in 26 Unternehmen gezeigt und der vermutlich erstmaligen Empfehlung zur Entwicklung eines spezifischen Forschungs- und Entwicklungscontrolling in der Literatur durch Villers[588] gegenübergestellt. Studien mit einem ähnlichen Detailierungsgrad lassen sich hierzu nicht finden, was für eine grundsätzliche Relevanz der hier gefundenen Ergebnisse spricht[589]. Zu ergänzen ist, dass heute die meisten dieser Aufgaben IT-unterstützt durchgeführt werden, wobei sich eine solche IT-Unterstützung in der Mehrzahl der Unternehmen lediglich auf Microsoft Excel beschränkt[590].

Bei den Unternehmen 1 bis 20 (Teil der Abb. 7.1) handelt es sich um solche, in denen eine spezifische Wahrnehmung des Controlling in Forschung und Entwicklung durch eine Stelle mit entsprechender Bezeichnung und Kompetenz vorgesehen ist.

---

586 Fischer, T. M., Möller, K., Schultze, W., Controlling: Grundlagen, Instrumente und Entwicklungsperspektiven, Stuttgart 2015, S. 642.

587 Fischer, T. M., Möller, K., Schultze, W., Controlling: Grundlagen, Instrumente und Entwicklungsperspektiven, a. a. O., S. 643.

588 Vgl. Villers, R., Research and Development, Planning and Control, New York 1974; vgl. weiter: Zenz, Ph., Die betriebswirtschaftliche Beurteilung von Forschungs- und Entwicklungsleistungen im Industriebetrieb, Thun 1981, S. 168.

589 Mit anderen Bezugsschwerpunkten lassen sich vergleichbare Aufgabenbereiche identifizieren, siehe beispielsweise bzgl. der Aufgabenfelder des F&E-Controllings im Rahmen des management approach in der F&E-Finanzberichterstattung: Behrendt-Geisler, Management Approach in der F&E-Finanzberichterstattung, Hamburg 2013, S. 180 ff.

590 Seidel, U., Um heutzutage wirkungsvolle Führungsunterstützung leisten zu können, müssen Controller und Manager proaktiv auf Augenhöhe agieren, *Wirtschaftszeitung* vom 23.03.2018, abgerufen am 05.01.2020 unter https://www.wiso-net.de/document/WIZ_
_72dd3a903b9cf341c7a692c83ad913fbcd5728a2.

| | Unternehmen: Teil A | | | | | | | | | | | | | | | | | | | | | | Teil B | | | | V |
---	1	2	3	4	5	6	7	8	9	10	11	12	13	14	15	16	17	18	19	20	21	22	23	24	25	26	
A. Gestaltung von:																											
I. Planungsrechnungen																											
1) Datenerfassung (Art, Menge, Zeitpunkt)	Z																										
2) Planerstellung (Zusammenlegung der Teilpläne, Forschung, Korrekturen, Alternativpläne, Bereichsabstimmung)			Z	Z	Z	Z	Z	Z	Z	Z	Z	X	X	X	X	X	X	D	D	D	X			D		D	X
3) Projektfreigaben				D		Z			Z	Z		X	X	X	X	X	Z	X	D	D		X		Z	D	D	X
II. Kontrollberechnungen																											
1) Kontrolle der Daten, Prognosen				Z	Z	X	Z		Z	Z	Z	X	X	X	X	X	Z	D	D	D			Z	D	D	D	X
2) Kontrolle des Budgets	Z			Z	Z	X	Z		Z	Z	D	X	X	X	X	X	Z	D	D	D			Z	D	D	D	X
3) Kontrolle der Projekte (Ereigniskontrolle)				Z		X			Z		D	X			X	X	X	X	D	D		X		Z	D	D	X
4) Plankontrollen (Abweichungen, Analyse, Kommentierung, Nachkalkulation)			Z	Z	Z	D	Z	Z	Z	Z	D	X		X	X	X	Z	D	D	D	X	X	Z	Z	D	D	X
5) Richtlinien für Zeil-und Betriebsvergleiche				D		D			Z									N	N				N				
B. Beratung über:																											
1) Steuerung der Planungs- und Entscheidungsprozesse, Koordination der Abteilungen	Z	Z	Z	Z	Z	Z	Z		Z	Z			X	X	X	X	D	D	D	D	X		Z	Z	Z	D	
2) Ermittlungen und Analyse von Planabweichungen		Z		Z	Z	Z			Z				X	X	X	X	X	D	D	D			Z	Z	D	D	
3) Budgetaufstellung	Z	Z		Z	Z	Z	Z		Z	Z				X	X	X	X	D	D	D		X		Z	D	D	
4) Budgetüberwachung	Z	Z		Z	Z	Z	Z		Z	Z		X		X	X	X	X	X	D	D	X	X	Z	Z	D	D	
5) Aufbau und Verbesserung des Informationssystem				Z	Z	Z			Z		Z		X		X	X	Z	N	N	D			Z	N	N	Z	
6) Bereitstellung von Hilfsmitteln (Methoden, Fachwissen/ Literatur, Kontakte)	Z	Z	Z	Z	Z	Z	Z	Z	Z	Z	Z			X	X	X	X	N	N	D	X		N	N	N	D	
7) Berichterstattung	Z	Z	Z	Z	Z	Z	Z	Z	Z	Z	Z	X		X	X	X	X	D	N	D	X	X	N	N	N		
C. Spezifische Aufgaben in Forschung und Entwicklung																											
1) Unterstützung der Ideensuche		Z				Z									X		X										
2) Dokumentation (technologische Entwicklungen, Erfindungen, Veröffentlichungen)	Z					D					Z			X		X	X	X	D								
3) Koordination mit öffentlichen Stellen (Forschungsaufträge, Subventionen, etc.)	Z			Z							Z	X			X	X	D	X	D	D							
4) Koordination mit Produktplanung oder Fertigung	Z	Z				D					Z	X		X			X	X									
5) Technische Wertanalyse		Z				D											Z	X							Z		
6) Raum- u. Bauplanung, Kapazitätsplanung				Z		Z	Z										N	D									
7) Personalplanung und Gehaltsfindung				Z		Z	Z									X	X	D		D							
8) Wirtschaftlichkeitsrechnungen				Z	Z	Z									X		N	D	D	D	X						
9) Messung relativer Produktivität										Z							N					X			Z		

◄ **Abb. 7.1:** Aufgaben des Forschungs- und Entwicklungscontrolling

V = Villers
X = Wahrnehmung der Aufgabe
Z = Zentrale Wahrnehmung der Aufgabe
D = Dezentrale Wahrnehmung der Aufgabe

Quelle: Brockhoff, K., Controlling in Forschung und Entwicklung der Unternehmen, Zeitschrift für
betriebswirtschaftliche Forschung, 36. Jg., 1984, S. 612, und weitere Ergänzungen

In den Unternehmen 21 bis 26 üben mehrere, oft nicht speziell als Forschungs- und Entwicklungs-Controlling bezeichnete Stellen Controlling-Funktionen aus. Folgende generelle Erkenntnisse sind festzuhalten:

(1) Während Villers starkes Gewicht auf die Gestaltung von Planungs- und Kontroll-rechnungen legt, geht die Praxis, mit Ausnahme des Unternehmens 8, durch die Zuordnung einer Reihe von Beratungsaufgaben und spezifischen Aufgaben des Forschungs- und Entwicklungsbereichs an das Controlling darüber hinaus. Ähn-liche Verhältnisse sind in den Unternehmen 21 und 22 anzutreffen, wo die spe-zifische Forschungs- und Entwicklungs-Controllingfunktion fehlt. Das entspricht der nach der Veröffentlichung von Villers einsetzenden Entwicklung vom „histo-risch-buchhaltungsorientierten" zum „management-systemorientierten", daten- und datenanalyseunterstütztem Typ des Controllers[591].

(2) Es wird explizit darauf hingewiesen, dass das Controlling keine Entscheidungs-funktion übernehmen soll, um die Verantwortlichkeit der sachlich kompetenten Stellen nicht zu begrenzen. Fast extrem ist die Situation in Unternehmen, wo Forschungs- und Entwicklungs-Controllern überwiegend Beratungsaufgaben zu-kommen. Damit wird dem Bild eines Controllers in „Stabsfunktion" entsprochen. Die Unternehmen 1 und 2, mit Einschränkungen auch Unternehmen 3, verwirkli-chen dieses Bild.

(3) Sieht man von Beratungen über die Berichterstattung und zur optimalen Informa-tionsversorgung ab, so wird keine Controller-Aufgabe von allen Controllern glei-chermaßen wahrgenommen. Immerhin liegen auch bei der Planerstellung (und der notwendig vorgelagerten Datenerhebung) und bei der Plankontrolle deutlich erkennbare Schwerpunkte der allgemein wahrgenommenen Controller-Tätigkeit.

(4) Controlling in Forschung und Entwicklung umfasst wegen der teilweise globalen Budgetzuweisung für Forschung und Entwicklung einerseits und der in einigen Unternehmen bedeutenden Drittmittel aus öffentlicher Förderung oder aus Auf-tragsforschung für andere Unternehmen andererseits auch ausgesprochene Trea-surer- oder Finanzmanagement-Aufgaben. Daraus leitet sich auch die verbreitete

---

591 Vgl. Henzler, H., Der Januskopf muss weg! Wirtschaftswoche, 28. Jg., 1974, 38, S. 60–63; ähnlich auch: ZVEI. Hrsg., Forschungs- und Entwicklungsvorhaben, Frankfurt/Main 1982, S. 35.

Stellung bei der Budgetkontrolle ab. Umso wichtiger sind hier integrierte Systeme mit den entsprechenden Stabsstellen wie Treasury oder Finanzbuchhaltung.

(5) In 20 Unternehmen sind ganz spezifische Aufgaben des Controlling für Forschung und Entwicklung festgelegt worden, die beim Controlling anderer Funktionsbereiche derselben Unternehmen fehlen. Bemerkenswert ist hierbei die relative Häufigkeit der Hinweise auf Koordinationsaufgaben. Wo ein spezifisches Forschungs- und Entwicklungscontrolling fehlt, vermisst man meist auch die Wahrnehmung der speziellen Aufgaben.

(6) Dass die Zeile „Datenerfassung" kaum Eintragungen enthält, geht nur darauf zurück, dass diese Aufgabe selbstverständlich zur Erfüllung der nachfolgenden Funktionen wahrzunehmen ist. Datenerhebung, Datenverarbeitung und Datenaufbereitung sind eine der Kerntätigkeiten im Controlling. In dem Sinne wird die Datenerfassung häufig nach Richtlinien des Controlling an den einzelnen Arbeitsplätzen, in Gruppen und Bereichen erledigt.

(7) Selbst wenn ähnliche Aufgabenspektren vorliegen, so kann doch ihre Wahrnehmung durch zentrale oder dezentrale Controlling-Stellen unterschiedlich geregelt sein. Hierfür sind übergeordnete Organisationsprinzipien und integrierte Systeme von wesentlicher Bedeutung. Es bleibt damit offen, in welchem Umfang Forschungs- und Entwicklungscontrolling subsidiär zu zentralen Controlling-Stellen arbeitet, wenn jene Stelle selbst keine Zentralstellen-Funktion ausübt. Selbst innerhalb eines Konzerns können die Aufgaben bei der Muttergesellschaft (10) anders organisiert sein (und in anderen Systemen abgebildet sein) als bei einer Tochtergesellschaft (20).

(8) Im Unterschied zu der von Alves oben geforderten Enthaltsamkeit im Hinblick auf die Beeinflussung der Problemstellung sehen Unternehmen eine wesentliche Funktion des Forschungs- und Entwicklungscontrollings in der Planungsunterstützung und der Anregung von Entwicklungstätigkeiten. Wie Abb. 7.1 zeigt, werden dabei von den betrachteten Unternehmen unterschiedliche Ausgestaltungen vorgenommen. Die Entwicklungsbereiche befürchten allerdings mit zunehmendem Gewicht des Controlling, dass dieses auf der Grundlage leicht greifbarer Kennzahlen (wobei im Folgenden zu sehen ist, dass große Unsicherheit über einheitlich anwendbare Kennzahlen herrscht[592]) primär die Rolle des Kontrolleurs betone, der die Entwicklungstätigkeit eher belaste. Immerhin erkennt der damalige SEL-Forschungs- und Entwicklungscontroller das Problem genau: „Controlling im Entwicklungsbereich heißt, diese Geschehnisse transparent zu machen und zu halten und sie über Zahlen und deren Veränderungen zu steuern. Immer wieder wird es jedoch eine Wanderung sein zwischen Skylla und Charybdis: dem Risiko ständig neuer Überraschungen auf der einen Seite steht bei zu viel „Ad-

---

592 Siehe auch mit Bican, P. M., Brem, A., Managing innovation performance: Results from an industryspanning explorative study on R&D key measures, Creativity and Innovation Management, 2020, 29:268–291

ministration" die Gefahr gegenüber, Kreativität zum Nachteil des Unternehmens einzuschnüren"[593].

Diese Balance zu finden ist auch deshalb schwierig, weil aufgrund unterschiedlicher Aufgabenstellungen in der Forschung einerseits und in der Entwicklung andererseits Unterschiede in der Führung der beiden Bereiche, der Stärke der Kopplung (in starkem Maße beeinflusst von einer ganzheitlichen IT-seitigen Integration) mit anderen Unternehmensbereichen, der Kommunikation mit der Umwelt, der Leistungsbeurteilung usw. auftreten können. Darauf hat dann auch das Controlling differenziert zu reagieren.

(9) Ob zentrales oder dezentrales Controlling der Forschung und Entwicklung betrieben wird, hängt wesentlich von dem Grade ab, in dem die Controlling-Funktion im Unternehmen spezialisiert ist. Dieser Grad variiert auch mit der Unternehmensgröße.

Ein Versuch einer Stellenbeschreibung und damit der verbalen Zusammenfassung der Aufgaben des Forschungs- und Entwicklungs-Controlling wird in der Abb. 7.2 wiedergegeben. Problematisch ist hierbei das Gewicht, das den Planungsaufgaben gegeben wird. Hier können die schon angesprochenen Konflikte mit der Leitung von Forschungs- und Entwicklungsbereichen auftreten. Nicht explizit genannt, aber elementarer Bestandteil nahezu aller aufgeführten Aufgaben ist die Datengenerierung, -kumulierung und -aufbereitung, die ebenfalls im Aufgabenspektrum des F&E-Controlling liegen.

Der **Aufgabenkatalog** des Controlling wird nicht rein zufallsbedingt die in Abb. 7.1 dargestellten Unterschiede aufweisen. Vielmehr wird vermutet, dass er erstens mit dem Charakter des Gegenstands des Controlling variiert. Abbildung 7.3 zeigt ein Aufgabenspektrum, das vom Forschungscontrolling zum Entwicklungscontrolling reicht. Je stärker man sich dem Entwicklungscontrolling nähert, desto eher können die herkömmlichen Revisions-, Planungs- und Kontrollinstrumente der Unternehmen zur Bewältigung dieser Art von Controlling-Aufgaben ausreichen. Je weiter man sich in Richtung auf Forschungscontrolling bewegt, umso eher wird man den „neueren Typ" von eher verhaltensorientiertem Controlling realisieren müssen. Schließlich sind in Abhängigkeit vom Grad der Unsicherheit der Aufgaben auch bestimmte Controlling-Strategien zu bevorzugen. Die Forschung kann vorzugsweise durch „peer reviews" gesteuert werden, also eine spezielle Art von „clan control"[594]. In der Konstruktion

---

593 Bürgel, H. D., Forschungs- und Entwicklungsmanagement aus der Sicht des Controllers, in: Blohm, H., Danert, G., Hrsg., Forschungs- und Entwicklungsmanagement, Stuttgart 1983, S. 93–101, hier S. 100 f.

594 „Clan Control" wird als eine Art informelle Kontrolle durch eine Gruppe von Individuen bezeichnet, die gemeinsame Wertvorstellungen und Überzeugungen teilen, siehe in: Nuwangi, S. M., Sedera, D., Srivastava, S. C., Multi-layered Control Mechanisms in Software Development Outsourcing, Research-in-Progress, 2018, S. 1–8; Ouchi, W. G., The Transmission of Control through Organizational Hierarchy, Academy of Management Journal, Vol. 21/2, 1978, S. 173–192.

Abb. 7.2: Aufgabenkatalog eines F&E-Controllers

- **Generelle Aufgabe:** Ergebnisorientierte Ausrichtung (Planung, Steuerung und Kontrolle) aller Prozesse zur Schaffung neuen technischen Wissens grundlegender Art und spezieller Art im Hinblick auf Produkte, Verfahren und Anwendungsgebiete.
- **Spezielle Aufgaben:**
- *Regelmäßige Aufgaben*
  - *Mitarbeit bei der strategischen und operativen F&E-Programmplanung (Aufnahme, Weiterführung, Abbruch von F&E-Projekten; Prioritätenfestlegung)*
  - *Beurteilung von F&E-Antragen (Kosten bzw. Wirtschaftlichkeit)*
  - *Mitarbeit bei der integrierten Produkt- und Verfahrens-Projektplanung*
  - *Mitarbeit bei der Kapazitätsbelegungs- und Maßnahmenplanung im Hili-Bereich*
  - *Budgetplanung und -kontrolle des F&E-Bereichs nach Kostenarten, Kostenbereichen/Kostenstellen, Kostenträgern (Projekten: Projektdeckungsrechnungen)*
  - *Verfolgung der Entwicklungstermine je Projekt*
  - *Verfolgung des Projekt-/Produktergebnisses (wirtschaftlicher Produkterfolg)*
  - *Erstellung und Überwachung von Kennzahlen, u. a. für die Unternehmensleitung*
  - *aktive Information der Forscher und Entwickler über Wirtschaftsdaten*
- *Fallweise Aufgaben*
  - *Erarbeitung von Grundsätzen und Verfahren*
  - *Konzeption und Implementierung sowie Weiterentwicklung eines projekt- und bereichsbezogenen Planungs-, Steuerungs- und Kontrollsystems*
  - *Mitarbeit an Wertanalyse-Projekten (value engineering, value analysis)*
  - *Mitarbeit an Konkurrenzanalysen (Produkte, Aggregate, Verfahren)*
  - *Betriebswirtschaftliche Sonderausgaben (z. B. Mitarbeit bei der wirtschaftlichen Beurteilung von Produkten/Projekten; Entscheidungsvorbereitung Eigen- oder Fremdentwicklung; Ernittlung von Lizenzkosten und -erträgen)*
  - *Mitarbeit im Produktplanungsausschuss (F&E-Kostenermittlung für die Langfristkalkulation; Anregung von Entwicklungsaufträgen, Einbringung von Entwicklungsresultaten)*

Quelle: Arbeitskreis „Integrierte Unternehmensplanung", Integrierte Forschungs- und Entwicklungsplanung, a. a. O., S. 373.

Abb. 7.3: Controlling-Aufgaben und -Strategien

	Spektrum der Ausprägungen (fließende Übergänge)			
Controlling-Aufgaben	Forschung Neue Gebiete Schlecht strukturiertes Vorgehen Schwer messbares Ergebnis		Entwicklung Klassische Gebiete Eher strukturiertes Vorgehen Messbare Ergebnisse	
Controlling-Leistungen	Organisation der Informations-sammlung Informationsbereitstellung Anregungen vermitteln Peer Audits organisieren		Klassische Kontrollfunktionen Koordination zwischen Funktions-und Geschäftsbereichen Akzeptanz für Kontrolle schaffen	
Controlling-Strategien	Sozialisation fördern „Clan" control	Verhaltens-kontrolle	Ergebniskontrolle	Verhaltens - und Ergebniskontrolle

(als eher sicheres Extrem von Entwicklungsarbeiten) können in spezifischer Weise das Verhalten der Mitarbeiter und das Ergebnis ihrer Tätigkeit gesteuert werden[595].

Zweitens ist davon auszugehen, dass das relative Gewicht einzelner Controlling-Aufgaben nicht zuletzt aufgrund aktueller Problemlagen variiert. Es ist erkannt worden, dass Controlling-Aufgaben auch danach zu differenzieren sind, ob sie sich auf strategische oder auf operativ-taktische Probleme richten[596]. Im ersten Falle steht die Erzielung von Effektivität, im letzten Falle die Erreichung von Effizienz im Mittelpunkt der Controlling-Bemühungen. Hinsichtlich des Controlling-Objekts kann man deutlich Projekte, Abteilungen oder Bereiche und Meta-Objekte, wie etwa die Organisation, unterscheiden. So ergibt sich eine wechselseitige Durchdringung dieser beiden Gliederungsaspekte, wie dies in Abb. 7.4 gezeigt wird. An den Schnittpunkten der beiden Gliederungskriterien der Abbildung sind beispielhaft konkrete Aufgabenbereiche genannt worden.

Damit überlagern sich verschiedene Einflussvariablen auf den Controlling-Typ, wie z. B. Unternehmensgröße und Aufgabenspektrum, aus denen sich die Controlling-Aufgaben herleiten. So wird etwa in der produktbezogenen Entwicklung häufig eine zu schwache Beteiligung des Management in der Produktkonzeptions- und der Produktentwicklungsphase vermutet[597].

Dem Controlling kommt dann die Aufgabe einer problembezogenen Organisation der Datengewinnung und der Beratung des Managements zu. Dabei darf die komplizierte Balance nicht gestört werden, die zwischen der Anregung zu neuen Ideen und dem Herausfiltern von Projekten, für die keine ausreichenden technischen oder ökonomischen Erfolgserwartungen zu begründen sind, bestehen muss. Die Ausgestaltung der Controlling-Aufgabe wechselt bezüglich einzelner Projektideen oder Pro-

---

595 Vgl. Ouchi, W., A Conceptual Framework for the Design of Organizational Control Mechanisms, Management Science, Vol. 25, 1979, S. 833–848.

596 Vgl. dazu bes. Stockbauer, H., F&E Controlling, a. a. O., S. 110 f.

597 Vgl. Commes, U., Lienert, R., Kreativität und Effektivität, Siemens Zeitschrift, 6/1983, S. 26.

Abb. 7.4: Konzepte des Forschungs- und Entwicklungs-Controlling (mit Beispielen für Aufgaben)

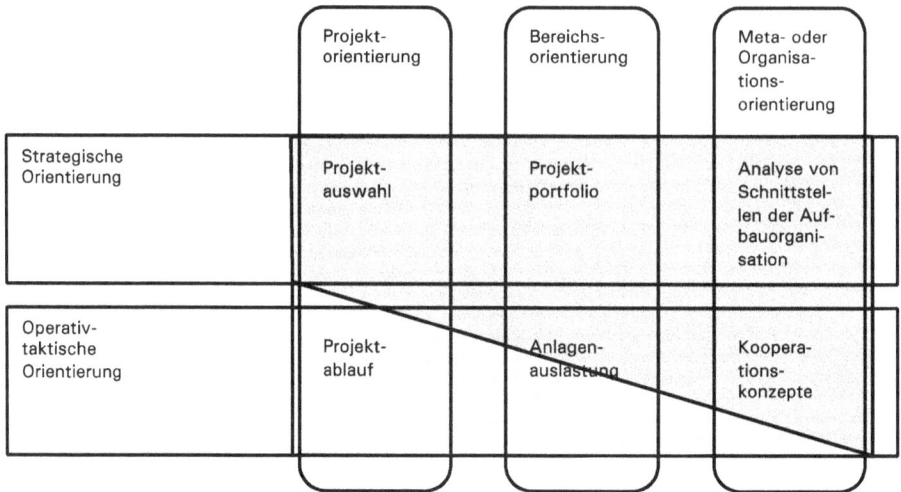

	Projekt-orientierung	Bereichs-orientierung	Meta- oder Organisa-tions-orientierung
Strategische Orientierung	Projekt-auswahl	Projekt-portfolio	Analyse von Schnittstel-len der Auf-bauorgani-sation
Operativ-taktische Orientierung	Projekt-ablauf	Anlagen-auslastung	Koopera-tions-konzepte

jekte von einer stärkeren Ausrichtung auf Anregungen und die Beschaffung und Bereitstellung von Informationen und Daten zur Erfolgsbewertung für eine Kontrolle
der Plandurchführung, je nachdem, ob das Projekt eher der Forschung oder eher der
Entwicklung zuzurechnen ist, ob es eher eine Abweichung von herkömmlichen Ent-
wicklungslinien oder ihre Fortsetzung darstellt, ob es aus den Tätigkeitsgebieten eher
kurzfristig orientierter Sparten oder Geschäftsbereiche herausfällt oder sich mit diesen deckt. Konsequenterweise ist **Forschungs- und Entwicklungscontrolling** wenig
standardisiert.

Zur Controlling-Aufgabe gehört die Entwicklung und Pflege eines einheitlichen
Berichtssystems, das auf die besonderen Bedürfnisse unterschiedlicher Entschei-
dungshierarchien, der jeweiligen Firmengröße und -struktur entsprechend, abzu-
stellen ist. In der Abb. 7.5 wird skizziert, wie diesem Gedanken Rechnung getragen
werden kann. Freilich ist diese Darstellung nur sehr allgemein gehalten. Die konkrete
Ausgestaltung von Berichtsmustern, aber auch Berichtserstellung und -übermittlung
variiert in der Praxis erheblich.

Das Konzept eines Berichtssystems ist auf die Projektberichterstattung ausgerichtet. Daneben ist eine Bereichsberichterstattung zu entwickeln, was zum Beispiel auf
der Grundlage eines Kennzahlensystems erfolgen kann, das den Zeit- und den Betriebsvergleich ermöglicht, basierend auf klaren „Ziel-Kennzahlen-Beziehungen"[598].

---

[598] Vgl. Bauer, P., Brockhoff, K., Kennzahlenberechnung für Forschung und Entwicklung, RKW-
Handbuch für Forschung, Entwicklung und Konstruktion, Berlin 1992, Kennzahl 4070; Seidel, U., Um
heutzutage wirkungsvolle Führungsunterstützung leisten zu können, müssen Controller und Manager
proaktiv auf Augenhöhe agieren, *Wirtschaftszeitung* vom 23.03.2018, abgerufen am 05.01.2020 unter
https://www.wiso-net.de/document/WIZ__72dd3a903b9cf341c7a692c83ad913fbcd5728a2.

Abb. 7.5: Konzept eines Projekt-Berichtssystems (ohne Einbeziehung der Kostenrechnung)

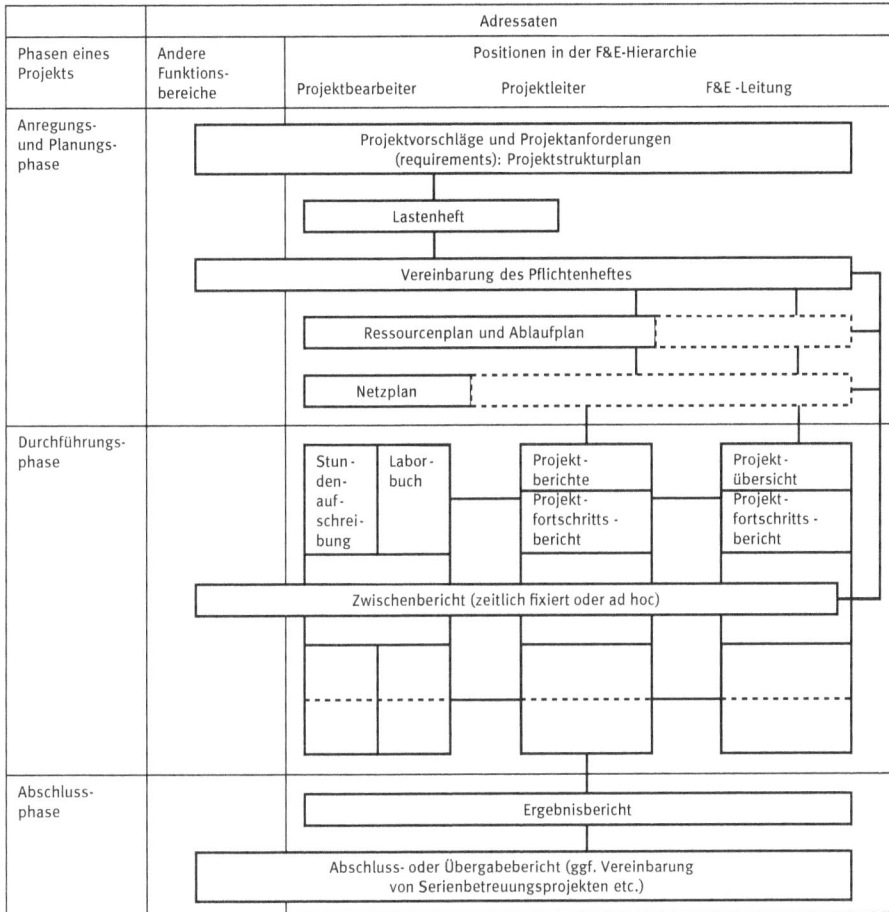

		Adressaten			
Phasen eines Projekts	Andere Funktions- bereiche	Positionen in der F&E-Hierarchie			
		Projektbearbeiter	Projektleiter		F&E -Leitung
Anregungs- und Planungs- phase		Projektvorschläge und Projektanforderungen (requirements): Projektstrukturplan			
		Lastenheft			
		Vereinbarung des Pflichtenheftes			
		Ressourcenplan und Ablaufplan			
		Netzplan			
Durchführungs- phase		Stun- den- auf- schrei- bung	Labor- buch	Projekt- berichte / Projekt- fortschritts - bericht	Projekt- übersicht / Projekt- fortschritts - bericht
		Zwischenbericht (zeitlich fixiert oder ad hoc)			
Abschluss- phase		Ergebnisbericht			
		Abschluss- oder Übergabebericht (ggf. Vereinbarung von Serienbetreuungsprojekten etc.)			

Durch diese Abhängigkeiten zum zu messenden Ziel sollen „reine Kennzahlenfried-höfe" vermieden werden[599].

---

[599] Seidel, U., Um heutzutage wirkungsvolle Führungsunterstützung leisten zu können, müssen Controller und Manager proaktiv auf Augenhöhe agieren, a. a. O.

7.2 Kontrolle

7.2.1 Ausdehnung von Kontrollen und ausgewählte Wirkungen

Im Folgenden steht die Kontrolle einzelner Forschungs- und Entwicklungsprojekte im Vordergrund der Betrachtung.

Die Kontrollaktivitäten sind als Selbstkontrolle sowohl durch die Mitarbeiter als auch durch das Projektmanagement möglich. Darüber hinaus sind Fremdkontrollen vorzusehen. Sie können durch firmenexterne, wie Wirtschaftsprüfungsgesellschaften, aber auch durch interne Revisionsbereiche vorgenommen werden, sofern sie nicht in den Aufgabenbereich des Controlling selbst fallen.

Wichtig ist, dass bei Projektkontrollen ihre Gegenstände (Zeitbedarf, Aufwand, Sachzielerreichung) wegen ihrer wechselseitigen Abhängigkeit (vgl. Kapitel 6) von nur einer Stelle kontrolliert werden. Weiter zeigt sich, dass die Beurteilung von Effizienz, Effektivität, Einhaltung von Kosten- und Terminplänen bei einer Kontrolle „aus einer Hand" die besten Werte aufweist, verglichen mit einer Kontrolle durch unterschiedliche Stellen oder einer nur teilweisen Erfassung der Kontrollgegenstände[600]. Die größere Häufigkeit von Kostenkontrollen im Vergleich mit Zeitkontrollen hat sich kaum verändert seit solche Daten erhoben werden. Damit wird ein wesentliches Element zur Bestimmung der Wettbewerbsfähigkeit vernachlässigt.

Die retrograde Kontrolle ist für künftige Projekte nur dann von Nutzen, wenn sie durch eine systematische Analyse von Abweichungsursachen ergänzt wird und die gewonnenen Erfahrungen übertragbar sind.

Zwischen dem Umfang und der Häufigkeit von Kontrollen und den damit gewünschten Effektivitäts- und Effizienzwirkungen ist ein umgekehrt u-förmiger Zusammenhang plausibel zu machen. Bisher zeigen sich aber nur sehr schwache Zusammenhänge zwischen diesen Variablen. Dies kann einer der Gründe für die Zurückweisung von Kontrollen sein. Als weiterer Grund für den Verzicht auf Kontrollen wird vermutet, dass diese sich kreativitätshemmend auswirken könnten[601]. Hinzu tritt der Einwand, der Neuigkeitscharakter aufeinanderfolgender Projekte verhindere die Übertragung der aus Kontrollen vorhergehender Projekte erworbenen Einsichten. Das macht die Akzeptanz von Kontrollen in Forschungs- und Entwicklungsbereichen besonders schwer.

Schließlich wird kontrovers darüber diskutiert, ob die Kontrollen rechtfertigenden Ursachen von Kosten-, Zeit- oder Entwicklungszielabweichungen auf die Unsicherheit des Forschungs- und Entwicklungsprozesses selbst oder auf das grundsätzlich beeinflussbare menschliche Entscheidungsverhalten zurückzuführen sind. Gilt

---

[600] Vgl. Warschkow, K., Organisation und Budgetierung zentraler FuE-Bereiche, Stuttgart 1993, S. 241.

[601] Vgl. im Folgenden: Brockhoff, K., Planungskontrolle im Entwicklungsbereich, in: Brockhoff, K., Krelle, W., Unternehmensplanung, Berlin, Heidelberg, New York 1981, S. 173–192, hier S. 174 f.

letzteres, so können Kontrollen durchaus motivierende Präventivwirkungen auslösen, gilt ersteres, so ist dies nicht der Fall.

Eine eher vorsichtige Aussage zur Motivationswirkung der Kontrolle empfiehlt sich, weil inzwischen eine Vielzahl akzeptanzfördernder und -hindernder Gestaltungselemente von Kontrollsystemen bekannt sind[602]. Danach ist daran zu denken, gerade im Forschungs- und Entwicklungsbereich:

- Pläne nicht ausschließlich am bestmöglichen Projektfortschritt zu orientieren, um normale Ungewissheiten auffangen zu können;
- Pläne besonders dann nicht allzu sehr zu detaillieren (z. B. nicht unter die Meilenstein-Ebene), wenn kreativer Spielraum erwünscht ist und informelle Abstimmungen auch zwischen Projekten notwendig sind;
- Erfahrungen von Mitarbeitern frühzeitig in die Planung einzubeziehen;
- Kontrolle durch Sachkunde zu legitimieren;
- Gründe für und Folgen von Kontrollen offenzulegen;
- Abweichungsanalysen (Zeit/Kosten) vorzunehmen;
- Win-win-Situationen zu schaffen, bsp. positive Erfahrungen mit Kontrollsystemen auch für ihre Begründung und Einführung zu nutzen.

Die teilweise Widersprüchlichkeit der Argumente hat die Überlegung angestoßen, durch Bonussysteme oder die Führung der Forschungs- und Entwicklungsbereiche als „profit center" eine so starke Motivation zur Vermeidung von vermeidbaren Abweichungen zu erreichen, dass Kontrollen dann praktisch unnötig werden, weil sie unwirtschaftlich sind. In- und externe Vergleiche sind dann immer noch möglich und erforderlich, soweit sie nicht durch „clan control" (siehe oben) ihren Charakter ändern. Für zentrale Forschungs- und Entwicklungsbereiche deutscher Großunternehmen wurde gezeigt, dass Effizienz- und Effektivitätsmängel, Kosten- und Zeitabweichungen dann gering ausfallen, wenn die Bereiche weitestgehend autonom geführt werden oder allenfalls mit Kostenverantwortung ausgestattet sind, im Unterschied zu den unselbständigen Bereichen vom Typ der Dienstleistungscenter oder Stabsabteilungen[603].

Schließlich mag die Widersprüchlichkeit der Argumente auch darauf zurückgehen, dass die Kontrolle bisher weder effektiv noch effizient gestaltet ist. Ersichtlich sind Abweichungen bei Kleinprojekten mit einem Aufwand unterhalb der bestehenden Genehmigungsgrenze für Mittelverwendungen durch die Geschäftsleitung höher als bei den Großprojekten, die diese Grenze überschreiten. Zunächst ist dies unplausibel, assoziiert man doch mit dem kleineren Projektaufwand auch die bessere Projektüberschaubarkeit. Man muss aber bedenken, dass eine Genehmigungsgrenze den

---

602 Vgl. Thieme, H.-R., Verhaltensbeeinflussung durch Kontrolle, Berlin 1982; Höller, H., Verhaltenswirkungen betrieblicher Planungs- und Kontrollsysteme, München 1978.
603 Vgl. Warschkow, K., Organisation und Budgetierung zentraler FuE-Bereiche, a. a. O., S. 169

Hang fördern kann, größere Projekte in kleinere Einheiten zu zerlegen, problembehaftete und unsichere Projekte „klein" zu definieren, um jeweils einer Geschäftsleitungskontrolle zu entgehen, wenn man aufgrund von zielkonträren Abweichungen negative Folgen befürchtet. Auch könnten größere Projekte durch ein qualifiziertes Projektmanagement betreut sein, sei dies nun aus Eigeninteresse des Unternehmens oder aus Interessen von Drittmittelgebern, was bei kleineren Projekten fehlt. Will man die gezeigten Effekte vermeiden, ohne den Kontrollaufwand zu erhöhen, so empfiehlt sich die Aufhebung der hierarchisch gestaffelten Genehmigungsgrenzen. An ihre Stelle sollte eine zufallsgesteuerte Auswahl von Projekten zur Kontrolle treten. Dabei kann der Zufallsprozess selbst wieder vom Arbeitsgebiet, von der Zuverlässigkeit der Projektbearbeitung in der Vergangenheit etc. abhängig gemacht werden[604]. Auf diese Weise kann die Wirtschaftlichkeit der Kontrolle optimiert werden.

Auch lässt sich erkennen, dass neben den Charakteristika von Kontrollprozeduren und Projekten, der Projekterfolg sowie die Art des technischen Fortschritts mit den Abweichungen in stärker werdendem Maße korrelieren können.

Es ist festzuhalten, dass allein schon die systematische Sammlung und Aufbereitung von Abweichungsdaten künftige Kalkulationen von Entwicklungsanforderungen erleichtert. In der Praxis ist dies für die Software-Entwicklung belegt[605]. Dadurch wird die Kontrolle beschränkt „lernfähig", was ihre Akzeptanz erhöhen kann. Den Ablauf dieses Vorgangs zeigt Noth[606] (vgl. Abb. 7.6).

Neben der Begründung von Kontrollen aus der Höhe der Abweichungen heraus ist daran zu denken, dass Entwicklungsentscheidungen Folgen in der Produktion oder im Vertrieb der Entwicklungsobjekte auslösen. Diese Folgewirkungen werden schon in der Konzeptionsphase von Projekten ausgelöst. Sie sind so bedeutend, dass auch sie Kontrollen rechtfertigen. Die Abb. 7.7 beruht auf Erfahrungen der Praxis und zeigt, dass mit dem Entwicklungsaufwand zwar nur etwa 10 % der gesamten Lebenslaufkosten eines Projekts anfallen, aber 95 % dieser Lebenslaufkosten determiniert werden. Deshalb wird angestrebt, die projektbezogene durch eine periodenbezogene Kontrolle zu ergänzen, sowie durch ein funktionsbezogenes (vgl. Abb. 7.4) und – im Hinblick auf die Mehrfach-Verwendungen von Projekten – durch ein produktbezogenes Controlling. Das Zusammenwirken dieser Funktionen birgt komplizierte Abstimmungsaufgaben, ist aber Voraussetzung für ihre volle Wirksamkeit.

---

604 Vgl. Brockhoff, K., A Heuristic Procedure for Project Inspection to Curb Overruns, IEEE Transactions on Engineering Management, Vol. EM-29, 1982, S. 122–128.
605 Vgl. Riedl, J. E., Wirth, W., Kretschmer, H., Kalkulation von Softwareprojekten zur Unterstützung des Controlling in Forschung und Entwicklung, Zeitschrift für betriebswirtschaftliche Forschung, 37. Jg., 1985, S. 993–1006.
606 Vgl. Noth, Th., Aufwandsschätzung von FuE-Projekten, in: Platz, J., Schmelzer, H. J., Hrsg., Projektmanagement in der industriellen Forschung und Entwicklung, Berlin, Heidelberg, New York 1986., S. 161–180, hier S. 164.

Abb. 7.6: Allgemeines Schema zur Vorgehensweise bei der Aufwandschätzung und -kontrolle

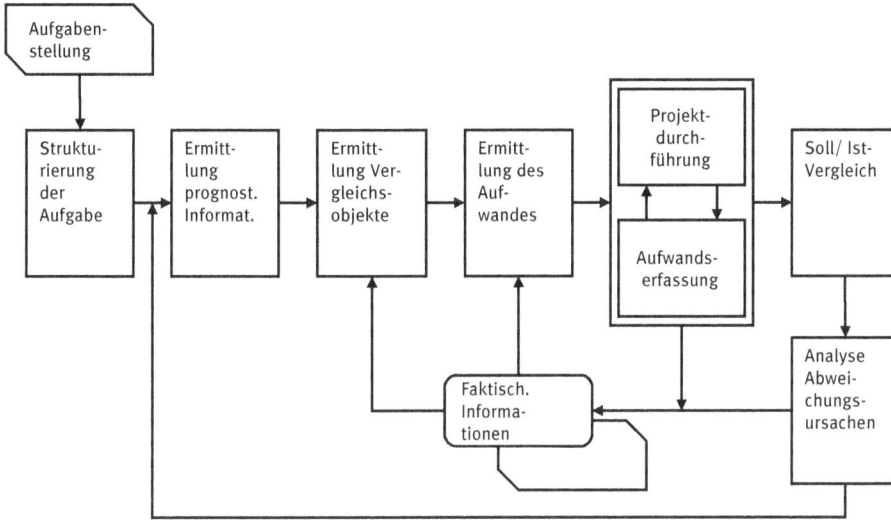

Quelle: Noth, Th., Aufwandsschätzung von FuE-Projekten, a. a. O., S. 164

Abb. 7.7: Verteilung der Lebenslaufkosten eines Projekts und der Grad ihrer Vorbestimmtheit durch F&E

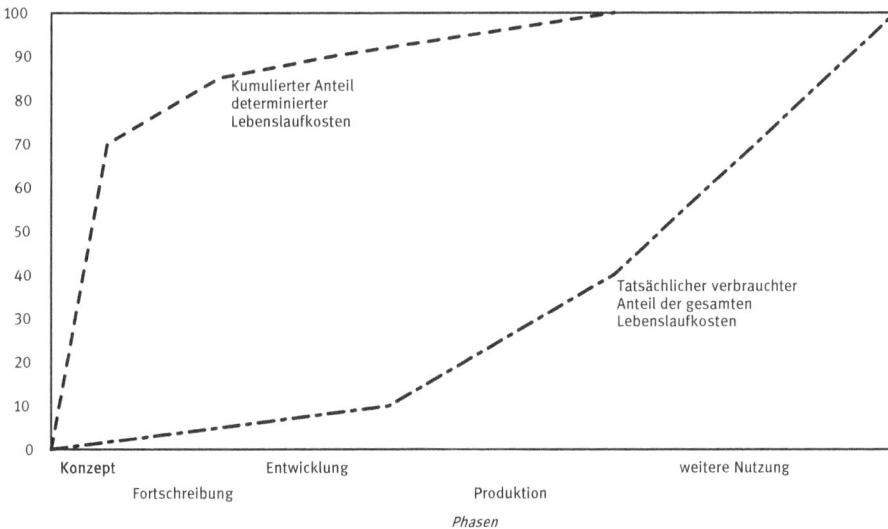

Schließlich ist in geeigneten Abständen zu prüfen, ob die Entwicklungsziele im Lichte der Bedürfnisentwicklung und der Wettbewerbsaktivitäten noch relevant sind, einer Änderung bedürfen oder eine Einstellung der Entwicklung nahelegen.

Um diese Fragen systematisch untersuchen zu können, werden die formalen Ansatzpunkte einer Forschungs- und Entwicklungs-Kontrolle im folgenden Abschnitt behandelt.

7.2.2 Abweichungstypen und Kontrollobjekte

Kontrolle beruht auf der **Feststellung und Analyse von Abweichungen** und soll einer **zielorientierten Prozesssteuerung** dienen. Als ihre formalen Ansatzpunkte kommen grundsätzlich verschiedene mögliche Differenzen zwischen Istgrößen und zwischen Sollgrößen in Betracht. Das zeigt Abb. 7.8 Der Zeitvergleich, der Projektvergleich oder der Betriebsvergleich ist jeweils ein Beispiel für eine Differenzenbildung zwischen Istgrößen ($I-I'$). Die übliche Abweichungsanalyse bezieht sich auf Differenzen zwischen ex ante festgelegten Sollgrößen (S_A) und den später realisierten Istgrößen. Ex post können allerdings auch Planungen nachvollzogen werden, wodurch ex post-Sollgrößen (S_p) ermittelt werden. Sie können zur Feststellung von Abweichungen durch Planungs- oder Prognosefehler ($S_p - S_A$) benutzt werden[607]. Damit kann die Abweichung ($I - S_A$) für $I = I'$ in zwei Komponenten aufgespalten werden, den **Planungsfehler** und den **Realisationsfehler** ($I - S_p$):

$$I - S_A = (S_p - S_A) + (I - S_p) . \tag{7.1}$$

In Abb. 7.9 werden die zugrundeliegenden Verhältnisse bei einem Projekt dargestellt, die Ausgangspunkt für die Erfassung der Abweichungen in Abb. 7.8 sind. Jede dieser Abweichungen beantwortet eine andere Analysefrage, weshalb es entscheidend ist, welcher Ansatz im jeweiligen Fall gewählt wird.

Grundsätzlich kann nur ein Teil der überhaupt festgestellten Abweichungen beeinflusst werden. Duvall hat diesen Bruchteil die „kontrollierbaren Abweichungen" genannt, die auf „non-standard performance" zurückgehen, wobei die Abgrenzung variabel sei, d. h. von betrieblichen Maßnahmen abhänge[608].

Abb. 7.8: Absolute Abweichungen als Ansatzpunkte für Kontrollen

	I': Istwerte		S_p: ex post-Sollwerte	
I: Istwerte	I-I': z.B. Zeitvergleich	1	I-S_p: Realisationsfehler	3
S_A: ex ante-Sollwerte	I'-S'_A: Soll-Ist-Abweichung	2	S_p-S_A: Planungsfehler	4

607 Vgl. Demski, J. S., An Accounting System Structured on a Linear Programming Model, Accounting Review, Vol. 42, 1967, S. 701–712.
608 Vgl. Duvall, R. M., Rules for Investigating Cost Variances, Management Science, Vol. 13, 1967, S. B 631-B 641.

Abb. 7.9: Hypothetische Projektaufwandsverläufe (Nummern beziehen sich analog zu Abb. 7.8)

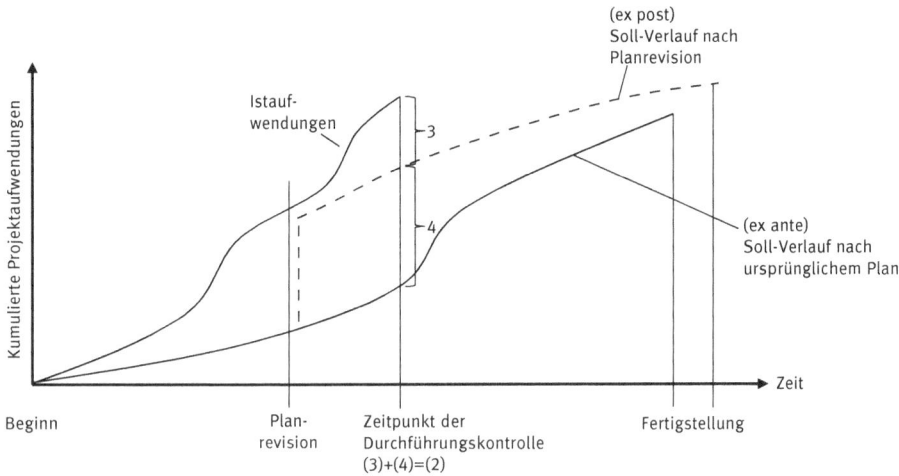

Die Einwirkungen auf Abweichungen können in formaler Hinsicht an den Istwerten ebenso wie an den Sollwerten anknüpfen. Dies entspricht der Aufspaltung der Kontrolle in eine **Durchführungs-** (oder Fortschritts-) und in eine **Planungskontrolle**. In der Durchführungskontrolle liegt zugleich der Ansatzpunkt für Korrekturen vorausgehender Planungen und die Unterstützung künftiger Planungen. Planungs- und Durchführungskontrolle werden in diesem Zusammenhang ausschließlich als unternehmensinterne Maßnahmen angesehen. Sie müssen nicht nur als einmalige Maßnahmen verstanden werden, sondern auch als wiederholte, begleitende Maßnahmen.

Die Kontrollaktivitäten können Kontrollobjekte aus Kontrollfeldern wählen, die verschieden abgegrenzt werden. Grundsätzlich können Organisationseinheiten, die Kostenverantwortung tragen, unabhängig von den in ihnen bearbeiteten Projekten, oder Projekte, unabhängig von den an ihrer Bearbeitung beteiligten Organisationseinheiten, Kontrollfelder bilden. Im letzteren Falle wird die Abweichungsanalyse allerdings wieder auf die beteiligten Einheiten mit Kostenverantwortung zurückgehen. An den Kontrollobjekten selbst sind grundsätzlich Aufwand, Zeit, Entwicklungsziele (Projektfunktionen), aber auch Fehlerfreiheit und Zuverlässigkeit nach dem Übergang aus der Entwicklung an den Kunden zu überwachen.

Kontrolle von Entwicklungszielen und -prozessen ist besonders auch unter dem Aspekt zu betreiben, eine Haftung für Entwicklungsfehler zu vermeiden. Dazu wird versucht, eine solche Gestaltung und Überwachung von Entwicklungsprozessen zu erreichen, dass Fehler möglichst nicht entstehen oder frühzeitig erkannt und damit vermieden werden können. Hierfür sind Richtlinien in (digital abgebildeten) Normensystemen vorgesehen, deren Einhaltung durch audits, beispielsweise durch Wirtschaftsprüfer, überprüft oder auch zertifiziert werden kann. Daneben erwachsen aus dem Streben nach Fehlervermeidung oder Fehlertoleranz auch eigene Entwicklungs-

Abb. 7.10: Auslegungsgrundsätze für Sicherheitssysteme (Beispiel: Passagierflugzeuge)

Auslegung gegen	Prinzip	Bedeutung / Beispiel
Einzelfehler (A)	Redundanz	Installation von Reservesystemen (mehrere unabhängige Hydraulikkreisläufe für bewegliche Steuersysteme)
Fehler mit gemeinsamer Ursache (B)	Diversität	Anwendung unterschiedlicher Wirkungsmechanismen bzw. Gerätekonstruktionen (Anregkriterien für Auslösung von Notstromsystem)
Übergreifender Fehler (C)	Räumliche Trennung	Getrennte Aufstellung redundanter Teilsysteme
	Baulicher Schutz	Auslegung gegen Unwettereinflüsse
A, B, C und Ausfall Hilfsenergie	Fail-Safe	Systemfehler wirken eindeutig sicherheitsgerichtet (Manuelle Auslösung des Fahrwerks)
menschliches Versagen	Automatisierung	Autopilot

anforderungen. Voraussetzung dafür ist eine Analyse der möglichen Fehlerarten. Am Beispiel der Auslegungsgrundsätze für Sicherheitssysteme, wie sie für Passagierflugzeuge zu entwickeln sind, zeigt die Abb. 7.10 Fehlertypen, Prinzipien für ihre Vermeidung und Beispiele für Entwicklungsaufgaben. Die Bedeutung solcher Prinzipien zeigt sich oftmals erst dann, wenn deren Einhaltung nicht beachtet wurde. So stürzte etwa im Jahr 2000 ein Flugzeug in den Pazifischen Ozean, weil für eine blockierte Stellschraube kein redundantes Ersatzsystem bei der Konstruktion vorgesehen wurde[609].

Die **Durchführungskontrolle** richtet sich insbesondere auf die im Laufe der Entwicklungsarbeit realisierten und periodisch abgerechneten Wertbündel der drei Variablengruppen: Aufwand, Zeit, Ziele. Sie setzt einen Projektdurchführungsplan und die Zuordnung der darin verzeichneten Entwicklungsaktivitäten zu Verantwortlichkeitsbereichen voraus[610], also ein Pflichtenheft und einen Meilensteinplan. Darüber hinaus müssen Informationen darüber gesammelt werden, ob sich die Voraussetzungen in der Projektumwelt geändert haben, unter denen das Projekt begonnen wurde, und welche Rückwirkungen dies hat.

---

[609] National Transportation Safety Board, Loss of Control and Impact with Pacific Ocean Alaska Airlines Flight 261, NTSB/AAR-02/01, 2002.

[610] Vgl. Unterguggenberger, S., Betriebswirtschaftliche Überlegungen zur Problematik der Forschungs- und Entwicklungskosten für neue Industrieprodukte, Zeitschrift für Betriebswirtschaft, 42. Jg., 1972, S. 263–282.

Die auf das Projekt gerichtete Kontrolle kann zunächst formal prüfen, ob die Ist-werte korrekt ermittelt werden. Die Art der erfassten Daten und ihre Ermittlungsmethoden sind zu überprüfen. Auf dabei anzuwendende Techniken wird hier nicht näher eingegangen.

Liegen Abweichungen zwischen korrekt ermittelten Ist- und Sollwerten (oder Werten im Zeitvergleich) vor, so muss im Rahmen der Abweichungsanalyse geprüft werden, ob sie eine **Planrevision** erfordern[611]. Die Projektumwelt wird als von der Kontrolle unbeeinflussbar angesehen. Auf sie richten sich deshalb nur selten Maßnahmen zur Reduktion von Abweichungen. Einen Fragenkatalog als Anregung für die Durchführungskontrolle von Projekten enthält die in Abb. 7.11 dargestellte Übersicht. Eine Systematik der Reaktionsweisen zeigt die Abb. 7.12.

Die Ermittlung von Sollwerten kann bewusste oder unbewusste Fehler enthalten, denen u. a. durch eine **Planungskontrolle** entgegengetreten werden soll. Bewusste Verzerrungen von Sollwerten sind zu erwarten, wenn der Planungsträger daraus einen persönlichen Nutzen ziehen kann (z. B. „organizational slack"[612] zu erzeugen, um bequemere Arbeitsbedingungen zu haben) und glaubt, dass die Verzerrungen unentdeckt bleiben. Unbewusst fehlerhafte Sollwertermittlungen können ihren Grund in Prognose- und Planungsmängeln haben.

Eine erste mögliche Schwachstelle der Sollwertermittlung für Entwicklungsprojekte liegt in der völlig voneinander getrennten oder in der sukzessiven Bestimmung der für ein technisches Entwicklungsziel notwendigen Versuche, der resultierenden Versuchspläne, daraus der Versuchszeit, der Versuchsaufwendungen[613] und schließlich der erwarteten Nettoerlöse aus der erfolgreichen Entwicklung. In letzterem Falle setzt die Planung nach dem Engpassprinzip bei der jeweils vermutlich schärfsten Restriktion an, akzeptiert sie und passt von da aus die Werte für die übrigen Variablen an. Nur selten wird es aber eine stabile Folge von in keiner Weise verhandelbaren Restriktionen für ein Projekt geben. Es fragt sich z. B., wie Nettoerlöse und Entwicklungsdauer in gewinnmaximierenden Unternehmen optimal abgestimmt werden können. Die Kontrolle hat an solchen Optimalplänen anzuknüpfen Dazu müssen zwei Gesichtspunkte berücksichtigt werden: Erstens, die erwähnte Aufwands-Entwicklungsdauer-Beziehung, und zweitens, die Wirkung der veränderten Entwicklungsdauer auf die durch die Entwicklung erzielbaren Nettoerlöse.

---

611 Vgl. Streitferdt, L., Entscheidungsregeln zur Abweichungsauswertung, Würzburg 1983.

612 „Organizational slack can be defined as the excess capacity maintained by an organization": Näslund, B. „Organizational Slack." Ekonomisk Tidskrift, Vol. 66, No. 1, 1964, S. 26–31, mit Bezug auf March, J. G., Sivion, H. A., Organisations, New York 1958.

613 Vgl. Bachem, M., Kosten- und Ertragsverrechnung zur Information für Planung und Kontrolle industrieller Forschungs- und Entwicklungsbereiche. Diss. Köln 1971, S. 158 ff.; Schmelzer, H. J., Buttermilch, K.-H, Reduzierung der Entwicklungszeiten in der Produktentwicklung als ganzheitliches Problem, Zeitschrift für betriebswirtschaftliche Forschung, Sonderheft 23, 1988, S. 43–73, hier S. 46.

Abb. 7.11: Fragenkatalog zur Durchführungskontrolle

A.	Kontrolle der Forschungs- und Entwicklungsergebnisse
A.1.	Ist das durch Funktionen des Projekts beschriebene Entwicklungsziel in zeitlicher(Dringlichkeit) und sachlicher Hinsicht noch aktuell? (Störungen sind möglich, weil Konkurrenten die ehemals bestehende Marktnische besetzt haben oder diese durch Bedürfniswandel verschwunden ist).
A.2.a.	Haben sich die technischen Erfolgswahrscheinlichkeiten für geplante Teilprojekte verändert? (Veränderungen können sich durch zwischenzeitlich anfallende Informationen aus dem eigenen Entwicklungsprogramm oder anderen Quellen begründen lassen.)
b.	Wie lauten die Begründungen für die Veränderungen?
A.3.a.	Sind die bis zum Zeitpunkt der Informationssammlung geplanten Meilensteine erreicht worden?
b.	Wie lauten die Begründungen für die Abweichungen?
c.	Beeinträchtigen die Abweichungen die Projektziele in sachlicher Hinsicht?
d.	Beeinträchtigen die Abweichungen die Projektziele in zeitlicher Hinsicht (liegt die betroffene Aktivität auf einem „kritischen Weg" oder nicht)?
e.	Beeinträchtigen die Abweichungen die Wirtschaftlichkeit des Projekts?
A.4.	Sind unvermutete Erkenntnisse angefallen, die für andere Vorhaben genutzt werden können?
B.	Kontrolle des Faktoreinsatzes
B.1.a.	Entspricht die Menge des Personaleinsatzes(in Mann-Monaten, in Stunden) den geplanten Werten?
b.	Wie lauten die Begründungen für die Abweichungen?
B.2.a.	Entspricht der Einsatz wesentlicher Sachmittel den Planungen (z.B. Rechnerzeit, Modellbau, Benutzung einer Versuchsanlage)?
b.	Wie lauten die Begründungen für die Abweichungen?
B.3.a.	Entsprechen die kumulierten Projektaufwendungen den geplanten Werten?
b.	Wie lauten die Begründungen für die Abweichungen?
B.4.a.	Gibt es Wechsel im Personaleinsatz für das Projekt?
b.	Wird dadurch die Wirtschaftlichkeit oder der Projektfortschritt beeinflusst (z.B. Einarbeitungszeit, Zuweisung von Spezialisten)?

Quelle: Brockhoff, K., Kontrolle und Revision der Forschung und Entwicklung, in: Handwörterbuch der Revision, Stuttgart 1983, Sp. 421–437, hier Sp. 434 f.

Abb. 7.12: Reaktionen auf Feststellungen der Durchführungskontrolle

I.	Bestätigung der Pläne und Fortführung der betrachteten Entwicklungsaufgaben.
II.	Planrevisionen.
II.a.	Dispositionen über überflüssig gewordene Faktormengen.
II.b.	Bestimmung zusätzlicher forderlicher Ressourcen und Wirtschaftlichkeitsüberprüfung.
II.c.	Bestimmung neuer sachlicher oder zeitlicher Projektziele und Wirtschaftlichkeitsüberprüfung bzw. Aufgabe des Projekts.
III.	Datenanalyse für die Verbesserung zukünftiger Planungen. Insbesondere auch eine Analyse von Zeit- und Kosteneinflussgrößen und Entwicklung eines Programms für die Anwendung der Erkenntnisse.

Quelle: Brockhoff, K., Kontrolle und Revision der Forschung und Entwicklung, a. a. O., Sp. 435.

In der Regel ist anzunehmen, dass eine Verlängerung der Entwicklungsdauer die Nutzung des Entwicklungsergebnisses verzögert und damit seinen Wert schmälert. Auf solche Gewinn-Zeit-Beziehungen wird häufig hingewiesen[614].

Ein gewinnmaximaler Entwicklungsplan muss daher die Eigenschaft haben, dass der Gegenwartswert des Grenzentwicklungsaufwands bezüglich der Zeit dem Gegenwartswert der Grenzgewinne aus der Verwertung des Entwicklungsergebnisses bezüglich der Zeit entspricht. Die Gleichheit beider Größen bestimmt die optimale Entwicklungsdauer T^*. Theoretisch kann der Wert T^* wie folgt abgeleitet werden[615].

ρ Verzinsungsintensität,

t Zeitindex,

T Entwicklungsdauer,

$f(t, T)$ Entwicklungsaufwand in der t-ten Periode in Abhängigkeit von der gesamten Entwicklungsdauer T,

$b(t, T)$ Nettozahlungsstrom des entwickelten Produkts in der t-ten Periode und in Abhängigkeit vom Markteinführungszeitpunkt, der von der Entwicklungsdauer T abhängt,

$C_0(T)$ Kapitalwert.

614 Vgl. Bobis, A. H., Cooke, T. F., Paden, J. H., A Funds Allocation Method to Improve the Odds for Research Successes, Research Management, Vol. 14, 1971, S. 34–49; Nagpaul, P. S., A Method for Reallocating Funds to Meet a Reduced Budget, Research Management, Vol. 15, 1972, S. 35–42; Schulte, D., Die Bedeutung des F&E-Prozesses und dessen Beeinflussbarkeit hinsichtlich technologischer Innovationen. Bochum 1978; Commes, U., Lienert, R., Kreativität und Effektivität, a. a. O., S. 26.
615 Vgl. Brockhoff, K., Planungskontrolle im Entwicklungsbereich, a. a. O., S. 180.

Es ist zu maximieren:

$$C_0(T) = \int_{T^*}^{\infty} b(t, T^*) e^{-pt} dt - \int_0^{T^*} f(t, T^*) e^{-pt} dt \qquad (7.2)$$

Indem man bestimmt:

$$\frac{dC_0}{dT} = 0 = \int_{T^*}^{\infty} \frac{\delta[b(t, T^*) e^{-pt}]}{\delta T} dt - \int_0^{T^*} \frac{\delta[f(t, T^*) e^{-pt}]}{\delta T} dt$$

$$+ b(T^*, T^*) e^{-pT^*} - f(T^*, T^*) e^{pT^*}. \qquad (7.3)$$

Die Gleichung (7.3) ist nach T^* aufzulösen.

Der erste Summand ist der Gegenwartswert aller Gewinnänderungen in der Zeit nach Abschluss der Entwicklung bei marginaler Variation der Entwicklungsdauer. Der zweite Summand stellt den Gegenwartswert der Aufwandsänderungen in der Zeit bis zum Abschluss der Entwicklung bei derselben marginalen Variation dar. Dem dritten Summanden entspricht der Gegenwartswert des Gewinns der Periode T^*, der bei Ausdehnung der Entwicklungsdauer um δT verlorengeht. Der vierte Summand macht den Gegenwartswert der Aufwendungen der Periode T^* aus.

Das Ergebnis in (7.3) lässt sich deshalb auch wie folgt darstellen: Der Grenzgewinn-Barwert (erster und dritter Summand in (7.3)) entspricht dem Grenzentwicklungsaufwands-Barwert (zweiter und vierter Summand in (7.3)).

Eine einfache analytische Ermittlung von T^* ist nicht möglich, wenn man für $b(., .)$ und $f(., .)$ realistische Schätzfunktionen einsetzt. In der Praxis wird man versuchen müssen, die Summanden für wenige alternative Werte von T zu schätzen, um so einen Anhaltspunkt für T^* zu erhalten. Bei Kenntnis der Verteilungsfunktion der Ein- und Auszahlungen ist T^* numerisch bestimmbar[616]. Damit eröffnen sich interessante Möglichkeiten zur Förderung der Zusammenarbeit zwischen Forschungs- und Entwicklungs- sowie Marketing-Bereichen. Die notwendigen Schätzungen können durch Rückgriff auf Standardverläufe der Entwicklungskosten- und Produktlebenszyklus-Funktionen erleichtert werden.

Einen zusammenfassenden Überblick über die behandelten Probleme der Kontrolle gewährt Abb. 7.13.

7.2.3 Vollzug der Durchführungskontrolle

Die Durchführungskontrolle erstreckt sich in der Praxis oft auf einige Dutzend oder mehr Projekte. Deshalb wird ein überschaubares Instrument gesucht, das die Projekt-

---

616 Vgl. Braun, K., Brockhoff, K., PED – Ein Programm zur optimalen Planung der Entwicklungsdauer, Zeitschrift für betriebswirtschaftliche Forschung, Sonderheft 23, 1988, S. 74–85.

Abb. 7.13: Gliederung des Kontrollproblems in Forschung und Entwicklung

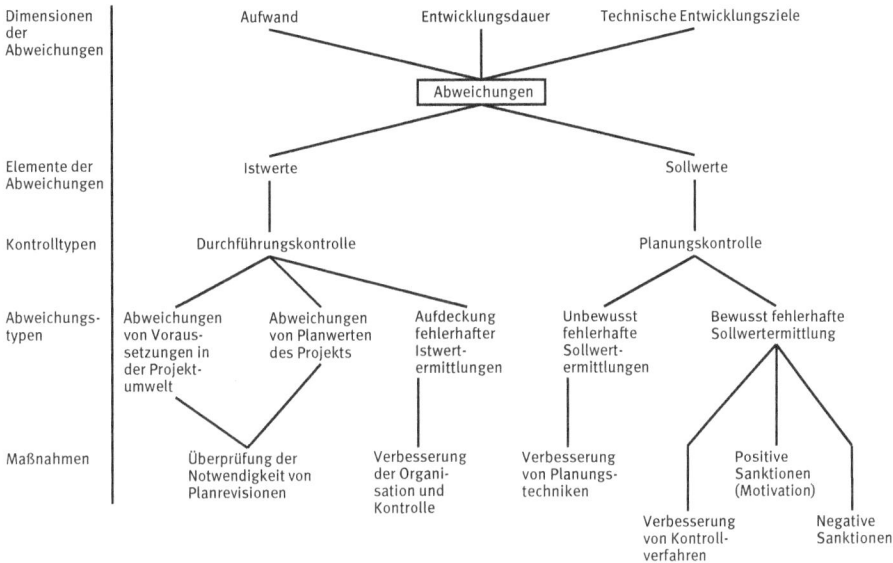

| Dimensionen der Abweichungen | Aufwand | Entwicklungsdauer | Technische Entwicklungsziele |

Abweichungen

| Elemente der Abweichungen | Istwerte | Sollwerte |

| Kontrolltypen | Durchführungskontrolle | Planungskontrolle |

| Abweichungs-typen | Abweichungen von Voraus-setzungen in der Projekt-umwelt | Abweichungen von Planwerten des Projekts | Aufdeckung fehlerhafter Istwert-ermittlungen | Unbewusst fehlerhafte Sollwert-ermittlungen | Bewusst fehlerhafte Sollwertermittlung |

| Maßnahmen | Überprüfung der Notwendigkeit von Planrevisionen | Verbesserung der Organi-sation und Kontrolle | Verbesserung von Planungs-techniken | Positive Sanktionen (Motivation) |

Verbesserung von Kontroll-verfahren — Negative Sanktionen

Quelle: Brockhoff, K., Planungskontrolle im Entwicklungsbereich, a. a. O., S. 178

entwicklung, die Maßnahmen und Abweichungen dokumentiert und leicht kommunizierbar darstellt. Voraussetzung für jedes solches Instrument ist eine Projektkostenerfassung.

Ein solches Instrument der Durchführungskontrolle stellt der **Meilenstein-Überwachungsplan** dar. Für jede Untersuchungseinheit, meist das Projekt, benötigt man zu seiner Aufstellung folgende Angaben, die auf Grund der Durchführungsentscheidung für das Projekt aus dem Pflichtenheft abzuleiten sind:

1. eine Liste von Meilensteinen,
2. eine Vorstellung über die notwendigen Inputs des knappsten Faktors, üblicherweise der vollzeitäquivalenten Ingenieurmonate, die für die Erreichung jedes Meilensteins erforderlich sind,
3. eine Zielvorgabe für die Zeitpunkte, zu denen einzelne Meilensteine erreicht sein sollen.

Traditionell besteht der Plan aus zwei Formularen, erstens dem **Datenblatt** und zweitens dem grafischen **Fortschrittsbericht**. Idealerweise wird der Plan in ein integriertes Business-Intelligence-System eingepflegt, jedoch findet in den meisten Unterneh-

Abb. 7.14: Projekt-Datenblatt

Projekt-Datenblatt			
Projekt-Titel: Nr.:	Geschäftsbereich: Datum:		Blatt 1 zum Meilenstein- Überwachungsplan
Projektleiter: Telefon:	Stellvertreter: Telefon:		
Projektziele:			
(Anforderungsprofil vom:			)
Projektdaten:			
Datum/ Meilenstein:			
Aufwand			
Restaufwand			

Kostenstellen:
  Labor
  Werkzeuge
  …
  …			

Verkaufspreis- schätzung per Stück			
Verkaufsmengen- schätzung p. a.			
Herstellkosten- schätzung per Stück			
Deckungsbeitrag- schätzung p. a.			
Projekterfolg			

Anmerkungen:	Datum	Ressort		
		Entw.	Market.	Prod.
Zieländerungen: A3 Aufwendungsänderungen: A2 Zeitänderungen: A1				

men das Controlling softwareseitig noch überwiegend in Microsoft Excel statt[617]. Ein Beispiel für das Datenblatt gibt Abb. 7.14[618]. Wichtig ist hierbei vor allem, dass in den Anmerkungen auf Änderungen der Projektziele hingewiesen wird. Diese Änderungen sollten von den beteiligten Ressorts „abgezeichnet" sein, um Koordinationsmängel zu verhindern, die u. U. im Laufe der Zeit durch eine Kumulation kleiner Schritte zu großen Änderungen gegenüber einem vereinbarten Anforderungsprofil führen, so dass ein Markterfolg nicht mehr gesichert ist, oder die durch Beharren auf ursprünglichen Designs ohne Anpassung an neue Erkenntnisse der Marktforschung zu Misserfolgen führen. Alle geschätzten Daten stellen Erwartungswerte dar, die in regelmäßigen Abständen oder beim Eintreten besonderer Ereignisse zu überprüfen sind.

Abb. 7.15: Projekt-Fortschrittsbericht

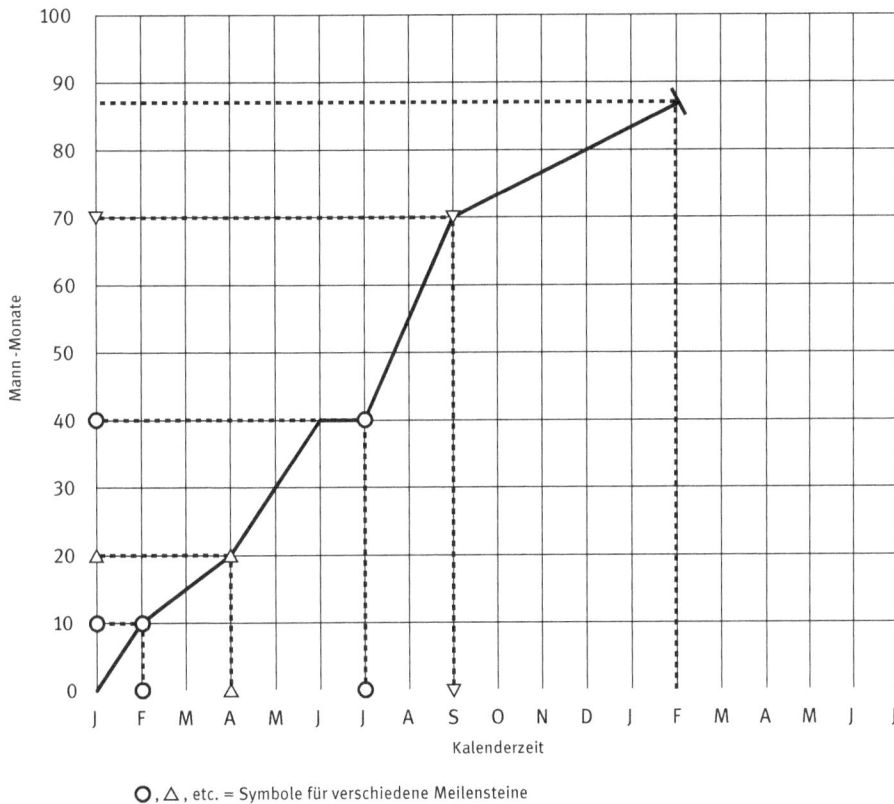

O , △ , etc. = Symbole für verschiedene Meilensteine

---

617 Seidel, U., Um heutzutage wirkungsvolle Führungsunterstützung leisten zu können, müssen Controller und Manager proaktiv auf Augenhöhe agieren, a. a. O.
618 Das Datenbild wurde in Anlehnung an eine Vorlage von Hewlett-Packard entwickelt. Vgl. zur Vorlage: Brockhoff, K., Forschungsprojekte und Forschungsprogramme, a. a. O., S. 55.

Abb. 7.16: Projekt-Fortschrittsbericht bei Parallelarbeit

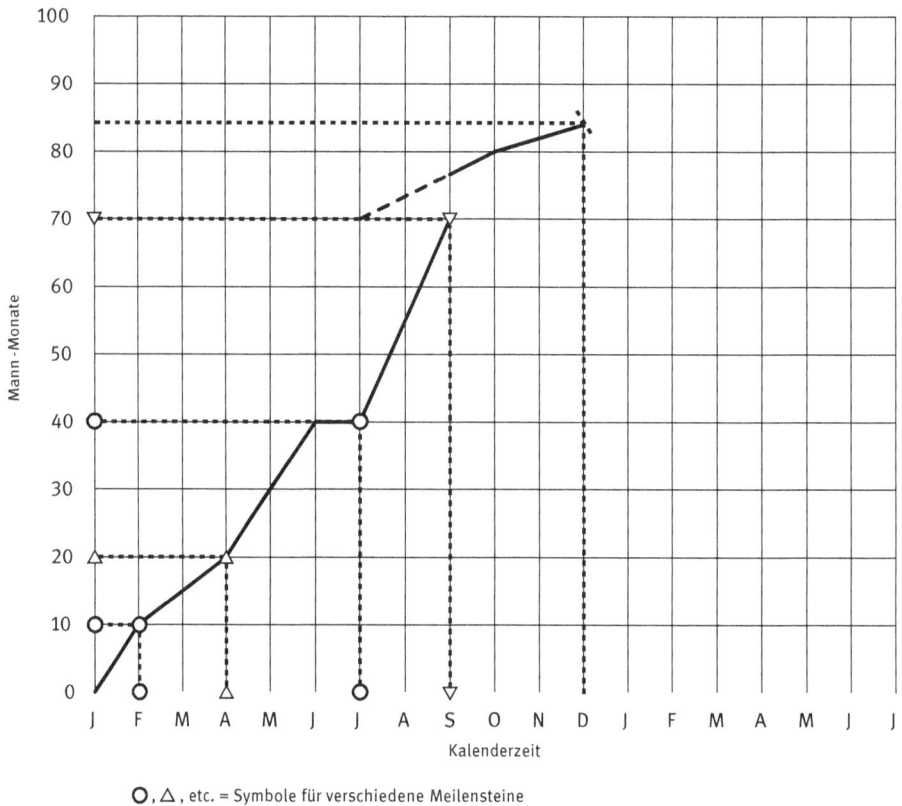

$\bigcirc$, $\triangle$, etc. = Symbole für verschiedene Meilensteine

Der **Fortschrittsbericht** (Abb. 7.15) zeigt auf der Abszisse die Kalenderzeit und auf der Ordinate den kumulierten Faktoreinsatz, normalerweise gemessen in vollzeitäquivalenten Ingenieurmonaten[619]. Bei der Projektplanung bzw. beim Start der Arbeiten werden nun auf der Abszisse und auf der Ordinate die Meilensteine eingetragen. Die Verbindung der Schnittpunkte der Achsenparallelen durch diese Punkte ergibt den geplanten Projektablauf.

Können und sollen nachgelagerte Arbeitsschritte vorverlagert werden, so kann dies entsprechend Abb. 7.16 dargestellt werden Hierbei sind Tätigkeiten zur Erreichung des letzten Meilensteins schon in der Zeit vor Erreichung des vorletzten Meilensteins

619 Vgl. Brockhoff, K., Forschungsprojekte und Forschungsprogramme, a. a. O., S. 58. Ganz ähnliche Vorschläge machen: Archibald, R. D., Managing High-Technology Programs and Projects, New York et al. 1976; Pearson, A. W., Planning and Control in Research and Development, Omega, Vol. 18,)990, S. 573–581.

Abb. 7.17: Projekt-Fortschrittsbericht bei Zeitverzögerungen

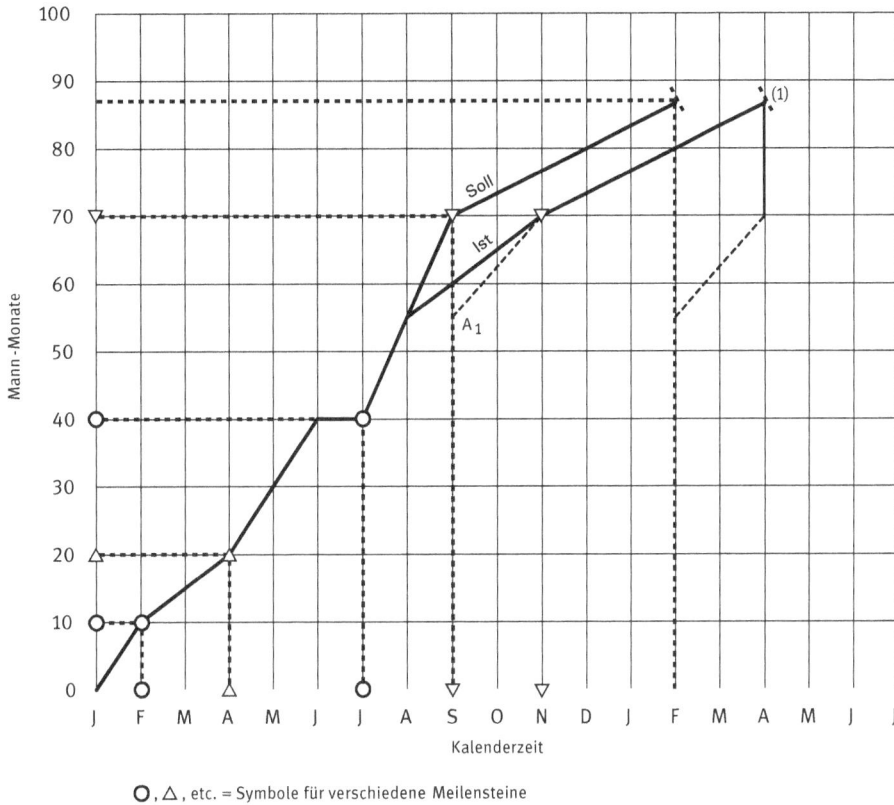

O, △, etc. = Symbole für verschiedene Meilensteine

vorverlagert worden, was eine ersichtliche Zeiteinsparung, aber keine Einsparung von „Mannmonaten" zur Folge hat.

Der tatsächliche Projektablauf wird nun dem geplanten Projektablauf vermutlich nicht entsprechen. Das zeigt sich dadurch, dass in den Kontrollzeitpunkten Abweichungen von den Achsenparallelen in den ursprünglichen Meilensteinen auftreten. Diese Abweichungen können sein: 1. Zeitverzögerungen ohne Mehraufwand an Personaleinsatz (Abb. 7.17), 2. Mehraufwand an Personaleinsatz ohne Zeitverzögerung oder 3. eine Kumulation beider Effekte (Abb. 7.18). In der Abbildung kann durch Verweis auf die Anmerkungen A_1 bis A_3 des Projekt-Datenblatts eine Verknüpfung mit den dort gegebenen Beschreibungen erfolgen.

Ein Beispiel für eine solche Vorgehensweise zeigt das „project progress chart" der Hewlett Packard Corp. in Abb. 7.19. Es stellt eine Projektentwicklung dar, die zunächst planmäßig anläuft, wie die achsenparallelen Verläufe der Zeit- und Mann-Monate-Planungen ausweisen. Bei der dritten Überprüfung des Projekts allerdings werden offenbar Probleme sichtbar, die das planmäßige Erreichen des ersten Meilensteins verhindern. So

Abb. 7.18: Projekt-Fortschrittsbericht bei Zeitverzögerungen und Mehraufwand

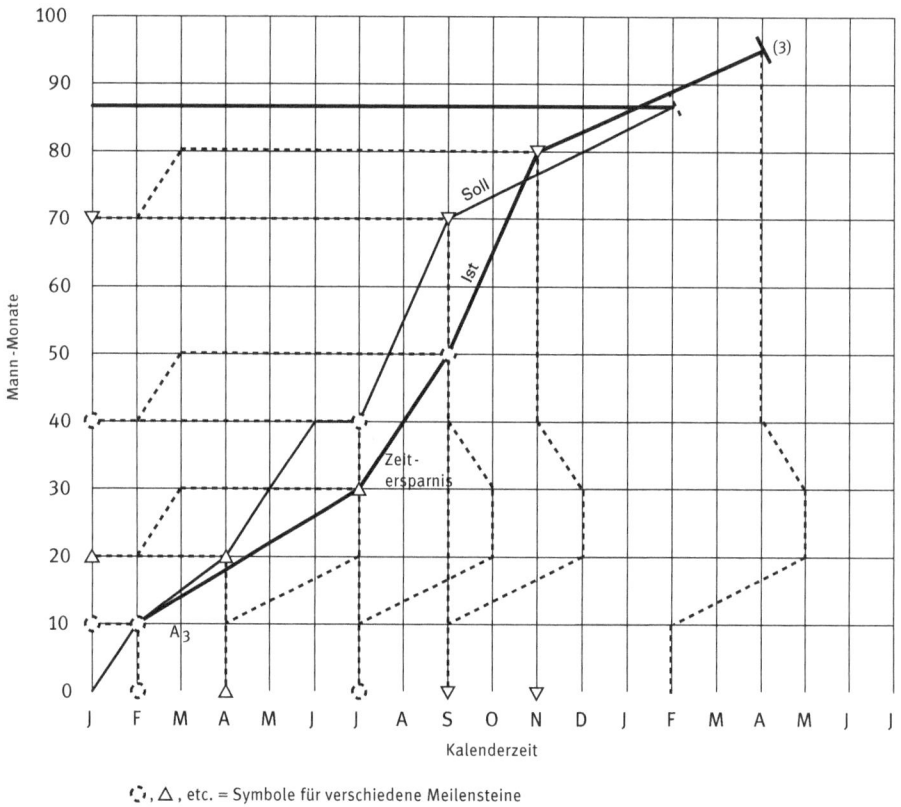

◌, △ , etc. = Symbole für verschiedene Meilensteine

wandern die Kurvenverläufe von den achsenparallelen Entwicklungen aus gesehen nach außen, mit allen Konsequenzen auch für nachgelagerte Meilensteine. Erst eine Überprüfung und, Neudefinition der Projektziele in dem mit B bezeichneten Zeitpunkt, nicht zuletzt durch erhebliche Planabweichungen ausgelöst, ermöglichen es schließlich, den ersten Meilenstein zu erreichen. Um die Wirtschaftlichkeit, des Vorhabens zu sichern, wird in C eine erneute Veränderung der Projektdefinition vorgenommen, die Ressourceneinsparungen und eine – später aber wieder revidierte – Hoffnung auf Zeiteinsparungen mit sich bringt.

Die Verfahren können in zweifacher Hinsicht ergänzt werden. Erstens ist in der Planung für jeden Übergang von Meilenstein zu Meilenstein zu fragen, welche „maximale Zielerfüllungsgeschwindigkeit" durch höhere Prioritätensetzung, vermehrte Ressourcenzuweisung usw. erreicht werden könnte bzw. welche „minimale Zielerfüllungsgeschwindigkeit" toleriert werden kann, wenn Verzögerungen auftreten oder Personen abgezogen werden müssen. Beide Informationen können wertvoll sein, um **Anpassungsspielräume** zu erkennen. Zweitens ist es möglich, um den geplanten

Abb. 7.19: Beispiel eines realen Projekt-Fortschrittsberichts

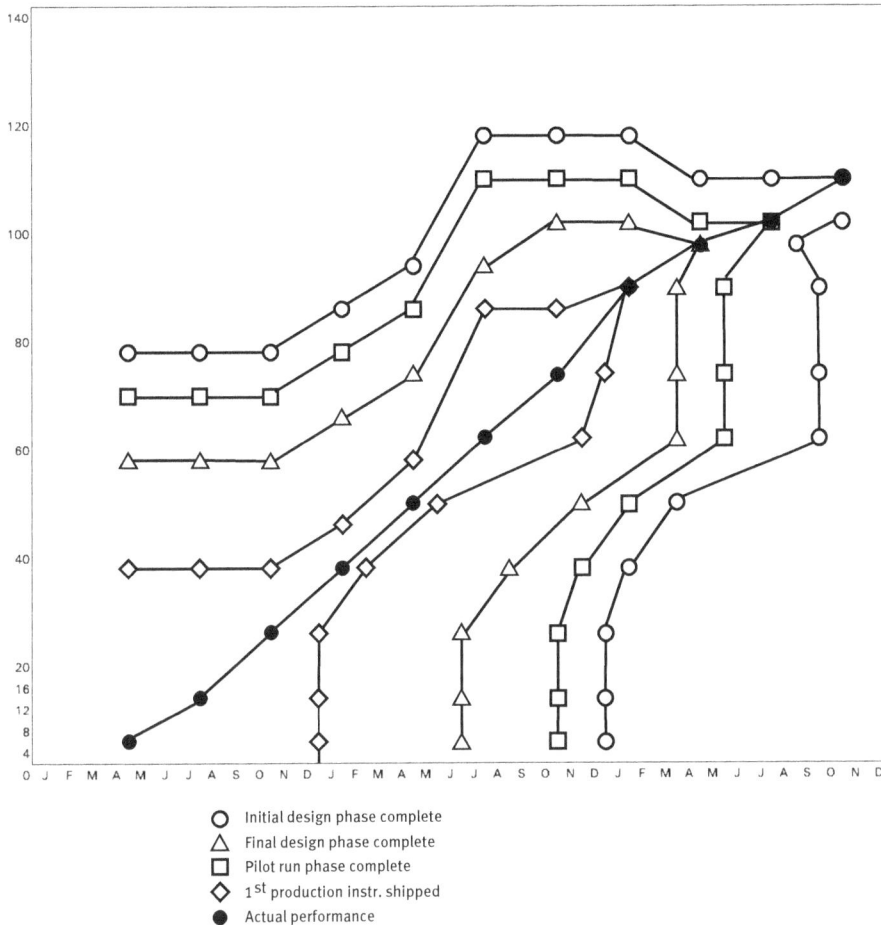

Quelle: Hewlett Packard Corp. (angepasst)

Projektablauf herum ein Kontrollintervall zu legen. Wird es vom realisierten Ablauf nicht verlassen, so können weitere Kontrollmaßnahmen unterbleiben, andernfalls sind sie auch unabhängig vom Zeitpunkt des Erreichens von Meilensteinen durchzuführen.

Man wird einwenden, dass alle diese Informationen auch in numerischer Form schon in einfachen Verfahren der Netzplantechnik verfügbar sind. Der Einwand trifft zu. Die Erfahrung zeigt aber, dass die hier gewählte Darstellung insbesondere dann leichter akzeptiert wird, wenn bis zu ihrer Einführung noch keine anderen Instrumente der Durchführungskontrolle – mit Ausnahme von Routinebesprechungen oder Krisensitzungen – angewendet werden. Umgekehrt aber: die Einführung dieses einfach handhabbaren Instruments erleichtert einen späteren Übergang zur Netzplantechnik.

Die Rückkopplungen im Projekt-Berichtssystem (Abb. 7.5) und die Erfassung von Änderungsmöglichkeiten im Projekt-Datenblatt (Abb. 7.14), im Projekt-Fortschrittsbericht (Abb. 7.15) oder im Pflichtenheft eines Projekts kommen der Möglichkeit entgegen, während der Entwicklung eine Anpassung des Projekts an neue Anforderungen oder neue Erkenntnisse vorzunehmen. Das ist grundsätzlich sinnvoll, da ein starres Festhalten an den ursprünglichen Vorstellungen nicht nur bessere Lösungen ausschließt, die später bekannt werden, sondern auch notwendige Zielanpassungen verhindert. Dem stehen die zusätzlichen Kosten gegenüber, die von Änderungen in der Projektbearbeitung ausgelöst werden. Eine Untersuchung von 84 Komponentenmodifikationen eines Produkts im Maschinenbau zeigt, dass nur 18 % auf unvermeidbare technische Abstimmungsmaßnahmen zurückzuführen sind[620]. „Um dies (das sind die vermeidbaren Modifikationen, K. B.) zu vermeiden, sollte ein Unternehmen zwei Ansätze verfolgen: Zum einen müssen im Verbund mit einer fertigungsorientierten Produktentwicklung die Aktivitäten der Vorentwicklung und Konzeption von den Aktivitäten in Entwicklung und Konstruktion entkoppelt werden. Zum anderen muss ein wirkungsvolles Managementsystem zur Koordination, Priorisierung, Genehmigung, Verfolgung und Analyse von Produktmodifikationen eingeführt werden." Zugleich wird auf die positiven Erfahrungen von Toyota mit einem solchen System hingewiesen[621].

Insbesondere dem ersten Vorschlag stehen gegenläufige Tendenzen entgegen, um zur Verkürzung der Entwicklungszeiten zu kommen. Bei der dann notwendigen Überlappung der Vorgänge kann ein Teil der auftretenden Probleme durch rechnergestützte Entwicklung (Computer Aided Design) aufgefangen werden, indem für alle Beteiligten alle Änderungen online einsehbar gemacht werden.

Als weitere Alternative zur Eindämmung vermeidbarer Änderungen empfiehlt es sich, die Veranlasser der Veränderungen mit den Änderungskosten (die auch Opportunitätskosten enthalten können) zu belasten. Es ist nämlich zu beobachten, dass gelegentlich Kundenwünschen auch nach erheblichem Projektfortschritt noch bereitwillig nachgegeben wird, weil der Gesprächspartner des Kunden die von den Wünschen ausgelösten Kosten nicht trägt. Dieser Vorschlag setzt nicht nur ein entsprechend ausgebautes Rechnungswesen in Forschung und Entwicklung voraus, sondern zweckmäßigerweise auch eine „profit-center-Organisation" im Unternehmen. Er greift damit über die hier im Vordergrund stehenden Probleme der Planung und Kontrolle hinaus.

---

620 Vgl. Gerpott, T. J., Wittkemper, G., Verkürzung von Entwicklungszeiten. Vorgehensweise und Ansatzpunkte zum Erreichen technologischer Sprintfähigkeit. In: Booz Allen & Hamilton, Hrsg., Integriertes Technologie- und Innovationmanagement, Berlin 1991, S. 117–145, hier S. 136 f.
621 Vgl. Hauser, J. R., Clausing, D., The House of Quality, Harvard Business Review, Vol. 66, 1988, 3/S. 63–73.

Abb. 7.20: Unsicherheitskarte für erfolgreiche (a) und erfolglose (b) Forschungs- und Entwicklungsprojekte

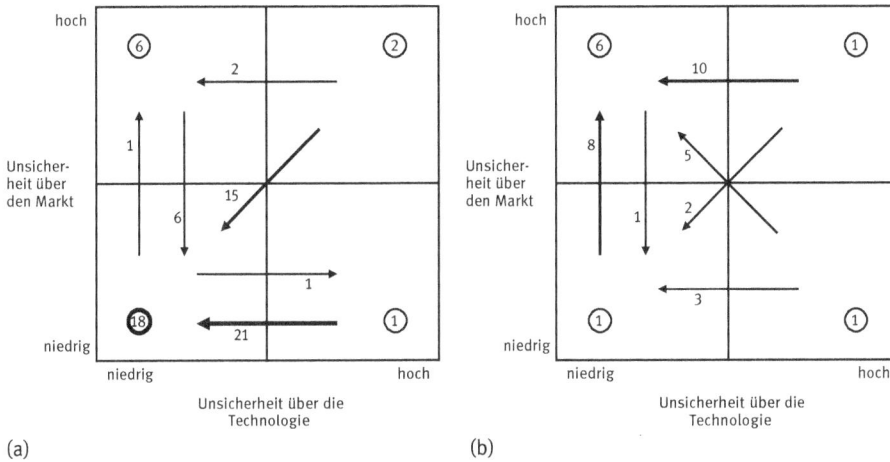

(a) (b)

Quelle: Lange, E., Abbruchentscheidung bei F&E-Projekten, a. a. O., S. 125 f.

Ein weiteres interessantes Instrument der Durchführungskontrolle ist die **Unsicherheitskarte**[622]. Verfolgt man in ihr ein Projekt von seiner Initiierung bis zu seinem Abschluss, so dokumentiert man in der Karte den Abbau der Unsicherheit über die Technologie bzw. über die Zielmärkte (vgl. Abb. 7.20).

Numerische Analysen zeigen, dass beim Projektstart die durchschnittlichen Urteile über die Unsicherheit der Technologie und der Zielmärkte über später erfolgreiche oder erfolglose Entwicklungsprojekte sich nicht signifikant unterscheiden[623]. Erst im Laufe der Projektbearbeitung treten solche Unterschiede auf. Dabei kann deutlich häufiger und nachhaltiger die technologische Unsicherheit abgebaut werden als die Unsicherheit über die Zielmärkte. Daraus ergibt sich ein Schema der Grobanalyse von Projekten, die mit deutlicher Unsicherheit bei ihrer Initiierung behaftet sind (vgl. Abb. 7.21).

Die Grobanalyse ist durch eine Feinanalyse vor allem in denjenigen Situationen zu ergänzen, in denen weitere Prüfungen empfohlen werden. Hierfür können unternehmensindividuell gestaltete Diskriminanzanalysen nützlich sein, die hinsichtlich ihres Aufbaus dem von Lange gezeigten Muster folgen können[624]. Auch weitergeführte Projekte sollten natürlich der Durchführungskontrolle unterliegen.

---

622 Vgl. Pearson, A. W., Innovation Strategy, a.a.O., S. 185–192.

623 Vgl. Brockhoff, K., Zur Erfolgsbeurteilung von Forschungs- und Entwicklungsprojekten. Zeitschrift für Betriebswirtschaft, 63. Jg., 1993, S. 643–662.

624 Vgl. Lange, E., Abbruchentscheidung für F&E-Projekte, a. a. O.

Abb. 7.21: Schema der Grobanalyse über die Weiterführung unsicherer Entwicklungsprojekte

		Wahrscheinlichkeit des technischen Erfolgs gegenüber dem letzten Kontrollzeitpunkt nicht verbessert?	
		ja	nein
Wahrscheinlichkeit für die Identifizierung von Markterfolgen gegenüber dem letzten Kontrollzeitpunkt nicht verbessert?	ja	Abbruch	Prüfen, evtl. zurückstellen
	nein	Prüfen, evtl. Weiterführen	Weiterführen

7.3 Zur Realisierung von Forschungs- und Entwicklungs-Controlling und -Kontrolle

Schon im Abschnitt 7.1 wurde deutlich, dass sich für die Kontrolle und das Controlling noch keine generell überlegenen Realisierungskonzepte herausgebildet haben. Für die Realisierung des Forschungs- und Entwicklungs-Controlling ist zunächst der Umfang der notwendigen Tätigkeiten bedeutsam. Mit wachsendem Aufgabenumfang sind folgende drei Modelle realisierbar:

(1) Wahrnehmung von F&E-Controlling-Aufgaben durch andere Stellen (Rechnungswesen, Finanzwesen, Planung, Revision, Leitung);

(2) Wahrnehmung von F&E-Controlling-Aufgaben durch ein allgemeines Unternehmens-Controlling;

(3) Wahrnehmung von F&E-Controlling-Aufgaben durch ein spezielles Forschungs- und Entwicklungs-Controlling.

Darüber hinaus kann beobachtet werden, dass auch (4) Selbstcontrolling und -kontrolle durch die sachlich involvierten Personen vorkommt.

Die erste Form beschränkt sich auf eher kleine Unternehmen und solche mit nur unbedeutendem Entwicklungsaufwand. Sie wird aber mit steigendem Forschungs- und Entwicklungsbudget in Frage gestellt, weil der geschilderte Zustand Abgrenzungsprobleme von Kompetenzen mit sich bringt und im Entwicklungsbereich Zweifel an der sachkundigen Aufgabenwahrnehmung aufkommen. Mit der zweiten Form wird dem ersten dieser Argumente begegnet, mit der dritten Form auch dem zweiten. Beim Übergang zur dritten Form wird aus kaufmännischer Sicht die Wirksamkeit der Wahrnehmung von Kontrollfunktionen bezweifelt, wenn das Controlling allein dem Bereich Forschung und Entwicklung unterstellt ist. Das führt dann zu einer Lösung durch **Doppelunterstellungen**, die einmal unter die Leitung von Forschung und Entwicklung und zum anderen unter das Rechnungswesen, das Finanzwesen, ein Planungsressort oder die kaufmännische Leitung erfolgen.

Abb. 7.22: Unterstellungsverhältnisse von Forschungs- und Entwicklungscontrollern und damit verbundene Probleme

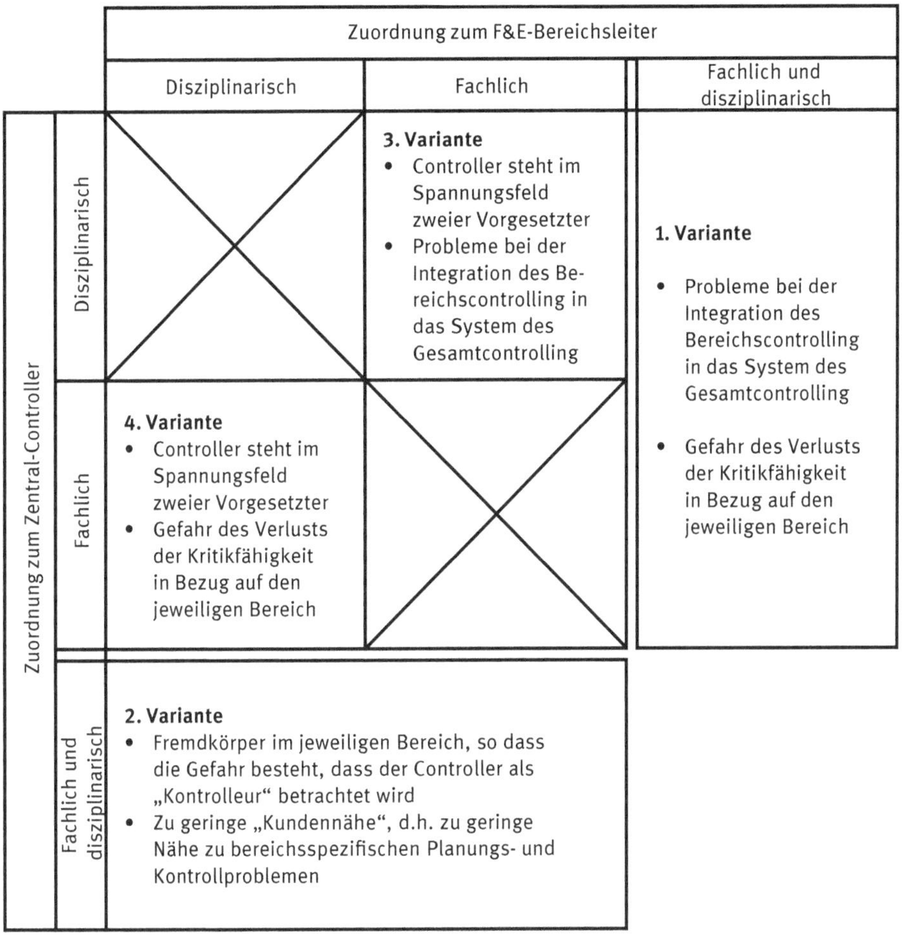

Zuordnung zum F&E-Bereichsleiter		
Disziplinarisch	Fachlich	Fachlich und disziplinarisch

(Zuordnung zum Zentral-Controller)

Disziplinarisch

3. Variante
- Controller steht im Spannungsfeld zweier Vorgesetzter
- Probleme bei der Integration des Bereichscontrolling in das System des Gesamtcontrolling

Fachlich

4. Variante
- Controller steht im Spannungsfeld zweier Vorgesetzter
- Gefahr des Verlusts der Kritikfähigkeit in Bezug auf den jeweiligen Bereich

1. Variante
- Probleme bei der Integration des Bereichscontrolling in das System des Gesamtcontrolling
- Gefahr des Verlusts der Kritikfähigkeit in Bezug auf den jeweiligen Bereich

Fachlich und disziplinarisch

2. Variante
- Fremdkörper im jeweiligen Bereich, so dass die Gefahr besteht, dass der Controller als „Kontrolleur" betrachtet wird
- Zu geringe „Kundennähe", d.h. zu geringe Nähe zu bereichsspezifischen Planungs- und Kontrollproblemen

Quelle: Stockbauer, H., F&E-Controlling, a. a. O., S. 379

In Abb. 7.22 wird gezeigt, dass neben der fachlichen und disziplinarischen Einfachunterstellung zwei Formen der Doppelunterstellung möglich sind. Unsere Feststellungen[625] zeigen ebenso wie die von Offermann für die Entwicklung neuer Produkte, dass im Falle der Doppelunterstellung nur die Variante 3 (Abb. 7.22) vorkommt. Bei Einfachunterstellung ist die Variante 1 häufiger anzutreffen als die Variante 2[626] was

---

625 Vgl. Brockhoff, K., Controlling, a. a. O., 1984, S. 616 ff.
626 Vgl. Offermann, A., Projekt-Controlling bei der Entwicklung neuer Produkte, Frankfurt 1985, S. 458 ff.

mit der Häufigkeit der Existenz spezieller Controlling-Organisationen zusammenhängen kann.

Neben dem Fehlen generell überlegener Realisierungskonzepte, mangelt es auch an einem einheitlichen Verständnis über im F&E-Controlling anzuwendender Kennzahlen. Wie bereits unter Abschnitt 7.1 beschrieben, hat sich bisher kein einheitliches Bild vom Aufgabenspektrum des Controlling herausgebildet, entsprechend schwer fällt es, die verschiedenen Stufen des Forschungs- und Entwicklungsprozesses abzugrenzen und einheitliche Kennzahlen abzuleiten.

Abb. 7.23: R&D Laboratory as a System

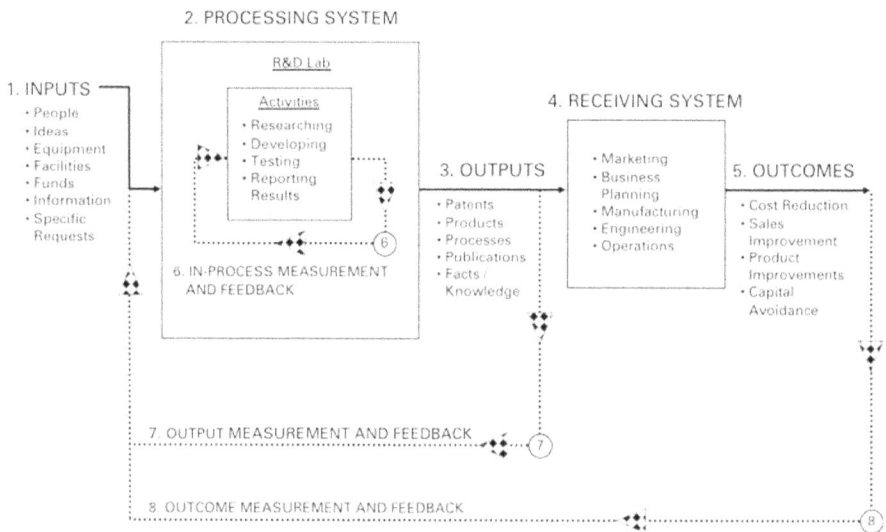

Quelle: Brown, Mark G. und Svenson, Raynold A., Measuring R&D Productivity. Research Technology Management, Vol. 41/6, 1998, S. 30–35.

Das „R&D Laboratory as a System" von Brown and Svenson (vgl. Abb. 7.23) versucht hier einen Ansatz der Abgrenzung mittels aller Prozesse, die im direkten Zusammenhang mit dem „R&D Lab" als selbständig einheitlichem System stehen[627]. Hierbei liegt der Fokus einzig und alleine auf dem F&E Bereich, so dass nachrangig gelagerte Tätigkeiten außerhalb von Forschung und Entwicklung, wie Vertrieb oder Marketing, keine Einflussgrößen darstellen.

---

627 Brown, M. G., Svenson, R. A., Measuring R&D Productivity. Research Technology Management, Vol. 41/6, 1998, S. 30–35; Bican, P. M., Brem, A., How do firms measure their R&D performance? Results from an industry-spanning explorative study on R&D key measures, Working paper, 2020.

Abb. 7.24: F&E Key Performance Measures

Top Selected measures	Level
% of budget spent internally on applied research	Inputs
% of budget spent internally on basic research	Inputs
Hours spent on projects vs. total hours R&D	Inputs
Innovation level an degree of creativity	Inputs
Transfer rate of knew knowledge and technology into product development	Outputs
% of projects abandoned after a certain degree of completion	Outputs
Degree of anticipativeness to internal customer needs	Outputs
Percent of new technology content in new products	Outputs
Planning accuracy, i.e. % of agreed milestones and/or objectives met	Outputs
Project progress and projects completed	R&D Lab

Quelle: Bican, P. M. & Brem, A., Managing innovation performance: Results from an industry-spanning explorative study on R&D key measures. Creativity and Innovation Management, 2020, 29:268–291.

Aufbauend auf diesem System haben Bican und Brem[628] 154 Kennzahlen aus der Literatur abgeleitet, die sich auf Messung und Kontrolle von Forschung und Entwicklung in Unternehmen beziehen. Sich einheitlich auf wenige Kennzahlen festzulegen gestaltet sich auf Grund der Vielzahl der beobachteten Kennzahlen als schwierig, jedoch wurden im Abgleich mit mehr als 40 Industrieexperten aus verschiedensten Branchen zentrale Kennzahlen (key performance measures) identifiziert (Abb. 7.24).

Obwohl diese 10 Kennzahlen als wesentlich identifiziert werden konnten, hat sich deutlich gezeigt, dass die Heterogenität zwischen den verschiedenen Branchen und die Diversität auf Firmenebene eine eindeutige Klassifizierung erschwert. Auch gestaltet sich eine klare Abgrenzung und Eingruppierung einzelner Kennzahlen innerhalb der verschiedenen „Stages" des „R&D Lab" als schwierig: Einige Kennzahlen könnten, nach Aussage der befragten Industrieexperten, sowohl als Input oder Output-Faktoren angesehen werden und in diesem Zusammenspiel besser geeignet sein, Leistungen im eigentlichen „R&D Lab" zu messen.

Diese Heterogenität der wesentlichen Kennzahlen hat sich ebenso im Wandel der Zeit manifestiert. Typische Kennzahlen, wie Anzahl wissenschaftlicher Artikel oder Bücher, Anzahl gewonnener Preise, oder die Anzahl entworfener Forschungsvorhaben, die zur Zeit der Entstehung des „R&D Lab" als wesentlich angesehen wurden, wurden von den bei Bican und Brem befragten Industrieexperten lediglich als bekannt, jedoch nicht als nützlich oder praktiziert eingestuft[629]. Überwiegend wurden „harte" Kennzahlen, wie Sorgfalt der Projektplanung, Projektfortschritt oder Anzahl

---

628 Bican, P. M. & Brem, A., Managing innovation performance: Results from an industry-spanning explorative study on R&D key measures. Creativity and Innovation Management, 2020, 29:268–291.
629 Ebenda.

erfolgreich beendeter Projekte, eher „weichen" Kennzahlen, die weniger objektiv in Zahlen quantifizierbar sind, vorgezogen.

Über industriespezifische Besonderheiten hinweg zeigt die Studie auf, dass nicht nur die Verschiedenartigkeit von Kennzahlen eine exakte Planung und Kontrolle erschweren[630]:

„Our findings further indicate that managers should be aware of department-specific idiosyncrasies: Being overly focused on R&D department-centric performance measures that relate to the direct work environment, might cause less obvious measures to be overlooked, like measuring external or network effects, or measures related to human resource indicators. Resource constraints might further enhance the problem of evaluator-fit, i.e. which employees are best suited to measure R&D performance and draw inferences on measurement results."

---

630 Ebenda.

Literatur

Abemathy, W. J. und Rosenbloom, R. S. Parallel Strategies in Development Projects. *Management Science*, Vol. 15, S. B 486–B 505., 1969.

Abernathy, W. J. und Townsend, Ph. L. Technology, Productivity and Process Change. *Technological Forecasting and Social Change*, Vol. 7, S. 379–396, 1975.

Abemathy, W. J. und Wayne, K. Limits to the Learning Curve. *Harvard Business Review*, Vol. 52, Sept./Okt., S. 109–119, 1974.

Adams, W. und Dirlam, J. B. Big Steel, Invention and Innovation. *Quarterly Journal of Econornics*, Vol. 80, S. 167–189, 1966.

Adler, H., Düring, W. und Schmaltz, K. Rechnungslegung und Prüfung der Aktiengesellschaft. 4. A., Bd. 1., Stuttgart, 1968.

Agthe, K. Langfristige Unternehmensplanung. In Agthe, K. und Schnaufer, E. (Hrsg.), *Unternehmensplanung*, S. 47–81, Baden-Baden, 1963.

AIF (Hrsg.). *Die Unternehmen in den Mitgliedsvereinigungen der AIF. Daten und Strukturen*. Köln, 1992. www.aif.de (abgefragt 27.4.2019).

Albach, H. Ökonomische Wirkungen von Lösungen der Zweitanmelderfrage. Beilage 18/1984 zu Heft 29/1984 des Betriebs-Berater.

Albach, H. Steuersystem und unternehmerische Investitionspolitik. Wiesbaden, 1970.

Albach, H. Unternehmerische Phantasie im Zeitalter des Computers und der Planung. In *Die Herausforderung des Managements im internationalen Vergleich*, Wiesbaden, 1970.

Albach, H. Strategische Unternehmensplanung bei erhöhter Unsicherheit. *Zeitschrift für Betriebswirtschaft*, 48. Jg., S. 702–715, 1978.

Albach, H. Innovationsstrategien zur Verbesserung der Wettbewerbsfähigkeit. *Zeitschrift für Betriebswirtschaft*, 59. Jg., S. 1338–1351, 1989.

Ali, A., Kalwani, M. U. und Kovenock, D. Selecting Product Development Projects: Pioneering versus Incremental Innovation Strategies. *Management Science*, Vol. 39, S. 255–274, 1993.

Allen, T. J. und Fusfeld, A. R. Research laboratory architecture and the structuring of communications. *R&D Management*, Vol. 5, S. 153–164, 1975.

Alonso-Borrego, C. und Forcadell, F. J. Related diversification and R&D intensity dynamics. *Research Policy*, 39(4), S. 537–548, 2010.

Altschuller, G. S. And Suddenly the Inventor Appeared. TRIZ, the Theory of Inventive Problem Solving (L. Shulyak, tr.). Technical Innovation Center, 1996.

Alves, R. Controlling-Strategien für computergestütztes F+E (CAR). In *Witte, Th., Systemforschung und Kybernetik für Wirtschaft und Gesellschaft*, S. 117–126, Berlin, 1986.

Anderson, Ph. und Tushman, M. L. Technological Discontinuities and Dominant Designs: A Cyclical Model of Technological Change. *Administrative Science Quarterly*, Vol. 35, S. 604–633, 1990.

Ansoff, H. I. A Model for Diversification. *Management Science*, Vol. 4, S. 392–414, 1958.

Ansoff, H. I. Managing Surprise and Discontinuity – Strategie Response to Weak. *Zeitschrift für betriebswirtschaftliche Forschung*, 28. Jg., S. 129–152, 1976.

Arbeitskreis „Integrierte Unternehmungsplanung". Integrierte Forschungs- und Entwicklungsplanung. *Zeitschrift für betriebswirtschaftliche Forschung*, 38. Jg., S. 351–382, 1986.

Archibald, R. D. Managing High-Technology Programs and Projects. New York et al., 1976.

Arrow, K. Economic Welfare and Allocation of Resources for Invention. In National Bureau of Economic Research (Hrsg.), *The Rate and Direction of Inventive Activity*, S. 609–625, Princeton/N. J, 1962.

Arthur, W. B. Computing technologies: an overview. In *Dozi, G., et al., Technological Change and Economic Theory*, S. 590–607, London, 1988.

https://doi.org/10.1515/9783110600667-008

Arundel, A. The relative effectiveness of patents and secrecy for appropriation. *Research Policy*, Vol. 30, S. 611–624, 2001.

Augsdorfer, P. Forbidden Fruit. An Analysis of Bootlegging, Uncertainty and Learning in Corporate R&D. Aldershot, 1996.

Augsdorfer, P. Bootlegging and path dependency. *Research Policy*, Vol. 34(1), S. 1–11, 2005.

Automobil-Revue, 6.10.1982, zitiert nach: Breitschwerdt, W., Von der Idee zum Produkt, Forschung und Entwicklung im Großunternehmen, Man. Kiel, 1988.

Averch, H. A. The political economy of R&D taxonomies. *Research Policy*, Vol. 20, S. 179–194, 1991.

Ayres, R. Prognose und langfristige Planung in der Technik. München, 1971.

Ayres, R. Technological Protection and Privacy: Some Implications for Policy. *Technological Forecasting and Social Change*, Vol. 30, S. 5–18, 1986.

Ayres, R. Barriers and Breakthroughs: An expanding limits theory of technological advance. *Technovation*, Bd. 7, S. 87–115, 1988.

Babbage, C. On the Economy of Machinery and Manufactures. London, 1832.

Bachern, M. *Kosten- und Ertragsverrechnung zur Information für Planung und Kontrolle industrieller Forschungs- und Entwicklungsbereiche*. Diss., Köln, 1971.

Backhaus, K. und Piltz, K. (Hrsg.). *Strategische Allianzen*. Sonderheft 27 der Zeitschrift für betriebswirtschaftliche Forschung, 1990.

Baker, N. R., Langmeyer, L. und Sweeney, D. J. Idea Generation: A Procrustean Bed of Variables, Hypotheses and Implications. In *Dean, B. V., Goldhar, J., Management of Research and Innovation*, S. 33–51, Amsterdam, New York, Oxford, 1980.

Balachandra, R. Critical Signals for Making Go/NoGo Decisions in New Product Development. *Journal of Product Innovation Management*, Vol. 1, S. 92–100, 1984.

Balachandra, R. und Raelin, J. A. How to Decide When to Abandon a Project. *Research Management*, Vol. 23, S. 24–29, 1980.

Balderston, J. et al. Modem Management Techniques in Engineering and R&D. New York et al., 1984.

Bauer, P. und Brockhoff, K. Kennzahlenberechnung für Forschung und Entwicklung, RKW-Handbuch für Forschung, Entwicklung und Konstruktion. Berlin, 1992. Kennzahl 4070.

Bayer AG. Geschäftsbericht, 1985.

Bayer AG. Geschäftsbericht, 2018.

Beattie, C. J. und Reader, R. D. Quantitative Management in R&D. London, 1971.

Becker, Th. Integriertes Technologie-Informationssystem. Beitrag zur Wettbewerbsfähigkeit Deutschlands. Wiesbaden, 1993.

Beckmann, Ch. und Fischer, J. Einflussfaktoren auf die Internationalisierung von Forschung und Entwicklung in der deutschen Chemischen und Pharmazeutischen Industrie. *Zeitschrift für betriebswirtschaftliche Forschung*, Bd. 46, S. 630–657, 1994.

Beckurts, K. H. Forschungs- und Entwicklungsmangement – Mittel zur Gestaltung der Innovation. In Blohm, H. und Danert, G. (Hrsg.), *Forschungs- und Entwicklungsmanagement*, S. 15–39, Stuttgart, 1983.

Bedell, R. J. Terminating R&D Projects Prematurely. *Research Management*, Vol. 26, S. 32–35, 1983.

Behrendt-Geisler. Management Approach in der F&E-Finanzberichterstattung. Hamburg, 2013.

Behrman, J. N. und Fischer, W. A. Transnational Corporations: Market Orientation and R&D Abroad. *Columbia Journal of World Business*, Vol. XV. Autumn, S. 55–60, 1980.

Betriebswirtschaftlicher Ausschuß im VCI. Forschungs- und Entwicklungskosten in der Chemischen Industrie. *Chemische Industrie*, Heft 4, S. 197–203, 1969.

Beuermann, G. Zentralisation und Dezentralisation. In *Handwörterbuch der Organisation*. 3. A., Stuttgart, 1992.

Bican, P. M. und Brem, A. Managing innovation performance: Results from an industry-spanning explorative study on R&D key measures. *Creativity and Innovation Management*, Vol. 29, S. 268–291, 2020.

Bican, P. M., Guderian, C. C. und Ringbeck, A. Managing knowledge in open innovation processes: an intellectual property perspective. *Journal of Knowledge Management*, Vol. 21/6, S. 1384–1405, 2013.

Bischoff, S., Aleksandrova, G. und Flachskampf, P. Open Innovation-Strategie der offenen Unternehmensgrenzen für KMU. In *Automation, Communication and Cybernetics in Science and Engineering 2009/2010)*, Berlin, Heidelberg, 2011.

Bleicher, K. Zentralisation und Dezentralisation von Aufgaben in der Organisation von Unternehmungen. Berlin, 1966.

BMFT (Hrsg.). *Deutscher Delphi-Bericht zur Entwicklung von Wissenschaft und Technik*. Bonn, 1993.

Board, National Science. Science and Engineering Indicators 1996. Washington, D. C., 1996.

Board, National Transportation Safety. Loss of Control and Impact with Pacific Ocean Alaska Airlines Flight 261, NTSB/AAR-02/01, 2002.

Bobis, A. H., Cooke, T. F. und Paden, J. H. A Funds Allocation Method to Improve the Odds for Research Successes. *Research Management*, Vol. 14, S. 34–49, 1971.

v. Boehmer, A., Brockhoff, K. und Pearson, A. The Management of International Research and Development. In Buckley, P. J. und Brooke, M. Z. (Hrsg.), *International Business. An Overview*, S. 495–509, Oxford, 1992.

Botkin, J., Dimanescu, D. und Stata, R. The Innovators. Philadelphia/PA, 1984.

Böttger, J. Nutzung von Einrichtungen der Gemeinschaftsforschung als Hilfe für kleine und mittlere Un ternehmen bei der Forschung und Entwicklung. Forschungsbericht für die EG, 1987.

Bower, J. L. und Christensen, C. M. Disruptive technologies: catching the wave. *Harvard Business Review*, 73(1), S. 43–53, 1995.

Bowman, E. A Risk/Return Paradox for Strategie Management. *Sloan Management Review*, Vol. 21, Spring, 1980.

Bracker, K. und Ramaya, K. Examining the Impact of Research and Development Expenditures on Tobin's Q. *Academy of Strategic Management Journal*, Vol. 10, S. 63–79, 2011.

Brauers, J. und Weber, M. Szenarioanalyse als Hilfsmittel der strategischen Planung: Methodenvergleich und Darstellung einer neuen Methode. *Zeitschrift für Betriebswirtschaft*, 56. Jg., S. 631–652, 1986.

Braun, K. und Brockhoff, K. PED – Ein Programm zur optimalen Planung der Entwicklungsdauer. *Zeitschrift für betriebswirtschaftliche Forschung*, Sonderheft 23, S. 74–85, 1988.

Breitschwerdt, W. Unternehmerische Initiativen auf veränderten Märkten. *Zeitschrift für betriebswirtschaftliche Forschung*, 37. Jg., S. 116, 1985.

Breitschwerdt, W. Von der Idee zum Produkt. Forschung und Entwicklung im Großunternehmen. Manuskript Kiel, 1988.

Brem, A. Make-or-Buy-Entscheidungen im strategischen Technologiemanagement. Saarbrücken, 2012.

Brem, A. und Bican, P. Forschungsförderung von kleinen und mittleren Unternehmen: Begrifflichkeiten und sachgerechte Abgrenzung. *Wirtschaftsdienst*, 97(9), S. 615–620, 2017.

Brem, A. und Brem, S. Die Kreativ-Toolbox für Unternehmen. Ideen generieren und innovatives Denken fördern. Stuttgart, 2019.

Brem, A., Gerhard, D. und Voigt, K.-I. Strategic Technological Sourcing Decisions in the Context of Timing and Market Strategies: An Empirical Analysis. *International Journal of Innovation and Technology Management*, 11(3), 2014. 1450016-1–1450016-23. https://dx.doi.org/10.1142/S0219877014500163.

Brem, A. und Tidd, J. Perspectives on supplier innovation: Theories, concepts and empirical insights on open innovation and the integration of suppliers, Series On Technology Management Vol. 18., 2012.

Brem, A. und Voigt, K. I. Betriebliches Vorschlagswesen, holistisches Ideenmanagement und die Rolle von Best Practice: Hintergrund, Konzept und Umsetzung in der Praxis. In *Vorausschau und Technologieplanung. HNI-Verlagsschriftenreihe*, 2007.

Breznitz und Murphree. What the U. S. should be doing to Protect Intellectual Property. *Harvard Business Review*, 2016.

Bright, J. R. On Appraising the Potential Significance of Radical Technological Innovation. In ders (Hrsg.), *Research, Development and Technological Innovation*, S. 435–443, Homewood, Ill, 1964.

Brockhoff, K. Forschungsprojekte und Forschungsprogramme, ihre Bewertung und Auswahl. 2. A. Wiesbaden, 1973.

Brockhoff, K. Scoring-Modelle in der Forschungsplanung. *Zeitschrift für betriebswirtschaftliche Forschung*, 28. Jg., S. 205–212, 1976.

Brockhoff, K. Prognoseverfahren für die Unternehmensplanung. Wiesbaden, 1977.

Brockhoff, K. Programmplanung für die Forschung und Entwicklung. In *Handwörterbuch der Produktion*, S. 652–671, Stuttgart, 1979.

Brockhoff, K. Entscheidungsforschung und Entscheidungstechnologie. In *Witte, E., Der praktische Nutzen empirischer Forschung*, S. 61–78, Tübingen, 1981.

Brockhoff, K. Planungskontrolle im Entwicklungsbereich. In *Brockhoff, K., Krelle, W., Unternehmensplanung*, S. 173–192, Berlin, Heidelberg, New York, 1981.

Brockhoff, K. A Heuristic Procedure for Project Inspection to Curb Overruns. *IEEE Transactions on Engineering Management*, Vol. EM-29, S. 122–128, 1982.

Brockhoff, K. Forschung und Entwicklung im Lagebericht. *Die Wirtschaftsprüfung*, 35. Jg., S. 237–247, 1982.

Brockhoff, K. The Measurement of Goal Attainment of Governmental R&D Support. *Research Policy*, Vol. 12, S. 171–182, 1983.

Brockhoff, K. Controlling in Forschung und Entwicklung. *Zeitschrift für betriebswirtschaftliche Forschung*, 36. Jg., S. 608–616, 1984.

Brockhoff, K. Technologischer Wandel und Unternehmenspolitik. *Zeitschrift für betriebswirtschaftliche Forschwig*, 36. Jg., S. 619–635, 1984.

Brockhoff, K. Abstimmungsprobleme von Marketing und Technologiepolitik. *Die Betriebswirtschaft*, 45. Jg., S. 623–632, 1985.

Brockhoff, K. Spitzentechnik. *WiSt – Wirtschaftswissenschaftliches Studium*, 15. Jg., S. 431–435, 1986.

Brockhoff, K. Wettbewerbsfähigkeit und Innovation. In Dichtl, E., Gerke, W. und Kieser, A. (Hrsg.), *Innovation und Wettbewerbsfähigkeit*, S. 53–74, Wiesbaden, 1987.

Brockhoff, K. Schnittstellen-Management. Abstimmungsprobleme zwischen Marketing und Forschung und Entwicklung. Stuttgart, 1989.

Brockhoff, K. Stärken und Schwächen industrieller Forschung und Entwicklung. Stuttgart, 1990.

Brockhoff, K. Instruments for Patent Data Analysis in Business Firms. *Technovation*, Vol. 12, S. 41–60, 1992.

Brockhoff, K. R&D Cooperation between Firms. A Perceived Transaction Cost Perspective. *Management Science*, Vol. 38, S. 514–524, 1992.

Brockhoff, K. Produktpolitik. 3. A. Stuttgart, New York, 1993.

Brockhoff, K. Zur Erfolgsbeurteilung von Forschungs- und Entwicklungsprojekten. *Zeitschrift für Betriebswirtschaft*, 63. Jg., S. 643–662, 1993.

Brockhoff, K. Forschungs- und Entwicklungsfinanzierung als Wachstumsschwelle? In Albach, H. (Hrsg.), *Globale soziale Marktwirtschaft*, S. 339–354, Wiesbaden, 1994.

Brockhoff, K. Zur Theorie des externen Erwerbs neuen technologischen Wissens. *Zeitschrift für Betriebswirtschaft*, Ergänzungsheft 1/95, S. 27–42, 1995.

Brockhoff, K. Industrial Research for Future Competitiveness. Heidelberg, New York, 1997.

Brockhoff, K. Wenn der Kunde stört – Differenzierungsnotwendigkeiten bei der Einbeziehung von Kunden in die Produktentwicklung. In *Bruhn, M., Steffenhagen H., Marktorientierte Unternehmensführung, Festschrift für Heribert Meffert zum 60. Geburtstag*, S. 351–370, Wiesbaden, 1997.

Brockhoff, K. Customers' perspectives of involvement in new product development. *International Journal of Technology Management*, Vol. 26, S. 464–481, 2003.

Brockhoff, K. The Emergence of Technology and Innovation Management. *Technology and Innovation*, Vol. 19, S. 461–480, 2017.

Brockhoff, K. und Urban, Ch. Die Beeinflussung der Entwicklungsdauer. In *dies., Picot, A., Zeitmanagement in Forschung und Entwicklung, Sonderheft 23, Zeitschrift für betriebswirtschaftliche Forschung*, S. 1–42, 1988.

Brodbeck, H. Strategische Entscheidungen im Technologie-Management. Zürich, 1999.

Brown, M. G. und Svenson, R. A. Measuring R&D Productivity. *Research Technology Management*, Vol. 41/6, S. 30–35, 1998.

Bruggmann, M. *Betriebswirtschaftliche Probleme der industriellen Forschung*. Diss., St. Gallen, Winterthur, 1957.

Buell, C. D. When to Terminate a Research and Development Project. *Research Management*, Vol. 10, S. 275–284, 1967.

Bundesminister für Forschung und Technologie. Bundesbericht Forschung VI. Bonn, 1979.

Bundesminister für Forschung und Technologie. Bundesbericht Forschung. Bundestags-Drucksache 10/1543., 1984.

Bundesminister für Forschung und Technologie. Faktenbericht 1986 zum Bundesbericht Forschung. Bundestagsdrucksache 10/5298.

Bundesministerium der Justiz und für Verbraucherschutz. 3. September 2019, https://www.bmjv.de/SharedDocs/Gesetzgebungsverfahren/DE/GeschGehG.html, abgerufen am 3. September, 2019.

Bundesministerium für Bildung, Wissenschaft, Forschung und Technologie. Zur technologischen Leistungsfähigkeit Deutschlands. Bonn, 1998.

Bürgel, H. D. Forschungs- und Entwicklungsmanagement aus der Sicht des Controllers. In Blohm, H. und Danert, G. (Hrsg.), *Forschungs- und Entwicklungsmanagement*, S. 93–101, Stuttgart, 1983.

Bürgel, H. D. Controlling von Forschung und Entwicklung, Erkenntnisse und Erfahrungen aus der Praxis. München, 1989.

Burghardt, M. Projektmanagement: Leitfaden für die Planung, Überwachung und Steuerung von Projekten, 2018.

Bürgin, A. Geschichte des Geigy-Unternehmens von 1785 bis 1939. Basel, 1958.

BVMW Meeting Mittelstand im Porsche Zentrum Siegen, 2012, abgerufen am 10.4.2019 unter: https://www.ww-kurier.de/artikel/14637--bvmw-meeting-mittelstand--im-porschezentrum-siegen., 2012.

Cady, J. F. Marketing Strategies in the Information Industry. In *Buzzel, R. D., Marketing in an Electronic Age*, S. 249–278, Boston, MA, 1985.

Calantone, R. und Cooper, R. G. New Product Strategies: Scenarios for Success. *Journal of Marketing*, Vol. 45, S. 48–60, 1981.

Capon, N. und Glazer, R. Marketing and Technology: A Strategic Coalignment. *Journal of Marketing*, Bd. 51. Juli, S. 1–14, 1987.

Chaney, P. K. und Devinney, T. M. New Product Innovations and Stock Price Performance. *Journal of Business Finance and Accounting*, Vol. 19, S. 677–095, 1992.

Chesbrough, H. Managing open innovation. *Research-Technology Management*, 47(1), S. 23–26, 2004.

Chmielewicz, K. Forschungskonzeptionen der Wirtschaftswissenschaft, 2. Aufl. Stuttgart, 1979.

Cho, Y. *Exploring Technology Forecasting and its Implications for Strategic Technology Planning*. Dissertation, Portland/OR, 2018.

Christensen, C. M. The innovator's dilemma. New York, 2003.

Christensen, C. M., Raynor, M. E. und McDonald, R. What is disruptive innovation. *Harvard Business Review*, 93(12), S. 44–53, 2015.

Clark, K. *High Performance Product Development in the World Auto Industry*. Man. Harvard Business School, 1987.

v. Clausewitz, C. Vom Kriege (Berlin 1832–1834). Reinbek, 1963.

Coase, R. H. The Nature of the Firm. *Economica.*, Vol. 4, S. 386–405, 1937.

Commes, U. und Lienert, R. Kreativität und Effektivität. *Siemens Zeitschrift*, 6, S. 26, 1983.

Conley, J. G. und Bican, P. M. und Wilkof,N.,WIPO study on patents and the public domain (II) – Impact of certain enterprise practices. World Intellectual Property Organization White Paper, 2013.

Conley, J. G., Bican, P. M. und Ernst, H. Value articulation: a framework for the strategic management of intellectual property. *California Management Review*, Vol. 55/4, S. 102–120, 2013.

Conner, K. R. und Rumelt, R. P. Software Piracy: An Analysis of Protection Strategies. *Management Science*, Vol. 37, S. 125–139, 1991.

Cooles, J. F. Financial Provision for Research and Development in Industry. *Journal of Industrial Economics*, Vol. V, S. 239–242, 1956/57.

Cooper, A. C. und Schendel, D. Strategic Responses to Technological Threats. *Business Horizons*, Bd. 19, S. 61, 1976.

Cooper, R. G. und Kleinschmidt, E. J. New Product Success Factors: A Comparison of ‚Kills' versus *Successes* and Failures. *R&D Management*, Vol. 20, S. 47–63, 1990.

Danneels, Erwin. Disruptive Technology Reconsidered. A Critique and Research Agenda. *Journal of Product Innovation Management*, 21(4), S. 246–258, 2004.

Davis, J. Inside The Very Weird World Of Disposable Razors, Esquire. abgerufen am 18.4.2019 unter: https://www.esquire.com/uk/culture/news/a6833/razors/., 2016.

Dellmann, K. Rechnung und Rechnungslegung über Forschung und Entwicklung. *Die Wirtschaftsprüfung*, 35. Jg., S. S. 557–561, 587–590, 1982.

Demski, J. S. An Accounting System Structured on a Linear Programming Model. *Accounting Review*, Vol. 42, S. 701–712, 1967.

Depner, H., Baharian, A. und Vollborth, T. Wirksamkeit der Geförderten FuE-Projekte des Zentralen Innovationsprogramms Mittelstand (ZIM). Expertise | 2017, 2017.

Deutsche Börse AG. Insiderhandelsverbote und ad hoc-Publizität nach dem Wertpapierhandelsgesetz. Frankfurt, 1994.

Deutsche Bundesbank. Geschäftsbericht der Deutschen Bundesbank für das Jahr 1983.

Deutsches Bildungs- und Forschungsministerium. Agentur zur Förderung von Sprunginnovationen, August 2018.

Deysson, C. Geschmacklosigkeit. *Wirtschaftswoche*, S. 58, 5.7.1991.

Dieckmann, H. W. Aufmüpfige Japaner. *Wirtschaftswoche*, S. 54–57, 24.7.1992.

Dienel, H.-L. Der Ort der Forschung und Entwicklung im deutschen Kältemaschinenbau, 1880–1930. *Technikgeschichte*, Bd. 62, 1995.

Diesel, E. Diesel: Der Mensch, das Werk, das Schicksal. München, 1983.

DiMasi, J. A., Grabowski, H. G. und Hansen, R. W. Innovation in the Pharmaceutical Industry: New Estimates of R&D Costs. *Journal of Health Economics*, Vol. 47, S. 20–33, 2016.

DIN EN ISO 8402:1995-08 Qualitätsmanagement-Begriffe (ISO 8402:1994); Dreisprachige Fassung EN ISO 8402:1995, 1995-08: https://www.beuth.de/en/standard/din-en-iso-8402/2600806.

Dobberstein, N. *Technologiekooperationen zwischen kleinen und großen Unternehmen. Eine trans-aktionskostentheoretische Perspektive.* Diss., Kiel, 1992.

Dodwell, D. Patent troubles create trauma and cost. *Financial Times*, 21.1.1993.

Dohm, H. Besser sehen, als meine Brille es gestattet. *Frankfurter Allgemeine Zeitung*, 20.8.1988.

Domsch, M. The Organization of Corporate R&D Planning. *Long Range Planning*, Vol. 11, S. 67–74, 1978.

Domsch, M., Gerpott, H. und Gerpott, T. J. Technologische Gatekeeper in der industriellen F&E. Merkmale und Leistungswirkungen. Stuttgart, 1989.

Drucker, P. F. The Age of Discontinuity: Guidelines to our Changing Society. New York, Evanston, 1969.

Drumm, H. J., Scholz, Ch. und Polzer, H. Zur Akzeptanz formaler Personalplanungsmethoden. *Zeitschrift für betriebswirtschaftliche Forschung*, 32. Jg., S. 721–740, 1980.

Dunk, A. S. und Kilgore, A. Financial Factors in R&D Budget Setting: The Impact of Interfunctional Market Coordination, Strategic Alliances, and the Nature of Competition. *Accounting and Finance*, 44, S. 123–138, 2004.

Duvall, R. M. Rules for Investigating Cost Variances. *Management Science*, Vol. 13. S. B 631-B 641., 1967.

Dwyer, P. The Battle Raging over Intellectual Property. *Business Week*, S. 80–87, 22.5.1989.

van Dyk, E. und Smith, D. G. R&D Portfolio Selection by Using Qualitative Pairwise Comparisons. *Omega*, Vol. 18, S. 583–594, 1990.

EIRMA (Hrsg.). *Methods for the Evaluation of R&D Projects, Vol. 1.* Paris, 1970.

EIRMA (Hrsg.). *How Much R&D?* Working Group Report 28, Paris, 1983. S. 35.

EIRMA (Hrsg.). *Developing R&D Strategies, Report No. 33.* Paris, 1986.

Eisenführ, F. und Weber, M. Rationales Entscheiden. Berlin/Heidelberg, 1993.

Ensthaler, J. und Strübbe, K. Die Bedeutung des Patents für das Unternehmen. Patentbewertung: Ein Praxisleitfaden zum Patentmanagement., 2006.

Epton, S. R. und Pearson, A. W. Manpower Planning in R&D in a no-growth Environment. In Domsch, M. und Jochum, E. (Hrsg.), *Personal-Management in der industriellen Forschung und Entwicklung (F&E)*, S. 100–113, Köln, 1984.

Erickson, G. und Jacobson, R. Gaining Comparative Advantage through Discretionary Expenditures, The Returns to R&D and Advertising. *Management Science*, Vol. 38, S. 1264–1279, 1992.

Ernst, H. Patentinformationen für die strategische Planung von Forschung und Entwicklung. Wiesbaden, 1996.

Ernst, H. Patentportfolios for strategic R&D planning. *Journal of Engineering and Technology Management*, Vol. 15, S. 217–223, 1998.

Ernst, H. und Omland, N. The Patent Asset Index – A new approach to benchmark patent portfolios. *World Patent Information*, Vol. 33/1, S. 34–41, 2011.

European Commission. R&D Investment and Structural Changes in Sectors – Final Report, 2016.

Europäisches Patentübereinkommen, 2016.

Eversheim, W. Simultaneous Engineering – eine organisatorische Chance. *VDI-Berichte*, 758, S. 1–26, 1989.

Ewald, A. Methodik der integrierten Technologie- und Marktplanung. *Zeitschrift für Planung*, Bd. 2, S. 155–180, 1991.

Fahrni, P. und Spätig, M. An application-oriented Guide to R&D Project Selection and Evaluation Methods. *R&D Management*, Vol. 20, S. 155–171, 1990.

Fardeau, M. La recherche dans l'industrie. *Révue d'Economie Politique*, Vol. 75, S. 225–247, 1965.

Fenneberg, G. Kosten- und Terminabweichungen im Entwicklungsbereich. Eine empirische Analyse. Berlin, 1979.

Fey, V. und Rivin, E. I. Innovation on demand. Cambridge, 2005.

Fischer, T. M., Möller, K. und Schultze, W. Controlling: Grundlagen, Instrumente und Entwicklungsperspektiven. Stuttgart, 2015.

Fischer, W. Entrepreneurs as Scientists – Scientists as Entrepreneurs. In Klep, P. und van Cauwenberghe, E. (Hrsg.), *Entrepreneurship and the Transformation of the Economy*, S. 553–562, Leuven, 1994.

Flamm, K. Creating the Computer, Government, Industry, and High Technology. Washington/D. C, 1988.

Foos, C. Teamgeist schlägt Geld. *Top Business*, April 1995.

Foster, R. N. Boosting the Payoff from R&D. *Research Management*, 1, S. 22–27, 1982.

Foster, R. N. Assessing Technological Threats. *Research Management*, Vol. 29, S. 17–20, 1986.

Foster, R. N. A call for vision in managing technology. *Business Week*, S. 10–18, 24.5.1983.

Fourier, Ch. De l'anarchie industrielle et scientifique. Paris, 1847.

Fox, G. E., Baker, N. R. und Bryant, J. L. Economic Models for Project Selection in the Presence of Project Interaction. *Management Science*, Vol. 30, S. 890–902, 1984.

Franke, J., Weigelt, M., Bican, P. M. und Batz, K. Analyse der Reichweitenpotenziale elektrischer Fahrzeugantriebe. *ATZ-Automobiltechnische Zeitschrift*, Vol. 121/5, S. 84–89, 2019.

Franke, J. F. Die Bedeutung des Patentwesens im Innovationsprozess. Probleme und Verbesserungsmöglichkeiten. *Ifo Studien*, 39. Jg., S. 307–326, 1993.

Franzen, O. Kundenbedürfnisse erkennen und bedienen. *Markenartikel*, Vol. 10, 2012. abgerufen am 18.4.2019 unter: http://www.konzept-und-markt.com/tl_files/PDFs/Fachbeitraege/Kundenbeduerfnisse%20erkennen%20und%20bedienen,%20Markenartikel%2010%202012.pdf.

Frese, E. Projektorganisation. In *Handwörterbuch der Organisation*. 2. A., Sp. 1960–1974, Stuttgart, 1980.

von Freyend, E. J. und Eberstein, H.-H. BDI Handbuch der Forschungs- und Innovationsförderung. Textsammlung für Wirtschaft und Verwaltung. Loseblatt. Köln, o. J.

Friedrich, A. QFD–Quality Function Deployment: Mit System zu marktattraktiven Produkten. München, 2016.

Garud, R. und Nayyar, P. R. Transformative Capacity: Continual Structuring by Intertemporal Technology Transfer. *Strategie Management Journal*, Vol. 15, S. 365–385, 1994.

Gassmann, O. Internationales F&E-Management: Potentiale und Gestaltungskonzepte transnationaler F&E-Projekte. Berlin, 2019.

Gassmann, O. und Schweitzer, F. Entrepreneurial innovation. In *Handbuch Entrepreneurship*, Wiesbaden, 2018.

Gemünden, H. G. und Heydebreck, P. The influence of business strategies on technological network activities. *Research Policy*, Vol. 24, S. 831–849, 1995.

Gemünden, H. G., Heydebreck, P. und Herden, R. Technological Interweavement: A Means of achieving Innovation Success. *R&D Management*, Vol. 22, S. 359–376, 1992.

Gerjets, J. Forschungspolitik in der Bundesrepublik Deutschland. Köln, 1982.

Gerpott, T. J. und Wittkemper, G. Verkürzung von Entwicklungszeiten. Vorgehensweise und Ansatzpunkte zum Erreichen technologischer Sprintfähigkeit. In Booz Allen & Hamilton (Hrsg.), *Integriertes Technologie- und Innovationmanagement*, S. 117–145, Berlin, 1991.

Gerstenfeld, A. Interdependence and Innovation. *Omega*, Vol. 5, S. 35–42, 1977.

Geschka, H. und Hammer, R. Die SzenarioTechnik in der strategischen Unternehmensplanung. In *Hahn, D., Taylor, B., Strategische Unternehmensplanung*. 5. A., S. 311–336, Heidelberg, 1990.

Gesetz über den Verkehr mit Arzneimitteln vom 24.8.1976, BGBl. I. S. 2448 ff., § 22–24.

Gesetz über den Wertpapierhandel und zur Änderung börsenrechtlicher und wertpapierrechtlicher Vorschriften, BGB1 I, 1994.

Gomez, P. und Escher, F. Szenarien als Planungshilfen. *Management-Zeitschrift Industrielle Organisation*, Bd. 49, S. 416–420, 1980.

Gordon, G. Preconceptions and Reconceptions in the Administration of Science. *R&D Management*, Vol. 2, S. 37–40, 1971.

v. Gottl-Ottlilienfeld, F. Wirtschaft und Technik. 2. A. Tübingen, 1923.

Götze, U. Szenario-Technik in der Strategischen Unternehmensplanung. Heidelberg, 2013.

Grabowski, H. *The Determinants and Effects of Industrial Research and Development*. Diss., Princeton, N. J., 1966.

Grabowski, H. The Determinants and Effects of Industrial Research and Development, 1968.

Grabowski, H. The Determinants of Industrial Research and Development: A Study of the Chemical, Drug, and Petroleum Industries. *Journal of Political Economy*, Vol. 76, S. 292–306, 1968.

von der Gracht, H. A. und Darkow, I. L. Scenarios for the logistics services industry: A Delphi-based analysis for 2025. *International Journal of Production Economics*, Vol. 127, S. 46–59, 2010.

Granot, D. und Zuckerman, D. Sequencing and Resource Allocation in R&D. *Management Science*, Vol. 37, S. 140–156, 1991.

Granstrand, O. und Fernlund, I. Coordination of multinational R&D: A Swedish case study. *R&D Management*, Vol. 9, S. 1–7, 1978.

Graves, S. B. und Langowitz, N. S. Innovative Productivity and Returns to Scale in the Pharmaceutical Industry. *Strategie Management Journal*, Vol. 14, S. 593–605, 1993.

Griliches, Z. Productivity, R&D, and Basic Research at the Firm Level in the 1970's. *American Economic Review*, Vol. 76, S. 141–154, 1986.

Griliches, Z. Productivity, R&D, and the Data Constraint. *American Economic Review*, Vol. 84, S. 1–23, 1994.

Groupe d'Etudes des Stratégies Technologiques (Hrsg.). *Grappes Technologiques. Les nouvelles straté gies d'entreprise*. Auckland et al., 1986.

Grupp, H. Messung und Erklärung des Technischen Wandels, Grundzüge einer empirischen Innovationsökonomik. Berlin et al., 1997.

Grupp, H. und Schmoch, U. Wissenschaftsbindung der Technik. Berlin, 1992.

Guderian, C. C. Identifying Emerging Technologies with Smart Patent Indicators: The Example of Smart Houses. *International Journal of Innovation and Technology Management*, Vol. 17/1. in print., 2019.

Guerard, Jr., J. B., Bean, A. S. und Andrews, St. R&D Management and Corporate Financial Policy. *Management Science*, Vol. 33, S. 1419–1427, 1987.

Gutberlet, K.-L. Alternative Strategien der Forschungsförderung. Tübingen, 1984.

Hahn, D. und Taylor, B. (Hrsg.). *Strategische Unternehmensplanung*. 2. A. Würzburg/Wien, 1983.

Hall, M. M. The Determinants of Investment Variations in Research and Development. *IEEE Transactions on Engineering Management*, Vol. EM-11, S. 8–15, 1964.

Hammonds, K. H. How a $ 4 Razor Ends up Costing $ 300 Million. *Business Week*, 29.1.1990.

Harhoff, D. Innovationsanreize in einem strukturellen Oligopolmodell. *Zeitschrift für Wirtschafts- und Sozialwissenschaften*, 117. Jg., S. 333–364, 1997.

Harhoff, D. Technologiemanagement und Entrepreneurship. Patente in mittelständischen Unternehmen, 2010.

Harhoff, D. et al. Citation Frequency and the Value of Patented Innovation. ZEW Discussion Paper 97-27.

Harris, J. M., Shaw, R. W. und Sommers, W. P. The Role of Technology in the 1980's. Outlook, published by Booz, Allen & Hamilton, Nr. 5, S. 20–28, 1981.

Hartmann, G. C. Linking R&D Spending to Revenue Growth. *Research Technology Management*, Bd. 46, S. 39–46, 2003.

Hartmann, G. C., Myers, M. B. und Rosenbloom, R. S. Planning your Firm's R&D Investment. *Research Technology Management*, Bd. 49. 2, S. 25–36, 2006.

Hauschildt, J. Entscheidungsziele. Zielbildung in innovativen Entscheidungsprozessen: theoretische Ansätze und empirische Prüfung. Tübingen, 1977.

Hauschildt, J. Die Innovationsergebnisrechnung – Instrument des F&E-Controlling. *Der Betriebsberater*, Jg. 49, S. 1017–1020, 1994.

Hauschildt, J. Innovationsmanagement. 3. A. München, 2004.

Hauschildt, J., Salomo, S., Schultz, C. und Kock, A. Innovationsmanagement. München, 2016.

Hauser, J. R. und Clausing, D. The House of Quality. *Harvard Business Review*, Vol. 66. 3, S. 63–73, 1988.

Heerding, A. The History of N. V. Philips' Gloeilampenfabriken, Bd. 1. Cambridge, 1985.

Heerding, A. The History of N. V. Philips' Gloeilampenfabriken, Bd. 2. Cambridge, 1988.

Heismann, G. Der Ruinen-Baumeister. *Manager Magazin*, 2/1990, S. 118–129, 1990.

Helmers, E. Die Modellentwicklung in der deutschen Autoindustrie: Gewicht contra Effizienz, Gutachten, Trier, 2015. abgerufen am 10.4.2019 unter: https://www.vcd.org/fileadmin/user_upload/Redaktion/Publikationsdatenbank/Auto_Umwelt/Gutachten_Modellentwicklung_deutsche_Autoindustrie_2015.pdf.

Henard, J. Exklusiv und hochspezialisiert, aber nicht zeitlos. *Frankfurter Allgemeine Zeitung*, 9.5.1988.

Henke, M. Zum Stoppen von Forschungs- und Entwicklungsprojekten. *Zeitschrift für die gesamte Staatswissenschaft*, 128. Bd., S. 39–64, 1972.

Henzler, H. Der Januskopf muss weg! *Wirtschaftswoche*, 28. Jg.(38), S. 60–63, 1974.

Hermes, M. *Eigenerstellung oder Fremdbezug neuer Technologien*. Diss., Kiel, 1993.

Hertz, D. B. The Theory and Practice of Industrial Research. New York, London, 1950.

Hertz, D. B. und Carlson, P. G. Selection, Evaluation and Control of Research and Development. In Dean, B. V. (Hrsg.), *Operations Research in Research and Development*, S. 170–188, New York, London, 1963.

Heuss, T. Robert Bosch, Leben und Leistung. Stuttgart, 1986.

Hewlett-Packard. Hewlett-Packard and Engineering Productivity, Mai 1988.

von Hippel, E. The Dominant Role of the User in Semiconductor and Electric Subassembly Process Innovation. *IEEE Transactions on Engineering Management*, Vol. EM24, S. 60–71, 1977.

von Hippel, E. The Sources of Innovation. Oxford, 1988.

von Hippel, E. „Sticky Information" and the Locus of Problem Solving: Implications for Innovation. *Management Science*, Vol. 40, S. 429–439, 1994.

von Hippel, E. Democratizing innovation: The evolving phenomenon of user innovation. *Journal für Betriebswirtschaft*, 55(1), S. 63–78, 2005.

Hirzel, M. Standard-Prozess-Pläne für F&E. *Zeitschrift für Organisation*, 49. Jg., S. 161–168, 1980.

Hoffmann, L. Innovation durch Konspiration. *Harvard Manager*, 13. Jg.(1), S. 121–127, 1991.

Holder, R. D. Some Comments on the Analytic Hierarchy Process. *Journal of the Operational Research Society*, Vol. 41, S. 1073–1076, 1990.

Höller, H. Verhaltenswirkungen betrieblicher Planungs- und Kontrollsysteme. München, 1978.

Holzman, R. T. To Stop or Not – The Big Research Question. *Chemical Technology*, Vol. 2, S. 81–89, 1972.

Horowitz, I. Estimation Changes in Research Budgets, 1961.

Horvath, P. Controlling. 4. A. München, 1992.

Hounshell, D. A. Elisha Gray and the Telephone. On the Disadvantage of being an Expert. *Technology and Culture*, Vol. 16, S. 133–161, 1975.

Hounshell, D. A. und Smith, Jr., J. K. Science and Corporate Strategy. Cambrige, 1988.

Hounshell, D. A. und Smith, Jr., J. K. Science and Corporate Strategy, Research and Development at DuPont 1908 to 1980. Cambridge, 1989.

https://www.rundschau-online.de/ratgeber/gesundheit/recherche-im-netz--krankheiten-googlen---wenn-ueberhaupt--dann-so-23968868.

http://www.eu-ifrs.de, abgefragt 28.05.2019.

Huber, R. K. *Der relative Informationsgewinn als Kriterium für die Auslegung von Forschungssatelliten.* Diss., TU München, 1970.

Ilevbare, I. M., Probert, D. und Phaal, R. A review of TRIZ, and its benefits and challenges in practice. *Technovation*, 2013.

Institut der Wirtschaftsprüfer in Deutschland (Hrsg.). *Wirtschaftsprüfer-Handbuch 1981.* Düsseldorf, 1981.

Isaac, M. Former Star Google and Uber Engineer Charged with Theft of Trade Secrets. *The New York Times*, Ausgabe 27. August, 2019.

Itami, H. und Numagami, T. Dynamic Interaction between Strategy and Technology. *Strategic Management Journal*, Vol. 13, S. 119–135, 1992.

James, H. Die Deutsche Bank und die Diktatur 1933–1945. In *Gall, L., et al., Die Deutsche Bank 1870–1995*, München, 1995.

Jehle, E. Eine Kreativitätsstrategie für das Unternehmen. In Zahn, E. (Hrsg.), *Technologie- und Innovationsmanagement*, S. 71–97, Berlin, 1986.

Jewkes, J., Sawers, D. und Stillerman, R. The Sources of Invention. London, 1962.

Josephson, M. Edison: A Biography. New York, 1959.

Kahn, H. und Wiener, A. J. Ihr werdet es erleben. Wien, Zürich, 1967.

Kamm, J. B. The Portfolio Approach to Divisional Innovation Strategy. *Journal of Business Strategy*, Vol. 7, S. 25–36, 1986.

Karger, D. und Murdick, R. Managing Engineering and Research. New York, 1980.

Kaufer, E. Patente, Wettbewerb und technischer Fortschritt. Bad Homburg v.d.H, 1970.

Kaufer, E. Bedeutung von Konzentrationsprozessen für Entscheidungen in kleinen und mittleren Unternehmen. In Oppenländer, K. H. (Hrsg.), *Unternehmerischer Handlungsspielraum in der aktuellen wirtschafts- und gesellschaftspolitischen Situation*, S. 195–221, Berlin, München, 1979.

Kaufer, E. Technischer Wandel in der Marktwirtschaft. Eine forschungs- und wettbewerbstheoretische Kritik staatlicher Forschungs- und Technologiepolitik. In *Kaufer, E., Hinz, H., Hoppmann, E., Innovationspolitik und Wirtschaftsordnung*, Nr. 88 in FIW-Schriftenreihe, S. 1–12, Köln, 1979.

Kern, W. und Schröder, H.-H. Forschung und Entwicklung in der Unternehmung. Reinbek, 1977.

Khanna, T. Racing behavior. Technological evolution in the high-end computer industry. *Research Policy*, Vol. 24, S. 933–958, 1995.

Kiesel, M. und Hammer, J. TRIZ–develop or die in a world driven by volatility, uncertainty, complexity and ambiguity. In *International TRIZ Future Conference, October*, 2018.

Kirchmann, E. Innovationskooperation zwischen Herstellern und Anwendern industrieller Produkte. Wiesbaden, 1994.

Kirsch, G. Systemanalytische Grundlagen der Forschungspolitik. Düsseldorf, 1972.

Klein, B. QFD-quality function deployment: Konzept, Anwendung und Umsetzung für Produkte und Dienstleistungen, 1999.

Klein, H. J. Neue Technologien – Neue Märkte. ZfbF-Sonderheft 11/1980, S. 87–90, 1980.

Kleindorfer, P. R. und Partori, F. Y. Integrating Manufacturing Strategy and Technology Choice. *European Journal of Operational Research*, Vol. 47, S. 214–224, 1990.

Kleinknecht, A. Innovation Patterns in Crisis and Prosperity: Schumpeter's Long Cycle Reconsidered. London, 1987.

Klodt, H. Wettlauf um die Zukunft. Technologiepolitik im internationalen Vergleich. Tübingen, 1987.

Knie, A. Diesel – Karriere einer Technik. Genese und Formierungsprozesse im Motorenbau. Berlin, 1991.

Knolmayer, G. Das Brooks'sche Gesetz. *Wirtschaftswissenschaftliches Studien*, S. 453–457, 1987.

Knolmayer, G. und Rückle, D. Betriebswirtschaftliche Grundlagen der Projektkostenminimierung in der Netzplantechnik. *Zeitschrift für betriebswirtschaftliche Forschung*, Bd. 28, S. 431–447, 1976.

Koch, H. Aufbau der Unternehmensplanung. Wiesbaden, 1977.

Koch, H. Zum Verfahren der strategischen Programmplanung. *Zeitschrift für betriebswirtschaftliche Forschung*, Bd. 31, S. 145–161, 1979.

König, W. Technik, Macht und Markt. Eine Kritik der sozialwissenschaftlichen Technikforschung. *Technikgeschichte*, Bd. 60, S. 243–266, 1993.

Koppel, O. Wirtschaftliche Erfolgspotenziale als Förderkriterien. *Wirtschaftsdienst*, 97. Jg., S. 611–620, 2017.

Kossbiel, H. Personalbedarfsbestimmung und Personalbereitstellung von Wissenschaftlern und Ingenieuren im Tätigkeitsbereich „Forschung und Entwicklung" von Mittelbetrieben. In *Domsch, M., Jochum, E., Personal-Management in der industriellen Forschung und Entwicklung (F&E)*, S. 114–127, Köln et al., 1984.

Kossbiel, H. Personalwirtschaft. In *Bea, F. X., Dichtl, E., Schweitzer, M., Allgemeine Betriebswirtschaftslehre, Bd. 3*. 2. A., S. 281–354, Stuttgart, New York, 1985.

Kotzbauer, N. Erfolgsfaktoren neuer Produkte: Der Einfluß der Innovationshöhe auf den Erfolg technischer Produkte. Frankfurt a. M. et al., 1992.

Krauch, H. Resistance Against Analysis and Planning in Research and Development. *Management Science*, Vol. 13, S. C47–C58, 1966.

Kreikebaum, H. Die Potentialanalyse und ihre Bedeutung für die Unternehmensplanung. *Zeitschrift für Betriebswirtschaft*, 41. Jg., S. 257–272, 1971.

Kropff, B. Der Lagebericht nach geltendem und künftigem Recht. *Betriebswirtschaftliche Forschung und Praxis*, Bd. 32, S. 514–543, 1980.

Krubasik, E. G. Technologie, Strategische Waffe. *Wirtschaftswoche*, S. 28–31, 18.6.1982.

Krubasik, E. G. Customize your Product Development. *Harvard Business Review*, Bd. 66, Nov./Dez., S. 4–8, 1988.

Kuba, R. Pflichtenheft für Entwicklungsaufgaben. *Controller-Magazin*, 2. Jg., S. 64–70, 1988.

Kuemmerle, W. Praxisorientierte Grundlagenforschung im Dienst japanischer Wettbewerbsstrategie. *Handelsblatt*, S. 24, 08.07.1993.

Kuemmerle, W. Optimal Scale for Research and Development in Foreign Environments. An Investigation into Sire and Performance of Research and Development Laboratories Abroad. *Research Policy*, Vol. 27, S. 111–126, 1998.

Kuhn, R. L. (Hrsg.). *Handbook for Creative and Innovative Managers*. New York, 1988.

Kulicke, M. *Technologieorientierte Unternehmen in der Bundesrepublik Deutschland – Eine empirische Untersuchung der Strukturbildungs- und Wachstumsphase von Neugründungen*. Diss., Saarbrücken, 1986.

Küpper, W. Grundlagen der Netzplantechnik. In *Handwörterbuch der Produktionswirtschaft*, Stuttgart, 1979.

Kuster, J., Huber, E., Lippmann, R., Schmid, A., Schneider, E., Witschi, U und Wüst, R. Handbuch Projektmanagement. Berlin, 2011.

Kuznets, S. Inventive Activity, Problems of Definition and Measurement. In National Bureau of Economic Research (Hrsg.), *The Rate and Direction of Inventive Activity*, S. 19–43, Princeton/N. J, 1962.

Lange, E. Abbruchentscheidung bei F&E-Projekten. Wiesbaden, 1993.

Lange, V. Technologische Wettbewerbsanalyse. Wiesbaden, 1994.

Langrish, J. et al. Wealth from Knowledge: Studies of Innnovation in Industry. London, 1972.

Lechler, T. Projektmanagement. In *Handbuch Technologie- und Innovationsmanagement*, S. 493–510, Wiesbaden, 2005.

Lee, Th.-H. und Nakicenovic, N. Technology Life-cycles and business decisions. *International Journal of Technology Management*, Vol. 3, S. 411–426, 1988.

Lehmann, A. Wissensbasierte Analyse technologischer Diskontinuitäten. Wiesbaden, 1994.

Leptien, Ch. Anreizsysteme in Forschung und Entwicklung. Wiesbaden, 1996.

Leyh, C. Implementierung von ERP-Systemen in KMU – Ein Vorgehensmodell auf Basis von kritischen Erfolgsfaktoren. *HMD Praxis der Wirtschaftsinformatik*, 52(3), S. 418–432, 2015.

Liberatore, M. An Extension of the Analytic Hierarchy Process for Industrial R&D Project Selection and Resource Allocation. *IEEE Transactions on Engineering Management*, Vol. EM-34, S. 12–18, 1987.

Liberatore, M. J. und Stylianon, A. C. Expert Support Systems for New Product Development Decision Making: A Modeling Framework and Applications. *Management Science*, Vol. 41, S. 1296–1316, 1995.

Liessmann, K. Beurteilung der Erfolgschancen technischer Produktinnovationen. In *Eschenbach, R., Das Management von Innovationen*, S. 7–33, Wien, 1988.

v. Lilienthal, 0. Practical Experiments for the Development of Human Flight. *Aeronautical Annual*, S. 7–20, 1896.

Lilja, K. K., Laakso, K. und Palomäki, J. Using the Delphi Method. In *IEEE 2011 Proceedings of PICMET*, Portland (USA), 2011.

Linde, C. Aus meinem Leben und von meiner Arbeit. Düsseldorf, 1914 (Nachdruck 1984).

Lindemann, U. Methodische Entwicklung technischer Produkte: Methoden flexibel und situationsgerecht anwenden, 2006.

Link, A. N. Basic Research and Productivity Increase in Manufacturing: Additional Evidence. *American Economic Review*, Vol. 71, S. 1111–1112, 1981.

Linstone, H. A. L. und Turoff, M. The Delphi-Method, Techniques and Applications. Reading, MA, 1975.

Linton, J. D. Forecasting the market diffusion of disruptive and discontinuous innovation. *IEEE Transactions on engineering management*, 49(4), S. 365–374, 2002.

Lippman, St. A. und McCordle, K. F. Uncertain Search: A Model of Search Among Technologies of Uncertain Values. *Management Science*, Vol. 37, S. 1474–1490, 1991.

Litke, H. D., Kunow, I. und Schulz-Wimmer, H. Projektmanagement (Vol. 200). Freiburg, 2018.

Little, A. D. Innovationsstrategie. *Wirtschaftswoche*, S. 50–53, 29.8.1986.

Little, B. *New Product Innovation Pro cessing. A Descriptive Study of Product Innovation in the Machine Tool Industry*. Diss., Harvard Business School, 1967.

Livotov, P. TRIZ and innovation management. *INNOVATOR*, 8, S. 178, 2008.

Lochridge, P. K. *Strategien für die achtziger Jahre*. Boston Consulting Group (München), 1981/1982.

Lockett, A. G., Muhleman, A. P. und Gear, A. E. Group Decision Making and Multiple Criteria – A Documented Application. In Morse, J. N. (Hrsg.), *Organizations, Multiple Agents with Multiple Criteria*, S. 205–221, Berlin, Heidelberg, New York, 1981.

Logan, S. H. Evaluating Financial Support of Research Programs. *Journal of Farm Economics*, Vol. 46, S. 188–199, 1964.

Loo, R. The Delphi-method: a powerful tool for strategic management. *Policing: An International Journal*, 25(4), S. 762–769, 2002.

MacCrimmon, K. R. und Wehrwig, D. A. Taking Risks. The Management of Uncertainty. New York, London, 1986.

Madauss, B. J. Handbuch Projektmanagement. Stuttgart, 2000.

Madauss, B. J. *Projektmanagement: Theorie und Praxis aus einer Hand*. Wiesbaden, 2017.

Malecki, E. J. The R&D Location Decision of the Firm and „Creative" Regions – A Survey. *Technovation*, Vol. 6, S. 205–222, 1987.

Mannesmann AG (Hrsg.). *75 Jahre Mannesmann – Geschichte einer Erfindung und eines Unternehmens, 1890–1965*. Düsseldorf, 1965.

Mansfield, E. Industrial Research and Development Expenditures. Determinants, Prospects, and Relation to Size of Firm and Inventive Output. *Journal of Political Economy*, Vol. 72, S. 319–340, 1964.

Mansfield, E. The Economics of Technological Change. New York, 1968.

Mansfield, E. Basic Research and Productivity Increase in Manufacturing. *American Economic Review*, Vol. 70, S. 863–873, 1980.

Mansfield, E. und Brandenburg, G. The Allocation, Characteristics, and Outcome of the Firm's Research and Development Portfolio: A Case Study. *Journal of Business*, Vol. 39, S. 447–464, 1966.

Mansfield, E. et al. Research and Innovation in the Modem Corporation. New York, London, 1971.

Mansfield, E., Teece, D. und Romeo, A. Overseas Research and Development by US-Based Firms. *Economica*, Vol. 46, S. 187–196, 1979.

March, J. G. und Sivion, H. A. Organisations. New York, 1958.

Maringer, A. Ist Forschung und Entwicklung in Japan billiger? *Die Betriebswirtschaft*, Bd. 50, S. 789–800, 1990.

Markham, J. Economic Analysis and the Research and Development Decision. In Tybout, R. A. (Hrsg.), *Economics of Research and Development*, S. 67–80, Columbus/Ohio, 1965.

Marschak, T. A. und Yahav, J. A. The Sequential Selection of Aproaches to a Task. *Management Science*, Vol. 12, S. 627–647, 1966.

Marx, K. Zur Kritik der politischen Ökonomie, MEGA TI. 3, 6. Berlin , 1982 (Original 1862).

Matthes, W. Erweiterungen der Netzplantechnik, Handwörterbuch der Produktionswirtschaft. Stuttgart, 1979.

MDIS, Informationsdienst, Okt. 1992, Juli 1994.

Meadows, D. Estimate Accuracy and Project Selection Models in Industrial Research. *Industrial Management Review*, Vol. 9, S. 105–119, 1968.

Mechlin, G. und Berg, D. Evaluation Research- ROI is not enough: Managers must learn the full value of industrial research. *Harvard Business Review*, Vol. 58. 5, S. 93–99, 1980.

Mellerowicz, K. Die Organisation des Forschungs- und Entwicklungsbereiches. In Agthe, K. und Schnaufer, E. (Hrsg.), *TFB-Taschenbuch-Organisation*, S. 633–677, Berlin, Baden-Baden, 1961.

Merino, D. W. Development of a Technological S-Curve for Tire Cord Textiles. *Technological Forecasting and Social Change*, Vol. 37, S. 275–291, 1990.

de Meyer, A. und Mizushima, A. Global R&D Management. *R&D Management*, Vol. 19, S. 136–146, 1989.

Meyer, M. H. und Roberts, E. B. New Product Strategy in Small Technology-Based Finns: a Pilot Study. *Management Science*, Vol. 32, S. 806–821, 1986.

Michel, K. Technologie im strategischen Management. Berlin, 1987.

Minasian, J. R. The Economics of Research and Development. In National Bureau of Economic Research (Hrsg.), *The Rate and Direction of Inventive Activity*, S. 93–141, Princeton, N. J, 1962.

Mohn, N. C. Application of Trend Concepts in Forecasting Typesetting Technology. *Technological Forecasting and Social Change*, Vol. 3, S. 225–253, 1972.

Möhrle, M. G. Voigt, 1., Das FuE-Programm-Portfolio in praktischer Erprobung. *Zeitschrift für Be-triebswirtschaft*, 63. Jg., S. 973–992, 1993.

Möhrle, M. G. How combinations of TRIZ tools are used in companies – results of a cluster analysis. *Journal of R&D Management*, 35((3) Juni), S. 285–296, 2005.

Möhrle, M. G. TRIZ-basiertes Technologie-Roadmapping. In Möhrle, M. G. und Isenmann, R. (Hrsg.), *Technologie-Roadmapping*, Berlin, Heidelberg, 2008.

Möhrle, M. G. Das FuE-Programm-Portfolio: Ein Instrument für das Management betrieblicher For-schung und Entwicklung. *technologie & management*, Vol. 37, S. 12–19, 4/1988.

Monster.de. unter: https://www.monster.de/jobs/suche/?q=controller&cy=DE, abgerufen am 22.01.2020.

Morgan, S., Grootendorst, P., Lexchin, J., Cunningham, C. und Greyson, D. The Cost of Drug Develop-ment: A Systematic Review. *Health Policy.*, Vol. 100/1, S. 4–17, 2011.

Morin, J. L'excellence technologique. Paris, 1985.

Mrusek, K. Süßes Gebäck nach dem Geschmack der Händler. Um Kunden wirbt der Konkurrent. *Frankfurter Allgemeine Zeitung*, 13.7.1987.

Mueller, D. C. The Firm Decision Process, An Econometric Investigation. *Quarterly Journal of Econom-ics*, Vol. 81, S. 58–87, 1967.

Muir, N. K. *R and D Consortium Technology Transfer: A Study of Shareholder Technology Strategy and Organizational Learning*. PhD Diss., Univ. of Texas, Arlington, 1991.

Muirhead, J. P. Life of James Watt. London 1858, Repr. 1987.

Müller-Prothmann, T. und Dörr, N. Innovationsmanagement: Strategien, Methoden und Werkzeuge für systematische Innovationsprozesse. München, 2019.

Münzberg, C., Hammer, J., Brem, A. und Lindemann, U. Crisis Situations in Engineering Product Development: A TRIZ Based Approach. *Procedia CIRP*, Vol. 39, S. 144–149, 2016.

Murmann, P. Zeitmanagement für Entwicklungsbereiche im Maschinenbau. Wiesbaden, 1994.

Nagpaul, P. S. A Method for Reallocating Funds to Meet a Reduced Budget. *Research Management*, Vol. 15, S. 35–42, 1972.

Näslund, B. Organizational Slack. *Ekonomisk Tidskrift*, Vol. 66(No. 1), S. 26–31, 1964.

National Academy of Science (Hrsg.). *Management of Technology, The Hidden Competitive Advanta-ge*. Washington, D. C, 1987.

Nelson, R. R. The economics of invention: a survey of the literature. *Journal of Business*, Vol. 32, S. 101–127, 1959.

Nelson, R. R. Uncertainty, Learning and the Economics of Parallel Research and Development Efforts. *Review of Economics and Statistics*, Vol. 48, S. 351–364, 1962.

Niefer, W. Unternehmenssicherung durch technologische Kompetenz. *Siemens-Zeitschrift*, Jan., S. 1–9, 1990.

Noth, Th. Aufwandsschätzung von FuE-Projekten. In Platz, J. und Schmelzer, H. J. (Hrsg.), *Projektma-nagement in der industriellen Forschung und Entwicklung*, S. 161–180, Berlin, Heidelberg, New York, 1986.

Nunnenkamp, P., Gundlach, E. und Agarwal, J. P. Globalisation of Production and Markets. Tübingen, 1994.

Nuwangi, S. M., Sedera, D. und Srivastava, S. C. Multi-layered Control Mechanisms in Software De-velopment Outsourcing. *Research-in-Progress. S.*, 1–8., 2018.

Nyström, H. und Edvardsson, B. The Importance of R and D Cooperation Strategies for Product Devel-opment. Uppsala, 1981.

OECD. Frascati-Handbuch 2015: Leitlinien für die Erhebung und Meldung von Daten über Forschung und experimentelle Entwicklung. Paris, 2018.

v. Oetinger, B. Wandlungen in den Unternehmensstrategien der 80er Jahre. In Koch, H. (Hrsg.), *Unternehmensstrategien und strategische Planung, Sonderheft 15/1983 der Zeitschrift für betriebswirtschaftliche Forschung*, S. 42–51, 1983.

Offermann, A. Projekt-Controlling bei der Entwicklung neuer Produkte. Frankfurt, 1985.

Orloff, M. A. Toward the modern TRIZ. In *ABC-TRIZ*, S. 19–30, 2017.

Ouchi, W. A Conceptual Framework for the Design of Organizational Control Mechanisms. *Management Science*, Vol. 25, S. 833–848, 1979.

Ouchi, W. G. The Transmission of Control through Organizational Hierarchy. *Academy of Management Journal*, Vol. 21/2, S. 173–192, 1978.

o. V. Der Growian an der Nordsee wird abgebaut. *Frankfurter Allgemeine Zeitung*, 16.6.1987.

o. V. Einigung mit Polaroid. *Handelsblatt*, 17.7.1991.

o. V. Lufthansa als Lotse. *Industriemagazin.*, 11, S. 188–191, 1987.

o. V. Frankfurter Allgemeine Sonntagszeitung, „Vom Piraten zum Ehrenmann" 10. Januar. NR. 1, S. 26., 2010.

o. V. Frankfurter Allgemeine Zeitung, „Junge Unternehmer lernen ihre Lektionen", Montag, 25. Februar. Nr. 47, S. 25., 2013.

o. V. Handelsblatt, „Tüftler-Gen für Rocket Internet", Wochenende 23./24./25. September. NR. 185, S. 26., 2016.

o. V, 28.06.2018. Handelsblatt, „Apple und Samsung legen Patentstreit nach sieben Jahren bei", abgerufen am 22. Juli 2019 unter: https://www.handelsblatt.com/unternehmen/it-medien/smartphone-hersteller-apple-und-samsung-legen-patentstreit-nach-sieben-jahren-bei/22744570.html?ticket=ST-18507417-h5fnbuPlrFqpKG9E5Qgv-ap4.

o. V. Pierburg ist über den Berg. *Frankfurter Allgemeine Zeitung*, 3.11.1990.

o. V. US-Rüstungsindustrie: Forschung geht zurück. *Handelsblatt*, 8.1.1992.

Pardee, F. S. *State-of-the-Art Projection and Long-Range Planning of Applied Research*. Rand Corp., Santa Monica, 1965.

Parnell, M. F. Globalisation, „organised capitalism" and German labour. *European Business Review*, Vol. 98/2, S. 80–86, 1998.

Patentgesetz vom 1.1.1981, BGBl. I.

Pausenberger, E. und Volkmann, B. Forschung und Entwicklung in internationalen Unternehmen. In *RKW-Handbuch Forschung, Entwicklung, Konstruktion*, Berlin, 1981. Nr. 8400.

Pearson, A. W. Innovation Strategy. *Technovation*, Vol. 10, S. 185–192, 1990.

Pearson, A. W. Planning and Control in Research and Development. *Omega*, Vol. 18, S. 573–581, 1990.

Perlitz, M. und Löbler, H. Brauchen Unternehmen zum Innovieren Krisen? *Zeitschrift für Betriebswirtschaft*, 55. Jg., S. 424–450, 1985.

Peters, H.-R. Forschungsförderung in der Marktwirtschaft. *HWWA-Wirtschaftsdienst*, Vol. 52, S. 662–666, 1972.

Peters, W. Lehren aus einem Unfall. *Frankfurter Allgemeine*, 15.11.1997.

Petzold, H. Modeme Rechenkünstler. Die Industrialisierung der Rechentechnik in Deutschland. München, 1992.

Peyrefitte, J. und Brice, Jr., J. Product Diversification and R&D Investment: An Empirical Analysis of Competing Hypothesis. *Organizational Analysis*, 12(4), S. 379–394, 2004.

Pfeiffer, W., Asenkerschbaumer, St. und Weiss, E. FuE-Projektanalyse. Ein Instrument zur Hebung der FuE-Effizienz. In *Pfeiffer, W., Weiss, E., Technologie-Management, Philosophie-Methodik-Erfahrung*, S. 127–220, Göttingen, 1990.

Pfeiffer, W. et al. Technologie-Portfolio zum Management strategischer Zukunftsgeschäftsfelder, Göttingen, 3. A, 1985.

Pfeiffer, W. und Schneider, W. Grundlagen und Methoden einer technologieorientierten strategischen Unternehmensplanung. *Langfristige Planung*, Bd. 1, S. 121–142, 1985.

Pfeiffer, W., Schneider, W. und Dögl, R. Technologie-Portfolio-Management. In Staudt, E. (Hrsg.), *Das Management von Innovationen*, S. 107–124, Frankfurt, 1986.

Pfeufer, H. J. FMEA–Fehler-Möglichkeits-und Einfluss-Analyse. München, 2014.

Pinto, J. K. und Slevin, D. P. Critical Success Factors in R&D Projects, 1989.

Pinto, J. K. und Slevin, D. P. Critical Success Factors in R&D Projects. *Research Technology Management*, Vol. 32, S. 31–35, 1989.

Pisano, G. P. The R&D Boundaries of the Firm: An Empirical Analysis. *Administrative Science Quarterly*, Vol. 35, S. 153–176, 1990.

Pisano, G. P. You need an Innovation Strategy. *Harvard Business Review*, Vol. 93, Jun, S. 44–54, 2015.

Platz, J. Projektplanung. In Platz, J., Schmelzer, H. J. et al. (Hrsg.), *Projektmanagement in der industriellen Forschung und Entwicklung*, S. 131–159, 1986.

Platz, J., Schmelzer, H. J. et al. Projektmanagement in der industriellen Forschung und Entwicklung, Einführung anhand von Beispielen aus der Informationstechnik. Berlin, Heidelberg, New York, 1986.

Poensgen, O. H. und Hort, H. F&E-Aufwand, Firmensituation und Firmenerfolg. *Zeitschrift für Betriebswirtschaft*, Bd. 51, S. 3–21, 1981.

Poensgen, O. H. und Hort, H. R&D Management and Financial Performance. *IEEE Transactions on Engineering Management*, Vol. EM-30, S. 212–222, 1983.

Pogany, G. A. Cautions about using S Curves. *Research Management*, Vol. 29, S. 24–25, 1986.

Porter, M. Competitive Advantage. New York, 1985.

President's Commission on Industrial Competitiveness. (Report on) Global Competition. The New Reality, Washington/D. C. Vol. I, Vol. II, 1985.

Property Rights Alliance. 2018 International Property Rights Index Released. abgerufen am 15. Juni 2019 unter: https://www.propertyrightsalliance.org/news/2018-international-property-rights-index-released/., 2018.

Pulcynski, J. *Die Große Windenergieanlage GROWIAN, Fallstudie zum Innovationsmanagement eines staatlich geförderten Projektes*. Diss., Kiel, 1990.

PwC. Studie: Mit strategischer Planung zum Unternehmenserfolg. S. 1–44, abgerufen am 18.4.2019 unter: https://www.pwc.de/de/risiko-management/assets/studie_strateg_planung.pdf., 2010.

Queisser, H. Kristallene Krisen. Mikroelektronik – Wege der Forschung, Kampf um Märkte. 2. A. München, Zürich, 1987.

Rabah, A. R&D Returns, Market Structure, and Research Joint Ventures. *Journal of Institutional and Theoretical Economics (JITE) / Zeitschrift für die gesamte Staatswissenschaft*, Vol. 156, S. 584–586, 2000.

Ramanujam, V. und Mensch, G. O. Improving the Strategy-Innovation Link. *Journal of Product Innovation Management*, Vol. 2, S. 213–223, 1985.

Rau, M. und Stollmayer, U. Handbuch QM-Methoden: Die richtige Methode auswählen und erfolgreich umsetzen. München, 2012.

Rawlins, M. D. Cutting the Cost of Drug Development? *Nature Reviews Drug Discovery.*, Vol. 3/4., S. 360–364, 2004.

Reibnitz, U. Szenarien – Optionen für die Zukunft. Hamburg, 1987.

Reich, L. S. The Making of American Industrial Research. Science and Business at GE and Bell, 1876–1926. Cambridge/Mass, 1985.

Reichwald, R. und Schmelzer, H. J. Durchlaufzeiten in der Entwicklung. Praxis des industriellen F&E-Managements. München, Wien, 1990.

Reinganum, J. F. Dynamic Games of Innovation. *Journal of Economic Theory*, Vol. 25, S. 21–41, 1981.

Reinganum, J. F. Nash Equilibrium Search for the Best Alternative. *Journal of Economic Theory*, Vol. 30, S. 139–152, 1983.

Reinganum, J. F. The Timing of Innovation. In *Schmalensee, R., Willig, R. D., Handbook of Industrial Organization, Vol. 1*, S. 849–908, New York, 1989.

Reuter, J. F. Zur forschungspolitischen Konzeption der Bundesregierung. *Schmollers Jahrbuch für Wirtschafts- und Sozialwissenschaften*, Bd. 88, S. 51–74, 1968.

Rh, I. Ein Jubiläum, das man bei Rolls-Royce gern vergisst. *Frankfurter Allgemeine*, Nr. 33, 8. Februar, 1996.

Richtlinie (EU) 2016/943 des Europäischen Parlaments und des Rates.

Rickert, D. Multi-Projektmanagement in der individuellen Forschung und Entwicklung. Wiesbaden, 1995.

Riedl, J. E., Wirth, W. und Kretschmer, H. Kalkulation von Softwareprojekten zur Unterstützung des Controlling in Forschung und Entwicklung. *Zeitschrift für betriebswirtschaftliche Forschung*, 37. Jg., S. 993–1006, 1985.

Ries, E. Lean Startup: Schnell, risikolos und erfolgreich Unternehmen gründen, 2014.

Rinker, C. Wertrelevanz von Forschungs- und Entwicklungskosten – Eine empirische Untersuchung börsennotierter Unternehmen in Deutschland. Wiesbaden, 2017.

RKW Kompetenzzentrum. Mittelstand meets Start-Ups 2018 – Potenziale der Zusammenarbeit, 2018.

RKW Kompetenzzentrum. RKW Magazin: mischen possible. Ausgabe 1, 2018.

Roberts, E. B. und Berry, Ch. A. Entering New Business: Selecting Strategies for Success. *Sloan Management Review. Spring*, S. 3–17, 1985.

Rotering, C. Forschungs- und Entwicklungskooperationen zwischen Unternehmen. Stuttgart, 1990.

Roventa, P. Portfolio-Analyse und strategisches Management. München, 1979.

Rutgers – The State University of New Jersey. The Thomas Edison Papers. abgerufen am 12.4.2019 unter http://edison.rutgers.edu/patents.htm., 2016.

Saad, K. N., Roussel, Ph. A. und Tiby, C. Management der F&E-Strategie. Wiesbaden, 1991.

Saaty, T. L. The Analytic Hierarchy Process. New York, 1980.

Saaty, T. L. Axiomatic Foundation of the Analytic Hierarchy Process. *Management Science*, Vol. 32, S. 841–855, 1986.

Sager, I. IBM knows what to do with a good idea: Sell it. *Business Week*, S. 72, 19.9.1994.

Sartori, A. et al. Nippons Laxe Moral. *Wirtschaftswoche*, S. 77–78, 5.7.1991.

Sauter, R., Sauter, W. und Wolfig, R. Agile Werte- und Kompetenzentwicklung. Berlin, Heidelberg, 2018.

Savransky, S. D. Engineering of creativity: Introduction to TRIZ methodology of inventive problem solving. Boca Raton, FL, 2000.

Schanz, G. Forschung und Entwicklung in der elektrotechnischen Industrie, 1972.

Schanz, G. Industrielle Forschung und Entwicklung und Diversifikation. *Zeitschrift für Betriebswirtschaft*, 45. Jg., S. 449–462, 1975.

Schätzle, G. Forschung und Entwicklung als unternehmerische Aufgabe. Köln, Opladen, 1965.

Schebesch, K. B. *Innovation, Wettbewerb und neue Marktmodelle*. Diss., Bremen, 1990.

Scherer, F. M. Industrial Market Structure and Economic Performance. Chicago, Ill, 1971.

Schewe, G. Imitationsmanagement, Nachahmung als Option des Technologiemanagements. Stuttgart, 1992.

Schlicksupp, H. Innovation, Kreativität & Ideenfindung. Würzburg, 1989.

Schmalen, H. Optimale Entwicklungs- und Lizenzpolitik. *Zeitschrift für Betriebswirtschaft*, 50. Jg., S. 1077–1103, 1980.

Schmelzer, H. J. und Buttermilch, K.-H. Reduzierung der Entwicklungszeiten in der Produktentwicklung als ganzheitliches Problem. *Zeitschrift für betriebswirtschaftliche Forschung*, Sonderheft 23, S. 43–73, 1988.

Schmidt, K.-D. et al. Anpassungsprozess zurückgeworfen. Die deutsche Wirtschaft vor neuen Herausforderungen. Tübingen, 1984.

Schmidt-Tiedemann, K. J. A New Model of the Innovation Process. *Research Management*, Vol. 25, S. 18–21, 1982.

Schmidt-Tiedemann, K. J. Die Tripel-Helix, ein Paradigma modernen Innovationsmanagements. In Philips GmbH (Hrsg.), *Unsere Forschung in Deutschland*, Band Bd. IV, S. 17–24, 1988.

Schmookler, J. Invention and Economic Growth. Cambridge, MA, 1966.

Schneeweiß, Ch. Planung, Bd. 1. Berlin, 1991.

Schneider, D. Reformvorschläge zu einer anreizverträglichen Wirtschaftsrechnung bei mehrperiodiger Lieferung und Leistung. *Zeitschrift für Betriebswirtschaft*, Bd. 58, S. 1371–1386, 1988.

Schockert, S. und Herzwurm, G. Agile Software Quality Function Deployment. Software Engineering und Software Management, 2018.

Scholz, L. Technologie und Innovation in der industriellen Produktion. Göttingen, 1974.

Scholz, L. Definition und Abgrenzung der Begriffe Forschung, Entwicklung, Konstruktion. In *RKW-Handbuch Forschung, Entwicklung, Konstruktion*, Berlin, 1977. Nr. 2050.

Scholz, L., Schmalholz, H. und Maier, H. Innovationsdynamik der deutschen Industrie in den achtziger Jahren. Ifo-Schnelldienst. 1/2, 1987. S. 20–28.

Schröder, H.-H. The Quality of Subjective Probabilities of Technical Success in R&D. *R&D Management*, Vol. 6, S. 15–22, 1975.

Schröder, H.-H. Die Parallelisierung von Forschungs- und Entwicklungsaktivitäten als Instrument zur Verkürzung der Projektdauer im Lichte des „Magischen Dreiecks" aus Projektdauer, Projektkosten und Projektergebnissen. In Zahn, E. (Hrsg.), *Technologiemanagement und Technologien für das Management*, S. 289–323, Stuttgart, 1994.

Schröter, H. G. Strategische F&E als Antwort auf die Ölkrise. West- und Ostdeutsche Innovationen in der Kohleraffinerie und der chemischen Industrie 1970–1990. In Fischer, W., Müller, U. und Zschaber, F. (Hrsg.), *Wirtschaft im Umbruch. Strukturveränderungen und Wirtschaftspolitik im 19. und 20. Jahrhundert. Festschrift für Lothar Baar zum 65. Geburtstag*, S. 357–376, 1997.

Schulte, D. Die Bedeutung des F&E-Prozesses und dessen Beeinflussbarkeit hinsichtlich technologischer Innovationen. Bochum, 1978.

Schumpeter, J. A. Theorie der wirtschaftlichen Entwicklung. Leipzig, 1912.

Schumpeter, J. A. Unternehmer. In Elster, L., Weber, A. und Wieser, F. (Hrsg.), *Handwörterbuch der Sozialwissenschaften*, S. 476–487, Jena, 1927. Bd. VIII.

Schumpeter, J. A. Kapitalismus, Sozialismus und Demokratie. 4. A. München, 1975.

Schwencke, T. und Bantle, C. BDEW-Strompreisanalyse Januar. BDEW Bundesverband der Energie- und Wasserwirtschaft e. V., 2019, abgerufen am 18.4.2019 unter: https://www.bdew.de/media/documents/190115_BDEW-Strompreisanalyse_Januar-2019.pdf., 2019.

Seidel, U. Um heutzutage wirkungsvolle Führungsunterstützung leisten zu können, müssen Controller und Manager proaktiv auf Augenhöhe agieren. *Wirtschaftszeitung*, 23.03.2018. abgerufen am 05.01.2020 unter https://www.wiso-net.de/document/WIZ__72dd3a903b9cf341c7a692c83ad913fbcd5728a2.

Seiler, A. Marketing-Impulsgeber für F+E? *Die Unternehmung*, 39. Jg., S. 289–307, 1985.

Servan-Schreiber, J.-J. Le défi américain. Paris, 1967.

Servatius, H.-G. Methodik des strategischen Technologiemanagements. Grundlage für erfolgreiche Innovationen. Berlin, 1985.

Shanklin, W. L. und Ryans, Jr., J. K. Marketing High Technology. Lexington et al., 1984.

Siegwart, H. Produktentwicklung in der industriellen Unternehmung. Bern, Stuttgart, 1984.

v. Siemens, W. Lebenserinnerungen. 6. A. Berlin, 1901 (17. A., München 1983).

Singer, S. F&E Controlling (Siemens AG). In Mayer, E. und Liessmann, K. (Hrsg.), *F+E-Controllerdienst*, S. 53–84, Stuttgart, 1994.

Sinha, D. K. und Cusumano, M. A. Complementary Resources and Cooperative Research: A Model of Research Joint Ventures among Competitors. *Management Science*, Vol. 37, S. 1091–1106, 1991.

Smith, A. Untersuchung über das Wesen und die Ursachen des Volkswohlstandes. Berlin, 1878. 1. Bd. (Originalausgabe 1776).

Solow, R. M. Technical Change and the Aggregate Production Function. *Review of Economics and Statistics*, Vol. 39, S. 312–320, 1957.

Sorell, R. St. und Gildea, H. The Determination of the Relative Value of Research Tasks Using the Law of Comparative Judgement. Manuskript TIMS/ORSA-Meeting San Francisco, 1968.

Souder, W. E. Field studies with a Q-sort/nominal group process for selecting R&D projects. *Research Policy*, Vol. 5, S. 172–188, 1975.

Souder, W. E. und Chakrabarti, A. K. The R&D/Marketing Interface: Results from an Empirical Study of Innovation Projects. *IEEE Transactions on Engineering Management*, Vol. EM-25, S. 88–93, 1978.

Specht, G. und Beckmann, C. F&E-Management. Stuttgart, 1996.

Specht, G. und Ewald, A. Organisatorische Implementierung des Strategischen Technologie-Managements. *Die Betriebswirtschaft*, Bd. 51, S. 733–747, 1991.

Specht, G. und Michel, K. Integrierte Technologie- und Marktplanung mit Innovationsportfolios. *Zeitschrift für Betriebswirtschaft*, 58. Jg., S. 502–520, 1988.

Specht, G. und Zörgiebel, W. W. Technologieorientierte Wettbewerbsstrategien. *Marketing ZFP*, 7. Jg., S. 161–172, 1985.

Spero, D. M. Patent Protection or Piracy – A CEO Views Japan. *Harvard Business Review*, Vol. 68. 5, S. 58–67, 1990.

Statista. Durchschnittseinkommen (durchschnittlicher Brutto-Jahresarbeitslohn)* je Arbeitnehmer in Deutschland von 1960 bis. 2019. abgerufen am 18.4.2019 unter: https://de.statista.com/ statistik/daten/studie/164047/umfrage/jahresarbeitslohn-in-deutschland-seit-1960/, 2018.

Statista. Effektivzins für Hypothekendarlehen in Deutschland in den Jahren von 1994 bis 2019. abgerufen am 18.4.2019 unter: https://de.statista.com/statistik/daten/studie/155740/umfrage/ entwicklung-der-hypothekenzinsen-seit-1996/, 2018.

Staudt, E. Technologiepolitischer Aktivismus: Die negative Eigendynamik der Förderprogramme. In Staudt, E. (Hrsg.), *Das Management von Innovationen*, S. 195–209, Frankfurt, 1986.

Steck, R. *Ablaufplanung für die Forschung und Entwicklung, Handwörterbuch der Organisation*. 2. A., S. 642–652. Stuttgart, 1980.

Stockbauer, H. F&E-Controlling. Wien, 1989.

Stratmann, A. W. Die Finanzierung von Innovationen. Essen, 1998.

Strebel, H. Forschungsplanung mit Scoring-Modellen. Baden-Baden, 1975.

Streitferdt, L. Entscheidungsregeln zur Abweichungsauswertung. Würzburg, 1983.

Stringham, E. P., Miller, J. K. und Clark, J. R. Overcoming barriers to entry in an established industry: Tesla Motors. *California Management Review*, Vol. 57/4, S. 85–103, 2015.

Süverkrüp, C. Internationaler technologischer Wissenstransfer durch Unternehmensakquisitionen. Frankfurt, 1992.

SV-Gemeinnützige Gesellschaft für Wissenschaftsstatistik mbH (Hrsg.). *Forschung und Entwicklung in der DDR. Daten aus der Wissenschaftsstatistik 1971 bis 1989*. Essen, 30.05.1990., 1989.

Szakonyi, R. Keeping R&D Projects on Track. *Research Management*, Vol. 28, S. 29–34, 1985.

t3n.de. Ausgaben für Forschung: Volkswagen auf Platz 3 hinter Amazon und Google, 01.11.2018. abgerufen am 16.4.2019 unter: https://t3n.de/news/ausgaben-fuer-forschung-volkswagen- auf-platz-3-hinter-amazon-und-google-1121805/.

Tadisina, S. K. Support System for the Termination Decision in R&D Management. *Project Management Journal*, Dec., S. 97–104, 1986.

Takeuchi, H. und Nonaka, I. The New Product Development Game. *Harvard Business Review*, Vol. 64(1), S. 137–146, 1989.

Teece, D. J. Profiting from technological innovation: Implications for Integration, Collaboration, Licensing and Public Policy. *Research Policy*, Bd. 15, S. 285–305, 1986.

Teece, D. J. Reflections on profiting from innovation. *Research Policy*, 35(8), S. 1131–1146, 2006.

Teece, D. J. Profiting from innovation in the digital economy: Enabling technologies, standards, and licensing models in the wireless world. *Research Policy*, 47(8), S. 1367–1387, 2018.

Thieme, H.-R. Verhaltensbeeinflussung durch Kontrolle. Berlin, 1982.

Thomas, R. J. Patent Infringement of Innovations by Foreign Competitors: The Role of the U. S. International Trade Commission. *Journal of Marketing*, Vol. 53(10), S. 63–75, 1989.

Thurstone, L. L. A Law of Comparative Judgement. *Psychological Review*, Vol. 34, S. 272–286, 1927.

Tiemeyer, E. Kennzahlengestütztes IT-Projektcontrolling: Projekt-Scorecards einführen und erfolgreich nutzen (No. 03-11-010). SIMAT Arbeitspapiere, 2011.

Tofler, A. Der Zukunftsschock. Bern, München, Wien, 1970.

Torgerson, W. S. Theory and Methods for Scaling. 7. A. New York, 1967.

U. S. Chamber of Commerce. U. S. Chamber International IP Index. abgerufen am 15. Juni 2019 unter: https://www.theglobalipcenter.com/ipindex2019/., 2019.

Unterguggenberger, S. Betriebswirtschaftliche Überlegungen zur Problematik der Forschungs- und Entwicklungskosten für neue Industrieprodukte. *Zeitschrift für Betriebswirtschaft*, 42. Jg., S. 263–282, 1972.

Uttal, B. TI's Horne Computer Can't Get in the Door. *Fortune*, Vol. 101(12/1980), S. 139–140, 1980.

Utterback, J. M. Mastering the Dynamics of innovation. Boston, 1994.

Utterback, J. M. und Abernathy, W. J. A Dynamic Model of Process and Product Innovation. *Omega*, Vol. 3, S. 639–656, 1975.

Utterback, J. M. et al. The Process of Innovation in Five Industries in Europe and Japan. *IEEE Transactions on Engineering Management*, Vol. EM-28, S. 3–9, 1976.

Vahs, D. und Brem, A. Innovationsmanagement – von der Idee zur er folgreichen Vermarktung, 5. überarb. Aufl. Stuttgart, 2015.

Van Wijk, J. Terminating Piratry or Legitimate Seed Saving? The Use of Copy-Protection Technology in Seeds. *Technology and Innovation Management*, Vol. 16, S. 121–141, 2004.

Vargas, L. G. An Overview of the Analytic Hierarchy Process and its Applications. *European Journal of Operational Research*, Vol. 48, S. 2–8, 1990.

VDI-Gesellschaft Produkt- und Prozessgestaltung. Erfinderisches Problemlösen mit TRIZ – Zielbeschreibung, Problemdefinition und Lösungspriorisierung. VDI, Blatt 1–3, 2016–2018.

Vedin, B. A. Large Company Organization and Radical Product Innovation. Lund, 1980.

Verfassungsschutz, Wirtschaftsspionage – Risiko für Unternehmen, Wissenschaft und Forschung, 2014.

Veugelers, R. Internal R&D expenditures and external technology sourcing. *Research Policy*, Vol. 26, S. 303–315, 1997.

Viergutz, S. und Rittiner, F. Product Development: Lean Management in der Entwicklung. In *Erfolgsfaktor Lean Management 2.0*, S. 115–133, Berlin, Heidelberg, 2016.

Villers, R. Research and Development, Planning and Control. New York, 1974.

Walsh, S. T. und Linton, J. D. Infrastructure for emergent industries based on discontinuous innovations. *Engineering Management Journal*, 12(2), S. 23–32, 2000.

Warschkow, K. Organisation und Budgetierung zentraler FuE-Bereiche. Stuttgart, 1993.

Wasserman, N. H. From Invention to Innovation: Long Distance Telephone Transmission at the Turn of the Century. Baltimore, London, 1985.

Weber, J. und Schäffer, U. Sicherstellung der Rationalität von Führung als Aufgabe des Controlling? *Die Betriebswirtschaft*, Bd. 59, S. 731–747, 1999.

Wehler, H.-U. Deutsche Gesellschaftsgeschichte. 3. Bd. München, 1995.

Weingartner, H. M. Capital Budgeting of Interrelated Projects. *Management Science*, Vol. 12, S. 485–516, 1966.

Weiss, E. Management diskontinuierlicher Technologie-Übergänge. Göttingen, 1989.

Wengenroth, U. Seekrankheit als Inspiration. *Neue Zürcher Zeitung*, 172, S. 38, 26.7.1996.

Werdich, M. FMEA-Einführung und Moderation. Berlin, 2012.

Wessel, H. A. Kontinuität im Wandel. 100 Jahre Mannesmann 1890–1990. Düsseldorf, 1990.

Westkämper, E., Niemann, J., Warschat, J., Scheer, A. W. und Thomas, O. Methoden der digitalen Planung. In *Handbuch Unternehmensorganisation*, S. 515–568, Berlin/Heidelberg, 2009.

Wiener, N. Invention: The care and feeding of ideas. London, 1993.

Wiest, J. D. Gene-Splicing PERT and CPM: The Engineering of Project Network Models. In *Dean, B. V., Project Management, Methods and Studies*, S. 67–94, Amsterdam, 1985.

Williams, J. R. Technological Evolution and Competitive Response. *Strategie Management Journal*, Vol. 4, S. 55–65, 1983.

Williamson, O. E. Markets and Hierarchies: Analysis and Antitrust Implications. New York, London, 1975.

Wills, G. et al. Technological Forecasting. Harmondsworth, 1972.

Winkofky, E. P., Mason, R. M. und Souder, W. E. R&D Budgeting and Projct Selection. In *Dean, B. V., Goldhar, J., Management of Research and Development*, S. 183–198, Amsterdam, 1980.

WIPO. World Intellectual Property Indicators. 2017. S. 38, abgerufen am 09.09.2019 unter https://www.wipo.int/edocs/pubdocs/en/wipo_pub_941_2017.pdf., 2017.

Wissema, J. Trends in Technology Forecasting. *R&D Management*, Vol. 12, S. 27–36, 1982.

Wissenschaftsrat. Empfehlungen zu einer Prospektion für die Forschung. Drs. 1645/94, Köln, 1994.

Witt, P. Corporate Governance-Systeme im Wettbewerb. *neue betriebswirtschaftliche forschung (nbf)*, Vol. 309, S. 204, 2013.

Wright, P. A Refinement of Porter's Strategies. *Strategie Management Journal*, Vol. 8, S. 93–101, 1987.

WTO. Trade-Related Aspects of Intellectual Property Rights. abgerufen am 25. August 2019 unter: https://www.wto.org/english/tratop_e/trips_e/trips_e.htm., 2019.

van Wyk, R. J. The notion of technological limits: An Aid to Forecasting. *Futures*, Vol. 11, S. 214–223, 1985.

van Wyk, R. J., Haour, G. und Japp, S. Permanent Magnets: A Technological Analysis. *R&D Management*, Vol. 21, S. 301–308, 1991.

Zahedi, F. The Analytic Hierarchy Process. A Survey of the Method and its Implication. *Interfaces*, Vol. 16, S. 96–108, 1986.

Zangemeister, Ch. Nutzwertanalyse in der Systemtechnik. Eine Methodik zur multidimensionalen Bewertung und Auswahl von Projektalternativen. 2. A. München, 1971.

Zangen, W. Aus meinem Leben. S. 108–110, zitiert nach: Wessel, H. A., Kontinuität im Wandel. 100 Jahre Mannesmann 1890–1990, Düsseldorf, 1990.

Zeidler, G. Neue Dimensionen von Forschung und Entwicklung durch akzelerierende Technologieschübe. In Blohm, H. und Danert, G. (Hrsg.), *Forschungs- und Entwicklungsmanagement*, S. 85–91, Stuttgart, 1983.

Zenz, Ph. Die betriebswirtschaftliche Beurteilung von Forschungs- und Entwicklungsleistungen im Industriebetrieb. Thun, 1981.

Zimmermann, H.-J. und Gutsche, L. Multi-Criteria Analyse. Einführung in die Theorie der Entscheidungen bei Mehrfachzielsetzungen. Berlin, 1991.

Zörgiebel, W. W. Technologie in der Wettbewerbsstrategie. Berlin, 1983.

Zusatzprogramm (zum Personalkostenzuschußprogramm) für den Bereich der Industrie- und Handelskammern zu Aachen, Berlin und Kiel für die Zeit vom 1. Mai 1980 bis 31. Dezember. Bundesanzeiger, Beilage 42 vom 29.2.1980., 1980.

ZVEI (Hrsg.). *Forschungs- und Entwicklungsvorhaben*. Frankfurt/Main, 1982.

Zweites Gesetz zur Änderung des Arzneimittelgesetzes vom 16.8.1986, BGBl. I, S. 1296 ff., § 24a.; Pharmazeutische Zeitung, 10. AMG-Novelle bringt kürzere Zulassungsfristen. abgerufen am 18.4.2019 unter: https://www.pharmazeutische-zeitung.de/inhalt-15-1999/pol2-15-1999/., 1999.

Stichwortverzeichnis

https://doi.org/10.1515/9783110600667-009

www.ingramcontent.com/pod-product-compliance
Lightning Source LLC
Chambersburg PA
CBHW081049220326
41598CB00038B/7031